Die Preußische Akademie der Wissenschaften zu Berlin

Conrad Grau

Die Preußische Akademie der Wissenschaften zu Berlin

Eine deutsche Gelehrtengesellschaft
in drei Jahrhunderten

Spektrum Akademischer Verlag Heidelberg · Berlin · Oxford

Bildnachweise

Archiv der Berlin-Brandenburgischen Akademie der Wissenschaften (S. 83–86, 113–114, 138–139, 176–177, 215–216, 256–257), Das Gleimhaus Halberstadt (S. 139, Hertzberg), Michael Kirsten (S. 214), Gerhard Kiesling (S. 215, Mommsen), Conrad Grau (S. 52–54, 258)

Die Deutsche Bibliothek – CIP-Einheitsaufnahme

Grau, Conrad:
Die Preußische Akademie der Wissenschaften zu Berlin : eine deutsche Gelehrtengesellschaft in drei Jahrhunderten / Conrad Grau. –
Heidelberg ; Berlin ; Oxford : Spektrum, Akad. Verl., 1993
ISBN 3-86025-088-4

Lektorat: Peter Ackermann
Produktion: Brigitte Achauer, Karin Kern
Umschlaggestaltung: Karin Kern

Druck und Verarbeitung: Verlag und Druckerei Bitsch, Birkenau

Spektrum Akademischer Verlag Heidelberg · Berlin · Oxford

EIN VERLAG DER SPEKTRUM FACHVERLAGE GMBH

Gedruckt auf umweltfreundlichem Papier

Die Ordnung der menschlichen Dinge schritt so vorwärts: zunächst gab es die Wälder, dann die Hütten, darauf die Dörfer, später die Städte und schließlich die Akademien.

Giambattista Vico (1668–1744)
Principj di una scienza nuova d'intorno alla comune natura delle nazioni
(Grundzüge einer neuen Wissenschaft über die gemeinschaftliche Natur der Völker),
1725, 1730, 1744

Inhalt

Vorbemerkung

Die Bundesländer Berlin und Brandenburg der Bundesrepublik Deutschland haben 1992 in einem Staatsvertrag beschlossen: „Die im Jahre 1700 als Kurfürstlich-Brandenburgische Sozietät gegründete Akademie der Wissenschaften wird neukonstituiert und als gemeinsame Einrichtung der Länder Berlin und Brandenburg errichtet. . . . Die Akademie ist eine rechtsfähige Körperschaft des öffentlichen Rechts und trägt den Namen ‚Berlin-Brandenburgische Akademie der Wissenschaften (vormals Preußische Akademie der Wissenschaften)'."

Durch diese Entscheidung wird die in das 17. Jahrhundert zurückreichende Kontinuität des Wissenschaftsstandortes Berlin/Brandenburg bewahrt. Die Voraussetzung dafür bot die 1990 vollzogene Vereinigung Deutschlands. Im Einigungsvertrag (Art. 38,2 vom 31. August 1990) heißt es über die Akademie in Berlin: „Mit dem Wirksamwerden des Beitritts wird die Akademie der Wissenschaften der DDR als Gelehrtensozietät von den Forschungsinstituten und sonstigen Einrichtungen getrennt. Die Entscheidung, wie die Gelehrtensozietät der Akademie der Wissenschaften der DDR fortgeführt werden soll, wird landesrechtlich getroffen."

Aufbauend auf langjährigen eigenen akademiegeschichtlichen Untersuchungen und unter Einbeziehung von Forschungsergebnissen anderer Wissenschaftshistoriker wird in der hier vorgelegten Schrift versucht, wichtige Entwicklungslinien der Preußischen Akademie der Wissenschaften in Berlin seit dem ausgehenden 17. Jahrhundert nachzuzeichnen. Als Historiker und wissenschaftlicher Mitarbeiter der Akademie seit 1957, der deren Geschichte ab 1967 in der Forschungsstelle für Akademiegeschichte zu seinem Arbeitsschwerpunkt gewählt hat, glaube ich mit dieser Darstellung einem Interesse gerecht werden zu können, das sich mit der gegenwärtigen Umgestaltung der Akademie auch deren fernerer Vergangenheit zuwenden dürfte. Dankbar erinnere ich mich dabei der langjährigen Zusammenarbeit mit Fachkollegen, insbesondere in der Forschungsstelle, auf akademiegeschichtlichem Gebiet, durch die ich manche Anregungen für meine eigenen Forschungen erhielt. Es versteht sich von selbst, daß dieses Buch, das vor allem einen größeren Leserkreis und weniger die Fachwissenschaftler ansprechen will, weder andere Sichtweisen noch die Notwendigkeit ausschließt, weitere Forschungsarbeiten durchzuführen.

Um die Darstellung nicht unzulässig zu belasten, wurde bewußt darauf verzichtet, alle Aussagen zu belegen. Im Anhang findet der Interessierte ein Verzeichnis benutzter Literatur, das zugleich einen Zugang zu den hier behandelten Problemen bietet. Alle Zitate werden im Text mit einer hochgestellten Ziffer versehen und am Schluß des Bandes in einem Anmerkungsapparat nachgewiesen. Ein Register verzeichnet alle vorkommenden Personen mit Angaben des Geburts- und Todesjahres, jedoch ohne nähere Charakterisierung, die bei der Anlage der Darstellung meist nur Wiederholungen des Textes bieten könnte.

Die Vielfalt und die Komplexität des in dieser Schrift behandelten Gegenstandes machte es unmöglich, allen Fragen mit der wünschenswerten Ausführlichkeit nachzugehen, wenn der Umfang nicht weiter anschwellen sollte. Die detaillierte Gliederung kann es dem Leser erleichtern, die ihn speziell interessierenden Abschnitte schnell zu finden.

Ohne die dauernde Unterstützung meiner Arbeiten durch meine Frau hätte dieses Buch nicht geschrieben werden können, weshalb es ihr gewidmet ist. Zu Dank bin ich dem Verlag verpflichtet, der den Band kurzfristig in sein Programm aufgenommen hat.

Berlin, im September 1992 C. G.

1. Der Akademiegedanke im 17. Jahrhundert und die Anfänge des Wissenschaftsstandortes Berlin

Das genaue Datum, an dem die Sozietät der Wissenschaften der Kurfürsten von Brandenburg gegründet wurde, war durch manche Zufälle bestimmt. Gleichwohl resultiert die Institutionalisierung dieser Kurfürstlichen Brandenburgischen Sozietät der Wissenschaften am 11. Juli 1700 zwar nicht zwangsläufig, so doch folgerichtig aus Entwicklungstendenzen, die in der zweiten Hälfte des 17. Jahrhunderts aus europäischer Sicht zu einer solchen Entscheidung hinführten. Was sich als ein lokales, damals insgesamt wenig beachtetes Ereignis an der Wende zum 18. Jahrhundert an der Spree vollzog, gewinnt seine historische Relevanz aus dem zeitgenössischen Umfeld und aus der Tatsache, daß aus kleinen Anfängen eine Akademie entstand, die in den folgenden Jahrhunderten maßgeblich Einfluß auf die Entwicklung der Wissenschaft zu nehmen vermochte. Wie die Geschichte anderer Akademien hatte die Entstehung der Berliner Einrichtung Voraussetzungen auf verschiedenen Ebenen, sie beginnt bereits Jahrzehnte vor der eigentlichen Gründung.

Die Akademien der Wissenschaften stellen seit dem 16. Jahrhundert eine seither vielfältigen Wandlungen unterworfene Organisationsform wissenschaftlicher Arbeiten dar. Ausgehend von Italien sind solche Akademien nach und nach in zahlreichen Ländern Europas gegründet worden. Das 17. Jahrhundert umgreift eine wichtige Etappe dieser Entwicklung. Wesentliche Grundprinzipien der Akademieorganisation prägten sich in dieser Zeit aus. Der Akademiegedanke wurde in Europa zu einem wichtigen Bestandteil des geistig-kulturellen Entwicklungsprozesses der Neuzeit. Das gilt auch für die Preußische Akademie der Wissenschaften.

Brandenburg

Das Kurfürstentum Brandenburg entwickelte sich im 17. Jahrhundert zu einem der flächenmäßig größten Staaten des Heiligen Römischen Reiches deutscher Nation. An der Wende zum 17. Jahrhundert umfaßte er im wesentlichen die Gebiete beiderseits der mittleren Elbe und der mittleren Oder. Nördlich lagen die mecklenburgischen Herzogtümer und Pommern, südlich das Kurfürstentum Sachsen. Im Jahre 1614 erwarben die brandenburgischen Hohenzollern das Herzogtum Kleve, die Grafschaften Mark und Ravensberg sowie die Herrschaft Ravenstein am Niederrhein. Damit und mit der Erwerbung des Herzogtums Preußen (des späteren Ostpreußen) im Jahre 1618 hatte sich das Staatsgebiet des Kurfürstentums mehr als verdoppelt. Einen weiteren großen Gebietszuwachs brachten die Festlegungen des Friedens von Münster und Osnabrück am Ende des Dreißigjährigen Krieges. 1648 fielen Minden, Halberstadt und Hinterpommern an Brandenburg, die Anwartschaft auf das 1680 endgültig eingegliederte Erzbistum Magdeburg wurde gesichert.

Die im Vergleich zu anderen deutschen Ländern unverhältnismäßig große territoriale Erweiterung während eines Jahrhunderts blieb nicht ohne Folgen. Die geographisch nicht zusammenhängenden Gebiete am Niederrhein, an Elbe und Oder sowie in Preußen waren nur durch den Herrscher in Personalunion verbunden. Sie hatten sich bis zur Eingliederung in den brandenburgischen Kurstaat vor allem historisch unterschiedlich entwickelt. In der Regierungszeit Friedrich Wilhelms, des Großen Kurfürsten, wurde in der zweiten Hälfte des 17. Jahrhunderts die ständische Opposition wesentlich begrenzt und damit Voraussetzungen für die Herausbildung eines zentralisierten absolutistischen Staates geschaffen. Diese Bestrebungen, die auch das geistig-kulturelle Gebiet einbegriffen, setzten sich über die Regierungszeit des Großen Kurfürsten hinweg fort. Am Ausgang des 17. Jahrhunderts war Brandenburg nach Größe, militärischer Stärke und politischem Einfluß bereits ein bedeutender europäischer Staat, was schließlich 1701 seinen sichtbaren Ausdruck fand, als sich der Kurfürst von Brandenburg zum König in Preußen erklärte.

Angesichts der skizzierten Entwicklung in Brandenburg im 17. Jahrhundert war es kein Zufall, daß das Kurfürstentum der erste deutsche Staat wurde, in dem der Gedanke einer Akademie der Wissenschaften fruchtbaren Boden fand. Auf die Gründung dieser Kurfürstlich Brandenburgischen Sozietät wirkten in hohem Maße die europäische Akademiebewegung im 17. Jahrhundert und die mit ihr untrennbar verbundenen Planungen von Gottfried Wilhelm Leibniz ein, die wesentliche Voraussetzungen der Sozietät bilden. Sie waren wirkungsgeschichtlich neben den innerstaatlichen Voraussetzungen in Brandenburg selbst von Bedeutung, da durch sie die potentielle Möglichkeit einer brandenburgischen Sozietät in das Stadium der unmittelbaren Realisierung transformiert wurde. In diesem Sinne ist unter Berücksichtigung der verschiedenen Ströme, die in die Sozietät mündeten, Leibniz mit Recht als deren Gründer anzusehen. Er ist es gewesen, der in diesem Falle objektive Voraussetzungen für die Sozietätsgründung mit subjektiven Bedingungen zu koordinieren verstand. Vor allem deshalb war es ihm möglich, in Brandenburg zu erreichen, was ihm in anderen Staaten nicht gelang.

Erste Akademien in Italien

Die vergleichende Geschichte der tatsächlich gegründeten und der geplanten Akademien im 17. Jahrhundert in Europa eröffnet einen Zugang zur Vor- und Gründungsgeschichte der brandenburgischen Sozietät, die konzeptionell eine neue Stufe der Akademiebewegung markiert. Im vorliegenden Zusammenhang erweist sich die Beschränkung auf die Haupttendenzen dieses Prozesses als ausreichend für das Verständnis dessen, was am 11. Juli 1700 in Berlin Realität wurde.

Die moderne Akademiegeschichte beginnt mit der Transformierung des antiken platonischen Akademiegedankens unter dem Einfluß der Renaissance und des Humanismus seit dem 15. Jahrhundert in Italien. Den Ausgangspunkt bot die intensive Beschäftigung mit der platonischen Philosophie. Es bildeten sich zunächst noch zeitweilige Gruppen von interessierten Wissenschaftlern außerhalb der Universitäten, meist in unmittelbarer Abhängigkeit von einem fürstlichen Mäzen. Solche Gruppen bezeichneten sich selbst als Akademien. Als ihre Aufgabe betrachteten sie den Meinungsaustausch mit dem Ziel der Rezeption antiken Gedankengutes in der Hoffnung,

Antworten auf drängende Fragen der damaligen Gegenwart zu finden. Insgesamt waren diese Bemühungen Bestandteil der Herausbildung des neuzeitlichen Denkens. Auf geistigem Gebiet war dieser Prozeß durch zwei Grundtendenzen gekennzeichnet, den national-sprachlich-literarischen und den international-naturwissenschaftlichen. Beide Tendenzen fanden ihren prägnanten Ausdruck vor allem in italienischen Akademien an der Wende zum 17. Jahrhundert. Von ihnen wurde die weitere Akademiebewegung nachhaltig bestimmt und stimuliert.

Seit 1582 versammelte sich in Florenz ein Kreis von Gelehrten, die sich die Aufgabe stellten, eigene und fremde Arbeiten zu diskutieren und auf diese Weise die „Kleie" vom „Mehl" zu sondern. Das Wort „Kleie" (italienisch: crusca) gab dem Kreis den Namen, der sich in seinem Statut von 1584 „Accademia della Crusca" nannte. Als Aufgabe stellte man sich die Beschäftigung mit der italienischen Sprache. Bereits 1595 legte die Akademie eine Dante-Ausgabe vor. 1591 hatte sie die Edition eines italienischen Wörterbuches beschlossen. Die erste Ausgabe des berühmten „Vocabolario degli Accademici della Crusca" erschien 1612. Seither wurde dieses Werk in immer neuen erweiterten Auflagen bis in die Gegenwart herausgegeben. Es war das Vorbild für ähnliche, wenn auch zunächst weniger erfolgreiche Unternehmen in vielen Ländern. Erinnert sei hier lediglich an das Wirken der deutschen Sprachgesellschaften des 17. Jahrhunderts, von denen die bedeutendste, die 1617 in Weimar entstandene „Fruchtbringende Gesellschaft", besondere Hervorhebung verdient. Ihr Gründer, der Fürst von Anhalt-Köthen, hatte Anregungen direkt in Italien erhalten.

Nur wenig jünger als die Crusca war die 1603 in Rom gegründete Accademia dei Lincei, die allerdings vorerst nur bis 1630 bestand. Ihre Mitglieder folgten der damaligen Sitte, ihren Aufgabenbereich symbolisch zu umschreiben, weshalb sie sich die „Luchsäugigen" nannten. Ihr Arbeitsgebiet waren die Naturwissenschaften. Die Mitglieder versammelten sich zeitweise bis zu dreimal wöchentlich, um Vorträge zu halten, Experimente anzustellen und zu diskutieren. Die Gemeinschaft verfügte über einen botanischen Garten, ein Naturalienkabinett und über eine Bibliothek. Das bedeutendste Mitglied der Accademia dei Lincei war Galileo Galilei. Mit ihm beobachteten die „Luchsäugigen" beispielsweise 1611 durch dessen Teleskop die Jupitermonde. 1615/16 stellten sie sich hinter ihr Mitglied, das 1615 zum ersten Mal (erneut 1633) von der katholischen Inquisition wegen seiner von den Dogmen der Kirche abweichenden Ansichten angeklagt wurde. Trotz ihrer nur zeitweiligen Existenz hat die Lincei den Gedanken der naturwissenschaftlichen Akademie in starkem Maße befruchtet.

Das gilt nicht weniger für die Accademia del Cimento, die Akademie des Experiments, die seit den fünfziger Jahren des 17. Jahrhunderts bis 1667 in Florenz bestand. Eines ihrer führenden Mitglieder war der Physiker und Mathematiker Evangelista Torricelli. Die Information über die Arbeitsergebnisse der „Experimentatoren" erfolgte zunächst brieflich. Erst im Auflösungsjahr 1667 erschienen die berühmten „Saggi di naturali esperienze fatte nell' Accademia del Cimento". Die darin beschriebenen Experimente betrafen beispielsweise den Luftdruck, seine Veränderung unter dem Einfluß von Wärme und Kälte, die Eigenschaften des Dampfes und des Eises, magnetische und elektrische Erscheinungen oder die Ausbreitung des Lichts und der Töne. Sie machten das Werk mit den meist anonym veröffentlichten Beiträgen praktisch zu einer Einleitung in aktuelle Probleme der Physik. Es war daher kein Zufall, daß die „Saggi", die als Gemeinschaftswerk der „Experimentatoren" galten, 1684 ins Englische und später auch in andere Sprachen übersetzt wurden. Noch 1731 wurden sie von Petrus van Musschenbroeck, einem einstigen Professor der brandenburg-preußischen Universität Duisburg von 1719 bis 1723, der dort 1720 eine nur zeitweilig bestehende Sternwarte gegründet hatte, in lateinischer Fassung herausgegeben. Im Vorwort verwies Musschenbroeck ausdrücklich auf die anregende Wirkung der Florentinischen Accademia del Cimento für die Akademien in Frankreich, England, Deutschland und Rußland.

Die Accademia della Crusca, die Accademia dei Lincei und die Accademia del Cimento waren weder die ersten noch die einzigen Akademien, die damals in Italien entstanden. Sie verdienen jedoch in erster Linie Beachtung. Ihre wissenschaftshistorische Bedeutung besteht in hohem Maße in ihrer Wirkungsgeschichte, wobei das Hauptaugenmerk auf die konzeptionelle Organisation der sprachlich-literarischen und der naturwissenschaftlichen Forschung gelegt werden muß. Der Gedanke der Forschungsorganisation in Akademien ist seit der Wende zum 17. Jahrhundert unverlierbarer Bestandteil der Wissenschaftsgeschichte.

Descartes und Bacon

Die wissenschaftliche Revolution vom 16. bis zum beginnenden 18. Jahrhundert, die durch die Leistungen von Kopernikus und Newton als Ausgangs- und Endpunkt markiert wird, bildet den Hintergrund für die Herausbildung der modernen Wissenschaft. Die Wandlung der Wissenschaft und ihrer Funktion ging langsam und ungleichmäßig vor sich, destruktive Kritik am Überkommenen und konstruktive Synthese eines neuen Weltbildes verflochten sich. Die wissenschaftliche Revolution war ein Prozeß, der subjektiv von seinen Akteuren zugleich als Bruch mit der und als Rückbesinnung auf die Vergangenheit empfunden wurde. Entscheidendes für die Durchsetzung der modernen Wissenschaft leisteten in der ersten Hälfte des 17. Jahrhunderts Descartes und Bacon. Die Namen beider sind untrennbar mit der Entwicklung des Akademiegedankens verknüpft.

René Descartes gilt als einer der Begründer der modernen Philosophie, auf die er durch seinen erkenntnistheoretischen Rationalismus und seine Lehre von der physikalischen Einheit der Natur nachhaltigen Einfluß ausgeübt hat. Bedeutende Leistungen vollbrachte er als Mathematiker und Physiker. In seinem „Discours de la méthode" (1637) schuf er eine mathematisch orientierte, den Wissenschaftsbegriff seines und des folgenden Jahrhunderts nachhaltig beeinflussende Methodenlehre, deren Grundzug der methodische Zweifel ist, von dem er nur das eigene Denken ausnimmt (*cogito, ergo sum*). In die Geschichte des Akademiegedankens gehört Descartes, der von 1629 bis 1649 in den Niederlanden lebte, zunächst durch seine Verbindung zu Marin Mersenne, seinem vertrauten Freund in Paris, der dort als „Statthalter des Cartesianismus" galt. Mersenne unterhielt einen außerordentlich umfangreichen Briefwechsel mit Hunderten Zeitgenossen; der um ihn zusammengeschlossene Kreis von Wissenschaftlern bildete faktisch eine Akademie ohne deren Namen.

Im Herbst 1649 folgte Descartes einer Einladung der schwedischen Königin Christine nach Stockholm, die nicht nur seinen Unterricht genießen wollte, sondern auch eine Akademie der Wissenschaften unter Descartes' Präsidentschaft zu gründen gedachte. Die Statuten dieser Akademie entwarf Descartes noch unmittelbar vor seinem Tode im

Jahre 1650. Die kurze Regierungszeit Christines war durch weitreichende Planungen auf dem Gebiet der Wissenschaft gekennzeichnet. Diese führten unter anderem zur Berufung von Jan Amos Komenský (Comenius) in schwedische Dienste und fanden ihren Niederschlag im Wirken des Freiherrn Benedikt Skytte, der 1667 dem Kurfürsten Friedrich Wilhelm von Brandenburg seinen noch zu erörternden Akademieplan vorlegte. Kontakte zum Kreis um Christine unterhielt auch der brandenburgische Staatsmann Ezechiel Spanheim, dessen Wirken in die Vorgeschichte der Berliner Sozietät gehört.

Nachhaltige Wirkungen auf den Akademiegedanken übte Francis Bacon aus. Von den geplanten sechs Teilen seines großen Werkes „Magna Instauratio scientiarum", an das er nach seinen eigenen Worten „mit neuen Methoden in der lauteren Absicht heranging, zu einer vollständigen Erneuerung der Wissenschaften und Künste, überhaupt der ganzen menschlichen Gelehrsamkeit, auf gesicherter Grundlage zu kommen"[1], konnte er 1626 nur das „Novum Organon" detailliert ausarbeiten. Nachdrücklich betonte er darin die Bedeutung der induktiven Methode in der Forschung, denn „alle richtigere Interpretation der Natur kommt durch Einzelfälle und geeignete durchführbare Experimente zustande".[2] Sein Ziel war die praktische Anwendung der Wissenschaft, deren Neuorganisation Voraussetzungen für zielgerichtete Erfindungen schaffen und dadurch unmittelbar das menschliche Leben verbessern sollte. „Das wahre und regelmäßige Ziel der Wissenschaft ist kein anderes, als das menschliche Leben mit neuen Erfindungen und Mitteln zu bereichern."[3]

In seiner Schrift „Nova Atlantis" zeichnete Bacon daher folgerichtig eine Gesellschaftsutopie mit dem Ziel der rationalen Beherrschung der Natur durch den Menschen. Das dort beschriebene „Haus Salomons" war die von ihm erdachte, von zeitgenössischen Bedürfnissen beeinflußte Organisationsform der Wissenschaft, wobei er Grundlagenforschung und Anwendung ihrer Ergebnisse in der Produktion als Einheit sah. Obwohl erst 1623 niedergeschrieben und 1627 zuerst gedruckt, finden sich dort geäußerte Gedanken bei Bacon bereits Ende des 16. Jahrhunderts. Als Aufgabe der in seinem Neu-Atlantis beschriebenen Institution betrachtete es Bacon, „die Ursachen und Bewegungen sowie die verborgenen Kräfte in der Natur zu ergründen und die Grenzen der menschlichen Macht soweit wie möglich zu erweitern."[4] Alle Erscheinungen der Natur, Pflanzen und Lebewesen, physikalische und chemische Prozesse, sollten mit vorzüglichsten Hilfsmitteln untersucht und analysiert werden. Es war damit gleichsam das Modell einer wissenschaftlichen Akademie entworfen worden, das in dieser Form nie verwirklicht wurde, von dem jedoch Grundzüge in tatsächlich gegründeten Akademien erkennbar sind, in erster Linie in der Royal Society in London. Vor allem die Grundgedanken des Sammelns, des Experimentierens und des Anwendens finden sich in mehr oder weniger ausgeprägter Form in den einzelnen Akademien wieder. Darin drückt sich weniger die Abhängigkeit der jeweiligen Akademiegründer von dem detailliert beschriebenen „Haus Salomons", als vielmehr die Tatsache aus, daß Bacon es verstanden hat, einer bestimmten Tendenz Ausdruck zu geben, die zeitgenössischen Bedürfnissen entsprach. Die Wirkungsgeschichte seiner Gedanken verdient daher größere Beachtung als die Rezeptionsgeschichte seines Modells.

Grundlegende Bedeutung für die Ausprägung des Akademiegedankens im 17. Jahrhundert hatten die in einem Zeitraum von nur knapp 15 Jahren in drei europäischen Ländern entstandenen drei naturwissenschaftlichen Akademien, aber auch gleichzeitige Bestrebungen um die Gründung sprachlich-literarisch-historischer Vereinigungen.

Die Entstehung der Leopoldina und ihr Umfeld

Im Jahre 1652 wurde von einigen Ärzten in der deutschen Reichsstadt Schweinfurt die zunächst private Academia Naturae Curiosorum gegründet. Noch im 17. Jahrhundert erhielt sie durch Kaiser Leopold I. ihre Bestätigung als Reichsakademie (1677: Sacri Romani Imperii Academia Naturae Curiosorun) und als Kaiserliche Reichsakademie (1687: Sacri Romani Imperii Academia Caesareo-Leopoldina Naturae Curiosorum), woraus sich die bis heute verwendete Kurzform „Leopoldina" ableitet. Ihr Gründer und erster Präsident, der Schweinfurter Stadtarzt Johann Laurentius Bausch, hatte auch in Italien, so in Padua, studiert. Dort lernte er das Wirken gelehrter Gesellschaften für die Förderung der Wissenschaften kennen, wie seine im Herbst 1651 an zahlreiche Ärzte versandte „Epistola invitatoria" zur Akademiegründung erweist. Darin wies er auch auf die Accademia dei Lincei hin und zeigte sich bis zu einem gewissen Grade durch die Schriften von Francis Bacon beeinflußt, obwohl das ‚Haus Salomons' kaum als Vorbild für seine Akademiegründung anzusehen ist. Bausch ging davon aus, daß ein Einzelner die Erforschung der mannigfaltigen Natur wegen der kurzen Dauer des menschlichen Lebens nicht allein betreiben könnte, sondern daß der Zusammenschluß Gleichgesinnter erforderlich wäre.

Die Gründung der Akademie der Naturforscher in der lutherischen Reichsstadt Schweinfurt und ihre Bestätigung durch das katholische Oberhaupt des Reiches lenkt die Aufmerksamkeit auf das Problem des Konfessionalismus im Zusammenhang mit der Wissenschaftsentwicklung. In die Regierungszeit Leopolds I. fallen einerseits die Durchsetzung des Absolutismus in Österreich, das Fortschreiten der katholischen Gegenreformation und die endgültige Zurückdrängung der Türkengefahr, andererseits aber auch weit gesteckte kulturell-wissenschaftliche Bemühungen. Hierzu gehören etwa die Förderung der Wiener Bibliothek unter dem 1663 berufenen Peter Lambeck, die reiche Sammeltätigkeit des Kaisers, die Gründungen der Universität Innsbruck 1677 und der Akademie der bildenden Künste 1692 in Wien, die Errichtung der Prager Sternwarte 1700 und nicht zuletzt die Förderung der Academia Naturae Curiosorum. In der zweiten Hälfte des 17. Jahrhunderts wirkten die Kameralisten Johann Joachim Becher und Philipp Wilhelm Hörnigk in Wien, im kaiserlichen Auftrag wurde die wirtschaftliche Entwicklung in England untersucht, unter Leopold trat 1683 Prinz Eugen von Savoyen in österreichische Dienste. Dessen Anteil an der Durchsetzung der Frühaufklärung und seine Förderung von Wissenschaft und Kunst, die nicht zuletzt in seiner Verbindung mit Leibniz Ausdruck fanden, sind allerdings noch immer weniger bekannt als sein Kriegsruhm und sein politisches Wirken. Mit dem am Wiener Hof einflußreichen spanischen Franziskanermönch und Bischof Cristóbal de Rojas y Spínola korrespondierte und verhandelte Leibniz bis in die neunziger Jahre des 17. Jahrhunderts über die Union der katholischen und der evangelischen Kirche. Leibniz selbst hielt sich mehrmals in Wien auf, um sich für seine kulturpolitischen Bestrebungen persönlich einzusetzen. So ergibt sich speziell für Wien und allgemein für das Reich das zwiespältige Bild einer Übergangszeit, in der sich Zukunftsweisendes und Rückwärtsgewandtes, konfessionelle Unduldsamkeit und Aufgeschlossenheit für neue wissenschaftliche Bestrebungen wechselseitig durchdrangen.

Wenngleich das Heilige Römische Reich durch die im Westfälischen Frieden zugunsten der Territorialfürsten getroffenen Entscheidungen als Gesamtstaat nur noch begrenzt funktionsfähig war, verbanden sich mit seiner Existenz doch besonders auf kulturellem Gebiet Hoffnungen, von denen sich auch Leibniz erst allmählich zu lösen vermochte. Bereits Samuel Pufendorf, einer der Begründer des Naturrechts und durch sein Wirken als brandenburgischer Historiograph in die Vorgeschichte der Berliner Sozietät gehörend, hatte in seinem 1667 unter dem Pseudonym Severinus de Mozambano veröffentlichten Werk „De Statu Imperii Germanici“ dessen Verfassung nicht in die bekannten Staatsformen einzuordnen vermocht und das Reich als „einen unregelmäßigen und einem Monstrum ähnlichen Staatskörper“ bezeichnet. Pufendorf trat nachdrücklich für die religiöse Toleranz und für eine Festigung der Verbindung zwischen den Reichsständen ein. Ganz in diesem Sinne versuchte auch der Arzt und Polyhistor Franz Christian Paullini seit 1687 ein „Collegium Historicum Imperiale“ zu schaffen, das Sammlungen zur deutschen Geschichte veröffentlichen sollte. 1690 wurde der vor allem als Orientalist bekannte Hiob Ludolf in Frankfurt am Main Präsident dieser Gesellschaft, für die der Kaiser allerdings nicht als Protektor gewonnen werden konnte. Eine ersprießliche Tätigkeit des Collegiums kam nicht zustande. Leibniz interessierte sich sehr für diese Einrichtung, wobei er sicher nicht zufällig auf die Leopoldina verwies.

Es gab also auch in Deutschland Bestrebungen, sowohl die naturwissenschaftliche Forschung als auch die nationale Überlieferung in Vereinigungen von Wissenschaftlern zu pflegen. Die erwähnten Sprachgesellschaften gehören ebenfalls hierher. Das gleiche gilt für die 1622 von Joachim Jungius in Rostock geschaffene Societas ereunetica, die allerdings nur wenige Jahre bestand und schon 1625 wieder einging. Sie war eine naturwissenschaftliche Gesellschaft. Jungius, der später in Hamburg wirkte, gebührt ein wichtiger Platz in der Geschichte der deutschen Akademiebewegung. Dauer und Wirksamkeit erlangte jedoch nur die Academia Naturae Curiosorum, während andere Bemühungen Episoden blieben. Angesichts der dominierenden territorialstaatlichen Entwicklung in Deutschland scheiterten im wesentlichen alle überregionalen Bemühungen. Hier liegt auch eine Ursache dafür, daß eine mit der Accademia della Crusca vergleichbare Vereinigung nicht entstand. Im Unterschied zu Italien, Frankreich und England behauptete zudem das Lateinische als Wissenschaftssprache in Deutschland länger seine Stellung, obwohl etwa Christian Thomasius am Ausgang des 17. Jahrhunderts an der Universität in Halle Vorlesungen in deutscher Sprache zu halten begann. Für die Pflege der Nationalsprache in Deutschland in breitem Maße fehlten die Tradition, die in Italien trotz der Zersplitterung stimulierend wirkte, und der Rückhalt in einem nationalen Staat, wie er in Frankreich und in England gegeben war.

Die französischen Akademien

Im Akademiebereich wurde das duale System, wie es sich in Italien herausgebildet hatte, am konsequentesten in Frankreich verwirklicht. Die dortige Entwicklung der Wissenschaftsorganisation läßt sich nicht ohne Berücksichtigung der Tatsache begreifen, daß Frankreich im 17. Jahrhundert politisch und kulturell zum führenden Land in Europa wurde. Hervorragenden Anteil daran hatte Richelieu, seit 1622 Kardinal und seit 1624 allmächtiger leitender Minister Ludwigs XIII. Richelieu, den seine Politik als Staatsmann zeitweilig in einen Gegensatz zur römischen Kurie und zum Vortrupp der Gegenreformation, der Societas Jesu, brachte, hat wesentlichen Einfluß auf die Herausbildung des französischen Absolutismus genommen. Daraus erklärt sich auch seine

Förderung des Gallikanismus, einer seit dem Beginn des 16. Jahrhunderts datierenden Bewegung innerhalb der katholischen Kirche Frankreichs, die als gallikanische Kirche in bestimmten Fragen – zum Beispiel bei der Ernennung der Bischöfe durch die Krone, der Schmälerung der geistlichen Gerichtsbarkeit, der Besteuerung der Kirche durch den Staat – von der Kurie in Rom unabhängiger war als andere katholische Landeskirchen. Bestandteil des Ringens Richelieus um die Zentralisierung in Frankreich waren auch seine kulturpolitischen Maßnahmen.

Bereits seit 1626 hatte Valentin Conrart in Paris regelmäßig einen Kreis literarisch interessierter Persönlichkeiten um sich gesammelt. Aus dieser Gruppe bildete Richelieu 1635 die Académie Française, deren ständiger Sekretär Conrart bis zu seinem Tode 1675 blieb. Die Académie Française übernahm die Erarbeitung eines französischen Wörterbuchs und die Begutachtung neuer literarischer Werke. Den Auftrag zur Vorbereitung des Dictionnaire erhielt Claude Favon de Vaugelas, der 1647 seine „Remarques sur la langue française" veröffentlichte. Das Wörterbuch selbst erschien unter dem Titel Dictionnaire der Académie Française seit 1694 und übte nachhaltigen Einfluß auf die Ausbildung der neufranzösischen Schriftsprache aus.

Die Naturwissenschaftler in Paris fanden nach dem Tode Mersennes im Jahre 1648 im Hause des Cartesianers H. L. H. de Montmor ein Zentrum. 1657 bildeten sie durch die Abfassung von Statuten eine gelehrte Gesellschaft, deren Sekretär Samuel Sorbière wurde. Diese Privatgesellschaft konnte staatliche Anerkennung nicht erringen und löste sich infolge innerer Streitigkeiten 1664 auf. Ein Kreis von Enthusiasten für die experimentelle Wissenschaft bestand in Paris um den Physiker M. Thévenot.

Im Jahre 1666 wurde unter direkter Einflußnahme Colberts in Paris die Académie des Sciences gegründet, deren erste Sitzung am 22. Dezember stattfand und zu der personelle Verbindungen aus den Kreisen von Montmor und Thévenot erkennbar sind. Unter den ersten 21 Mitgliedern der Académie des Sciences waren bedeutende Wissenschaftler, so die Mathematiker Pierre de Carcavi, Gilles Personne Roberval und Bernard Frénicle de Bessy, die Astronomen Adrien Auzout und Jean Picard, die Physiker Edme Mariotte und Claude Perrault. Eine führende Persönlichkeit der Akademie war von Beginn an der Niederländer Christian Huygens. Bis 1699 wurden 41 zum Teil bedeutende Wissenschaftler in die Akademie aufgenommen. Bereits 1669 kam Giovanni Domenico Cassini aus Italien nach Paris, um die Leitung der Sternwarte zu übernehmen. Da auch die Astronomen Ole Rømer aus Dänemark und Giacomo Filippo Maraldi aus Italien neben den französischen Brüdern G. P. und P. de La Hire an der Akademie wirkten, errang diese am Ausgang des 17. Jahrhunderts eine führende Stellung in der astronomischen Forschung. Das gilt auch für die Arbeiten, die intensiv auf mathematisch-naturwissenschaftlichem und biologischem Gebiet betrieben wurden. Hervorhebenswert ist die internationale Zusammensetzung der Mitgliedschaft.

Ihr erstes Statut erhielt die Académie des Sciences in Paris erst 1699. Für dessen Abfassung konnten also die Erfahrungen von mehr als 30 Jahren akademischer Arbeit berücksichtigt werden. Einen gewissen Einschnitt in die Frühgeschichte der Akademie in Paris bildete 1685 die auch für die Entwicklung in Brandenburg so wichtige Aufhebung des Edikts von Nantes durch Ludwig XIV., weil es die Weiterarbeit der Protestanten in Frankreich unmöglich machte. Huygens und sein Mitarbeiter Denis Papin, aber auch Rømer verließen daraufhin Paris.

Im Jahre 1700 veröffentlichte Jean Baptiste Du Hamel, der seit der Gründung bis 1697 Ständiger Sekretär der Académie des Sciences war, in Leipzig seine Darstellung

„Regiae scientiarum Academiae historia", die eine unverzichtbare Quelle für die Frühgeschichte der Akademie in Paris darstellt und die das Ziel hatte, die internationale Öffentlichkeit über das Wirken der gerade erneuerten Akademie zu informieren. Die Wahl der lateinischen statt der französischen Sprache, die die Verhandlungssprache der Akademie war, ist ein Hinweis darauf, daß vor allem das Ausland angesprochen werden sollte.

Die Royal Society

Die dritte bedeutende europäische naturwissenschaftliche Akademie, die in der zweiten Hälfte des 17. Jahrhunderts ihre Arbeit aufnahm, war die 1660 gegründete und 1662 vom englischen König Charles II. bestätigte Royal Society in London. Auch sie hat eine längere Vorgeschichte. Detailliert wurde der Frage nachgegangen, ob die Wurzeln der Royal Society in den vierziger Jahren in London und/oder in den fünfziger Jahren in Oxford liegen. Den Hintergrund für diese Erörterungen bildete das Selbstverständnis der durch das wiederhergestellte Königtum bestätigten Akademie. Schließlich durchlebte England damals unter der Führung Oliver Cromwells eine bürgerliche Revolution, deren Zentrum London war, während Oxford in der Sicht der Restaurationsperiode wegen seiner royalistischen Verbindungen mit diesem „Nachteil" revolutionärer Bestrebungen weniger behaftet war. Gegenüber der seit der Mitte des 18. Jahrhunderts vorherrschenden Ansicht, daß im Gresham College in London seit 1645 die Anfänge der Royal Society liegen, wird auch die These vertreten, daß die Royal Society ungeachtet der stimulierenden Wirkung älterer Gesellschaften im Oxforder Club ihre Wurzeln hat.

Unmittelbar in die Gründung der Royal Society mündete der Beschluß von zwölf Wissenschaftlern in London am 28. November 1660 – also nach der Wiederherstellung des Königtums –, ein „College for the promoting of physico-mathematical experimental learning" zu gründen. Sekretär wurde John Wilkins, Vorsteher des Wadham College in Oxford seit 1648, Bischof von Chester seit 1668 und Schwager Cromwells seit 1656. Insgesamt waren unter den ersten Mitgliedern der Society mehrere Wissenschaftler, die Anhänger des Parlaments gewesen waren. Dazu gehörte auch der aus Bremen stammende Henry Oldenburg, der bis zu seinem Tode 1677 Sekretär der Society mit großen Verdiensten um deren internationale Beziehungen war. Über John Dury, seinen Schwiegervater, der als Johann Duräus 1668 in Berlin Verhandlungen über die Kirchenunion führte, aber auch über Samuel Hartlib und Theodore Haak hatte Oldenburg Verbindungen zum Gedankengut von Comenius, dessen 1641/42 geschriebene und 1668 gedruckte „Via lucis" den „Mitgliedern der Royal Society of London, die die reale Philosophie nun zur glücklichen Geburt bringen", gewidmet ist. Die Experimentalwissenschaft in der Royal Society vertraten vor allem Robert Boyle und Robert Hooke. Boyle arbeitete als Physiker und gilt als Begründer der wissenschaftlichen Chemie. Eng mit ihm wirkte Hooke zusammen, der 1678 auch Sekretär der Royal Society wurde. Hookes Hauptarbeitsgebiete waren die Mathematik und die Physik.

Die Bestätigung der neuen Gemeinschaft der Wissenschaftler als Royal Society erfolgte durch eine Charter des Königs Charles II. vom 15. Juli 1662. Seit der zweiten Charter des Königs vom 22. April 1663, in der sich dieser zum „Gründer und Patron" der Akademie erklärte, führte sie die Bezeichnung „Royal Society of London for

Improving Natural Knowledge". Erster Präsident wurde der Mathematiker William Brouncker, ein Royalist. Die Zahl der Mitglieder der Royal Society, die deren Arbeit durch Mitgliedsbeiträge selbst finanzierten, stieg schon bis November 1663 auf 131, da auf die ursprünglich vorgesehene Begrenzung der Mitgliederzahl verzichtet worden war. 1662 erhielt die Royal Society ihr erstes Statut.

Die bereits im 18. Jahrhundert gedruckten Protokolle der Akademie zeigen, daß zunächst kaum theoretische Probleme erörtert wurden. Bacons Gedanken über das „Haus Salomons" in der Neu-Atlantis wurden rezipiert. Experimente bildeten die wesentliche Beschäftigung der Mitglieder. Große Aufmerksamkeit wurde den Gewerben, den Handwerken und der Landwirtschaft geschenkt. Die Royal Society reagierte – soweit bekannt – 1668 als einzige gelehrte Gesellschaft auf die Aufforderung des Kurfürsten Friedrich Wilhelm, im Zusammenhang mit dem brandenburgischen Akademieplan von Skytte Fachkräfte anzuwerben. Wissenschaftliche Versuche anderer Gesellschaften – beispielsweise die erwähnten der Accademia del Cimento von 1667 – wurden in London wiederholt und überprüft. Insgesamt läßt sich jedoch für die ersten Jahre der Royal Society feststellen, daß die Entwicklung vom reinen Experiment weg zur Synthese von Experiment und Theorie verlief und direkt auf die Praxis bezogene Probleme immer weniger behandelt wurden. Seit der Aufnahme Isaac Newtons in die Royal Society (1672) wurden viele der von ihm bearbeiteten naturwissenschaftlich-mathematischen Probleme behandelt. 1687 erschienen dann Newtons „Philosophiae naturalis principia mathematica", in denen seine theoretisch-physikalischen Entdekkungen und sein naturphilosophisches Weltbild dargestellt wurden. Bekanntlich hat Newton dieses Werk nicht selbst herausgegeben; die Edition wurde von Edmund Halley veranstaltet. Regelmäßig wurde in den Sitzungen der Royal Society die umfangreiche ausländische Korrespondenz der Gesellschaft ausgewertet. Das 1675 geschaffene Greenwicher Observatorium wurde 1710 der Aufsicht der Royal Society unterstellt, obwohl dessen Direktor, der königliche Astronom John Flamsteed, bereits seit 1676 Fellow of the Royal Society – so nennen sich die Mitglieder bis heute – war. In dieser Hinsicht unterschied sich die Londoner Akademie zunächst von derjenigen in Paris, die wie später die brandenburgische Sozietät über eine Sternwarte verfügte.

Die Royal Society hat bis in die Gegenwart ihren rein naturwissenschaftlichen Charakter behalten. Gleichwohl lassen sich in der Zeit unmittelbar vor ihrer Gründung und während ihrer Frühgeschichte Bestrebungen erkennen, auch sprachlich-literarische Probleme zu bearbeiten. 1653 hatte Paul Pellison seine Schrift „Histoire de l'Académie Française jusqu'en 1652" veröffentlicht, die großen Erfolg hatte und 1657 auch englisch erschien. Es war daher kein Zufall, daß Probleme der Sprachreinigung und der Sprachnormierung in England um 1660 ein Echo fanden. Die Royal Society bildete 1664 „for the improvement of the English Language" ein Komitee, in dem John Evelyn und John Dryden als wichtigste Verfechter des Gedankens einer Sprachakademie die Hauptrolle spielten. Obwohl es in der Folgezeit bis zum Ausgang des Jahrhunderts immer wieder Vorstöße in dieser Richtung gab, führte das nicht zu definitiven Ergebnissen. Welche Wirkung der Gedanke gleichwohl ausübte, zeigt beispielsweise Daniel Defoes Vorschlag für die Gründung einer Akademie für die Pflege der englischen Sprache aus dem Jahre 1698 in seinem Werk „An Essay upon Projects". Der Hinweis auf Defoe, der auch in der Geschichte des Zeitschriftenwesens eine Rolle spielte, führt zugleich auf den Zusammenhang zwischen Akademie und Publikationen.

Akademien und wissenschaftliche Zeitschriften

Untrennbar mit der Entwicklung des Akademiegedankens ist die Entstehung der wissenschaftlichen Periodika in Europa verbunden. Entscheidende Jahreszahlen in dieser Hinsicht waren 1665, 1668, 1670 und 1682 – sie stehen folglich wichtigen Akademiegründungsdaten zeitlich recht nahe.

Im Jahre 1665 begannen in Frankreich das „Journal des Savants“ und in England die „Philosophical Transactions“ zu erscheinen. Das „Journal“ war zunächst keiner wissenschaftlichen Einrichtung zugeordnet. Es erschien infolge mehrmaligen Wechsels der Herausgeber und wegen zeitweiliger Schwierigkeiten mit der Zensur mit gelegentlichen Unterbrechungen. Als seine Aufgabe betrachtete es sowohl die Information über neue Bücher, über neue Ergebnisse der Physik und Mathematik, über Erfindungen und Entdeckungen sowie über Naturerscheinungen, als auch die Publizierung von Originalartikeln. 1701 wurde für das „Journal“ ein Herausgeberbüro unter der Leitung des Abbé J. P. Bignon, des Präsidenten der Académie des Sciences, gebildet. Faktisch wurde die Zeitschrift also mit der Akademie verbunden, obwohl sie auch danach keine reine naturwissenschaftliche Zeitschrift wurde.

Das am 5. Januar 1665 erschienene erste Heft des „Journal des Savants“ wurde bereits am 11. Januar 1665 in der Royal Society besprochen. Das war möglich durch die Zeitdifferenz von zehn Tagen zwischen dem Gregorianischen Kalender (neuer Stil) in Frankreich und dem bis 1752 in England beibehaltenen Julianischen Kalender (alter Stil). Bereits am 26. März 1665 nach dem englischen Zeitstil erschien unter der verantwortlichen Leitung von Oldenburg das erste Heft der „Philosophical Transactions“ der Royal Society (eine Unterbrechung gab es bis heute nur für fünf Jahre nach 1677, nachdem Oldenburg gestorben war). Die Zeitschrift entwickelte sich rasch zu einem international angesehenen naturwissenschaftlich-mathematischen Publikationsorgan, insbesondere durch den Abdruck zahlreicher brieflicher Mitteilungen auf der Grundlage der umfangreichen Korrespondenz, die Oldenburg persönlich und die Royal Society unterhielten.

Ebenso wie das „Journal des Savants“ und die „Philosophical Transactions“ wurden zwei zeitgenössische italienische Fachzeitschriften in der Nationalsprache publiziert. Allerdings ist auffallend und für die unterschiedliche Stellung Frankreichs und Englands einerseits und Italiens andererseits in der Wissenschaftsentwicklung kennzeichnend, daß sowohl das „Giornale de Letterati“ in Rom (gegründet 1668) als auch das „Giornale Veneto de Letterati“ in Venedig (gegründet 1670) zunächst im 17. Jahrhundert nur jeweils etwa ein Jahrzehnt – bis 1681 beziehungsweise 1680 – zu erscheinen vermochten.

Die Leopoldina in Schweinfurt begann 1670 mit der Herausgabe ihrer eigenen Zeitschrift, die trotz einiger kleinerer zeitlicher Lücken kontinuierlich erschien: 1670–1680 (sieben Bände), 1683–1692 (zehn Bände) und 1694–1706 (sieben Bände). Der außerordentlich lange Titel des ersten Bandes, der im wesentlichen für die hier behandelte Zeit beibehalten wurde, gibt den Aufgabenbereich des Periodikums exakt wieder: „Miscellanea curiosa medico-physica Academiae Naturae Curiosorum sive Ephemeridum medico-physicarum germanicarum curiosarum Annus primus . . . continens celeberrimorum medicorum in et extra Germaniam observationes medicas et physicas, vel anatomicas, vel botanicas, vel chirurgicas, vel therapeuticas, vel chymicas . . .“ Für die Wahl der lateinischen Sprache scheinen der Mitarbeiterkreis – innerhalb und außerhalb Deutschlands – und das Interesse an internationaler Wirksamkeit maßgebend gewesen zu sein, für die diese Gelehrtensprache noch immer das geeignete Medium abgab. Das bestätigen nicht nur die späteren Entscheidungen der Akademien in Berlin und St. Petersburg, die ihre Serien lateinisch veröffentlichten, sondern auch die erwähnte Geschichte des Académie des Sciences von Du Hamel. Tendenzen zur Überwindung der ausschließlichen Verwendung der lateinischen Sprache in der Leopoldina werden schon im 17. Jahrhundert erkennbar. Es war der als Mitglied um diese Akademie verdiente brandenburgische Leibarzt Christian Mentzel, der die Auffassung vertrat, die „Miscellanea curiosa" sollten ihre Beiträge nicht nur lateinisch, sondern auch in den gebräuchlichen europäischen Sprachen veröffentlichen.

Einen weiteren Markstein in der Geschichte der Fachzeitschriften bildete 1682 die Begründung der „Acta Eruditorum" durch Otto Mencke in Leipzig. Durch Sprache und Inhalt trug dieses Journal internationalen Charakter, obwohl es ein privates Unternehmen des Herausgebers war. Ihm zur Seite stand jedoch ein Kreis bedeutender Wissenschaftler, so daß nicht zu Unrecht von einer „Societas collectorum Actorum Eruditorum Lipsiensis", also einer Art Gelehrtengemeinschaft, gesprochen werden konnte. Die Thematik der Zeitschrift war umfassend. Berücksichtigt wurden Theologie, Kirchengeschichte und Jurisprudenz, Medizin, Physik und Mathematik, Geschichte, Philosophie und Philologie. Den Hauptinhalt bildeten Buchrezensionen und -annotationen, wofür Leipzig als führender Buchmarkt günstige Voraussetzungen bot. Neben dieser operativen und qualifizierten Information standen wissenschaftliche Originalartikel, die das hohe Ansehen der „Acta Eruditorum" prägten. Ein eifriger Mitarbeiter war der Berliner Sozietätsgründer Leibniz, der beispielsweise in den achtziger Jahren dort seine für die Entwicklung der Mathematik maßgeblichen Beiträge zur Differential- und Integralrechnung veröffentlichte.

Gottfried Wilhelm Leibniz

Leibniz' Gedanken über wissenschaftliche Vereinigungen und deren Adaption auf deutsche Verhältnisse im ausgehenden 17. Jahrhundert gründen im wesentlichen auf zwei Voraussetzungen. Die erste, die mehr allgemeine, liegt unzweifelhaft im Stand der inhaltlichen und organisatorischen Gesamtentwicklung der Wissenschaft bis zum ausgehenden zweiten Drittel des 17. Jahrhunderts in Europa im Zusammenhang mit der wissenschaftlichen Revolution. Die zweite Voraussetzung, die personelle, folgte aus dem Lebensweg des 1646 als Professorensohn in Leipzig geborenen Leibniz. Umwelt, Herkunft und Begabung schufen günstige Voraussetzungen dafür, daß er mit 21 Jahren seine Studien nach dem Besuch der Universitäten Leipzig, Jena und Altdorf als Jurist abschließen konnte. Die sich ihm bietende Möglichkeit einer juristischen Professur in Altdorf ergriff er nicht. Nach einer kurzen Übergangsperiode in Nürnberg trat er als lutherischer Jurist durch Vermittlung Johann Christian von Boineburgs 1668 in die Dienste des katholischen Erzbischofs Johann Philipp von Schönborn in Mainz. Darin ist ein Symptom für die Auflockerung des strengen Konfessionalismus zu sehen. Leibniz' Wirken in Mainz und die Möglichkeit, 1672 im Auftrage Boineburgs nach Paris zu gehen, prägten nachhaltig seinen weiteren Lebensweg. Bis 1676 lebte Leibniz in Paris, zwei Reisen führten ihn von dort aus 1673 und 1676 nach England. In beiden Ländern wurde er nicht nur mit dem Wirken der dortigen Akademien der Wissenschaften vertraut, er konnte in beiden Institutionen auch aktiv mitarbeiten. In London wurde er 1673 Mitglied der Royal Society. In die Académie des Sciences in Paris wurde er 1699 aufgenommen.

Vor allem in dem Jahrzehnt nach dem Abschluß seiner Ausbildung und auf dieser aufbauend, in Nürnberg, Mainz, Paris und London, wurde der Jurist Leibniz zu jenem Polyhistor, zu jenem das ganze Wissen seiner Zeit verarbeitenden und weiterentwikkelnden Gelehrten, als der er durch sein fast vierzigjähriges Wirken seit 1676 bis zu seinem Tode in Hannover und weit über die Stadt hinaus bekannt wurde. Die Hauptrichtungen seiner wissenschaftlichen und wissenschaftsorganisatorischen Tätigkeit waren bei seiner Rückkehr nach Deutschland bereits ausgeprägt. Sie basierten auf der exakten Kenntnis des Wissens und der Wissenschaftsorganisation seiner Zeit und auf eigenen Arbeiten. Entscheidend wurde für Leibniz, daß er die damals führenden Zentren der Wissenschaft, Paris und London, nicht nur aus der Literatur rezeptiv kennenlernen, sondern sie aktiv, sogar mitgestaltend, erleben konnte. Von manchen seiner Zeitgenossen, denen diese Gelegenheit ebenfalls gegeben war, hob ihn allerdings seine eigene geistige Überlegenheit ab, deren hervorstechende Eigenschaft seine schöpferische Verarbeitung der vielfältigen Anregungen war, die die damalige wissenschaftliche Revolution bot.

In der Geschichte fast aller Disziplinen, der Philosophie und der Theologie, der Geschichtswissenschaft und der Jurisprudenz, der Philologie und Literatur, der Mathematik und der Physik, der Astronomie, der Biologie und der Medizin sowie auf weiteren Fachgebieten hat Leibniz seine Spuren hinterlassen. Er war schließlich einer der am vielseitigsten gebildeten Deutschen seiner Zeit, dessen umfassendes Wirken erst in dem Maße immer besser erschlossen werden kann, wie durch die leider nur langsam fortschreitende Ausgabe seiner Schriften, die seit fast 100 Jahren Bestandteil der Geschichte der Berliner Akademie ist, die unabdingbare quellenmäßige Voraussetzung dafür geschaffen wird. Das Bild dieser Persönlichkeit, mit dessen Nachzeichnung sich Generationen von Wissenschaftlern unter den verschiedensten Gesichtspunkten beschäftigt haben, gewinnt dadurch an Tiefe und Differenziertheit. Aber auch die Schwierigkeiten, die sich diesem Manne entgegenstellten, werden erkennbar. Leibniz hat vieles begonnen, aber manches davon, das gedanklich über seine Zeit der gesellschaftlichen Umbrüche hinauswies, nur teilweise oder gar nicht verwirklichen können. Seine Bemühungen um die Wissenschaftsorganisation, inhaltlich konzentriert in seinen Sozietätsplanungen, belegen eindeutig, in welchem Maße die Realisierung neuer Gedanken, deren Genialität rückblickend offensichtlich ist und die vielfach außerordentlich modern anmuten, von der jeweiligen objektiven Situation abhängig war.

Akademiepläne von Leibniz

Der erste Akademieplan von Leibniz datiert aus dem Jahre 1668, seine letzten Bemühungen in dieser Richtung lassen sich fast 50 Jahre später feststellen. Als Leibniz die ersten Überlegungen zu dieser Problematik anstellte, boten die damals bestehenden oder schon nicht mehr existierenden Akademien, die Entwicklung des Akademiegedankens, die Ergebnisse der wissenschaftlichen Revolution und der Stand der Wissenschaften in Deutschland genügend Stoff. Durch den brandenburgischen Plan Skyttes, auf den noch einzugehen sein wird, wurde Leibniz zudem 1667 mit einem scheinbar bereits in das Stadium der Realisierung getretenen Projekt konfrontiert. In mehreren Schriftstücken bis 1670 variierte er das Thema der Akademiegründung zwar in Einzelheiten, kehrte aber immer wieder zu einem Grundgedanken zurück: Dem Zusammenschluß der Gelehrten, um Erfahrungen und Ideen auszutauschen, Experimente anzustellen, Erkenntnisse zu sammeln und die Wunder der Natur zu ergründen, um die Arbeit zu erleichtern. Die Einrichtung von Bibliotheken und Laboratorien ist in diesen Entwürfen bereits vorgesehen, Finanzierungsmöglichkeiten werden erörtert. Grundsätzlich gingen alle Überlegungen von Leibniz zunächst davon aus, eine Reichsakademie oder eine Akademie internationalen Charakters zu schaffen, nicht aber eine Akademie eines deutschen Territorialstaates.

Zwingend taucht hier die Frage auf, weshalb die Leopoldina als einzige in Deutschland tätige Akademie von Leibniz oft gar nicht oder nur am Rande erwähnt wird. Dafür dürfte es in der Hauptsache zwei Gründe gegeben haben. Die Academia Naturae Curiosorum war zu jenem Zeitpunkt noch eine private Einrichtung, die erst 1670 ihre erste Publikation vorlegte und 1677 den Charakter einer Reichsakademie erhielt. Zudem war ihre Organisation so beschaffen, daß die Medizin und die Botanik im Mittelpunkt ihrer Arbeiten standen, der Gesamtkomplex der physikalisch-mathematischen Disziplinen also weitgehend unberücksichtigt blieb. Gerade diese aber waren höchst bedeutsam für die wissenschaftliche Revolution. Hinzu kam noch der Umstand, daß die Akademie in Schweinfurt dem Prinzip des gemeinsamen Experimentierens und Forschens, wie es in London und Paris, aber zuvor auch schon in Rom und Florenz praktiziert wurde, nur bedingt entsprach, da die Mitglieder persönlich nicht zusammenkamen. Sie tauschten nur schriftlich ihre Forschungsergebnisse aus. Der persönliche Grund, selbst der Begründer einer den Erfordernissen besser entsprechenden Akademie zu werden, mag bei Leibniz außerdem eine Rolle gespielt haben.

In einem undatierten, aber um 1670 verfaßten Memorandum äußerte sich Leibniz ausführlicher zur Leopoldina. Die Datierung ergibt sich aus der Formulierung, die Academia Naturae Curiosorum hätte „etliche neue Observationes medicas herausgegeben, davon sie *innerhalb eines Jahres den Anfang gemacht*, umb in etwas zum Wenigsten den englandischen Transactionibus philosophicis, dem französischen Journal des sçavans, der Italianischen Giornale di letterati zu folgen. Es mangelt aber viel dabey zu einem rechten wohlformierten Corpore . . .“ Hier ist die erwähnte Zeitschrift der Leopoldina gemeint, die 1670 zu erscheinen begann. An anderer Stelle des Memorandums bezeichnete Leibniz das „von etlichen Medicis versuchte Collegium Naturae Curiosorum“ als „ein Zeichen unsers Willens, daß wir, wie junge Vögel, gleichsam zu flattern angefangen“. Insgesamt wäre diese Akademie „an sich selbst guth und nicht zu verachten, ist doch nicht real gnugsam, denn dadurch nur bereits habende Dinge aus andern Büchern gesammelt, nicht aber neue aus eigener Experienz entdeckt worden“.[5] Leibniz wurde niemals Mitglied der Leopoldina.

Nachdem Leibniz 1676 in Hannoversche Dienste getreten war, verfolgte er seine Akademieplanungen weiter, wobei er sich nunmehr auf die detaillierte persönliche Kenntnis der Situation in Paris und London stützen konnte. Grundsätzlich hielt er zunächst an der Absicht fest, eine Akademie für das Heilige Römische Reich deutscher Nation zu gründen. Ausdruck fand das bereits in seinem Plan von 1676 für eine Societas Germana, in dem die Gründung einer „Societas Caesarea“ gefordert wurde, deren Mitglieder ihr Wissen nicht aus Büchern, sondern aus der Natur und den Sinnen schöpfen sollten. Besonders aufschlußreich ist dieses Dokument durch die Tatsache, daß Leibniz darin fast 50 Namen von Wissenschaftlern im In- und Ausland nannte, die als Mitglieder in Frage kommen würden. Folgende werden unter anderem aufgezählt: Leibniz' Lehrer Erhard Weigel in Jena, der Danziger Astronom und Arzt Johann Hevel, der Geologe Nikolaus Steno, der Naturforscher und Begründer der Insektenkunde Jan Swammerdam, der Physiker und Erforscher des Luftdrucks Otto von Guericke, der Zoologe Antony van Leeuwenhoek und der Arzt und Naturforscher Ehrenfried Walter von Tschirnhaus. Kein einziger dieser Wissenschaftler war Mitglied der Leopoldina.

Mit Tschirnhaus, der als erster Deutscher bereits 1672 Mitglied der Académie des Sciences in Paris geworden war, ist Leibniz seit seinem Aufenthalt in Frankreich persönlich bekannt gewesen, beide verfolgten ähnlich gerichtete Akademiepläne und verhandelten 1704/05 erfolglos über die Gründung einer Akademie in Dresden. 1693/94 und noch einmal im direkten Zusammenhang mit der Entstehung der brandenburgischen Sozietät 1700/01 haben Tschirnhaus und Leibniz über den Akademiegedanken einen eindringlichen Briefwechsel geführt. Obwohl schon im März 1700 von D. E. Jablonski ausdrücklich als Auswärtiges Mitglied genannt, wurde Tschirnhaus aus ungeklärten Gründen nicht in die Sozietät in Berlin aufgenommen.

Nachdem Leibniz' Absichten für die Gründung einer Akademie in Hannover und das bereits erwähnte Collegium Historicum Imperiale in Frankfurt am Main gescheitert waren, deuteten sich ihm seit den neunziger Jahren des 17. Jahrhunderts in Brandenburg erstmals reale Aussichten für die Verwirklichung seines Akademieplanes an. Der Tod des brandenburgischen Historiographen Samuel Pufendorf am 26. Oktober 1694 bot Leibniz im November 1694 Gelegenheit, in einem Brief aus Hannover an Ezechiel Spanheim den Wunsch anklingen zu lassen, am brandenburgischen Hof eine Anstellung zu erhalten. Wissenschaftliche Bestrebungen in Brandenburg, vor allem die Gründung der Universität Halle, die im Briefwechsel Leibniz' des Jahres 1694 eine wichtig Rolle spielte, haben dessen Interesse für die Wissenschaftspolitik in diesem Lande dabei sicher stimuliert. Von seinem Stiefbruder Johann Friedrich Leibniz in Leipzig erhielt er bereits am 14./24. Juli 1694, also wenige Tage nach der offiziellen Eröffnung, eine recht ausführliche Beschreibung, die die Wichtigkeit des Unternehmens in Halle unterstrich. Die darin erwähnte große Zahl von 53 Promotionen anläßlich der Inauguration der Universität Halle betonte die Bedeutung, die ihr beigemessen wurde. Den Hintergrund für Leibniz' wachsendes Interesse an Brandenburg bildete aber auch die Unzufriedenheit mit seiner Situation in Hannover und die Tatsache, daß durch die Ehe zwischen dem Kurfürsten Friedrich III. von Brandenburg und Sophie Charlotte von Hannover seit 1684 bereits Familienbeziehungen zwischen den Herrscherhäusern der Hohenzollern und der Welfen bestanden. Leibniz leitete mit seinem Brief an Spanheim Ende 1694 einen Prozeß ein, der in Anknüpfung an die Wissenschaftsentwicklung in Brandenburg auf Umwegen und mit Rückschlägen im Rahmen der brandenburgischen kulturpolitischen Gesamtplanung nunmehr direkt zur Sozietät der Wissenschaften führte.

Berlin und die brandenburgische Oder-Universität Frankfurt

Als die Gründung der Kurfürstlich Brandenburgischen Sozietät der Wissenschaften unmittelbar vorbereitet wurde, konnte der Kurstaat Brandenburg im Vergleich zu einigen anderen deutschen Territorialstaaten zwar auf eine weniger lange Tradition bildungspolitischen und wissenschaftlichen Strebens zurückblicken, doch eine terra incognita war er in dieser Beziehung keineswegs. Diese Tatsache ins Bewußtsein zu rufen, ist unabdingbar für das Verständnis der Berlin-brandenburgischen Wissenschaftsgeschichte des 18. Jahrhunderts, die stärker als bisher oftmals gesehen im vorhergehenden Jahrhundert wurzelte. Eine Reihe von Ursachen haben den Blick auf die Voraussetzungen der Sozietät in Berlin bisher zu sehr verstellt. Die Mark Brandenburg wurde mit der Annahme der Königswürde durch die Hohenzollern im Jahre 1701 zu einer Provinz des nunmehrigen preußischen Staates. Die Landesuniversität in Frankfurt an der Oder, deren Bedeutung für die Wissenschaftsgeschichte bis in die unmittelbare Gegenwart oft unterschätzt wurde, begann in diesem Zusammenhang und mit der Gründung der moderneren Universität Halle an der Saale den Charakter einer Provinzialuniversität anzunehmen. 1811 wurde sie schließlich nach Breslau verlegt, wobei neben inneruniversitären Entwicklungen auch – und sogar im hohen Maße – äußere Faktoren maßgebend waren. Die Universität verschwand damit nicht nur aus Frankfurt und aus der Mark, sondern weitgehend aus der historischen Forschung. Die Stadt Berlin, deren Name erst 1709 durch die Vereinigung mit Kölln, Friedrichswerder, Dorotheenstadt und Friedrichstadt auf die bis dahin selbständigen fünf Städte ausgedehnt wurde, veränderte als werdendes Zentrum des im 18. Jahrhundert zur europäischen Großmacht aufsteigenden Preußen ihren Charakter völlig. Die Sozietät, deren Voraussetzungen sowohl die Rezeption auswärtigen Gedankengutes als auch die Entwicklung innerhalb Brandenburgs waren, gewann trotz unübersehbarer Schwierigkeiten bald überregionale Bedeutung. Die Entstehung eines auf neue Anforderungen zugeschnittenen Bildungssystems, das in der Universitätsgründung von 1810 in Berlin gipfelte, bestimmte die Wissenschaftsorganisation immer sichtbarer. Je mehr dieses Berlin des Absolutismus und der Aufklärung auch als Wissenschaftszentrum Profil gewann, desto mehr schien sich die nur im Verhältnis zur späteren glänzenden Stellung unscheinbare Zeit des 17. Jahrhunderts zu verdunkeln. Die historische Fragestellung beschränkt sich jedoch nicht darauf, zu ermitteln, was noch nicht war. Mindestens ebenso wichtig, für den historischen Prozeß sogar bedeutsamer, ist die Frage nach dem, was schon war, worauf aufgebaut werden konnte.

Das Kurfürstentum Brandenburg hatte sich als letzter deutscher Territorialstaat vor der Reformation in Deutschland 1506 eine Universität geschaffen. Die Entscheidung fiel zugunsten der durch den Oderhandel wirtschaftlich bedeutenden Stadt Frankfurt. Neuere Forschungen haben erwiesen, daß die Funktion der Viadrina – wie sie nach dem lateinisierten Namen der Oder genannt wurde – in der Geschichte der Wissenschaft bisher unterschätzt wurde. Das gilt gleichermaßen für die zunächst katholische, seit 1539 protestantische und nach 1613 reformierte Universität. Deren Entwicklung zwischen dem Ende des Dreißigjährigen Krieges und der Wende zum 18. Jahrhundert gehört zu den Voraussetzungen der Berliner Sozietät.

In der Geschichte der Frankfurter Universität, um deren Erforschung sich in neuerer Zeit besonders Günter Mühlpfordt Verdienste erworben hat, kann die Entwicklung von 1656 bis 1727 unter dem Oberbegriff der frühen Aufklärung zusammengefaßt werden. Mit Recht wurde Frankfurt als wichtige Bildungsstätte für die Berliner Sozietät der Wissenschaften ausgewiesen. Vorab ist hier auf Daniel Ernst Jablonski zu verweisen, den reformierten Hofprediger der kurfürstlichen Residenzen. Als Mitgestalter der Sozietät in Berlin in den ersten vier Jahrzehnten nach der Gründung, wobei er sich insbesondere als Wissenschaftsorganisator hervortat und dabei die brandenburgische Komponente einbrachte, steht er gelegentlich zu sehr im Schatten des bedeutenderen Leibniz, der als Wissenschaftler, als Wissenschaftsorganisator und als Vertreter des westeuropäischen Akademiegedankens, den er selbständig weiterentwickelte, den Charakter der Berliner Sozietät bestimmte. Unabhängig von der Gewichtung beider Persönlichkeiten, wobei Leibniz als Wissenschaftler natürlich hoch über Jablonski gestellt werden muß, kommt es jedoch darauf an, beider Anteil zu beachten.

Jablonski, der Enkel des Jan Amos Komenský, war Student der Frankfurter Universität gewesen. Dort war er mit der irenisch-unionistischen Richtung des Calvinismus vertraut gemacht worden, die die dominierende Richtung an der Viadrina war und den Schutz des kurfürstlichen Hofes genoß. Als Jablonski in Frankfurt studierte, hatten dort die Auffassungen von Descartes zur Methodologie der Wissenschaftsrevolution des 17. Jahrhunderts bereits Fuß gefaßt. An der Viadrina, der damals östlichsten Rezeptionsstätte des Cartesianismus in Europa, wurde bereits 1656 in einer Magistergratulation vom „Triumph des Descartes zu Frankfurt“ gesprochen. Dieser strahlte aus bis in die Kreise der Regierenden am brandenburgischen Hof. So war der einflußreiche Minister und Kurator der brandenburgischen Universitäten, Paul von Fuchs, vom Cartesianismus beeinflußt.

Die Zusammenführung von Calvinismus und Cartesianismus in der brandenburgischen Universität Frankfurt in der zweiten Hälfte des 17. Jahrhunderts war zugleich Folge und Ursache einer geistig-konfessionellen Toleranz in einer Übergangsphase, die geistig durch die Doppelkonfessionalität des Landes und politisch durch die familiären Verbindungen zwischen den Herrscherhäusern der Hohenzollern und der Oranier in den Niederlanden beeinflußt war. Sie schuf damit günstige Voraussetzungen für die fortschreitende Rezeption westeuropäischen Gedankengutes und die Gründung der Sozietät, wie kompliziert und unter Umständen wenig durchschlagend organisatorische Einzelmaßnahmen auch immer gewesen sein mögen. Insgesamt fand die Toleranz freilich gegenüber dem Katholizismus, aber auch gegenüber dem orthodoxen Luthertum, insbesondere jedoch gegenüber dem offenen Pantheismus eines Spinoza und materialistischen Ansichten, ihre scharfe Grenze.

Blitzartig wird die außerordentlich widersprüchliche geistig-ideologische Situation im Kurfürstentum Brandenburg durch zwei Episoden beleuchtet. Für die Jahre um 1670 wird in einer handschriftlichen Chronik über die Ausbreitung calixtinischen Gedankengutes in Berlin berichtet, über „Syncretisterey“ – wie sie genannt wurde –, „welche sich hergesponnen von D. Georgio Calixto zu Helmstädt. Es ist zum Teil Docentes und Auditores weder kalt noch warm gewesen und haben selbst nicht gewußt, was sie lehren und glauben sollen . . .“[6] Die weder lutherische noch calvinistische, nach einer Synthese strebende Lehre des Calixt erregte damals nicht nur in den brandenburgischen Residenzen die Gemüter. Eine bedeutsame Rolle in diesen geistigen Auseinandersetzungen spielte der kurbrandenburgische Oberhofprediger und Konsistorialrat Bartholomäus Stosch.

Nur etwa zwei Jahrzehnte später, 1692 bis 1694, kam es zu neuen Erregungen. In den achtziger Jahren war Friedrich Wilhelm Stosch einer der geheimen Kammerräte des Kurfürsten. F. W. Stosch, Sohn des gerade genannten B. Stosch, hatte zunächst in Frankfurt an der Oder Philosophie, Theologie und Rechtswissenschaft studiert und war dann durch Frankreich, Italien, Holland und Deutschland gereist. Durch Stellung und Familienbeziehungen gehörte er zu den einflußreichen Persönlichkeiten am brandenburgischen Hof. 1692 veröffentlichte F. W. Stosch sein Buch „Concordia rationis et fidei sive Harmonia Philosophiae moralis et Religionis christianae". Er wollte also Wissen und Glauben in Übereinstimmung bringen und stützte sich auf die damals neuesten Ergebnisse der Philosophie und der Wissenschaft; er vertrat pantheistische und materialistische Lehrmeinungen, womit er in scharfen Gegensatz zu offiziellen Auffassungen geriet. Obwohl offenbleiben muß, was davon eine Frucht der Frankfurter Studienjahre, was eine Folge späterer Erkenntnisse war, so bleibt das Faktum als solches interessant. Stosch widerrief 1694 und wurde 1701 sogar geadelt. Eine isolierte Erscheinung war sein Auftreten offensichtlich nicht.

Besonderes Gewicht gewinnt der Vorgang dadurch, daß Stosch 13 Autoren nannte, aus deren Werken er seine Anschauungen geschöpft hatte. Darunter befanden sich Francis Bacon und Thomas Hobbes. Weiterhin nannte Stosch den Philosophen, Mathematiker und Physiker René Descartes, dessen Kritiker und Wiederbeleber der antiken Atomlehre, Pierre Gassendi, und den niederländischen Pantheisten Baruch Spinoza, aber auch beispielsweise den brandenburgischen cartesianischen Leibarzt Theodor Craanen. Außerdem erschienen in dieser Liste der Locke-Gegner Thomas Burnet, der Begründer des Naturrechts, Hugo Grotius, und der an Descartes anknüpfende Nicole Malebranche. Nicht ohne Reiz ist die Tatsache, daß Stosch sozusagen als Zeugen auch den damals in Berlin wirkenden Naturrechtler Samuel Pufendorf namhaft machte, der zugleich Mitglied der gegen diesen Denker eingesetzten Untersuchungskommission wurde. Altes und Neues durchdrangen sich also zu einem Geflecht, der Boden für neues Denken war aufgelockert, wie zeitgleiche Ereignisse im Vorfeld der Sozietätsgründung belegen.

Mitglieder der Kommission, die gegen Stosch eingesetzt wurden, waren außer dem Historiographen Pufendorf weitere bedeutende Persönlichkeiten des Berliner Geisteslebens der neunziger Jahre. Das gilt zunächst für Paul von Fuchs, aber auch für Ezechiel Spanheim, auf den als Gründer der ersten wissenschaftlichen Gesellschaft Brandenburgs zurückzukommen ist. Fuchs, selbst dem Cartesianismus nicht fernstehend, war von 1667 bis 1670 Professor der Rechte an der brandenburgischen Universität Duisburg, einer der ersten Rezeptionsstätten des Cartesianismus in Deutschland, gewesen, und stand danach, zuletzt als Minister, im Staatsdienst. 1694 übernahm er den Posten eines Kurators der brandenburgischen Universitäten, als welcher er sich um die Gründung der Universität Halle Verdienste erwarb. Ebenfalls bedeutende Persönlichkeiten im Kreis derjenigen, die über Stosch zu Gericht sitzen mußten, waren D. E. Jablonski und sein reformierter Hofpredigerkollege Benjamin Ursinus von Bär sowie Philipp Jakob Spener, geistiger Begründer des Pietismus und Probst der Berliner lutherischen Nikolai-Kirche. Für die Untersuchungskommission gaben auch die Frankfurter Theologen ein Gutachten ab.

Die Vorgänge um den Synkretismus und um F. W. Stosch zeigen einerseits, wie weit bereits fortschrittliches Gedankengut in die Mark Brandenburg eingedrungen war, und andererseits, wie schwierig es ist, die damals handelnden Personen auf geistig-wissenschaftlichem Gebiet in diese Bestrebungen einzuordnen. Einig waren sich die geistigen Repräsentanten des entstehenden Absolutismus in Verwaltung, Kirche und Universität, die durchweg trotz gelegentlicher Adelstitel bürgerlichen Kreisen entstammten, in der Ablehnung pantheistisch-materialistischen Denkens. Unterhalb dieser Schwelle haben sie als Calvinisten oder Lutheraner, Wissenschaftler oder Staatsmänner in mehr oder weniger ausgeprägter Weise stetig oder zeitweilig dazu beigetragen, den Boden für die Ablösung des mittelalterlichen durch das neuzeitliche

Denken zu bereiten oder ihn wenigstens zu lockern. Das war nur möglich, weil im Lande selbst Voraussetzungen für die Verbreitung von Gedankenströmungen entstanden waren, die mit tendenziell gleichgerichteten Bestrebungen in den westeuropäischen Ländern zusammentrafen. Es war ein Suchen nach neuen Wegen, nicht geradlinig, sich vielfach überschneidend und gegenseitig sich sogar zuweilen aufhebend, nicht frei von Rückschlägen und von utopischen Gedankengängen, insgesamt aber doch zukunftsweisender, als es bisher unter dem Gesichtspunkt der Voraussetzungen für eine Sozietät der Wissenschaften in Berlin gesehen wurde.

Die brandenburgischen Universitäten Königsberg und Duisburg

Obwohl nicht im ursprünglichen Kurstaat gelegen, bedürfen auch die beiden im östlichsten und westlichsten Herrschaftsgebiet der Brandenburger Kurfürsten bestehenden Universitäten der Berücksichtigung. Diese Notwendigkeit ergibt sich vor allem aus der Tatsache, daß auch diese Universitäten in die vom brandenburgischen Hof verfolgte Wissenschaftspolitik integriert waren. Ausdruck fand das beispielsweise in der Berufungspolitik, auf die die Zentralbehörde Einfluß zu nehmen trachtete. So schrieb Kurfürst Friedrich Wilhelm 1666, er würde sich „die Hände soweit nicht binden lassen, daß Wir nicht, Unserem Belieben und Gutbefinden nach, Professoren bestellen, annehmen und vocieren". Es wäre daher Aufgabe der örtlichen Behörden, des Kurfürsten „gnädigste Meinung zu intimieren und ausdrücklich anzudeuten, daß sie bei begebender Vakanz hinfüro niemanden an des ab[ge]gangenen Professoris Stelle annehmen sollen, bis Uns zuvor davon untertänigster Bericht geschehen und wir uns darauf resolvieret haben werden".[7] Dieses Problem wurde in der zweiten Hälfte des 17. Jahrhunderts fast immer von Fall zu Fall entsprechend den jeweiligen konkreten Situationen geregelt, jedoch mit der Tendenz einer steigenden Einflußnahme des Monarchen seit der Wende zum 18. Jahrhundert, und zwar bis zum Verbot der Annahme von Berufungen an „ausländische" Universitäten (1733).

Nachdem der brandenburgische Kurfürst 1618 Herzog von Preußen geworden war, hatte das Kurfürstentum Brandenburg neben der Viadrina in Frankfurt eine zweite Universität in Königsberg, die 1544 gegründet worden war. Im Unterschied zur Frankfurter Universität mit ihrer vorherrschend calvinistischen Ausrichtung seit dem Konfessionswechsel der Hohenzollern von 1613 blieb Königsberg lutherisch, im 17. Jahrhundert sogar vorwiegend im Sinne der orthodoxen Richtung. Neue Gedanken wie der Cartesianismus und das Naturrecht fanden hier im 17. Jahrhundert so gut wie keinen Widerhall. Die Universität blieb eine Hochburg des Aristotelismus; der Calvinismus, obwohl das Herrscherhaus ihm anhing, wurde bekämpft. Gleichzeitig kam es jedoch in der zweiten Hälfte des 17. Jahrhunderts zum Eindringen der Lehre des Georg Calixt, die als Synkretismus bekannt ist und von der lutherischen Orthodoxie als Kryptocalvinismus bekämpft wurde. Die Calixtiner, obwohl selbst orthodox, betonten im Unterschied zu ihren streitbaren Gegnern stärker das Gemeinsame der christlichen Glaubenslehren und wirkten somit gegen den strengen Konfessionalismus. Das Thorner Religionsgespräch 1645 vermochte die Gegensätze zwischen Orthodoxen und Synkretisten nicht auszuräumen. Königsberg war neben Helmstedt – der Heimatuniversität des Calixt – ein Zentrum des synkretistischen Streits. Von beiden Seiten schlugen – wie erwähnt – die Wellen bis in die brandenburgischen Residenzen. Einer der Hauptrufer im Kampf gegen Calixt war Abraham Calov, zunächst in Königsberg, ab 1650 im sächsischen Wittenberg. Das Besuchsverbot dieser Universität für Brandenburg, das Kurfürst Friedrich Wilhelm 1652 erließ, hing auch mit diesen Auseinandersetzungen zusammen. In Königsberg war es vor allem Christian Dreier, der seit der Mitte des 17. Jahrhunderts calixtinisches Gedankengut vertrat und durch den Rückgriff auf die Originalschriften nachhaltigen Einfluß auf die Intensivierung des Aristotelesstudiums nahm, sich aber friedfertig zu den Reformierten verhielt. Auf die Medizin wirkte sich die Vorherrschaft des Aristotelismus nachhaltig aus. Am Ausgang des 17. Jahrhunderts konnte in Königsberg von einer Rezeption des modernen Denkens kaum die Rede sein. Eine Änderung der Verhältnisse vollzog sich hier dann unter dem Einfluß des Pietismus, der neben Halle an dieser Universität seine größte Einwirkungsmöglichkeit fand. Damit erreichte Königsberg das moderne Denken um die Jahrhundertwende in einer spezifischen Form.

Eine geradezu konträre Entwicklung im Vergleich zu Königsberg nahm die auch geographisch am extremen westlichsten Ende des brandenburgischen Staates gelegene Universität Duisburg. Nach dem Tode des letzten Herzog von Kleve (1609), der zuletzt über die Herzogtümer Jülich, Berg und Kleve sowie die Grafschaften Mark und Ravensberg geherrscht hatte, wurde dieses Gebiet de facto geteilt. Im Vertrag von Xanten (1614) erhielt Brandenburg Kleve, Mark und Ravensberg zwar nur vorübergehend, doch war damit die endgültige Entscheidung von 1660 bereits getroffen. Weihnachten 1613 hatte der brandenburgische Kurfürst den calvinistischen Glauben angenommen, nicht ohne Zusammenhang mit der Annäherung an die Niederlande und mit dieser kleveschen Erbschaft. Die Hohenzollern stärkten mit dem Glaubenswechsel und dem Erbe ihre Position im Westen des Reichs, besonders im Hinblick auf die calvinistischen Mächte Kurpfalz und Niederlande. Zugleich stellten sie sich damit freilich außerhalb des Religionsfriedens im Reich, in dem bis 1648 der Calvinismus offiziell nicht zugelassen war, und schwächten im gewissen Sinne ihre Position in dem ebenfalls als Erbe anstehenden lutherischen Preußen. Am Niederrhein, wo sich im Zuge der Gegenreformation zu Beginn des 17. Jahrhunderts ein Übergewicht des Katholizismus abzeichnete, setzte sich jedoch besonders in den Städten der Calvinismus durch. Die Duisburger Universitätspläne, die in der Mitte des 16. Jahrhunderts fast schon einmal zum Erfolg geführt hatten, spielten in diesem Gesamtkomplex eine Rolle.

Bereits 1641 hatten die kleve-märkischen Stände den brandenburgischen Kurfürsten um die Gründung einer Universität in Duisburg ersucht. Der Universitätsplan, der von dem wissenschaftlich sehr engagierten kurfürstlichen Statthalter Johann Moritz von Nassau-Siegen unterstützt wurde, richtete sich auch gegen die Jesuitenschulen in Emmerich und Düsseldorf, obwohl die neue Hochschule formal allen zugelassenen Konfessionen offenstehen sollte. Am 15. Oktober 1654 unterschrieb Friedrich Wilhelm in „Cölln an der Spree" das Gründungspatent für Duisburg, am 14. Oktober 1655 wurde die neue Universität feierlich eröffnet. Bei der Gründung der Universität Duisburg wurde einerseits darauf hingewiesen, daß 1555/64 dort bereits einmal eine Universität geplant war. Andererseits wurde großes Gewicht darauf gelegt, die neue Universität als Teil der Bemühungen des brandenburgischen Herrscherhauses um die Schaffung von Bildungsstätten hervorzuheben. In der Inaugurationsrede von 1655 wurde daher ausdrücklich auf die Universitäten Frankfurt und Königsberg sowie das 1607 gegründete Joachimsthalsche Gymnasium in der Mark Brandenburg Bezug genommen. Letzteres nahm als Fürstenschule eine Mittelstellung zwischen den Universitäten und den städtischen Gymnasien ein. Vorstufe der Duisburger Universität war das dort seit 1599 bestehende Gymnasium, von dem einige Professoren an die neue Universität übergingen.

Wirtschaftlich war die Universität Duisburg von Anfang an schwach dotiert. Als deutsche calvinistische Universität mit kleinem Hinterland stand sie seit ihrem Beginn im Schatten der schnell aufblühenden niederländischen Universitäten Leiden (1575), Franeker (1585), Groningen (1614), Utrecht (1634) und Harderwijk (1648). Ein beachtlicher Teil der Professoren wechselte nach dem Start in Duisburg an niederländische Universitäten über, und zwar 23 von 109 während der gesamten Zeit der Existenz bis 1818. Dagegen kamen nur sechs Professoren aus den Niederlanden nach Duisburg. Diese Konkurrenz der Generalstaaten gilt als ein Grund dafür, daß Duisburg den erwarteten Aufschwung nicht nahm. Nachteilig wirkte sich auch die nicht ausreichende Finanzierung aus. Der ausgesprochen reformierte Charakter der neuen Hochschule, weshalb sie von einem Teil der Bevölkerung nicht besucht wurde, wirkte hemmend, förderte aber zugleich die Rezeption fortschrittlichen Denkens. Wirkungsgeschichtlich liegt hier die nicht zu unterschätzende Bedeutung Duisburgs für das deutsche Geistesleben im allgemeinen und das brandenburgisch-preußische im besonderen während der zweiten Hälfte des 17. Jahrhunderts und im beginnenden 18. Jahrhundert. Ausstrahlungen Duisburgs in dieser Zeit lassen sich bis in die Mark Brandenburg aufzeigen.

Von großer Bedeutung war, daß von Anfang an in allen Fakultäten der neuen Universität Duisburg der Cartesianismus Eingang fand. Descartes, der erst unmittelbar vor der Duisburger Universitätsgründung gestorben war, hat durch seine methodischen Zweifel die moderne Erkenntniskritik begründet und damit die Lehre von der Möglichkeit mechanistischer Naturerklärung. Einer seiner Schüler war Johannes Clauberg, der wegen seiner Anschauungen 1651 von der Universität Herborn hatte weichen müssen. Er wurde zunächst als Gymnasialprofessor nach Duisburg berufen und ging dann an die Universität über. Er suchte, obwohl Cartesianer, zugleich einen Ausgleich zwischen Cartesianismus und Aristotelismus. Gleichzeitig bekannte er sich zum Leidener Johannes Coccejus, einem Gegner des strengen Calvinismus, wie er in den konsequent prädestinatorischen Formulierungen der Dordrechter Synode von 1619 Ausdruck fand. In Coccejus' Theologie gewann die Exegese der Bibel ein Übergewicht über den dogmatischen Traditionalismus, der mehr scholastisch-intellektuell ausgerichtet war. Damit trat zugleich die institutionelle Kirche zurück. Der Cartesianismus als Philosophie und der Coccejanismus als Theologie verflochten sich im Wirken Claubergs, der als führende Persönlichkeit in den ersten Jahren der Duisburger Universität angesehen werden muß.

Cartesianische Gedankengänge drangen, nicht zuletzt von Duisburg und Clauberg ausgehend, über einzelne Duisburger nach Osten vor. Nachweisbar ist das bei dem aus Stettin stammenden Sohn eines lutherischen Pastors, Paul von Fuchs, der reformiert wurde und von 1667 bis 1670 Professor der Jurisprudenz in Duisburg war. Danach wirkte er mehr als drei Jahrzehnte nachhaltig auf die Wissenschaftspolitik in der brandenburgischen Hauptstadt ein. Sein Nachfolger in Duisburg von 1670 bis 1688, Gerhard von Maastricht, nahm ebenfalls cartesianische Gedankengänge auf. Über seine 1676 in Duisburg erschienene „Historia juris ecclesiastici et pontificii" beeinflußte er den in Halle wirkenden Christian Thomasius, der das Buch zwar kritisierte, es aber 1706 neu herausgab. In den neunziger Jahren lassen sich in Duisburg Ansätze für die Beschäftigung mit dem Naturrecht Pufendorfs erkennen.

Der Kontakt zwischen den beiden reformierten Universitäten Brandenburgs, Frankfurt an der Oder und Duisburg, fand seinen Ausdruck schon recht früh in wechselseitigen Berufungen von Professoren und in der Tatsache, daß einige spätere Duisburger Professoren auch die Viadrina im brandenburgischen Stammland besucht hatten.

Die kurfürstliche Bibliothek in Kölln/Berlin und ihr Bibliothekar Hendreich

Ein wichtiges Ereignis auf dem Gebiet der Wissenschaft in Brandenburg in der Regierungszeit des Kurfürsten Friedrich Wilhelm, das bereits nicht mehr in einem Randgebiet des Staates wie Duisburg erfolgte, war 1661 die Gründung der heutigen Staatsbibliothek, die als „Churfürstliche Bibliothek zu Cölln an der Spree" eröffnet wurde. Sie war im Residenzschloß untergebracht. Durch den Architekten Johann Gregor Memhardt wurden zu diesem Zwecke drei Räume im Apothekerflügel hergerichtet: der Büchersaal (31 Meter lang, fünf Meter hoch und 14 Meter breit), ein 14 Meter langer Raum als Raritäten- und Handschriftenkammer sowie ein Lesezimmer. Im Vergleich zu den bedeutenden europäischen Bibliotheken des 16. und 17. Jahrhunderts – im Escorial bei Madrid, der Vaticana in Rom, der Ambrosiana in Mailand, der Angelica in Rom, der Bibliothèque Royale in Paris, der Mazarine in Paris, der Bodleiana in Oxford – handelte es sich um eine kleine Einrichtung. 1688 zählte sie 20 000 Druck- und 16 000 Handschriften. In Deutschland gab es namhafte Bibliotheken damals bereits in Wolfenbüttel (1644) und in Gotha (1647), die wie andere aus fürstlichen Hausbibliotheken hervorgingen. Als weitsichtig im Sinne der Bildungspolitik des Großen Kurfürsten erwies sich die Festlegung laufender – wenn auch geringer – regelmäßiger Einnahmen für den Bücherkauf der Bibliothek.

Als Bibliothekare wurden seinerzeit Personen berufen, die sich bereits wissenschaftlich betätigt und Leistungen in ihrem Fach aufzuweisen hatten. Der erste kurfürstliche Bibliothekar war zugleich der erste brandenburgische Historiograph, der zum Kreis um Comenius gehörende Joachim Hübner, der 1650 sein Amt übernahm und 1666 starb. Ein Wendepunkt in der Geschichte der Bibliothek war jedoch die Bestallung von Johann Raue im Jahre 1659 als Bibliothekar, der den Auftrag erhielt, die bestehende Bibliothek zur Nutzung vorzubereiten. Raue entstammte einer Berliner Gelehrtenfamilie. Er hatte in Wittenberg studiert und war ab 1634 Professor an den Universitäten Erfurt und Rostock. Später arbeitete er an einer Ritterakademie in Dänemark und am Gymnasium in Danzig. Durch eine Nepos-Ausgabe (Jena 1635, Hamburg 1648) erregte er die Aufmerksamkeit des Comenius, der ihn zur Mitarbeit an seinen didaktischen Werken aufforderte. Obwohl es dazu nicht kam, vertrat Raue Comenius' Ansichten, konnte sich aber nicht durchsetzen. In Danzig erregte er zudem Widerspruch mit seiner Forderung nach stärkerer Berücksichtigung der Realia im Unterricht. 1654 wurde Raue zum Generalinspektor aller Schulen in der Mark Brandenburg und zum Professor am Joachimsthalschen Gymnasium in Berlin berufen.

Gleichzeitig mit Raue wirkte als Bibliothekar ab 1662 der Rektor des Joachimsthalschen Gymnasiums, Johann Vorstius. Seine Neigung zur reformierten Kirche, zu der er 1662 übertrat, hatte ihn eine Professur an der Universität Helmstedt abschlagen lassen. 1653 hatte er holländische Universitäten besucht, noch in demselben Jahr wurde er Rektor in Flensburg. Seine Vorbehalte gegen Lehrsätze der lutherischen Kirche bewirkten dann 1660 seine Übersiedlung nach Berlin und damit seinen Eintritt in die Dienste des seit 1613 reformierten brandenburgischen Herrscherhauses. Für die Betreuung der Münzsammlung, damals noch Bestandteil der Bibliothek, wurde 1663 Christian von Heimbach eingestellt. Der Franzose Charles Patin, seit 1676 Professor der Medizin in Padua, nannte in seinen 1673 in Basel erschienenen „Quatres relations historiques", in denen er das Berliner Schloß beschrieb, die Bibliothek eine der besten, und zwar sowohl hinsichtlich der Zahl der Bücher und deren Auswahl, als auch hinsichtlich der Medaillensammlung.

Von größerem Einfluß auf die Bibliotheks- und Wissenschaftsgeschichte in Berlin als die bisher genannten Personen war Christoph Hendreich, der bis 1666 die ersten Kataloge der Bibliothek erarbeitete, die über 100 Jahre genutzt wurden. Hendreich war seit 1664 Professor des öffentlichen Rechts und der Geschichte an der brandenburgischen Universität Frankfurt an der Oder. Auf eigene Bitte wurde ihm und seinem Bruder 1665 durch den Kurfürsten der Auftrag zur Herstellung der Berliner Bibliothekskataloge erteilt. 1668 wurde er zum Bibliothekar ernannt. Er behielt dieses Amt bis zu seinem Tode 1702.

Das angeführte positive Urteil von Patin über die Bibliothek dürfte nicht zuletzt schon die Auswirkung der Tätigkeit von Hendreich widerspiegeln. Der während dessen Amtszeit 1687 begonnene Neubau eines Bibliotheksgebäudes, der für Berlin nach den vorliegenden Plänen ein wichtiges wissenschaftliches Zentrum gebracht hätte, wurde nach dem Herrscherwechsel 1688 eingestellt. Das Bibliotheksgebäude an der Stelle des heutigen Doms sollte sich an den sogenannten Apothekerflügel des Schlosses anschließen und 137 Meter lang, 14 Meter breit und 15,5 Meter hoch sein. Es war für 40 000 Bände geplant. Kernstück war ein Saal ohne Zwischenwände. Solche Saalbibliotheken mit einer repräsentativen Aufstellung möglichst einheitlich gebundener Bücher entsprachen den zeitgenössischen Auffassungen und dem Prestigebedürfnis der Herrscher. Die kurfürstliche Bibliothek wäre die erste deutsche Bibliothek mit einem eigens für sie erbauten Gebäude gewesen.

Mit Hendreichs Wirken sind einige im vorliegenden Zusammenhang nicht unwichtige Ereignisse der Wissenschaftsgeschichte verbunden. 1688 macht er den Vorschlag, einen „Patron" der Bibliothek zu ernennen. Dieses Amt – praktisch das eines Direktors – erhielt nach einer Zwischenlösung 1689 Ezechiel Spanheim, eine wichtige Persönlichkeit im Kontext damaliger wissenschaftlicher Bestrebungen. Spanheims wertvolle Büchersammlung – insgesamt 9 000 Bände – wurde 1701 für die nun Königliche Bibliothek erworben. Die 1699 erstmalig erlassene Anweisung für die Abgabe von Pflichtexemplaren an die Bibliothek ging ebenfalls auf Hendreich zurück.

Eine gewisse Bedeutung haben die wissenschaftlichen Unternehmungen Hendreichs, auch wenn sie unvollendet geblieben sind. 1676 ließ er unter dem Titel „Bibliotheca Electoralis Brandenburgica" einen Probedruck für ein Kompendium der bedeutendsten Bibliotheken und Kataloge erscheinen. Er schrieb darüber: „Habe ein Specimen Bibliothecae Electoralis drucken lassen, welches Ihro Churf. Durchl. Anno 1676 dem damaligen in Englandt Legato D. Baroni de Schwerin geschickt, welcher es Societati Regiae Anglicanae gewisen und von derselben gelobet worden, darauff Serenissimus mir befohlen die arbeit zu continuiren. Habe den titulum in Pandectas mutiret A 1678."[8] Der Druck von 1676 enthielt einen Auszug aus der Vorrede von Thomas Hyde, Catalogus impressorum librorum Bibliothecae Bodlejanae in Academia Oxoniensi, Oxonii 1674. Diese Berücksichtigung der Oxforder Einrichtung belegt das Interesse Hendreichs an der Bibliothekswissenschaft. Zugleich sind die genannten

Fakten Zeugnisse für die englisch-brandenburgischen wissenschaftlichen Beziehungen, die damals recht eng waren.

Im Jahre 1682 veröffentlichte Hendreich anonym ein historisches Werk unter dem Titel „Derer die Marck zu Brandenburg betreffende Sachen Erster Entwurf". Über dieses schrieb etwa ein halbes Jahrhundert später der Berliner Historiker Georg Gottfried Küster: „Es ist dieses artige Büchlein an. 1682 in duodecimo ans Licht getreten und bishero mit allem Recht für das allerbeste Compendium der Märkischen Historie gehalten worden. Es ist sothaner Entwurff als der erste Herausgegeben/welchem zweifels ohne mehrere folgen sollen/meines Wissens aber nicht gefolgt sind . . . Es ist auch eine Lateinische Edition hievon versprochen worden/welche aber auch nicht erfolget."[9]

Hendreichs 1687 erschienene „Notitia bibliothecae, quam . . . Fridericus Guilielmus . . . in aula sua Colonia ad Spream fundavit" ist eine wertvolle Quelle zur Frühgeschichte der Bibliothek.

Von den bereits genannten Pandekten Hendreichs erschien 1699 der erste und einzige Band mit den Buchstaben A und B unter dem Titel „Pandectae Brandenburgicae". Es handelt sich um ein biobibliographisches Gelehrtenlexikon. Es fand nicht den erwarteten Anklang. Vor allem wurde darauf verwiesen, daß ein Einzelner nicht in der Lage wäre, ein solches Werk zu vollenden. Als Beispiel sei hier das Urteil von Johann Franz Buddeus aus Jena in der Vorrede zu seinem 1709 in Leipzig erschienenen „Allgemeinen historischen Lexicon" angeführt: „Hendreich hat in seinen Pandectis Brandenburgicis etwas vollkommenes praesentieren wollen: aber auch ein exempel hinterlassen/daß es leichter sey solche Werke zu projectiren/als auszuführen: wiewohl ers an seinem fleiß nicht hat ermangeln lassen/und wenn nur in diesem Werck ein besserer selectus und ordnung in anführung der Schriften gehalten wäre, würde man sich dessen gar nützlich haben bedienen können."[10]

Dagegen wurde das Werk in England positiv aufgenommen. Durch George Stepney, der seit 1698 großbritannischer Botschafter in Brandenburg und Mitglied der Royal Society war, hatte es Hendreich dieser Akademie überreichen lassen. Deren Sekretär Hans Sloane äußerte sich in einem Brief vom 25. Februar 1699 anerkennend und wünschte einen guten Fortgang der Arbeiten. Sloane erwähnte in diesem Zusammenhang auch die frühere Zusendung eines Werkes durch Hendreich, wodurch einige Mitglieder der Gesellschaft mit dessen Bestrebungen bereits bekannt wären. Stepney, der Vermittler von 1699, stand übrigens seit 1695 auch im Gedankenaustausch mit Leibniz. Es schließt sich damit erneut ein Kreis.

Leider blieb auch der von Hendreich beabsichtigte Druck der Bibliothekskataloge unrealisiert. Bereits 1688 hatte er geschrieben, daß er sie „dergestalt schon verfertigt, daß ich sie alle Tage zum Druck befördern kan, gestalt ich dann auch hiebey eine Probe unterthänigst praesentire".[11] Dieser Probedruck ist nicht erhalten. Der seit 1706 von Johann Christoph Becmann herausgegebene alphabetische Katalog der Universitätsbibliothek in Frankfurt an der Oder war daher der erste derartige Katalog, der in der Mark Brandenburg gedruckt wurde.

Skyttes Plan einer Universitas Brandenburgica

Die Entwicklung der Bibliothek gehört zu den entscheidenden Voraussetzungen der Sozietätsgründung in Berlin. In die wissenschaftsorganisatorischen Bestrebungen im Kurfürstentum Brandenburg, die 1654 und 1661 die Gründungen der Universität Duisburg und der Bibliothek in der Hauptstadt bewirkten, ordnete sich nahtlos als zeitlich nächster Schritt ein Plan ein, der zwar nicht realisiert wurde, der aber in das Umfeld des europäischen Akademiegedankens in der zweiten Hälfte des 17. Jahrhunderts führte. Es handelt sich um die Vorschläge des bereits im Zusammenhang mit den Leibnizschen Planungen erwähnten Benedikt Skytte.

Im Jahre 1667 tauchte dieser schwedische Freiherr am Hofe des Kurfürsten Friedrich Wilhelm auf. Einflußreiche Stellungen am schwedischen Hof – beispielsweise unter der Königin Christine – und zahlreiche freiwillige oder durch zeitweilige Ungnade erzwungene Reisen seit 1629 nach England und auf den Kontinent wechselten in Skyttes Leben einander ab. Er war der Sohn eines der Mitbegründer der schwedischen Universität Dorpat (1632, heute Tartu) und eine hochgebildete Persönlichkeit, freilich unstet wie wenige andere, unterhielt aber zahlreiche wissenschaftsgeschichtlich interessante Verbindungen. Von ihnen können hier nur die zum brandenburgischen Hof herausgegriffen werden.

Dieser Kontakt war über den kurfürstlichen Leibarzt Nicolas de Bonnet zustandegekommen. Skytte war wie bereits sein Vater ein begeisterter Anhänger des Comenius und suchte dessen Pläne für die internationale wissenschaftliche Zusammenarbeit zu verwirklichen. Eine Rolle spielte im Kontext dieser Bemühungen der als brandenburgischer Historiograph bereits erwähnte Joachim Hübner, der in England zu einem Kreis gehört hatte, für den Comenius 1634 seine drei Jahre später in Oxford gedruckte pansophische Programmschrift „Praeludia" schrieb. Damals propagierte Comenius in seiner „Via lucis" auch seinen Sozietätsgedanken, den Gedanken einer universalen Akademie der Wissenschaften. Obwohl Comenius seine Absichten weder in England noch in Frankreich und auch nicht in Schweden, wohin er aus England berufen wurde, verwirklichen konnte, sind sie in hohem Maße im Umfeld der damaligen Akademiegründungen in Frankreich und England zu sehen. Auch Benedikt Skytte tauchte immer gerade dann in Paris und London auf, als dort Akademien gegründet wurden (1634/35 und 1666 in Paris, 1662 in London), was sicherlich nicht zufällig war. Seit 1642 war er persönlich mit Comenius bekannt. Joachim Hübner wiederum vermittelte 1661 in Kleve eine Begegnung zwischen dem Kurfürsten Friedrich Wilhelm und Comenius, der seit seiner Vertreibung aus Lissa in Polen im Jahre 1657 in Amsterdam lebte.

Als Skytte 1666 wieder einmal in Schweden in Ungnade fiel, wandte er sich also wohl nicht zufällig nach Brandenburg. Dort schienen sich neue Möglichkeiten zu bieten, seine von Comenius beeinflußten Sozietätsgedanken, die im Unterschied zu den realisierten Akademieplänen in Paris und London auf eine Verbindung von Wissen und Glauben zielten, zu verwirklichen. Leibniz kannte den Plan nachweislich seit 1667. Auch in einer Aufzeichnung Jablonskis und im Briefwechsel zwischen diesem und Leibniz im Jahre 1700 spielte er eine Rolle, obwohl – aus welchen Gründen auch immer – die an der Sozietätsgründung 1700 in Berlin Beteiligten kein Interesse hatten, diese alten Pläne öffentlich zu erwähnen. Leibniz beschränkte sich auf die wenig überzeugende Konstatierung: „. . . ich weiß nicht, wie es kommt, daß mir nicht eingefallen von der Sache zu reden".[12] Sollten hier nicht taktische Überlegungen eine Rolle gespielt haben, die es Leibniz nicht geraten erscheinen ließen, auf ein Projekt hinzuweisen, daß genau in das Jahr fiel, in dem er selbst begann, Akademiepläne zu entwerfen? Wäre es angebracht gewesen, den Kurfürsten Friedrich III., der ja gewonnen werden sollte, auf ein von utopischen Gedanken nicht freies und erfolgloses ähnliches Unternehmen seines Vaters ausdrücklich aufmerksam zu machen? Und das um so mehr nach etwa 30 Jahren, als die Wirklichkeitsferne des Skytte-Plans offensichtlicher war als 1667? Schon damals hatte Skytte, als er 1667 in Frankfurt am Main war, weder Johann Christian von Boineburg noch Leibniz für sein Projekt erwärmen können.

Diese „Universitas Brandenburgica Gentium, Scientiarum et Artium" sollte, wie es in einer Resolution des Kurfürsten und einem wenig später veröffentlichten gedruckten Patent vom 12. April 1667 hieß, im brandenburgischen Tangermünde gegründet werden. Das Patent wurde seinerzeit auch in einer Zeitschrift veröffentlicht, im „Diarium Europaeûm" (Frankfurt am Main 1668). Die Absicht war, gelehrte Leute aus aller Welt ohne Rücksicht auf Stand, Glauben und Beruf nach Kurbrandenburg zu ziehen. Der geplanten Gelehrtenstadt wurde Steuerfreiheit und Neutralität zugesichert.

Als Gegner der Überlegungen Skyttes betätigte sich der schwedische Resident am kurbrandenburgischen Hof, dessen Relationen Einzelheiten der Planungen zu entnehmen sind. Er verwies mehrfach darauf, daß Skytte als Schwede nicht berechtigt wäre, im fremden Auftrag tätig zu werden, und daß sich seine Planungen für die Gewinnung von Fachleuten gegen die brandenburgischen Nachbarn und andere europäische Staaten richteten. In welchem Maße es bei dem Projekt insgesamt auch um ökonomische Probleme ging, verdeutlicht die Reaktion in England. Hier wurden im Frühjahr 1668 Vertreter der Royal Society beim brandenburgischen Residenten vorstellig und erbaten Informationen, da das Vorhaben „so woll eingerichtet, so genereux, rühmlich und nützlich" wäre. Der Resident gab ihnen zu verstehen, daß der Kurfürst „die von der englischen Nation gerne aufnehmen" würde, „wenn man neben denen literatis auch eine gute Anzahl von englischen Weißgerbern, Handschuhmachern, Tuchmachern, Hutmachern und dergleichen dahin bringen und also die englischen Manufacturen daselbst einführen könnte." Die Engländer glaubten, der Wunsch würde sich „mit der Zeit practiciren lassen", zumal viele Nonkonformisten „sich in die Fremde zu begeben" beabsichtigten. Dieser Hinweis muß wohl im Zusammenhang mit den Auswirkungen der englischen Revolution gesehen werden. Unzufriedene wäre man gern losgeworden, gerade Leute, die „in der Religion nicht richtig, sondern unruhig und aufwieglerisch", wollte der brandenburgische Kurfürst aber gerade nicht. Er ließ daher seinen Residenten informieren, daß das „vorgewesene desseing" inzwischen aufgegeben worden war. Dagegen würden Handwerker, die „aufrichtig in der reformierten Religion und auch von Mitteln wären", nach wie vor willkommen sein.[13] Dieser Vorgang erinnert nicht zufällig an die seit 1685 erfolgte Aufnahme der französischen Reformierten, der Hugenotten, in Brandenburg, bei der ebenfalls die ökonomischen Gesichtspunkte zu beachten sind.

Was an diesem Projekt in Tangermünde bereits den Zeitgenossen und erst recht späteren Generationen als unrealisierbar erschien, entbehrt doch insofern nicht einer gewissen Bedeutung, als es einmal durchaus in seiner Übereinstimmung mit manch anderen damaligen Utopien gesehen werden muß, die alle einen ökonomischen Hintergrund hatten. So war es sicher kein Zufall, daß der mit dem Comenius-Kreis in Verbindung stehende schottische Theologe und Schwiegervater des Royal-Society-

Sekretärs Oldenburg, Johann Duräus, gerade 1668 zu Verhandlungen über die Vereinigung der evangelischen Kirchen auch in Brandenburgs Residenzen weilte, wo er allerdings keinen Erfolg erzielte. Zum anderen ist der Skytte-Plan durchaus den in ähnliche Richtung zielenden wissenschaftsorganisatorischen Bestrebungen zuzuordnen, die im 17. Jahrhundert vielerorts in Europa auf Akademien abzielten. Stärkerer Beachtung bedarf die Tatsache, daß der Boden für eine Sozietät in Brandenburg seit der Mitte des 17. Jahrhunderts durch vielfältige wissenschaftsorganisatorische Bestrebungen vorbereitet wurde.

Die Gründung der brandenburgischen Universität Halle

Es entbehrt durchaus nicht zumindest zeitlicher Zusammenhänge, daß Kurfürst Friedrich Wilhelm ebenfalls 1667 eine Gründungsurkunde für eine Universität in Halle ausgestellt hat. Das Grundkonzept einer Wissenschaftspolitik zeichnet sich hier ab, obwohl auch dieser Hallesche Plan zunächst nicht realisiert wurde. Die Residenz der Erzbischöfe von Magdeburg gehörte zwar seit dem westfälischen Frieden von 1648 zu Brandenburg, doch konnte die tatsächliche Inbesitznahme erst 1680 nach dem Tode des letzten Administrators erfolgen. Danach ging alles recht schnell: Halle erhielt 1688 eine Ritterakademie, Christian Thomasius – in geschickt geführten Verhandlungen aus Leipzig nach Halle gezogen – nahm seine Vorlesungen auf, Danckelman als einflußreicher Minister Friedrichs III. gewann 1691 den Kurfürsten für die Umwandlung der Ritterakademie in eine Universität, die 1692 erfolgte: 1694 fand die offizielle, von Leibniz stark beachtete Eröffnung der Friedrichs-Universität statt, 1695 begann die Errichtung des Schulkomplexes der pietistischen Franckeschen Stiftungen, die schon 1698 vom Kurfürsten privilegiert wurden.

Diese Maßnahmen lenken den Blick auf die damalige politisch-geistige Situation in Brandenburg. Der brandenburgische Staat war im 17. Jahrhundert ökonomisch und politisch wie andere deutsche Territorialstaaten nach dem Dreißigjährigen Krieg vor die Aufgabe gestellt, seinen Platz in dem zwar weiter bestehenden, aber geschwächten Reich zu bestimmen. Gegenüber relativ geschlossenen Territorien wie denen der Habsburger, der Welfen, der Wettiner und der Wittelsbacher hatte Brandenburg den Nachteil, daß es im wesentlichen aus drei weit auseinanderliegenden isolierten und ganz unterschiedlich entwickelten Gebieten bestand: dem Kernland, dem Herzogtum Preußen und den Territorien am Niederrhein. In dem Bestreben, ihren jeweiligen Territorialstaat auszubauen, schreckten alle Dynastien nicht vor abenteuerlichsten Winkelzügen zurück, die sich nur aus der Zeit heraus erklären lassen. Um Handel und Industrie zu entwickeln, wurde eine Wirtschaftspolitik betrieben, die nur den eigenen Vorteil sah. Fachleute wurden ins Land gezogen, sowie es sich nur irgendwie anbot, sei es durch Werbung oder Zwang oder durch die Ausnutzung religiöser Unterschiede, wie etwa bei der Aufnahme der französischen Reformierten in Brandenburg. Durch die Vereinheitlichung der Verwaltung sollten unterschiedlich entwickelte Territorien zusammengeschlossen werden. Dafür war geschultes Personal erforderlich, dessen Ausbildung gesichert werden mußte. Juristen wurden gebraucht, um eine neue Verwaltungsorganisation zu gestalten und nicht zuletzt, um aus feudalen Rechten resultierende Erbansprüche durchzusetzen. Für die geistige Beeinflussung der Volksmassen bedurfte es dem jeweiligen Glaubensbekenntnis entsprechender Geistlicher, die ebenfalls herangebildet werden mußten. Um die Herrschaft nach innen und gegenüber den konkurrierenden Territorialstaaten zu sichern, wurden stehende Heere geschaffen. Die Bündnispolitik der Territorialstaaten griff über das Reichsgebiet hinaus und war vom eigenen Vorteil der jeweiligen Dynastie bestimmt. Erbfolgeprobleme boten Möglichkeiten zur Machtausdehnung. Nicht zufällig erreichten die Welfen, die Wettiner und die Hohenzollern an der Wende zum 18. Jahrhundert sichtbare Machtzuwächse durch ihre Erhöhung zu Königen in England, Polen und Preußen. Diese Entwicklung bereitete sich längere Zeit vor. Sie war begleitet von Bemühungen um eine äußerlich sichtbare Statussymbolik, die ebenso in – geplanten wie verwirklichten – Bauten Ausdruck fand wie in der Förderung von Wissenschaft und Kunst, wobei man ausländische Vorbilder, besonders den französischen König, nachahmte.

Alle diese Probleme standen hinter den vielfältigen Aktivitäten auf wirtschaftlichem, politischem und geistigem Gebiet in einer Zeit des Umbruchs, als sich Konturen der Neuzeit abzuzeichnen begannen. Vieles wurde erwogen, manches begonnen, einiges zum Abschluß gebracht. Alles war aber in hohem Maße aufeinander zugeordnet und gewinnt erst im größeren Kontext sein eigentliches Gewicht. Das trifft auch für die Überlegungen zu, die in Brandenburg auf dem Gebiet der Bildung im weitesten Sinne des Wortes angestellt wurden. Es gilt daher gerade auf diesem Gebiet, auf dem sich bestehende und neugeschaffene Institutionen, hergebrachtes und zukunftsweisendes Denken in ihrer engen Verflechtung darstellen, das Gesamte nicht aus dem Auge zu verlieren. Bei näherer Betrachtung formen sich scheinbar getrennte Details zu einem Ganzen, das im Falle Brandenburgs im Köllner Schloß einen Mittelpunkt hatte.

Aus dieser Sicht scheint sich auch die Möglichkeit zu bieten, die Hallesche Universitätsgründung richtig zu erfassen. Zweifellos zählte das südliche Magdeburger Land mit der Hauptstadt Halle zu den ökonomisch am weitesten entwickelten Teilen des Kurfürstentums Brandenburg, zu dem es seit 1680 endgültig gehörte. Politisch bot sich der Vorteil der relativen Nähe zum brandenburgischen Kernland und des gleichzeitig vorgeschobenen Postens gegenüber dem Sachsen der Wettiner. Geistig konnte man an ein Potential anknüpfen, das vor allem aus Leipzig zur Verfügung stand, wo modernes Denken auf harte Ablehnung seitens der lutherischen Orthodoxie gestoßen war und zum Abwandern bedeutender Persönlichkeiten geführt hatte. Gerade letzteres war um 1667 nicht der Fall gewesen, so daß Überlegungen über eine Universitätsgründung in Halle nicht zu einem Ergebnis geführt hatten. Die bestehenden brandenburgischen Universitäten lagen entweder zu weit abseits (Königsberg, Duisburg), waren zu stark dem Alten verhaftet (Königsberg) oder waren reformiert (Frankfurt, Duisburg) und konnten daher in einer im Ausbildungsbereich noch immer stark konfessionell geprägten Zeit die Heranbildung von Lutheranern nicht im gewünschten Ausmaß gewährleisten. Lutherische Einwohner Brandenburgs konnten bis 1694 – wenn sie eine Universität ihres Glaubens besuchen wollten – nur in Königsberg oder im „Ausland" studieren. Im Zuge des damals üblichen mehrmaligen Universitätswechsels und der peregrinatio academica, der Bildungsreise, geschah das ohnehin. In einer Zeit, in der es außer dem Brief nur die Kommunikation über Druckschriften – Bücher und das sich seit der zweiten Hälfte des 17. Jahrhunderts entwickelnde wissenschaftliche Zeitschriftenwesen – gab, spielte die persönliche Begegnung durch das Studium an verschiedenen Universitäten eine wichtige Rolle beim Ideentransport. Sich wiederholende Verbote an die jeweiligen Landeskinder, bestimmte Universitäten zu besuchen, sprechen da eine deutliche Sprache. Die eigene Universität im Herrschaftsbereich des jeweiligen Fürsten sollte nicht in erster Linie die gesamte, meist mehrjährige Ausbildung des Studenten garantieren. Viel wichtiger war, daß diese „eigene" Universität zeitweilig auch besucht wurde und daß sie die Kontrolle über diejenigen ausübte, die im Territorium als Pfarrer, Lehrer, Verwaltungsbeamte oder Ärzte (Physici) eine Anstellung erhielten. Diese Aufsichtsfunktion der Universitäten konnte zwar noch nicht konsequent durchgesetzt werden, gewann aber tendenziell an Gewicht. Das gelegentliche Verbot, „ausländische" Universitäten zu besuchen, berührt sich hier mit der Forderung, in bestimmten Fällen den Besuch einer Landesuniversität nachzuweisen oder der Festlegung, Absolventen „eigener" Universitäten vorzuziehen. Bereits in der Brandenburgischen Medizinalordnung von 1685 wurde beispielsweise festgelegt, daß das Collegium Medicum bei der Anstellung der Physici im Lande zu beteiligen wäre, „da denn diejenigen, die zu Franckfurt studiret oder daselbst Promoviret in erster consideration kommen sollen".[14] Es ergeben sich so eine Reihe von Gründen, die in Brandenburg für eine Neugestaltung des Universitätssystems sprachen, das am Ausgang des 17. Jahrhunderts die Gestalt erhielt, die während des ganzen 18. Jahrhunderts bis zur erneuten Reorganisation am Anfang des 19. Jahrhunderts bestehen blieb.

Es darf nicht übersehen werden, daß die Universitäten einen unverzichtbaren Unterbau der Akademien darstellten, ohne die letztere schlechthin nicht existenzfähig waren. Das gilt sowohl für die Ausbildung der überwiegenden Mehrzahl der Akademiemitglieder an den Universitäten als auch für viele Universitätsprofessoren, die Akademiemitglieder wurden. So waren von den 245 Abwesenden Mitgliedern, die von 1701 bis 1742 in die Berliner Sozietät gewählt wurden, 97 Universitätsprofessoren, davon 33 in Duisburg, Frankfurt an der Oder, Halle und Königsberg.

Einer der ersten Professoren in Halle war schon seit 1690 Christian Thomasius, der an den Universitäten Leipzig und Frankfurt an der Oder ausgebildet worden war. Er bezeichnete es als einen Vorzug der neuen Bildungseinrichtung, daß die Professoren „an keinen Glossatorem, ja nicht einmal an Justinianum und das Jus canonicum, an keinem Galenum und Hippocratem, an keinem Aristotelem oder Cartesium usw. in docendo gebunden sind."[15] Bedeutende weitere Ordinarien haben die Frühgeschichte der Universität Halle bestimmt. In der Theologischen Fakultät wirkte der Begründer der Franckeschen Stiftungen August Hermann Francke, in der Juristischen neben Christian Thomasius von Anfang an Samuel Stryck, in der Philosophischen seit 1706 Christian Wolff und in der Medizinischen Friedrich Hoffmann und Georg Ernst Stahl. Diese Namen markieren Eckpunkte in der Wissenschaftsgeschichte an der Schwelle zur Aufklärung. Ihre Träger haben wesentlich dazu beigetragen, daß das mitteldeutsch-brandenburgische Gebiet um die Wende zum 18. Jahrhundert eine führende Position in der Geschichte des Denkens einzunehmen vermochte. Der Versuch, Tschirnhaus für die Universität Halle zu gewinnen, ist ebenso wie seine Aufnahme in die Sozietät gescheitert.

Die Berliner Gymnasien

Besonderer Aufmerksamkeit im Umfeld der Sozietätsgründung bedarf das wissenschaftliche Potential in den fünf Städten, die ab 1709 die Stadt Berlin bildeten. Die Realisierbarkeit dieser Sozietätsgründung hing außer von dem europäischen und dem regionalen Umfeld nicht zuletzt davon ab, ob am Orte selbst institutionelle und personelle Voraussetzungen für wissenschaftliche Arbeiten bestanden, die Gegenstand einer Akademie werden konnten. Der Blick fällt in diesem Zusammenhang auf die Gymnasien als wissenschaftliche Bildungsstätten.

Das Joachimsthalsche Gymnasium war 1607 nach dem Vorbild der sächsischen Fürstenschule St. Afra in Meißen in Joachimsthal in der Mark Brandenburg gegründet worden. Während des dreißigjährigen Krieges wurde es 1636 völlig zerstört, Lehrer und Schüler flüchteten teilweise in die Residenzen. Nach längeren, bereits seit 1640 geführten Erörterungen über die Wiedererrichtung des Gymnasiums fiel schließlich 1650 die Entscheidung für Berlin als künftigen Arbeitsort der weiterhin als Joachimsthalsches Gymnasium bezeichneten Bildungsstätte. 1688 erhielt sie ein eigenes Gebäude.

Der Charakter des Joachimsthalschen Gymnasiums, das sich nach seiner festen Einrichtung in Berlin hohes Ansehen als Bildungsstätte erwarb und erhielt, war durch seinen Status als Fürstenschule bestimmt. Ursprünglich in Joachimsthal für 170 Schüler – 120 Stipendiaten und 50 selbst Bezahlende – angelegt, konnte diese Zahl nur 1609 mit 158 einmal annähernd erreicht werden. Sonst stieg die Schülerzahl bis 1636 jeweils höchstens auf 50 bis 60. Nach der Neugründung besuchten bis 1700 durchschnittlich 72 Zöglinge die Anstalt. Die Finanzierung der Schule erfolgte wie die der Universitäten durch die Übereignung feudaler Besitzrechte. Das Gymnasium besaß eine Reihe von Gütern in der Mark, deren Einkünfte für den Unterhalt verwendet wurden. Dadurch und durch die enge Bindung an das Herrscherhaus unterschied sich das Joachimsthalsche Gymnasium von den vergleichbaren städtischen Einrichtungen. Hinzu kam noch die unterschiedliche konfessionelle Zuordnung. Das Joachimicum wurde zwar noch als lutherische Einrichtung gegründet, wurde aber infolge des Religionswechsels im brandenburgischen Herrscherhaus zu einer reformierten Lehrstätte. Hinsichtlich der wissenschaftlichen Anleitung unterstand sie der ebenfalls reformierten Universität in Frankfurt an der Oder, wo auch ein großer Teil der Professoren seine Ausbildung genossen hatte. Die Aufsichtspflicht oblag der reformierten Geistlichkeit in Berlin und Kölln.

Als dem Lehrerkollegium des Joachimsthalschen Gymnasiums 1698 vorgeworfen wurde, es würde seinen Verpflichtungen nicht nachkommen, verwahrte es sich gegen diese Beschuldigung mit dem Hinweis, daß aus ihren Schülern „Doctores Theologiae, Juris, Medicinae, Professores Academiarum und gute Schulmänner geworden seien, ja daß fast kein Collegium sowohl der Ministrorum zu Hofe als auch theologisches, politisches und civilisches in dieser Stadt gefunden werde, in dem von den ehemaligen Discipuli nicht sollten Bediente und wohlverdiente Männer gefunden werden“.[16] Selbst wenn man von dieser Schutzfeststellung einiges abstreicht, so bleibt doch die Tatsache einer erfolgreichen Bildungsvermittlung bestehen. Personelle Kontakte bestanden, wie bereits festgestellt, auch zwischen dem Gymnasium und der kurfürstlichen Bibliothek.

Das Berlinische Gymnasium zum Grauen Kloster war die damals bedeutendste städtische Bildungsstätte der Residenzstädte. Es wurde 1574 gegründet und fand seine Unterkunft im ehemaligen Franziskaner-Kloster, nachdem 1571 der letzte Mönch des nach der Einführung der Reformation 1540 aufgehobenen Klosters verstorben war. Wegen ihrer Tracht wurden die Franziskaner als graue Mönche bezeichnet. Die Entwicklung des jungen Gymnasiums, das auch nach dem Religionswechsel des brandenburgischen Herrscherhauses lutherisch blieb, war infolge häufigen Wechsels der Rektoren – insgesamt 20 von 1574 bis 1668 – beeinträchtigt, obwohl es mit 600 Schülern zunächst einen guten Start hatte. Die Folgen des Dreißigjährigen Krieges dürften sich zudem hemmend ausgewirkt haben. Die Schülerzahl sank auf etwa 400 in der Mitte des 17. Jahrhunderts. Seit dieser Zeit änderte sich die Stellung des Gymnasiums dadurch, daß deren Rektorate weniger als Durchgangsstufe für die höher bewertete Anstellung als Pfarrer verstanden wurden. Wissenschaftliche Interessen begannen sich allmählich mit der gleichzeitig durchgeführten Lehrtätigkeit stärker zu durchdringen.

So gewann das Gymnasium für die Jahre 1663 bis 1668 Tiburtius Rango als Rektor. Er hatte Medizin und Theologie studiert und auch in den Niederlanden geweilt. Bevor er an das Graue Kloster berufen wurde, führten ihn seine naturwissenschaftlichen Interessen nach Magdeburg, wo er mit Otto von Guericke zusammentraf. Seit 1689 war Rango Professor der Theologie in Greifswald. Seine zweibändige „Historia Syncretismi ab orbe condita“ (1674–1680) rechnete Ph. J. Spener zu den besten Leistungen des streitbaren Theologen, der zahlreiche Schriften gegen Katholiken, Calvinisten und Synkretisten – unter diesem Sammelbegriff wurden Lutheraner zusammengefaßt, die angeblich oder tatsächlich zum Calvinismus neigten – verfaßte. Diese konfessionelle Gebundenheit zeigt zugleich seine Integration in das zeitgenössische Denken, in das Brandenburg mit seiner Doppelkonfessionalität in der zweiten Hälfte des 17. Jahrhunderts einbezogen war.

Auch sozialgeschichtlich interessant ist die dreißigjährige Periode des Rektorats von Gottfried Weber, der 1668 die Leitung des Berlinischen Gymnasiums übernahm und auch der Begründer seiner Bibliothek wurde. Weber hatte in Jena und Wittenberg studiert und wirkte bereits seit 1653 am Gymnasium. Er führte 1673 und 1682 neue Lehrpläne ein, in denen der Mathematik, Physik, der Geographie und der Geschichte ein größeres Gewicht gegenüber der allerdings weiter vorherrschenden sprachlich-theologischen Ausbildung zugemessen wurde. In seiner eigenen schriftstellerischen Tätigkeit war Weber sehr vielseitig. Er berücksichtigte auch mathematische und naturwissenschaftliche Probleme. Kein Geringerer als Ph. J. Spener hielt ihm die Leichenpredigt. Von den damals in Berlin offensichtlich recht scharfen Auseinandersetzungen zwischen Lutheranern und Reformierten, die der Kurfürst 1662 ausdrücklich verboten hatte, zeugte die Entlassung des Konrektors Peter Vehr, der sich an diese Anweisungen nicht gehalten hatte.

Webers Nachfolger Samuel Rodigast, der sein Wirken in Berlin einer Berufung an die Universität Jena vorzog, führte die Tendenz zu einem zeitgemäßeren Unterricht weiter, so durch eine angemessenere Berücksichtigung der deutschen Sprache, deren Mißachtung vor allem J. L. Frisch, seit 1698 am Grauen Kloster wirkend, bekämpfte. Rodigast veröffentlichte 1696 in Nürnberg eine deutsche Übersetzung von S. Pufendorfs „De rebus a Carolo Gustavo gestis“, was ein Ausdruck der Wirkungsgeschichte dieses damals gerade verstorbenen Historikers und Staatsrechtlers war.

Zwei weitere Gymnasien bestanden am Ende des 17. Jahrhunderts in Friedrichswerder und in Kölln. Das Friedrichswerdersche Gymnasium war 1681 gegründet worden und stand seit 1698 unter der Leitung von Joachim Lange, der seinen Aufschwung bewirkte. Lange ging 1709 nach Halle, wo er sich als Mitarbeiter A. H. Franckes als streitbarer Gegner Chr. Wolffs und als Verteidiger des Pietismus gegen den orthodoxen Lutheraner V. E. Löscher in Sachsen einen Namen machte.

Das Köllnische Gymnasium ging aus der seit 1476 bestehenden Petrischule hervor. An ihm wirkte im ausgehenden 17. Jahrhundert Johann Bödiker, der als Philologe Verdienste hat. 1690 ließ er seine „Grundsätze der teutschen Sprache“ erscheinen. Er schloß damit an die Bemühungen des auch für Leibniz wichtigen Justus Georg Schottelius, der 1642 Mitglied der Fruchtbringenden Gesellschaft geworden war, um die Erforschung der deutschen Sprache an, die in dessen „Teutscher Sprachkunst“ (1641) und in der „Ausführlichen Arbeit von der teutschen Hauptsprache“ (1663) Niederschlag gefunden hatten. Bödiker führte diese Bestrebungen weiter, konnte aber sein beabsichtigtes Wörterbuch nicht abschließen.

Die Aufnahme der Hugenotten

Das Kurfürstentum Brandenburg war im 17. Jahrhundert ein deutscher Territorialstaat, in dem die soziale und ständische Gliederung noch durch konfessionelle Unterschiede ergänzt wurde. Darauf mußte in den bisherigen Ausführungen bereits mehrfach verwiesen werden. Während das Fürstenhaus, führende Vertreter der Administration und der Bildung sowie ein Teil der Bevölkerung – insgesamt eine kleine, doch politisch-sozial einflußreiche Minderheit – reformiert waren, blieb die Mehrheit der Bevölkerung lutherisch.

Die Voraussetzungen, aber zunächst auch nur diese, für die Toleranz in Konfessionsfragen waren daher in diesem Territorialstaat günstiger als fast überall in Deutschland. Eine in etwa vergleichbare Situation entstand erst am Ende des 17. Jahrhunderts in Sachsen, als die protestantischen Wettiner, um die polnische Königskrone zu erlangen, katholisch wurden, das Land aber lutherisch blieb. Obwohl es weder in Sachsen noch in Brandenburg offizielle Bestrebungen gab, die Religionsbekenntnisse der Herrscherhäuser zu verbindlichen Konfessionen der Untertanen zu erklären, konnte diese Tatsache der Glaubensunterschiede nicht folgenlos bleiben. Insbesondere im Bereich der Bildung und der Wissenschaft in Brandenburg, aber auch im Bereich der staatlichen Administration und der Kirchenleitung, erlangten die Vertreter des reformierten Glaubens einen ihrem Anteil an der Bevölkerung übersteigenden Einfluß. Ohne diese Tatsache zu überschätzen, die wirkungsgeschichtlich eher toleranzfördernd wirkte, ist sie doch jedenfalls zu beachten, und zwar auch im Hinblick auf die Vor- und Frühgeschichte der Sozietät, auf die inhaltlich und personell die Konfessionsunterschiedlichkeit einwirkte.

Ausdruck der Toleranzpolitik in Brandenburg waren seit den achtziger Jahren des 17. Jahrhunderts die Regelungen für die aus dem katholischen Frankreich ausgewiesenen Reformierten, die Hugenotten, die zum Teil in der Mark Aufnahme fanden. Diese Regelungen, deren ökonomische Zusammenhänge im Hinblick auf die Förderung von Gewerbe und Handel hier unerörtert bleiben müssen, betrafen einerseits die selbständige kirchliche Verwaltung dieser Neuansiedler, andererseits aber auch deren Schul- und Bildungswesen.

Die Antwort auf die Aufhebung des Edikts von Nantes, wodurch der französische König Ludwig XIV. im Jahre 1685 die Duldung der Protestanten in seinem Land verbot, war das Edikt von Potsdam des Kurfürsten Friedrich Wilhelm von Brandenburg vom 29. Oktober 1685. Er bot den verfolgten Hugenotten in seinem Lande damit eine Heimstatt, und zwar sowohl aus religiösen als auch aus wirtschaftlichen Gründen, denn die französischen Glaubensgenossen der Hohenzollern brachten Geld, Gewerbefleiß und Kenntnisse ins arme brandenburgische Land. Viele von ihnen kamen in die brandenburgischen Residenzstädte. Im Jahre 1703 lebten hier 5 698 Franzosen.

Zu den Privilegien, die den Hugenotten gewährt wurden, gehörte auch die Einrichtung einer eigenen Bildungsstätte Ende 1689, des Collège Français. In der Gründungsurkunde des Collegiums werden die Lateinische Sprache, Eloquenz, Philosophie und mathematische Wissenschaften als Unterrichtsgegenstände ausdrücklich genannt. Es handelt sich um ein umfangreiches Programm entsprechend dem der deutschen Gymnasien. Direktor der Anstalt war von 1691 bis 1695 Jean Sperlette de Montgyon, der danach als Professor der Philosophie an die Universität Halle ging. Sein Nachfolger wurde Jean Audouy (bis 1737). Das Collège Français war in drei Klassen unterteilt mit jeweils einem zweijährigen Kurs. Abweichend vom Gründungsdekret wurden am Ausgang des 17. Jahrhunderts zeitweise die griechische Sprache und Medizin gelehrt.

Wie an anderen Gymnasien wurden auch an dem der Hugenotten, das auch schon deutsche Schüler aufzunehmen begann, öffentliche Prüfungen abgehalten. So beispielsweise 1695 durch Ezechiel Spanheim. Dieser ist es auch gewesen, der 1695 Etienne Chauvin als Professor der Philosophie für die Anstalt gewann. Diesem, dem wissenschaftsorganisatorisch aktiven Begründer der ersten wissenschaftlichen Zeitschrift Berlins, wiederum ist es zum großen Teil zu verdanken, daß das Gymnasium 1702 vom Stadtrand in die Niederlagstraße (zwischen dem heutigen Palais unter den Linden und der Friedrichwerderschen Kirche) verlegt wurde. Das 1703 verkündete Statut des Gymnasiums galt bis weit ins 18. Jahrhundert.

Zwischen dem Collège Français, wie das Hugenottengymnasium hieß, und der Sozietät bestanden enge personelle Beziehungen, insbesondere durch die Aufnahme von dort Lehrenden unter die Mitglieder. Diese rekrutierten sich außerdem aus drei weiteren Bereichen des geistigen Lebens in Berlin und den Nachbarstädten, die wegen ihres wissenschaftlichen Potentials Beachtung verdienen. Es handelt sich um die Medizin, die Rechtswissenschaft und die Theologie, damals personifiziert in den Leibärzten, den Staatsbeamten und den Hof- und anderen Predigern, die in hohem Maße Träger des Wissens der damaligen Zeit waren.

Mediziner in Berlin

Erste Versuche zu einer Organisation des Medizinalwesens in Brandenburg datierten aus dem Jahre 1661, als die Leibärzte des Kurfürsten die „aufrichtung eines wohlbestälten Collegii Medici in den beiden residentien Berlin und Cöln“[17] vorschlugen und als auch die Bibliothek gegründet wurde. Die Anregungen auf medizinischem Gebiet gingen möglicherweise von den süddeutschen Reichsstädten aus – auf die 1652 erfolgte Gründung der Akademie der Naturforscher, vorwiegend von Ärzten, in Schweinfurt, ist bereits hingewiesen worden –, vor allem aber von den Niederlanden, deren Universitäten damals neben den italienischen eine vorzügliche medizinische Ausbildung vermittelten. Die Anregung der Leibärzte führte zu einem Entwurf einer Anordnung von 1662, die jedoch nicht in Kraft trat. Darin war unter anderem vorgesehen: „Mit der medicinischen facultät Unserer Universität zu Frankfurt an der Oder soll dieses collegium allezeit in guter correspondentz und vernehmen stehen . . .“[18] Die Festlegung wurde 1685 fast wörtlich in die zu diesem Zeitpunkt erlassene brandenburgische Medizinalordnung aufgenommen. Mitglieder des damit gegründeten Collegium Medicum als der höchsten staatlichen Medizinalbehörde waren die Leib- und Hofärzte des Kurfürsten sowie die beiden Ordinarien der medizinischen Fakultät der Frankfurter Universität. 1693 wurde eine überarbeitete Medizinalordnung erlassen, die ohne grundsätzliche Änderungen eine im Staatsinteresse liegende noch straffere Ordnung einführte.

Obwohl es zwischen Leibniz' „Vorschlag zu einer Medizinal-Behörde" aus den achtziger Jahren des 17. Jahrhunderts und dem brandenburgischen Edikt von 1685 einen ursächlichen Zusammenhang wohl nicht gibt, bleibt doch die Tatsache der Zeitgleichheit und der gleichartigen Tendenz beachtenswert. Beide Dokumente führen in das damals viel erörterte Problem der Wissenschaftsorganisation und damit letztlich auch in das der Sozietät, in deren Geschichte die Medizin eine Rolle spielte. Leibniz hatte in den achtziger Jahren vorgeschlagen: „Es müßte auch dahin getrachtet werden, daß alle merckwürdige Experimenten, observationen und erfindungen die Natur und sonderlich die menschen und deren Gesundheit betreffend, sowohl aus den Büchern als andern nachrichtungen in gewiße große Werke als in eine gemeine Schaz-Cammer menschlicher Wißenschafften eingetragen, ... zumahl mit der Medicin wegen der Bücher ganz anders als mit anderen facultäten bewand; denn weil die erfahrung darin noch zur Zeit mehr thun mus, als die Vernunfft ..."[19] Der Gedanke der empirisch-praktischen Tätigkeit im medizinisch-naturwissenschaftlichen Bereich, um den es hier geht, verdient besondere Beachtung.

Unter den Leibärzten der beiden letzten brandenburgischen Kurfürsten waren bedeutende Wissenschaftler, von denen nur einige hier genannt werden können. So wirkte beispielsweise während seiner letzten Lebensjahre 1687/88 Theodor Craanen als Leibarzt in Berlin. Er war zuvor Medizinprofessor in Duisburg, Nymwegen und Leiden gewesen. In Leiden, wo Craanen auch studiert hatte, war um 1680 in Naturwissenschaft und Philosophie der Cartesianismus vorherrschend. Craanen war ein eifriger Verteidiger der Philosophie des Descartes – in Duisburg hatte er auch mathematische Vorlesungen gehalten – und einer der Vermittler zwischen den Niederlanden und Deutschland auf medizinischem Gebiet in Berlin, wo seit 1683 bereits Cornelis Bentekoe Leibarzt war. Beide waren Vertreter der iatrochemischen Richtung der Medizin. Craanen, der ebenfalls mikroskopische Experimente anstellte, suchte alle Errungenschaften der Medizin und der Naturwissenschaft für die Heilbehandlung nutzbar zu machen. Leidener Schüler waren auch die Leibärzte Garlieb von der Mühlen und Janus Abraham von Gehema, der sich in Holland – wie er schrieb – „tag und nacht die Principia cartesiana bekannt machete".[20]

Den entgegengesetzten Weg – von Brandenburg in die Niederlande – ging Bernhard Albinus. In Dessau geboren, hatte er 1676 in Leiden den medizinischen Doktorgrad erworben. Seit 1680 war er Professor der Medizin in Frankfurt an der Oder, wo er 1684 das Anatomische Theater begründete. Von Kurfürst Friedrich III. wurde er als Leibarzt berufen. Zwischen 1698 und 1701 wird Albinus in verschiedenen Dokumenten als Wissenschaftler genannt, der in die Berliner Sozietät aufzunehmen wäre. Doch zog er bereits 1702 eine Berufung als Anatomie-Professor nach Leiden vor, wo er zum Begründer einer angesehenen Schule neben dem sehr bedeutenden Herman Boerhaave wurde.

Nach seinen medizinisch-botanischen Studien in Wittenberg und Königsberg bereiste der Frankfurter Johann Sigismund Elßholtz Holland, Frankreich und Italien. 1656 übernahm er die Inspektion des Berliner Lustgartens und 1657 wurde er zum Botanicus, Praefectus hortorum und Hofmedicus ernannt. Diese Ämter behielt er bis zu seinem Tode 1688. Elßholtz war eine der gebildetsten Persönlichkeiten seiner Zeit, er gilt als der Begründer des wissenschaftlichen Gartenbaus in Norddeutschland, wie seine Publikationen seit 1666 zeigen. Sein Hauptwerk veröffentlichte er 1684 in dritter Auflage unter dem Titel: „Vom Garten-Baw oder Unterricht von der Gärtnerey auff das Clima der Chur-Marck Brandenburg wie auch der benachbarten Teutschen Länder gerichtet". Es wurde bis ins 18. Jahrhundert neu aufgelegt. Auch als Arzt hat Elßholtz publiziert. Bereits 1674 wurde er zum Mitglied der Leopoldina gewählt. Die enge Verbindung von Medizin und Botanik findet in seinem Werk und Wirken ihren Ausdruck.

Einer der vielseitigen Forscher in Brandenburg im letzten Drittel des 17. Jahrhunderts war der Leibarzt Christian Mentzel, der bereits 1661/62 und 1685 an der Vorbereitung der genannten Medizinaledikte beteiligt war. Seit 1675 war er Mitglied der Leopoldina. Vor allem sein Briefwechsel ist wissenschaftlich außerordentlich bedeutungsvoll. Er ist für die Forschung bereits ausgewertet worden, insbesondere unter dem Gesichtspunkt der Wissenschaftsorganisation und der naturwissenschaftlichen Erforschung Ostindiens. Mentzels Wirken steht am Anfang der Beschäftigung mit dem Fernen Osten in Berlin.

Mentzel stammte aus Fürstenwalde und hatte bis zu dessen Zerstörung das Joachimsthalsche Gymnasium besucht. Nach medizinischen Studien in Frankfurt an der Oder und Königsberg war er durch Vermittlung des Orientalisten Christian Raue, des Bruders des kurfürstlichen Bibliothekars, nach Danzig gekommen. Dort veröffentlichte er 1649 seinen „Catalogus plantarum circa Gedanum sponte nascentium". Daran schlossen sich lange Reisen an, die ihn nach Holland, Frankreich, Spanien, Portugal, Italien, Malta, Kreta und Korfu führten. Seit 1660 war er Leibarzt des Kurfürsten. Neben seinen medizinisch-botanischen Studien beschäftigte sich Mentzel mit Sprachen, besonders mit dem Chinesischen. Seine China-Forschungen, die ihn in engen Kontakt mit der kurfürstlichen Bibliothek brachten, von denen aber kaum etwas publiziert wurde, sind von Bedeutung für das Chinainteresse von Leibniz gewesen.

Staatsbeamte und Theologen des Kurfürsten

Eine Schlüsselgestalt am Hofe der Brandenburgischen Kurfürsten war der bereits mehrfach genannte Ezechiel Spanheim. Der in Genf geborene Spanheim, der seine Jugend bei seinem Vater, einem Leidener Professor der Theologie, verbrachte, wurde selbst 1651 Professor der schönen Literatur in seiner Vaterstadt, folgte später einem Ruf als Erzieher des Sohnes des Kurfürsten von der Pfalz und als Professor der Universität Heidelberg. Seit 1680 stand er im Dienste Brandenburgs und vertrat den kurfürstlichen Hof während mehrerer Jahre nacheinander in Paris und London als Diplomat. Er genoß großen Ruf als Gelehrter und nahm – vor allem solange er in den Residenzen war – nachhaltigen Einfluß auf die Wissenschaftspolitik, die er selbstverständlich auch als Gesandter unterstützte. Die von ihm begründete Spanheim-Gesellschaft war eine direkte Vorstufe der Sozietät.

Berücksichtigung verdient unbedingt Samuel Pufendorf. Er hatte 1661 den ersten deutschen Lehrstuhl für Natur- und Völkerrecht an der Universität Heidelberg erhalten, war dann an die Universität Lund in Schweden gegangen und wurde 1667 Historiograph Karls XI. in Stockholm. In Schweden erschienen seine beiden juristischen Hauptwerke, „De jure naturae ac gentium" (1672) und „De officio hominis et civis iuxta legem naturalem“ (1673), die in vielen Sprachen übersetzt wurden. 1688 wurde Pufendorf als Historiograph des Kurfürsten von Brandenburg berufen. Diese Tatsache wirkte sich im Zusammenhang mit der geistigen Gesamtsituation und den speziellen Bedingungen an seinem neuen Wirkungsort am Ausgang des 17. Jahrhunderts förderlich auf die Ausbreitung des Naturrechts aus. Der Tod Pufendorfs bot Leibniz 1694 Anlaß zur Entfaltung seiner Beziehungen zu Brandenburg.

Seit 1691 wirkte Philipp Jakob Spener viele Jahre als Probst an der lutherischen Nikolai-Kirche in Berlin. Er war neben seinem bedeutendsten Schüler August Hermann Francke der einflußreichste Vertreter des Pietismus, dem er durch sein Werk „Pia desideria“ (1675) den Namen gab. Als Strömung der deutschen Aufklärung war der Pietismus Ausdruck der geistigen Auseinandersetzungen. Berlin als einen Ausgangspunkt und die im ausgehenden 17. Jahrhundert einsetzende Wirkungsgeschichte des Pietismus in Brandenburg gilt es gerade angesichts der engen Bindung dieser Bewegung an Halle, das nicht zuletzt durch Franckes Wirken überregionale Bedeutung erlangte, nachhaltig herauszustellen. Zudem wäre der überraschend schnelle Auf- und Ausbau der Franckeschen Stiftungen in Halle seit den neunziger Jahren des 17. Jahrhunderts mit ihrem Höhepunkt im ersten Viertel des 18. Jahrhunderts trotz der günstigen örtlichen Ausgangsbedingungen und ungeachtet des organisatorisch-wissenschaftlichen Talents ihres Begründers ohne den Rückhalt bei der Regierung, also in Brandenburgs Hauptstadt, nicht möglich gewesen.

Die Mitwirkung des Hofpredigers Daniel Ernst Jablonski an der Gründung der Sozietät wird zwar in der Regel in allen in Frage kommenden Darstellungen erwähnt, aber doch wohl nicht angemessen genug gewürdigt. Der Beruf Jablonskis als Hofprediger erschwert einer mit kirchengeschichtlicher Problematik weniger vertrauten Wissenschaftlergeneration den Zugang zu dieser Persönlichkeit, obwohl gerade sein Wirken für die Anfänge der Aufklärung in Berlin nachdrücklich zu betonen ist.

Die Institution der Hofprediger in Brandenburg-Preußen war als Folge des Konfessionswechsels der hohenzollernschen Kurfürsten 1613 entstanden. Es gab dieses Amt nicht nur in den Residenzen an der Spree, sondern in mehreren Städten des Kurfürstentums Brandenburg, in denen sich zeitweilig der Herrscher selbst oder vorübergehend beziehungsweise dauernd ein Mitglied der Dynastie aufhielt. Rangmäßig hatten natürlich die Hofprediger, die ständig um den Kurfürsten waren, die höchste Stellung. Als Reformierte in einem lutherischen Land bildeten die Hofprediger eine relativ geschlossene Gruppe von Staatsbeamten mit besonders fester Bindung an das Herrscherhaus und großem Einfluß auf die Kirchenpolitik, nicht zuletzt damit auf das geistige Leben. Viele von ihnen, insbesondere im 17. Jahrhundert, wurden aus anderen Territorien berufen und mußten sich ihre Position trotz des kurfürstlichen Rückhalts in der neuen fremden Umwelt durch besondere Leistungen, die nicht selten in das Gebiet der Wissenschaft reichten, sichern. Zugleich bedingte diese Stellung eine größere Offenheit zu Bestrebungen außerhalb des engeren Wirkungsbereiches und sogar außerhalb des Staates, in dem sie arbeiteten.

Bereits im 17. Jahrhundert haben einige Hofprediger das geistige Leben in den brandenburgischen Residenzen nachhaltig beeinflußt. Der Hofprediger Johann Bergius war Professor und Rektor der Universität Frankfurt an der Oder, bevor er 1624 nach Berlin berufen wurde, wo er im Sinne des konfessionellen Ausgleichs wirkte. Bergius’ Sohn Georg Konrad war ebenfalls Professor an der Viadrina. Er wurde 1664 Hofprediger und unterrichtete zugleich am Joachimsthalschen Gymnasium. Als der gelehrteste

Hofprediger seiner Zeit galt Heinrich Schmettau. Er kam 1666 an den brandenburgischen Hof, nachdem er seine schlesische Heimat aus konfessionellen Gründen hatte verlassen müssen. Studiert hatte er in Frankfurt an der Oder, Groningen, Heidelberg und Basel. 1683 publizierte er eine Schrift „Von dem Atheismo", die auch englisch erschien. In deutscher Übersetzung gab er Sir Matthew Hales Traktat „Vom Ursprung des menschlichen Geschlechts, wider die Atheisten" heraus. Schmettau stand somit bis zu seinem Tode 1704 voll in den geistigen Auseinandersetzungen der Zeit.

Immer wieder weisen Verbindungen der Berliner Hofprediger nach England. Bereits der ältere Bergius hatte auch in Oxford und Cambridge studiert und dort sogar die Magisterwürde erworben. D. E. Jablonski weilte nach seiner Ausbildung in Frankfurt an der Oder (1677/78) von 1680 bis 1683 zu Studien in Oxford. Die dortige Universität verlieh ihm 1706 aus Anlaß der 200-Jahr-Feier der Universität Frankfurt die Würde eines Doktors der Theologie ehrenhalber. Nach seinem Englandaufenthalt war Jablonski unter anderem Prediger und Rektor des Gymnasiums der Brüderunität in Lissa in Polen, bevor er 1691 Hofprediger zunächst in Königsberg und 1693 in Berlin wurde. Als Enkel des Comenius vermittelte er das Gedankengut dieses bedeutenden Pädagogen und Wissenschaftlers in Brandenburg. Hervorhebenswert sind seine immense – auch wissenschaftliche – Korrespondenz, seine Editionen und seine Übersetzungen, seine wertvolle Bibliothek sowie seine Bemühungen um die slawische Kirchengeschichte, deren Darstellung er nicht mehr abschließen konnte. Jablonskis vielseitige Tätigkeit hat sich im wesentlichen auf drei Gebieten ausgewirkt: der Begründung und Pflege der Sozietät der Wissenschaften, der Unionsversuche unter den beiden protestantischen Konfessionen und der Betreuung der bedrängten Reformierten in Ost- und Südosteuropa.

Mit dem Problem der Kirchenunion waren seit der zweiten Hälfte des 17. Jahrhunderts nahezu alle brandenburgischen Hofprediger konfrontiert. Nicht zuletzt in dieser immer wieder aufgeworfenen Frage offenbarten sich trotz aller Erfolglosigkeit Tendenzen der Toleranz als Ausdruck für die allmähliche Überwindung des Konfessionalismus. Das für die Herausbildung des neuzeitlichen Weltbildes so bedeutsame Problem veranlaßte auch die ersten Kontakte zwischen Leibniz und Jablonski, ohne die ihre schließlich erfolgreiche Zusammenarbeit bei der Begründung der Sozietät der Wissenschaften nicht möglich gewesen wäre.

Die Akademie der Künste in Berlin

Die letzte wissenschaftsorganisatorische Aktivität des brandenburgischen Hofes am Ausgang des 17. Jahrhunderts, die im Zusammenhang mit der Sozietätsgründung und als deren Voraussetzung Erwähnung verdient, betraf die Akademie der Künste. Die Anfänge dieser 1696 gegründeten Akademie reichen bis in das Jahr 1694 zurück. Am 25. Juli jenes Jahres wurde im Anstellungspatent des Bildhauers und Architekten Andreas Schlüter bereits vorgesehen, daß er an der zu gründenden Einrichtung unterrichten sollte. Die Weichen für die Gründung waren wahrscheinlich wenige Wochen zuvor in Halle an der Saale gestellt worden. Unter den Teilnehmern der Feier bei der Eröffnung der dortigen Universität war der aus Bern stammende Münzkenner André Morell, der in den achtziger Jahren in Paris im Münzkabinett des französischen Königs gearbeitet hatte. Nachdem er aus unbekannten Gründen die Bastille, das französische

Staatsgefängnis, von innen kennengelernt hatte, gelang ihm die Flucht aus Frankreich. Während seiner Pariser Zeit war er durch gleichgerichtete Fachinteressen mit dem bereits mehrfach erwähnten Ezechiel Spanheim bekannt geworden, dessen Name nicht zufällig bei fast allen wissenschaftspolitischen Überlegungen in der brandenburgischen Hauptstadt jener Jahre auftaucht. Spanheim wollte Morell für Berlin gewinnen. Doch zog dieser 1694 eine Anstellung in der damaligen Residenz Arnstadt vor. Bei der Begegnung in Halle im Sommer zwischen Friedrich III., seinem einflußreichen Minister E. von Danckelman und Morell, die Spanheim vermittelte, dürfte Morell seinen Berner Landsmann, den Maler Josef Werner, als Organisator der neuen Akademie empfohlen haben. Das ganze Unternehmen wurde von Danckelman eifrig gefördert. Werner erhielt am 4. Juli 1695 seine Bestallung als „Director der allhier anzulegenden Mahler- und Bildhauer-Academie", der dritten derartigen Einrichtung in der Welt.

In einem Brief aus Berlin vom 22. Oktober 1699 heißt es über diese Akademie der Künste und mechanischen Wissenschaften, sie wäre in einem herrlichen Gebäude untergebracht. Gelehrt wurden beispielsweise Malerei, Geometrie, Architektur und Anatomie. Eine zwanzig Jahre jüngere Darstellung beschreibt das Innere der Akademie, gestützt auf ältere Quellen, mit folgenden Worten: „Inzwischen wurden sechs Säle für die Akademie bestimmt, zu ihren verschiedenen Zwecken eingerichtet und in jedem Saale ein Aufseher oder Lehrer angestellt. Im ersten Saale wurde die Jugend in den Anfangsgründen der Kunst unterrichtet; im zweiten wurde nach Gipsabgüssen gezeichnet; der dritte diente als Versammlungsplatz der Direktoren; der vierte für den Unterricht in der Perspektive, Meßkunde, Baukunde und Befestigungslehre; der fünfte war für den Unterricht in der Anatomie, sowie im Falten der Gewänder, bestimmt; der sechste oder die hohe Schule war ein großer ovaler Saal, in welchem die erwähnten Statuen in der Runde standen, die so gestellt waren, daß jede auf ihrem Piedestal gedreht und ohne Mühe verrückt werden konnte."[21]

Die Jahre bis 1699, als die Akademie der Künste ihr erstes Statut erhielt, waren eine Zeit der Vorbereitung und der ersten Organisation der Arbeit. In diesen Zeitabschnitt fällt auch der Sturz des einflußreichen Ministers Danckelman im Dezember 1697, der sich für die Gründung der Akademie engagiert hatte. Außerdem mußten zunächst die bereits beschriebenen Räumlichkeiten fertiggestellt werden. Die Pläne für den Bau des neuen Marstalls in der Dorotheenstadt hatte der Architekt Arnold Nehring 1678 vorgelegt. Er war für 200 Pferde vorgesehen. 1695 erhielt der Baumeister die Anweisung, die Lindenfront dieses Gebäudes zweistöckig auszubauen. Nach dem Tode Nehrings übernahm der Baudirektor Martin Grünberg die Weiterführung der Arbeiten. Die erwähnte obere Etage nahm dann die Kunst-Akademie auf. Die Einweihung fand 1699 statt. Unterrichtsfächer an der Akademie waren entsprechend dem Statut: Anatomie und Proportionslehre, Perspektive, Geometrie und Mathematik, Fortifikation und Architektur, Antiquitätenkunde, Geschichte, Poesie und Kostümkunde.

Es wurde geschätzt, daß in den damaligen brandenburgischen Residenzen um 1700 etwa 200 ausübende Künstler wirkten, von denen ein großer Teil als Lehrer, Hospitanten oder Schüler mit der Akademie verbunden war. Die Repräsentationssucht des Kurfürsten Friedrich III. war sicher ausgeprägter als die anderer Fürsten, war aber im hohen Maße auch dem Zeitgeschmack geschuldet. Den Hintergrund gab vor allem das politisch motivierte Bestreben ab, dem Staat ein ansehnliches Zentrum zu schaffen. Für das künstlerische Wirken entstanden damit verhältnismäßig günstige Voraussetzungen, so beispielsweise beim Um- und Neubau des Schlosses, des Zeughauses, des

Marstalls und der Parochialkirche, wobei Architektur und künstlerische Ausgestaltung Hand in Hand gingen.

Außer Andreas Schlüter sind die ersten Mitglieder der Berliner Akademie der Künste heute weitgehend vergessen: Um 1700 waren sie aber diejenigen, die in Berlin und in den anderen Städten an der Spree das geistig-künstlerische Klima mitbestimmten. Unter ihnen war der aus Holland stammende Hofmaler August Terwesten. Er hatte sich wohl selbst Hoffnung auf die Leitung der Akademie gemacht, mußte aber zunächst hinter Werner zurückstehen, der das höhere Ansehen genoß. Erst ab 1700 wechselte die Leitung der Akademie jährlich, wobei dann auch Terwesten in diese Funktion kam. Führend in der Akademie war auch Wilhelm Friedrich von Rove, ebenfalls ein Holländer, der sich vor allem als Blumen-, Frucht- und Tiermaler betätigte. Einheimische Künstler waren beispielsweise Michael Probener, der Deckengemälde herstellte und historisch-mythologische Themen bearbeitete, sowie Samuel Theodor Gericke. Letzterer war im Zusammenhang mit der Akademiegründung 1696 gemeinsam mit Schlüter zu vertiefenden Studien nach Rom entsandt worden. Gericke fertigte vor allem Deckenstücke und historische Gemälde, betätigte sich jedoch auch bildhauerisch. So schuf er 1715 den Altar der Nikolai-Kirche in Berlin. Als Professor an der Akademie lehrte er die Perspektive, verfaßte er Manuskript gebliebene Darstellungen zu diesen Problemen, und wirkte er als Übersetzer und Herausgeber.

In die geistigen Auseinandersetzungen jener Zeit führte die Berufung Theodor von Lubienizkis zum Hofmaler im Jahre 1697. Er malte Geschichtsbilder und Landschaften. Lubienizki entstammte einer sozinianischen polnischen Familie aus Krakau. Er hing selbst der antitrinitanischen Lehre des Sozzini an und vertrat sie auch. Ein von ihm verfaßter Traktat wurde auf Betreiben der Geistlichkeit öffentlich verbrannt, was wohl seinen Weggang aus Berlin veranlaßte.

Die Gründung der Akademie der Künste in Berlin krönte gleichsam die geistig-kulturelle Entwicklung Brandenburgs im 17. Jahrhundert. Wie alle anderen Maßnahmen zum Ausbau des Bildungs- und Wissenschaftsgefüges im Kurfürstentum bestätigt sie, wie günstig die Voraussetzungen für das Entstehen einer Sozietät der Wissenschaften waren.

Instrumentenkabinett der 1660 gegründeten Académie des Sciences in Paris.

Bibliothekssaal der 1582 gegründeten Accademia della Crusca in Florenz.

VOCABOLARIO
DEGLI ACCADEMICI
DELLA CRUSCA,
IN QUESTA TERZA IMPRESSIONE
Nuovamente corretto, e copiosamente accresciuto,
AL SERENISSIMO
COSIMO TERZO
GRANDUCA DI TOSCANA
LOR SIGNORE.

IN FIRENZE, MDCXCI.
Nella Stamperia dell'Accademia della Crusca. *Con licenza de' Superiori.*

Titelblatt des von der Accademia della Crusca herausgegebenen Wörterbuchs der italienischen Sprache.

MISCELLANEA CURIOSA
MEDICO-PHYSICA
ACADEMIÆ
NATURÆ CURIOSORUM
ſive
EPHEMERIDUM MEDICO-
PHYSICARUM
GERMANICARUM
CURIOSARUM
ANNUS PRIMUS
Anni ſcilicet M. DC. LXX^{mi}.
continens
Celeberrimorum Medicorum in & extra Germaniam Obſervationes Medicas & Phyſicas, vel Anatomicas, vel Botanicas, vel Pathologicas, vel Chirurgicas, vel Therapeuticas, vel Chymicas.
Præfixa
EPISTOLA INVITATORIA
ad Celeberrimos Medicos
EUROPÆ.

L I P S I Æ
Sumpt. VITI JACOBI TRESCHERI
Bibliopol. Wratislav.
Typis JOHANNIS BAUERI
ANNO 1670.

Titelblatt der ersten wissenschaftlichen Zeitschrift, die die Leopoldina seit 1670 herausgab.

2. Die Gründung der Akademie als Brandenburgische und ihr Werden als Preußische Sozietät

Innere und äußere Bedingungen ließen in einem Jahrfünft das Konzept heranreifen, das am 11. Juli 1700 zur Gründung der Sozietät der Wissenschaften in Berlin führte. Leibniz ist es gewesen, der – wahrscheinlich 1694 – an den brandenburgischen Staatsmann Ezechiel Spanheim mit dem Blick auf den Kurfürsten Friedrich III. dieses Konzept einer Sozietät unter Bezug auf die Akademien in London und Paris zuerst formuliert hat: „Es haben Churfst. Durchlt. vier Universitäten und viel vornehme Gymnasia in dero Landen; überdieß so müssen in so weitläufftigen Landen viel wakkere Ingenia begriffen seyn, welche theils in Churfstl. und andern Bedienungen, theils für sich. Wie wann nun sub Auspiciis Friderici eine Societas Electoralis Brandenburgica exemplo Regiarum Londinensis et Parisiensis eingerichtet würde? Da gelehrte Leute in omni studiorum genere, sonderlich aber in Physicis et Mathematicis nützliche Gedancken, Inventa et Experimenta zusammentrügen, daß ich zu guther Einrichtung eines solchen Vorhabens etwas beytragen könnte."[1] Die Verwirklichung dieser Vorstellungen bildet den Inhalt der Vor- und Frühgeschichte der Sozietät.

Wie bereits im vorherigen Kapitel dargestellt wurde, waren kommunal in Berlin und den angrenzenden Städten, territorial im Kurfürstentum Brandenburg und international durch die Entwicklung der Wissenschaft und des Akademiegedankens in den neunziger Jahren des 17. Jahrhunderts Bedingungen herangereift, die vorteilhaft für die Gründung einer Sozietät in Berlin waren. Gleichwohl bedurfte es einer Reihe nicht zuletzt personell bedingter Ereignisse, die schließlich zum beabsichtigten Ergebnis führten.

Quellenlage und Forschungsstand

Die materialreichste Darstellung des Prozesses, der von den Überlegungen in den neunziger Jahren über den eigentlichen Gründungsakt im Jahre 1700 bis zur offiziellen Eröffnung der Sozietät im Jahre 1711 führte, bietet im Faktischen bis heute Adolf Harnack in seiner 1900 erschienenen Akademiegeschichte. Eine eingehende Beschäftigung mit den schon von ihm benutzten und weiteren Quellen berechtigt allerdings dazu, einige Akzente anders zu setzen als der Geschichtsschreiber der Akademie anläßlich des 200. Jahrestages der Gründung. Bereits Zeitgenossen Harnacks, so etwa Friedrich Paulsen, Ernst Troeltsch und Wilhelm Dilthey, haben seinerzeit kritische Äußerungen vorgetragen. Diese haben allerdings nicht bewirken können, daß das von Harnack entworfene Bild grundsätzlich angefochten wurde. Die Darstellungskraft Harnacks und seine Methode, Quellen ausführlich wörtlich oder indirekt zu zitieren, sind sicher entscheidende Gründe dafür. Sie dürfen jedoch nicht hindern, die Frage nach dem Charakter der zur Verfügung stehenden Quellen und nach dem methodischen Vorgehen Harnacks aufzuwerfen. Beide Probleme stehen in einem unmittelbaren Zusammenhang, sie bilden die zwei Seiten einer Medaille.

Harnack hat die Ergebnisse seiner beeindruckenden Untersuchungen in seiner Festrede zum 200. Jahrestag der Sozietätsgründung in dem Satz zusammengefaßt: „Die Geschichte der Akademie ist die Geschichte der Ideen und Kräfte ihres Stifters und ihrer großen Mitglieder."[2] Diese Herausstellung „der Ideen und Kräfte ihres Stifters" durchzieht seine detaillierte Darstellung der Akademiegeschichte, obwohl in ihr der Stifterkreis weiter gezogen ist: „... darum verehren wir die Kurfürstin und ihren Gemahl sowie die muthigen Männer, die sie in Berlin berathen haben, als unsere Stifter".[3]

Eine Reihe von Ursachen führten Harnack zu diesem Ergebnis. An erster Stelle sind hier seine geschichtstheoretischen Auffassungen zu nennen. Er verband „die Entstehung der Akademieen überhaupt und der Preußischen Akademie insbesondere" nahezu ausschließlich mit dem Wirken von Leibniz: „Dabei wird uns sofort die Gestalt Leibnizens entgegentreten, der der Führer seines Zeitalters und der Schöpfer der meisten Akademieen des Continents, aber der wirkliche Stifter, das Haupt und die Seele unserer Akademie gewesen ist."[4]

Diese These, die sich in dieser Form weder nach dem Stand der damaligen noch der heutigen Leibnizforschung aufrecht erhalten läßt, war 1900 Harnacks Tribut an das zeitgenössische Selbstverständnis der Akademie, das sich im 19. Jahrhundert herausgebildet hatte. Gefördert durch den seit 1812 jährlich begangenen Leibniz-Tag der Akademie und durch eine personenorientierte Geschichtsforschung war die Tendenz in der Akademie unverkennbar, deren unmittelbare Vor- und Frühgeschichte mehr oder weniger auf das Wirken von Leibniz zu reduzieren. Die unbestreitbare und bis heute unbestrittene Leistung von Leibniz als Akademiegründer wurde durch seine partielle Isolierung aus dem Gesamtumfeld seiner Zeit in Wirklichkeit jedoch eher unterschätzt.

Die ideen- und personenorientierte Konzeption der Akademievor- und -frühgeschichte kombinierte Harnack, mitbedingt durch den offiziellen Anlaß des Jubiläums, mit einer nicht gerechtfertigten, aber verständlichen Überbewertung der Hohenzollern, insbesondere des Kurfürstenpaares Friedrich III. und Sophie Charlotte, in der Gründungsgeschichte. Damit kommt zu den genannten Ursachen für die teilweise Verzeichnung des Bildes, die sich logisch aus den Auffassungen des Wissenschaftlers Harnack ergeben, eine weitere, die zu Lasten des monarchistisch geprägten Wissenschaftspolitikers Harnack geht.

Eine Ursache, die bis in die Gegenwart die Aufhellung der Vor- und Frühgeschichte der Sozietät zusätzlich erschwert, ist die Quellenlage. Zur Verfügung steht fast ausschließlich die Korrespondenz von Leibniz, ergänzt durch einige ebenfalls von ihm stammende oder von ihm beeinflußte Gutachten und Memoranden. Diese Quellen ermöglichen eine exakte Rekonstruktion der faktischen Vorgänge, rücken aber notwendigerweise subjektive Beweggründe der unmittelbar Beteiligten stark in den Vordergrund. Ohne Berücksichtigung der Gesamtsituation und ohne kritische Wertung der Quellen muß damit eine Verengung des Blickfeldes eintreten, was letztlich der Gefahr einer einseitigen Darstellung Vorschub leistet.

Der Kreis der an der Vorbereitung der Sozietätsgründung beteiligten Personen war relativ klein. Es versteht sich von selbst, daß unter den in Brandenburg damals herrschenden Bedingungen die letzte Entscheidung beim Kurfürsten lag. Daraus läßt sich allerdings nicht folgern, der Kurfürst wäre tatsächlich der Gründer der Akademie gewesen, da ihn zeitgenössische Quellen formal selbstverständlich als solchen ausweisen. Eine solche Annahme wäre aber nur berechtigt, wenn sich eine maßgebliche substantielle Förderung der entsprechenden Planungen durch ihn erweisen ließe. Das hätte durchaus der Fall sein können, wie etwa das fast gleichzeitige Beispiel Peters I. von Rußland zeigt, der die Akademiegründung 1724 in St. Petersburg entscheidend bestimmte. Für Friedrich III. von Brandenburg gilt das nicht. Eher wäre es schon berechtigt, der Kurfürstin Sophie Charlotte einen Anteil zuzubilligen. Als für ihre Zeit wissenschaftlich gebildete und interessierte Persönlichkeit, die durch ihre Stellung zugleich über den erforderlichen politischen Einfluß verfügte, war sie in der Lage, neue Gedanken der Wissenschaftsorganisation zu rezipieren und zu fördern – falls es ihr angebracht erschien. Das hat sie getan, und deshalb muß ihr Name in der Vor- und Frühgeschichte der Berliner Sozietät genannt werden, auch wenn sie inhaltlich daran geringeren Anteil hatte.

„Der Briefwechsel mit Sophie Charlotte stellt die ersten Beziehungen von Leibniz zu Berlin dar", schreibt Harnack.[5] Die drei Briefe, die von 1688 bis 1697 zwischen ihr und Leibniz gewechselt wurden, sind für die Geschichte der Sozietät jedoch unerheblich. Erst ab 1697 gewinnt die Sozietätsproblematik Relevanz in ihrer Korrespondenz, wie bei Harnack nachzulesen ist. Es ist also sachlich nicht gerechtfertigt, die sich seit den neunziger Jahren des 17. Jahrhunderts abzeichnende Orientierung von Leibniz auf Berlin als Sitz einer Akademie mehr oder weniger offen auf die familiären Bindungen zwischen den Herrscherhäusern der Welfen und der Hohenzollern zu reduzieren. Gleichzeitig suchte Leibniz 1693/94 durch seine brieflichen Kontakte mit Ehrenfried Walter von Tschirnhaus in Sachsen eine Akademie ins Leben zu rufen. Wenn er schließlich in Dresden scheiterte, in Berlin aber Erfolg hatte, so lag die Ursache dafür in unterschiedlichen örtlichen Bedingungen, nicht nur im Thronwechsel in Sachsen 1694, sondern auch in der großen Politik, die den sächsischen Kurfürsten 1697 auf den polnischen Thron und in die kriegerischen Verwicklungen des Nordischen Krieges führte. Für Berlin allerdings bleibt wichtig, daß Leibniz die Verbindungen zu Sophie Charlotte zusätzlich zur Förderung seiner Pläne nutzen konnte. Sie ergänzten seine Kontakte zu Berliner Gelehrten und eröffneten schließlich den entscheidenden Zugang zum Kurfürsten von Brandenburg.

Danckelman, Chauvin und Spanheim

Die Schlüsselgestalt der brandenburgischen Politik war bis zu seinem Sturz im Dezember 1697 Eberhard von Danckelman. Bis zu diesem Zeitpunkt waren wesentliche Entscheidungen, die schließlich zur Sozietätsgründung führten, schon getroffen, wie nachdrücklich unterstrichen werden muß. Diese Tatsache wird von Harnack, obwohl er die Quellen vorlegt, nicht genügend beachtet. Der aus Westfalen stammende von Danckelman, der die Rechte in Utrecht in Holland studiert hatte, wurde 1663 zum Erzieher des späteren Kurfürsten Friedrich III. berufen. Nach dessen Thronbesteigung 1688 wurde er Oberpräsident des Geheimen Rates und faktischer Premierminister. In dem genannten Staatsamt förderte er die bereits unter dem Kurfürsten Friedrich Wilhelm angebahnte staatliche Zentralisierung. Er war der Begabteste von sieben Brüdern, die alle im Dienst des brandenburgisch-preußischen Hofes standen und als „Siebengestirn" bezeichnet wurden. Die gegen E. v. Danckelman 1697 vorgebrachten Anklagen – unter anderem Kritik an seiner Finanzpolitik; Schuld an den für Brandenburg negativen Auswirkungen des Friedens von Rijswick (1697); Widerstand gegen eine Annäherung zwischen Hannover und Brandenburg, personifiziert im brandenburgischen Herrscherpaar – erwiesen sich sehr schnell als Hofintrigen, weshalb es niemals zu einer Verurteilung des ehemaligen Ministers kam; rehabilitiert wurde er jedoch auch nicht, obwohl die gegen ihn zunächst verhängte Haft nach einigen Jahren gemildert und nach dem Thronwechsel von 1713 aufgehoben wurde. Das vielseitige Wirken Danckelmans verdiente dringend eine detaillierte Untersuchung.

Die entscheidenden Weichen für die Sozietätsgründung wurden noch unter von Danckelman gestellt, obwohl Harnack feststellte, er hätte Leibniz' Vorlagen „unberücksichtigt" gelassen.[6] Leibniz bezeichnete Danckelman 1694 als aufgeklärten Minister, „qui a tout ensemble le crédit entier, le zèle et les lumières; ce qui ne se voit presque point ailleurs aujourdhui".[7] Indem Harnack die vorbereitende Rolle Danckelmans bei der Sozietätsgründung bewußt unterbelichtete, entwarf er ein insgesamt zu negatives Bild dieses Ministers im Hinblick auf die Vorgeschichte der Preußischen Akademie.

Aufschlußreich ist in dieser Hinsicht auch, daß einer der wichtigsten Vorgänge im Vorfeld der Sozietätsgründung von Harnack mit einem einzigen Satz abgetan wurde: „Mit Chauvin, dem Professor der Philosophie am Collège français zu Berlin, correspondierte er [Leibniz] in den Jahren 1696 und 1697 über dessen Zeitschrift ‚Nouveau Journal des Savants dressé à Berlin' und sandte Beiträge für dasselbe."[8] Der Cartesianer Etienne Chauvin wurde schon 1701 Sozietätsmitglied, wodurch das Interesse an seinem Wirken als Zeitschriftenherausgeber noch wächst.

Chauvin hatte nach der Emigration aus Frankreich zunächst in Holland gewirkt, wo 1692 sein „Lexicon rationale sive Thesaurus philosophicus ordine Alphabetico digestus" in Rotterdam erschien. Darin versuchte er, die Ergebnisse der Physik und Mathematik, der Geographie und Astronomie, der Logik und Metaphysik, der Theologie, Politik und Moral in alphabetischer Reihenfolge zu erfassen. Seit 1694 edierte Chauvin sein „Nouveau Journal des Sçavans, dressé à Rotterdam". Dieses Wirken setzte er in Berlin mit der genannten Zeitschtift fort, die in drei Bänden von 1696 bis 1698 in Berlin und Leipzig erschien. Leibniz beispielsweise betrachtete die Existenz einer solchen Zeitschrift in Berlin 1696 als Beweis für die Möglichkeit einer „Congrégation savante" in Brandenburgs Hauptstadt. Er war selbst Mitarbeiter des Periodikums. Der Spiritus rector des „Journal" aber war wiederum Danckelman, der möglicherweise auch finanzielle Unterstützung leistete. In der Vorrede zum ersten Band heißt es über ihn: „Le premier Ministre de Sa Serenité Electorale s'est toujours bien distingué du côté du savoir, par sa singulière érudition et sa grande capacité; et on peut l'appeller justement de Mécène des savants . . ."[9] Mag diese Formulierung natürlich auch Ausdruck barocker Ergebenheit vor einem Mächtigen gewesen sein, so wird doch daraus verständlich, daß eine Zeitschrift, die einen Minister als Mäzen der Berliner Gelehrten gefeiert und seine großen Kenntnisse gelobt hatte, dessen Sturz nicht lange zu überleben vermochte. Im übrigen deckt sich die Einschätzung Chauvins weitgehend mit der durch Leibniz.

Die von Harnack mehr nebenbei erwähnten wissenschaftlichen Zusammenkünfte im Haus des Ezechiel Spanheim in Berlin in den neunziger Jahren gewinnen nicht nur durch die Aufzeichnungen D. E. Jablonskis, sondern auch durch die Berichte Chauvins im „Journal" klareres Profil. Sie sind seit 1693 bezeugt; für die Jahre 1697/98 hat Chauvin darüber berichtet, da er selbst neben anderen Hugenotten daran teilnahm. Er spricht von „Conférences, où il [Spanheim] préside"; behandelt wurden dabei „Pièces qui donneront des lumières trés-avantageuses pour s'avancer dans les connoissances les plus sublimes . . ."[10] Damit wurde in der Tat der Boden für die Sozietät bereitet, auch wenn es einen unmittelbaren Zusammenhang der Spanheim-Gesellschaft zu ihr nicht gibt.

Spanheim, der seit 1692 mit Leibniz wissenschaftlich korrespondierte, war also bis 1697 – in diesem Jahre ging er als Diplomat nach Paris – der Mittelpunkt eines Gelehrtenkreises in Berlin. Das gilt nicht nur für die Spanheim-Gesellschaft selbst, sondern auch für das Wirken dieser bedeutsamen Persönlichkeit im Zusammenhang mit dem Collège Français und der kurfürstlichen Bibliothek. An Spanheim wandte sich daher Leibniz auch 1694, als er Pufendorfs Nachfolger im Amt des brandenburgischen Historiographen werden wollte. Spanheim war es, der Danckelman für das schließlich gescheiterte Anliegen von Leibniz gewann. Eine Berufung von Leibniz nach Berlin war folglich Ende 1694, Anfang 1695 in greifbare Nähe gerückt.

Im Zusammenhang mit diesen Verhandlungen des Jahres 1694 sieht Harnack fünf undatierte Dokumente, die Leibniz wahrscheinlich in diesem Jahre für Spanheim ausgearbeitet hätte. Als Argumente für diese Datierung nennt er die Behandlung des Sozietätsplans vom Standpunkt des Historiographen, die Nichterwähnung der Kurfürstin Sophie Charlotte und das Schweigen über das in Aussicht genommene Observatorium für Berlin. Damit ist jedoch die Entstehungszeit lediglich auf den Zeitraum von Ende 1694 (Verhandlungen mit Leibniz über die Berufung als Historiograph) bis zum Herbst 1697 (erstes Auftauchen des Observatoriumsplans in den Dokumenten, die heute noch zugänglich sind) eingegrenzt. Harnack braucht jedoch die scharfe Trennung in zwei voneinander völlig unabhängige Unternehmen, um feststellen zu können: „Das erste fällt in das Jahr 1694 und endigte resultatlos; denn Danckelmann war nicht zu gewinnen. Fast drei Jahre vergehen nun, in denen Leibniz nichts unternommen hat . . ."[11] Eben das stimmt nicht. „Resultatlos" blieben die Verhandlungen zwar, denn eine Berufung erfolgte tatsächlich nicht! „Zu gewinnen" aber war Danckelman, wie Harnack schreibt: „Spanheim erwidert (27. November 1694), er habe Danckelmann günstig für die Sache gestimmt".[12]

In die Jahre 1694 bis 1697 gehören Leibniz' Verbindungen zu Chauvin, die Fortführung seines Briefwechsels mit Spanheim, der 1697 nach Paris ging, und die Aufnahme der Korrespondenz mit Cuneau, die zunächst bis 1697 dauerte. Johann Jakob Cuneau – seinen Namen findet man auch Couneau, Chuno und Cuno geschrieben – war kurfürstlicher Rat und Archivar in Berlin. Mit Leibniz war er seit der Jahreswende 1694/95 persönlich bekannt, da Cuneau den Kurfürsten Friedrich III. und Sophie Charlotte nach Hannover begleitet hatte. Seit 1695 korrespondierten Leibniz und Cuneau über wissenschaftliche Probleme, besonders Fragen der Geschichtsforschung. Cuneau gehörte zu der Gruppe Berliner Gelehrter, die auf die Gründung der Sozietät Einfluß nahmen. Spätestens seit 1697 vermittelte Cuneau erneut den Kontakt von Leibniz zu Danckelman. Das belegt ein Schreiben von Leibniz an Cuneau vom 7. Oktober 1697 – „in Wahrheit ein wissenschaftlich-politisches Exposé für den Minister"[13], also von Danckelman, wie Harnack schreibt. Es kann also keine Rede davon sein, daß Leibniz schon 1694 überzeugt war, Danckelman wäre nicht zu gewinnen. Im Gegenteil, „dieses für Danckelmann bestimmte Schreiben vom 7. Oktober 1697 [von Leibniz an Cuneau – C. G.] enthält auch die erste Andeutung des Plans eines Observatoriums in Berlin"[14], anerkennt Harnack. Danckelman war also unverändert in die wissenschaftsorganisatorischen Bestrebungen eingeschaltet, obwohl seine Stellung bereits nicht mehr gesichert war. Schon im Sommer 1697 hatte er unter dem Eindruck der Intrigen gegen ihn seine Entlassung erbeten, aber nicht erhalten. Sein folgendes Gesuch vom 22. November 1697 wurde dann vom Kurfürsten gebilligt. Die Verhaftung Danckelmans erfolgte am 16. Dezember 1697. Wichtig erscheint, daß Danckelman nachweislich noch als leitender Minister von dem Observatoriumsplan gehört hat, über den er sicher ohnehin informiert war.

Was Brandenburg an Danckelman verloren hatte, blieb Leibniz bewußt. Nach dem Tode des ersten preußischen Königs bezeichnete er 1713 die allerdings nicht verwirklichte Absicht des Nachfolgers, Danckelman wieder einzusetzen, als christlicher denn die Entscheidung des Vaters, Danckelman nicht nur zu entlassen, sondern sogar dessen Besitz zu konfiszieren.

Die Sternwarte und die Kurfürstin

Die Erörterungen über die Gründung einer Sternwarte in Berlin führten nunmehr direkt zur Schaffung der Sozietät. Harnack spricht von einem „Plan der Kurfürstin, ein Observatorium in Berlin zu bauen",[15] und stellt an anderer Stelle als Tatsache hin, „daß die Kurfürstin Sophie Charlotte den Plan, ein Observatorium in Berlin zu errichten, im Frühjahr 1697 zu dem ihrigen gemacht hat, und daß sie dadurch die Urheberin der Preußischen Akademie geworden ist".[16] Die beiden Quellen, die zu diesen Fragen vorliegen, stützen die Aussage in dieser Form nicht und stimmen zudem nicht voll in den Einzelheiten überein.

Im Herbst 1697 hatte Leibniz durch seinen Berliner Korrespondenten Cuneau eine Information über ein Gespräch der Kurfürstin mit einem Hofprediger erhalten. Leibniz rückte diese wörtlich in einen Brief an Sophie Charlotte vom November 1697 ein, wodurch sie überliefert ist. Nachdem in diesem Auszug zunächst eine Unterhaltung „au sujet de l'Académie des peintres et sculpteurs", also über die 1696 gegründete Akademie der Künste, und deren erfreuliche Fortschritte wiedergegeben wird, heißt es weiter: Die Kurfürstin „a adjouté qu'il seroit bon qu'on établit aussi un observatoire, comme il y en a un à Paris".[17] Weiter teilte Leibniz' Informant mit, daß die Einrichtung eines Observatoriums im neuen Marstall Unter den Linden, im Gebäude der Akademie der Künste, bereits erwogen wurde. Diese Aussage ist eindeutig, denn die Kurfürstin hätte „hinzugefügt, daß es gut wäre, wenn man auch ein Observatorium einrichtete". Leibniz griff diesen Gedanken auf und knüpfte daran im November 1697 in einem Brief den Wunsch nach Einbeziehung „anderer Gegenstände, die nicht weniger bedeutsam und weniger schön als die Astronomie sind und die ebenso wie diese Wissenschaft der Zweck einer kurfürstlichen Akademie der Wissenschaften sein könnten".[18]

Diese Quelle läßt zwei Probleme offen: Erstens, wer war der Hofprediger, mit dem die Kurfürstin das Gespräch über die Weiterentwicklung der Wissenschaftsorganisation in Berlin im Anschluß an die Akademie der Künste führte? Zweitens, wann fand dieses Gespräch statt? Beide Fragen beantwortet ein Brief Daniel Ernst Jablonskis vom 5. März 1698 an Leibniz, also zu einem Zeitpunkt, als Danckelman bereits verhaftet und angeklagt war – eine ganz wichtige Tatsache, die es zu beachten gilt, da sie eher dazu angetan gewesen wäre, dessen Anteil zu verschweigen. Jablonski bezieht sich in seinem Brief vom März 1698 auf den Aufenthalt der Kurfürstin „auf einem nahgelegenen Lusthaus" während der „Frühlingszeit" 1697 („im verwichenen Jahr"), „da dann auch ich Gelegenheit hatte, ... Gespräche zu führen". Dabei – so heißt es weiter – „ward einsmals erwähnt, wie es wohl zu verwundern, daß, da diese Residenz-Stadt sonst mit allerhand Künsten und Wissenschaften reichlich versehen wäre, nur kein Liebhaber der Astronomie, auch kein Observatorium darin befindlich, daß auch Berlin nicht einen eigenen Kalender hätte, sondern mit fremden sich behelfen müsse". Die von Harnack daran geknüpfte Vermutung, ob Jablonski „nicht selbst die ungenannte Persönlichkeit, die die Angelegenheit aufgebracht hat", war, bestätigt meines Erachtens der unmittelbar folgende Satz Jablonskis eindeutig: „Solches apprehendirten Ihre Churf. Durchl. und sagten, Sie wollten selbst gnädigst sorgen helfen, daß eine Specula [Sternwarte] angeleget werde, befahlen auch mir, solches weiter zu erinnern."[19] Der Observatoriumsplan stammte danach nicht von der Kurfürstin, er wurde von ihr nur positiv „aufgegriffen" (apprehendiert).

Die allgemeine Situation und vor allem der weitere Verlauf der Angelegenheit sprechen eindeutig dafür, daß diese Version die richtige ist. Der mögliche Einwand, Jablonski hätte als der eigentliche Anreger im eigenen Interesse seinen persönlichen Anteil überhöht, erledigt sich, wenn man den Anlaß seines Schreibens und dessen gesamten Inhalt berücksichtigt. Der Brief war nämlich Teil einer Korrespondenz, die Jablonski auf „Befehl" der Kurfürstin mit Leibniz führte, die die Briefe persönlich an diesen weiterleitete, und er „müßte in einer Sprache sein, welche selbte nicht hinderte, an diesem Briefwechsel Theil zu haben".[20] Harnack verwischt diese Zusammenhänge zugunsten einer einseitigen Hervorhebung des Anteils der Kurfürstin, indem er den Brief zerstückelt zitiert und den Fortgang der Dinge bis zum Dezember 1697 – als Danckelman verhaftet wurde – nicht in seiner tatsächlichen Bedeutung würdigt, obwohl er die Fakten berichtet.

Aus Jablonskis Brief, den er mit Billigung der Kurfürstin schrieb, geht nämlich folgendes hervor: Erstens verfaßte der Hof- und Justizrat Johann Gebhardt Rabener (gest. 1701), ein an der Astronomie interessierter Mitbegründer der Sozietät, bis zum Herbst 1697 ein – nicht erhaltenes – Gutachten, „wie ein Observatorium mit weniger Mühe und Unkosten zu stifften und zu erhalten wäre". Zweitens wurde dieses Gutachten der Kurfürstin vorgelegt, die „zwar der Sache gutten Erfolg wünscheten, bei itziger Zeit aber für Dero hohe Person gut finden, derselben sich *nicht* [Hervorhebung – C. G.] anzunehmen". Drittens schaltete sich Jablonski zu diesem Zeitpunkt persönlich ein: „Drauf machte ich die Sache bei dem ReichsHoffRath Hn. v. Dankelmann als damahligem Directore der newangelegten Academie [der Künste] und durch selbten bey dessen Hren Vater, dem Hrn OberPraesidenten anhängig, da selbige gutten Ingreß [gute Aufnahme] funden ..." Eberhard von Danckelman hatte also zugestimmt. Viertens war Jablonski im Frühjahr 1698 der Meinung, daß die Observatoriumsgründung „vermuthlich zum erwünschten Zweck hätte kommen mögen, wann nicht die unverhoffte Revolution hiesigen Hofes [die Verhaftung Danckelmans – C. G.] dazwischen kommen wäre ..."[21]

Damit dürfte erwiesen sein, daß die Gründung eines Observatoriums in Berlin als Bestandteil einer Sozietät der Wissenschaften bis Dezember 1697 die grundsätzliche Billigung des leitenden brandenburgischen Staatsmannes gefunden hatte. Das paßt völlig zu dem Bild von Danckelman, der wissenschaftsorganisatorischen Fragen größte Aufmerksamkeit widmete. Die Aussage Jablonskis gewinnt noch an Überzeugungskraft, da sie zu einem Zeitpunkt getroffen wurde, als der Schreiber und die Auftraggeberin des Schreibens absolut kein Interesse daran haben konnten, den Anteil eines in Ungnade Gefallenen überhaupt zu erwähnen, geschweige denn zu würdigen. Alle Überlegungen, die dann 1700 realisiert wurden, waren also Ende 1697 bereits angestellt. Im Interesse der historischen Gerechtigkeit muß diese Tatsache nachhaltig unterstrichen werden, zumal sie völlig mit den wissenschaftspolitischen Bestrebungen einer Regierung korrespondierte, unter der beispielsweise in Berlin die Akademie der Künste und in Halle die Universität gegründet wurden. Damit ist die Feststellung Harnacks widerlegt, daß erst der Sturz Danckelmans den „wissenschaftlichen Plänen von Leibniz freie Bahn schuf".[22] Eher ist es umgekehrt gewesen: Eine Hofintrige, in der die Kurfürstin nachweislich eine Rolle gespielt hat, verzögerte die Sozietätsgründung in Berlin um mehr als zwei Jahre und machte sie erst wieder aktuell, als erneut ein direkter äußerer Anlaß gegeben war.

Der entscheidende Anlaß: die Kalenderreform

Probleme der Wissenschaftsorganisation, denen Leibniz Zeit seines Lebens große Aufmerksamkeit widmete und bei denen für ihn durchaus immer deren konkrete Formen im Blickfeld standen, erwiesen sich für ihn 1697 in Berlin zum ersten Mal als tatsächlich lösbar. In den Jahren 1698 und 1699 blieben die Verhandlungen über den Bau eines Observatoriums in Berlin und seine Eingliederung in eine zu gründende Akademie faktisch auf dem bis zum Dezember 1697 erreichten Stand. Weder durch die weitergeführte Korrespondenz noch durch persönliche Begegnungen – im Sommer 1698 war Sophie Charlotte in Hannover, im Herbst 1698 verhandelt D. E. Jablonski dort mit Leibniz über Unionsprobleme der protestantischen Kirchen – konnte das wissenschaftsorganisatorische Anliegen vorangebracht werden. Eine beabsichtigte Reise von Leibniz nach Berlin an der Jahreswende 1698/99 wurde nicht realisiert. 1699 wurden dann Verhandlungen über seine Berufung als brandenburgischer Historiograph wieder aufgenommen. Zugleich rückte das zu gründende Observatorium aus ganz anderen Gründen erneut stärker ins Blickfeld.

Einen Hinweis auf die Wichtigkeit einer Sternwarte und deren Rolle in der Vorgeschichte der Sozietät bietet bereits der schon behandelte Brief Jablonskis an Leibniz vom 5.März 1698, „daß auch Berlin nicht einen eigenen Kalender hätte". Der entscheidende Teil der Kalender war das astronomische Kalendarium mit den daraus abgeleiteten kirchlichen Festtagen. Zugleich begannen die Kalender den Charakter eines Staatshandbuches anzunehmen, woraus sich überhaupt die Vorstellung erklärt, Berlin als Hauptstadt Brandenburgs könnte einen eigenen Kalender haben. Die Frage begann an Gewicht zu gewinnen, seit das Corpus evangelicorum beim Reichstag in Regensburg in den neunziger Jahren des 17. Jahrhunderts über die „Zeitvereinigung" – wie Leibniz sagte[23] – zu verhandeln begann. Die Kalenderreform des Papstes Gregor XIII. von 1582 bis 1587 hatten bekanntlich nur Italien, Spanien, Portugal, Frankreich, Polen, Ungarn sowie die katholischen Teile Deutschlands, der Schweiz und der Niederlande anerkannt. Erst seit 1752 und 1753 zählte man in England und Schweden nach diesem neuen Stil. Zeitlich dazwischen liegt der Beschluß der Evangelischen Stände des Reichs vom 23. September 1699 – das Datum ist im Hinblick auf die Sozietätsgründung in Berlin wichtig –, in dem festgelegt wurde, „die nach dem 18. Febr. st. v. folgende 11 Tage des 1700. Jahrs in denen Calendern auszulassen".[24] Damit war hinsichtlich der Tagesdaten die „Zeitvereinigung" vollzogen. Die kirchlichen Festtage – ausgehend vom Osterfest – fielen in katholischen und protestantischen Ländern jedoch noch bis 1775 auf verschiedene Tage. Es war nämlich 1699 in Regensburg beschlossen worden, daß „die Osterfest-Rechnung . . . weder nach dem alten Dionysianischen, viel weniger Gregorianischen Cyclo, sondern nach dem Calculo Astronomico . . . gemachet werde".[25] Das bedeutete bei gleichem Ausgangspunkt – Ostern am ersten Sonntag nach dem Frühlingsvollmond – die Ermittlung unterschiedlicher Festtagsdaten. Man legte nämlich in der katholischen Kirche den durch Dionysius Exiguus eingeführten und von Gregor XIII. übernommenen berechneten beziehungsweise mittleren Vollmond und bei den Protestanten den astronomischen beziehungsweise wahren Vollmond zugrunde. In der Praxis bedeutete das, daß umfangreiche Beobachtungen und mathematische Berechnungen durchgeführt werden mußten, um für protestantische Länder gültige Kalender zu erhalten. Zugleich stellte sich damit das Problem, ob die betroffenen Staaten in der Kalenderfrage gemeinsam und einheitlich vorgingen, oder ob sie die Gelegenheit nutzten, ihre jeweiligen Souveränitätsansprüche geltend zu machen, indem sie nur jeweils für ihren Staat geltende Kalender herausgaben. Diese politische Dimension gilt es zu beachten, wenn es um die Kalenderreform geht, die nur scheinbar eine ausschließlich praktisch-wissenschaftliche Frage war.

Ein maßgebender fachlicher Berater der evangelischen Stände des Reiches bei der Kalenderreform von 1699/1700 war der Jenaer Professor Erhard Weigel, ein bedeutender Vertreter der modernen Wissenschaft auf dem Gebiet der Mathematik, der Naturwissenschaft und der modernen philosophischen Strömungen, der auch als Pädagoge Bedeutendes leistete. Leibniz und Pufendorf, aber auch spätere Sozietätsmitglieder wie der Astronom Gottfried Kirch, der Pädagoge Christoph Semler, der Philologe und Naturwissenschaftler Johann Leonhard Frisch und der Theologe Kaspar Neumann – der wichtigste Lehrer Christian Wolffs – waren Weigel-Schüler.

Die Gründungsgeschichte der Berliner Sozietät hat Weigel direkt beeinflußt. Auf ihn ging der Vorschlag zurück, eine zentrale Reichsinstitution für die Kalenderverbesserung und gleichzeitig ein Kalendermonopol zu begründen, um auf diese Weise die finanziellen Mittel für eine Akademie zu erhalten. Diese Thematik war damals hochaktuell und wurde eingehend diskutiert. Tschirnhaus hielt diesen Vorschlag allerdings nicht für realisierbar. Er war gerade in jenen Jahren neben Leibniz und Weigel der deutsche Wissenschaftler, der sich am intensivsten mit dem Akademiegedanken befaßte und der durch seine vielfältigen Kontakte indirekt zur Gründung der Berliner Sozietät beitrug. Dabei dachte er jedoch eher an die Finanzierung einer wissenschaftlichen Gesellschaft durch Gewinne aus der praktischen Anwendung wissenschaftlicher Erkenntnisse, nicht aber aus einem Monopol. An Leibniz schrieb er: „Dies wäre also eine schöne Sache vor eine Akademie pro scientiis, viel besser als des Weigelii durch ein Universal-Calendarium . . ."[26] Leibniz dagegen wandte den von Weigel auf das Reich bezogenen Vorschlag auf Brandenburg an. Wir können davon ausgehen, daß Leibniz in einem Brief an Jablonski im Februar 1700 erstmals das Kalendermonopol mit der Begründung eines Observatoriums und einer Akademie der Wissenschaften in Zusammenhang brachte. Zwei seit längerer Zeit verfolgte Linien der Wissenschaftsorganisation schnitten sich damit an einer Stelle, in der Hauptstadt des brandenburgischen Kurfürstentums.

Der Sozietätsplan

Alle bis zum Februar 1700 existierenden Anregungen im Hinblick auf eine brandenburgische Sozietät faßten nunmehr Jablonski, Rabener und Cuneau unter Hinzuziehung weiterer Persönlichkeiten im März 1700 zu einer Denkschrift zusammen, die in einer ausführlichen und einer konzentrierten Fassung dem Kurfürsten Friedrich III. vorgelegt wurde. Die Zeit drängte wegen der Vorbereitung der Kalender für das folgende Jahr und weil Sachsen bereits ein Kalendermonopol verkündet hatte. Friedrich III. bestätigte die gemachten Vorschläge umgehend, wie er Jablonski am 19. März 1700 durch einen Hofbeamten mitteilen ließ: „Sr. churf. Durchl. haben gnädigst resolviret, eine Academie des sciences und ein Observatorium, wie vorgeschlagen, in Berlin zu établiren.“[27] Der eigentliche Gründungstag der Sozietät ist also der 19. März 1700.

Die Verfasser des Memorandums gingen von dem „glücklichen Fortgang der hier etablirten Kunst-Academie“ aus und bezeichneten als ihr Ziel neben dem Ruhm des Kurfürsten, den sie zeitbedingt an den Anfang stellten, „das Aufnehmen nützlicher Wissenschaften“.[28] Daher haben sie vorgeschlagen, „ein vollständig Collegium oder Academias Scienciarum in Physicis, Chimicis, Astronomicis, Geographicis, Mechanicis, Opticis, Algebraicis, Geometricis und dergleichen nützlichen Wissenschafften“ einzurichten. Es würde damit „ein glorieuses und in gantz Deutschland bishero von keinem Kayser, weniger Churfürsten unternommenes Werck“ in Gang gesetzt werden.[29] Hinsichtlich der Statuten wollte man sich am Vorbild der Akademien in England und Frankreich orientieren. Als Arbeitsort der Sternwarte und der Sozietät wurde ein „Pavillon des großen Stalles in der Dorotheenstadt“[30] vorgesehen, wo die erforderlichen Instrumente und Bücher untergebracht werden könnten. Als ausschließliche Finanzierungsmöglichkeit wurde das Kalendermonopol vorgeschlagen, wobei in der Kurzfassung des Memorandums bereits konkrete Angaben über die zu erwartenden Einnahmen in Höhe von 2 500 Talern und deren detaillierte Verwendung gemacht wurden.

In beiden Dokumenten werden Leibniz als Präsident und Gottfried Kirch als Astronom genannt, offensichtlich auf Grund bereits bestehender Absprachen. Namentliche Vorschläge für die Mitglieder, die „man hier schon finden“[31] wird, werden nur in der ausführlichen Fassung des Vorschlags gemacht. „Man hätte dazu vorzuschlagen in Mathesi et Chimia den Hrn. Raht Albinum, in Physicis den Hrn. Chauvin und Doktor Jaegevitz, sonsten noch in Mathesi den Hrn. Naude, Hrn. Ober-Ingenieur Bär, in Astronomia observatrice Hrn. Hoffraht Rabner, Hrn. Hoffraht Chuno und andere.“[32] Außer Bernhard Albinus, der als Professor der Medizin in Frankfurt an der Oder zum kurfürstlichen Leibarzt berufen wurde und bereits 1702 die anatomische Professur in Leiden übernahm, wurden alle Genannten tatsächlich Sozietätsmitglieder.

Als mögliche auswärtige Mitglieder, „um dem Etablissement eine Etendue [Weite, Dauer] und dabei einen Nahmen zu machen“, wurden „der berühmte von Tschirnhausen in Sachsen“, der „Professor Matheseos Sturm zu Altdorff“ und „Reiher zu Kiel“ vorgeschlagen.[33] Tschirnhaus wurde trotz seiner Verdienste um den Akademiegedanken nicht in die Sozietät aufgenommen. Ebenso blieb aus nicht bekannten Gründen der Mathematiker Johann Christoph Sturm, ein Weigel-Schüler und Cartesianer, unberücksichtigt.

Daß die Sozietät von vornherein als eine Einrichtung für den ganzen brandenburgischen Staat geplant war, belegt der Wunsch, „ein und ander Medicus und Mathematicus auf churfürstl. Universitaeten"[34] aufzunehmen. Davon ging auch Leibniz aus, der 1701 auf „curiose Leute hin und wieder in den Provinzen" als Mitglieder hinwies und nicht nur „Berolinum literatum", „sondern auch Marchiam literatam, Pomeraniam, Prussiam, Cleviam cum Marca literatas"[35] berücksichtigt wissen wollte. Zugleich orientierten bereits die Berliner Verfasser des Sozietätsplans auf weitreichende internationale Kontakte. Als Aufgaben des Sekretärs der Sozietät wurden nämlich „Correspondentien mit denen Accademiis Galliae und Angliae, sodann Eruditis et Curiosis sowohl in gedachten Reichen als auch in imperio Germanico, Italico, Moscovia und durch diesen Weg nach China"[36] vorgesehen.

Der Stiftungsbrief und die Generalinstruktion der Sozietät wurden am 11. Juli 1700 vom Kurfürsten unterzeichnet, wobei deren Arbeitskreis zugleich endgültig über die Naturwissenschaften, Mathematik und Medizin hinaus erweitert wurde, denn als Ergebnis der inzwischen geführten Gespräche und auf Wunsch des Kurfürsten wurden auch philosophisch-historisch-philologische Disziplinen einbezogen. Der 11. Juli 1700 ist der offizielle Gründungstag der Akademie, zu deren Präsidenten Leibniz am 12. Juli 1700 ernannt wurde. In der Zeit vom 19. März bis zum 11. Juli 1700 schaltete sich Leibniz zunächst brieflich, dann während seiner persönlichen Anwesenheit in Berlin aktiv direkt in die Bemühungen um die Gestaltung der Sozietät ein. Dieser Einsatz von Leibniz, bei dem alles von ihm selbst und anderen vielfach Erwogene einbezogen wurde und der bereits über die Vorgeschichte hinaus in die Frühgeschichte der Sozietät führte, gab der Institution schließlich ihr endgültiges Gepräge.

Es bleibt jedoch festzuhalten, daß die Sozietät vor dem 11. Juli 1700 als existierend betrachtet wurde. In der Tat bestand sie natürlich weder vor noch unmittelbar nach diesem Datum als fertige, sondern lediglich als werdende Einrichtung. Die ursprünglich für den 26. Juni 1700 vorgesehene Unterzeichnung des Stiftungsbriefes war erst im letzten Augenblick aus dynastischen Gründen auf den Geburtstag des Kurfürsten verschoben worden. Schon das Kalenderpatent am 10. Mai 1700 ging dagegen von der vollzogenen Gründung der Sozietät aus. Es verwies nachdrücklich auf die Kontinuität wissenschaftsorganisatorischer Bestrebungen im Kurfürstentum Brandenburg und knüpfte konkret an die Kalenderreform an: „Dass Wir dahero veranlasset und bewogen worden, in Unseren hiesigen Residentzen ein Observatorium des Himmels und Societatem Scientiarum in Physicis, Astronomicis, auch sonsten in Mathematicis, Mechanicis und andern dergleichen nützlichen Wissenschafften und Künsten anzurichten und mit gelehrten Gliedern, guten Gesetzen, benöthigten Gebäuden, auch anderen erforderten Bequemlichkeiten und Unterhaltungs-Mitteln dergestalt zu versehen und zu beneficiren, dass sowohl die abgeziehlte Aufnahme der Wissenschafften in Unsern Landen erreicht, als auch die . . . hochnöthige Oberservationes zu Verbesserung der Astronomie vorgenommen werden können."[37] Die Anstellung des Astronomen Gottfried Kirch erfolgte am 18. Mai 1700 – wie es in einem entsprechenden Konzept schon vom 19. April 1700 heißt – „bei der von Unss aufgerichteten Societate Scientiarum".[38] Auch hier wird also die Institutionalisierung als vollzogen betrachtet.

Das erste Jahrzehnt

Insgesamt nahmen die vorbereitenden Arbeiten für die Sozietät in Berlin sogar ein ganzes Jahrzehnt in Anspruch, wobei sich große Schwierigkeiten beim Bau der Sternwarte ergaben. Sie wurde erst 1708 fertig und 1709 an die Sozietät übergeben. Im Mai 1710 war die erste wissenschaftliche Publikation der Akademie, die „Miscellanea Berolinensia", fertiggestellt, am 3. Juni 1710 wurde nach langen Verhandlungen das erste Statut der Sozietät mit deren Einteilung in vier Klassen verkündet, und am 19. Januar 1711 wurde sie feierlich eröffnet. In einem gedruckten Bericht aus dem Jahre 1711 „von der Stift- und Einsetzung" der Sozietät werden deren anfängliche Schwierigkeiten dargestellt, zugleich wird aber darauf verwiesen, daß das für möglich Gehaltene getan worden war. Mit Recht wurden dabei die Mitgliederwahlen und die Vorbereitung einer wissenschaftlichen Publikation als Beleg für das tatsächliche Existieren der Sozietät seit 1700 hervorgehoben: „Wie denn eine ansehnliche Zahl vornehmer Gelehrten in und außerhalb Teutschlandes dieser Gesellschaft beyzutreten ihnen gefallen lassen ... Einige derselben haben auch vortreffliche Proben ihres Fleißes dargeleget und etwas beygetragen, daraus unlängst ein Versuch unter dem Titel der Miscellaneorum Societatis Scientiarum ad incrementum scientiarum das Licht gesehen ..."[39]

Was hier als verhältnismäßig glatte Entwicklung wiedergegeben wurde, vollzog sich freilich keineswegs problemlos. Obwohl der Sozietät bereits unmittelbar nach der Gründung 45 (22 Anwesende und 23 Abwesende) und 1710 sogar 67 (26 Anwesende und 41 Abwesende) Mitglieder angehörten, fanden regelmäßige Sitzungen selbst der Einheimischen noch nicht statt. Faktisch existierten und arbeiteten jedoch der Präsident und das Konzil.

Leibniz mußte die Sozietät von Hannover aus vor allem durch seine Korrespondenz leiten. Er verbrachte aber auch zusammengenommen etwa ein Viertel des ersten Jahrzehnts – insgesamt 36 Monate – in Berlin, wo er sich aktiv in die Sozietätsangelegenheiten einschaltete, die Zeit aber natürlich auch für gelehrte und politische Kontakte nutzte, die die Sozietät mehr indirekt betrafen. Als zweites wichtiges Privileg neben dem Kalendermonopol sicherte er der Sozietät das Seidenwerk, das freilich eher ein Zuschußunternehmen blieb, als zu einem einträglichen Geschäft zu werden. Die auf Initiative von Leibniz zwischen Dezember 1706 und Mai 1707 durchgeführten sogenannten Aktivitätskonferenzen von in Berlin anwesenden Mitgliedern hatten keine direkten Folgen mit der Ausnahme, daß das Projekt der „Miscellanea" längerfristig gefördert wurde.

Der wichtigste Korrespondenzpartner von Leibniz in Berlin war der Sekretär der Sozietät, Johann Theodor Jablonski, der ältere Bruder des Mitbegründers Daniel Ernst Jablonski. Auch wenn die Antwortbriefe Leibniz' an den Sekretär nicht erhalten sind, bilden des letzteren recht regelmäßige Berichte eine wichtige Quelle für die frühe Sozietätsgeschichte. Neben ihnen sind die Protokolle des Konzils zu erwähnen, in dem die die entstehende Sozietät betreffenden Probleme verhandelt wurden.

Neben den beiden Jablonski gehörten zum Konzil der bereits mehrfach genannte Cuneau und der Sozietätsastronom Kirch. Letzterer konzentrierte sich allerdings stärker auf seine himmelskundlichen Forschungen, die ja letztlich die eigentliche Existenzgrundlage der Sozietät darstellten. Am Konzil war Kirch eher passiv beteiligt.

Dem König war bereits 1704 in Übereinstimmung mit den Vorstellungen von Leibniz der Entwurf eines Reglements der Sozietät vorgelegt worden. Darin war die Einsetzung eines Ehrenpräsidenten der Sozietät neben dem Präsidenten Leibniz vorgesehen. Als schließlich im Juni 1710 die erste Satzung der Sozietät tatsächlich erlassen wurde, ist an diese Überlegungen angeknüpft worden. Am 7. August 1710 wurde Marquard Ludwig Freiherr von Printzen zum Praeses honorarius der Sozietät bestellt. Er war zugleich Präsident des Collegium medicum. In das Jahr 1710 fällt ebenfalls eine Verfügung des Königs – vom 27. Juni –, in der eine Entscheidung über das Gehalt von Leibniz, falls er „durch den Todt oder auf andere Weise . . . abkommen solte“[40], getroffen wurde. Die Gelder wurden in diesem Fall zum größeren Teil für die vier Klassendirektoren der Sozietät vorgesehen. Auch bei dieser Festlegung wurde an Überlegungen von 1704 angeknüpft, als man bereits auf einen sich allenfalls „begebenden Abgang des jetzigen Praesidis“[41] – also Leibniz – hinwies.

Obwohl Leibniz die in Berlin vorherrschenden Vorstellungen über die Organisation der Sozietät nicht unbekannt sein konnten und er durch die von ihm gebilligte Ernennung eines Ehrenpräsidenten das Interesse des Hofes an „seiner“ Institution bestätigt sehen mußte, konnte ihn der tatsächliche Vollzug der Entscheidungen nicht unberührt lassen. Von den von Juni bis August 1710 getroffenen Festlegungen über die Satzung, über das Präsidentengehalt und über den Ehrenpräsidenten erfuhr Leibniz verspätet und sehr scheibchenweise. Es läßt sich wohl kaum übersehen, daß der Einfluß von Leibniz in Berlin offensichtlich im Schwinden war und daß er im Vorgehen der Sozietät – insbesondere der beiden Jablonski – eine Tendenz erkennen mußte, sich auf die Nach-Leibniz-Zeit einzustellen. Gleichwohl hat Leibniz letztlich gute Miene zum bösen Spiel gemacht, schon weil ihm gar keine andere Wahl blieb, wenn er sich nicht selbst völlig ausschalten wollte. Er hat Printzen gratuliert und auf gute Ratschläge für die Entwicklung der Sozietät nicht verzichtet. Auch noch 1710 hat er – so möchte man zusammenfassen – die Sache über die Personen und deren Verhalten gestellt. Ob es freilich tatsächlich nur die Geschäfte, das schlechte Wetter und sein Gesundheitszustand gewesen sind, die Leibniz zur Nichtbeteiligung an der feierlichen Eröffnung der Sozietät am 19. Januar 1711 veranlaßten, mag immerhin dahingestellt bleiben. Als er im Februar 1711 nach Berlin kam und sein Sozietätskonzept verteidigte, dürfte er selbst erkannt haben, daß er kaum noch Einwirkungsmöglichkeiten hatte. Es war sein letzter Aufenthalt in Preußens Hauptstadt. Sein Interesse an der Sozietät, deren geistiger Vater er war und die sich daher mit Recht eine Leibnizsche nennt, jedoch bewahrte er auch während seines letzten Lebensjahrfünfts.

Der erste Band der „Miscellanea“, die Anwesenden und die Abwesenden Mitglieder

Die Wahlpolitik bis zum Januar 1711 bestätigte im Zusammenhang mit der Autorenschaft der „Miscellanea Berolinensia“ von 1710, daß die personellen Voraussetzungen für eine Sozietät im Rahmen der spezifischen Berliner Verhältnisse durchaus gegeben waren. Bis zum Januar 1711 wurden außer Leibniz 36 Anwesende Mitglieder – einschließlich der zu diesem Zeitpunkt bereits verstorbenen – der Sozietät gewählt. Fünf weitere wurden 1701 zwar zu Mitgliedern bestimmt, erhielten aber keine Aufnahmeurkunden.

Von den 37 meist in Abstimmung mit Leibniz oder auf dessen Vorschlag tatsächlich aufgenommenen Mitgliedern haben elf insgesamt 35 der 60 Abhandlungen des ersten

Bandes der „Miscellanea Berolinensia" verfaßt, und zwar Leibniz allein zwölf sowie die Astronomen Gottfried Kirch und Johann Heinrich Hoffmann neun beziehungsweise drei. Christian Maximilian Spener, Johann Leonhard Frisch und Mathurin Veyssière de La Croze, die man neben einigen anderen zu denjenigen rechnen kann, die wissenschaftlich das Gesicht der Akademie bestimmten, haben jeweils zwei Abhandlungen vorgelegt. Pierre d'Angicourt, Johann Jakob Cuneau, Alphonse des Vignoles, Etienne Chauvin und Johann Karl Schott lieferten je eine Abhandlung. Etwas weniger als ein Drittel der Anwesenden Mitglieder haben also über die Hälfte der ersten wissenschaftlichen Publikationen der Sozietät vor deren offizieller Eröffnung geschrieben. 17 Arbeiten wurden von 13 Abwesenden Mitgliedern verfaßt: dem Mathematiker Johann Bernoulli in Groningen; dem Mediziner Domenico Guilielmini in Padua; dem Mathematiker Jakob Hermann in Padua; dem Mathematiker Nikolaus Hartsoeker in Düsseldorf mit drei Abhandlungen; dem ansbachischen Hofrat Konrad Henfling über ein musiktheoretisches Problem; dem Mathematiker Samuel Reyher in Kiel, der sich auch mit der Kalenderreform beschäftigt hatte; dem Mathematiker Leonhard Christoph Sturm in Frankfurt an der Oder; dem Astronom Johann Philipp von Wurzelbau in Nürnberg mit drei Abhandlungen; dem Mediziner Johann Jakob Scheuchzer in Zürich; dem Mediziner Konrad Barthold Behrens in Hildesheim; dem Mathematiker und Theologen Johann Andreas Schmid in Marienthal bei Helmstedt; dem Mathematiker und Astronom Ole Rømer in Kopenhagen; dem Mediziner Michael Bernhard Valentini in Gießen. Drei Abhandlungen erschienen anonym, zwei weitere wurden von Wissenschaftlern verfaßt, die nicht Mitglieder der Sozietät waren: Der Leiter der Greenwicher Sternwarte, John Flamsteed, und der Danziger Konstantin Gabriel Hecker schrieben über astronomische Themen. Die erst 1711 beziehungsweise 1720 zu Anwesenden Mitgliedern gewählten Philippe Naudé d. J. und Christoph Matthäus Seidel steuerten eine mathematische sowie eine astronomische Abhandlung bei; eine weitere astronomische Abhandlung stammte von Gottfried Teuber, ab 1712 Abwesendes Mitglied.

Der überwiegende Teil der Anwesenden Mitglieder der Berliner Sozietät während des ersten Jahrzehnts ihrer Existenz dürfte kaum den zeitgenössischen wissenschaftlichen Durchschnitt überragt haben. Diese Gelehrten verdankten ihre Wahl ausschließlich der Tatsache, daß sie die Bildungsschicht einer Stadt vertreten haben, in der die Forschung noch am Anfang ihrer Entwicklung stand. Sicher handelte es sich bei ihnen um gebildete Persönlichkeiten, schöpferische Wissenschaftler waren die meisten nicht. Daher wäre es auch nicht gerechtfertigt, die Verhältnisse in Berlin etwa mit den gleichzeitigen in Paris und London sowie manchen west- und südeuropäischen Universitätsstädten zu vergleichen. Der Gewinn für die brandenburgische Hauptstadt, die schon im Jahr nach der Sozietätsgründung zum Zentrum eines Königreichs wurde, bestand vor allem darin, daß durch den wissenschaftsorganisatorischen Akt von 1700 grundsätzlich neue Voraussetzungen für die Entfaltung des wissenschaftlichen Lebens geschaffen wurden, deren Wirkungen letztlich bis in die Gegenwart spürbar sind. Berlin war die erste deutsche Stadt, in der die erste Akademie der Welt gegründet wurde, in der Natur- und Geisteswissenschaften gepflegt werden sollten, die sich daher von allen bereits bestehenden Akademien hinsichtlich der Organisationsform und des Umfangs ihres Arbeitsgebietes unterschied und die in dieser Hinsicht auf den Aufbau späterer Akademien einwirkte. Demgegenüber ist zwar nicht unwichtig, fällt aber weniger ins Gewicht, daß viele Mitglieder auch nach dem damaligen Verständnis eigentlich nicht „akademiewürdig" gewesen sind.

Außer Leibniz und seinem wichtigsten Mitarbeiter D. E. Jablonski verdienen einige Anwesende Mitglieder eine etwas ausführlichere Berücksichtigung, wenn man den Stand der Wissenschaft in Berlin im ersten Jahrzehnt nach der Wende zum 18. Jahrhundert erfassen will.

An erster Stelle ist hier zweifellos der Astronom Gottfried Kirch zu nennen, dessen Arbeit bekanntlich die Existenz der Sozietät sicherte. Kirch war der einzige Wissenschaftler neben Leibniz, der in sein Berliner Amt von auswärts berufen wurde. Nach seinen Studien bei Erhard Weigel in Jena hatte er bei dem berühmten Astronomen Johann Hevel in Danzig gearbeitet. Die Ergebnisse seiner Himmelsbeobachtungen gab er seit 1681 in den „Ephemeriden“ heraus. Auch die Ehefrau Gottfrieds, Maria Margaretha Kirch, sowie deren Kinder Christfried Kirch, der 1716 Mitglied der Akademie wurde, und Christina Kirch arbeiteten auf astronomischem Gebiet in der Akademie.

Bereits 1701 wurden zwei Mitarbeiter der königlichen Bibliothek in Berlin Anwesende Mitglieder der Sozietät.

Lorenz Beger war 1675 vom Kurfürsten Karl Ludwig von der Pfalz mit der Aufsicht über dessen Bibliothek betraut worden. Besonders sollte er die von Ezechiel Spanheim, der damals in pfälzischen Diensten stand, in Italien erworbene Münzsammlung ordnen. Nach dem Tode des pfälzischen Kurfürsten (1685) erbte der brandenburgische Kurfürst Friedrich Wilhelm diese Münz- und Antiquitätensammlung. 1686 nahm er Beger in seine Dienste. Fürsprecher hatte dieser in Spanheim und Samuel Pufendorf, der ebenfalls in der Pfalz gewirkt hatte, sowie in E. v. Danckelman und P. v. Fuchs. 1693 übernahm Beger offiziell die Oberaufsicht über die „Kunst- und Raritätenkammer“ als Bestandteil der Bibliothek. Er war der Verfasser des „Thesaurus Brandenburgicus“ mit der Darstellung aller im brandenburgischen Besitz befindlichen Münzen. Das waren 1690 bereits 22 000 Stücke einschließlich derjenigen aus dem Mittelalter und der Neuzeit. Das bedeutsame Quellenwerk erschien in drei Bänden 1696 (griechische Münzen), 1699 (römische Münzen) und 1701 (Nachträge). Andere Bestände der Kunstkammer wurden in dieser Publikation nicht berücksichtigt. Der „Thesaurus“ wurde durch Spanheim dem französischen König Ludwig XIV. überreicht.

Zusammen mit Beger wurde Mathurin Veyssière de La Croze, Bibliothekar des Königs und später Professor der Philosophie am Collège Français in Berlin, in die Sozietät aufgenommen. Als der bereits europäischen Ruhm genießende französische, ursprünglich katholische Gelehrte 1696 nach seinem Übertritt zur reformierten Kirche nach Berlin kam, begann der mehr als 40 Jahre dauernde zweite Abschnitt seines Lebens. Unter schwierigen Verhältnissen, weshalb er sogar gelegentlich den Weggang an die Universität Helmstedt oder nach England erwog, hat La Croze als Historiker und Orientalist Bedeutendes für die Durchsetzung der Aufklärung in Brandenburg-Preußen getan. In dieser Richtung wirkte er vor allem durch seine weitreichenden wissenschaftlichen Verbindungen. Diese finden ihre Widerspiegelung in dem dreibändigen, nach seinem Tode erschienenen Werk „Thesaurus epistolicus Lacrozianus“ (Leipzig 1742–1746), das als wichtige Quellenpublikation oft nicht genügend Beachtung findet. La Croze war am Collège Français der Nachfolger des bereits erwähnten Etienne Chauvin, der ebenfalls schon 1701 als Anwesendes Mitglied aufgenommen wurde.

Zwischen der Akademie der Künste und der Sozietät der Wissenschaften bestanden von Anfang an personelle Kontakte. Besonders ist hier die Mitgliedschaft Andreas Schlüters in beiden Akademien zu erwähnen. Der Hofarzt Friedrich Jägwitz, Mitglied der Wissenschaftssozietät seit 1701, lehrte an der Kunstakademie Anatomie. Zu den Mitgliedern der Sozietät seit 1701 zählte auch der seinerzeit angesehene Mathematiker Philippe Naudé d. Ä., der gleichzeitig an der Kunstakademie und am Joachimsthalschen Gymnasium unterrichtete. Der Rektor dieses Gymnasiums, Paul Volkmann, wurde 1710 Anwesendes Sozietätsmitglied. Er hatte zunächst an der Universität Frankfurt an der Oder gewirkt, wo er 1707 anläßlich der Zweihundertjahrfeier Doktor der Theologie wurde. Er engagierte sich im Streit gegen den strengen Calvinismus.

Als eines der bedeutendsten frühen Anwesenden Mitglieder der Akademie muß Johann Leonhard Frisch, der seit dem ausgehenden Jahrhundert Lehrer, Konrektor und schließlich Rektor des Berlinischen Gymnasiums zum Grauen Kloster war, genannt werden. Er wurde 1706 auf Vorschlag von Leibniz gewählt, mit dem er eng zusammenarbeitete. Frisch hat als Naturwissenschaftler, als Philologe, als Wissenschaftsorganisator und auf dem Gebiet der deutsch-slawischen Wissenschaftsbeziehungen hervorragende Leistungen aufzuweisen.

Zeitweilig wirkte am Grauen Kloster auch der Orientalist Sebastian Gottfried Starke (Starck), der schon 1701 Anwesendes Sozietätsmitglied wurde. Durch seine Mitwirkung an der Edition des Koran, die 1694 erschien, trug er im Sinne der aufklärerischen Toleranz zum Verständnis des Islam bei. Starke war zeitweilig Professor der Orientalistik in Greifswald und Rektor der Ritterakademie in Brandenburg gewesen. Nicht zufällig wurde wohl ebenfalls 1701 der berühmte Breslauer Orientalist Andreas Acoluthus Abwesendes Mitglied der Sozietät in Berlin, wo er 1701 eine viersprachige Koran-Ausgabe edierte.

Recht vielseitig und durch zahlreiche Publikationen ausgewiesen war der Kameralist Paul Jakob Marperger, der 1708 zum Anwesenden Akademiemitglied gewählt wurde. Sein Wirken ist von Wichtigkeit für die Geschichte des ökonomischen Denkens und für die Geschichte der deutsch-russischen Beziehungen.

Die Medizin und im weiteren Sinne die Naturwissenschaft waren in der Sozietät hervorragend durch Christian Maximilian Spener vertreten, der bereits 1701 zum Anwesenden Mitglied gewählt wurde, aber schon sehr jung starb. Bereits 1702 wurde er auch Mitglied der Leopoldina. Er war ein Sohn J. Ph. Speners, des Begründers des Pietismus. C. M. Spener war gleichzeitig Professor der Anatomie am Theatrum Anatomicum und Professor der Genealogie, Heraldik und Naturgeschichte an der Ritterakademie in Berlin. Ausdruck seiner umfassenden Forschungsarbeiten waren seine großen naturwissenschaftlichen Sammlungen, die in der Sozietät aufbewahrt wurden.

Überragt wurde Spener durch den Arzt Friedrich Hoffmann, den die Akademie als Professor in Halle bereits 1701 als Abwesendes Mitglied aufnahm. Von 1709 bis 1712 wirkte er als Leibarzt des Königs Friedrich I. in Berlin und in der Sozietät. Zusammen mit Georg Ernst Stahl in Halle und später in Berlin sowie Herman Boerhaave in Leiden, die beide nicht in die Sozietät aufgenommen wurden, zählt Hoffmann zu den drei größten Ärzten und Naturforschern im Europa der Frühaufklärung. Hoffmann und Stahl wiederum waren neben Christian Wolff, August Hermann Francke und Christian Thomasius Zentralgestalten von internationalem Ruf in der halleschen Früh- und Hochaufklärung.

Die Berufung einer großen Zahl Abwesender Mitglieder in die Berliner Sozietät bis zum Januar 1711 vermag vielleicht am ehesten ein Urteil darüber gestatten, wie weit die junge Einrichtung in ihrer Aufbauphase durch diese Wahlen der Wissenschaftsentwicklung gerecht wurde. Dabei fällt die fast vollständige Beschränkung auf Mitteleuropa auf. Aufgenommen wurden beispielsweise 1701 der Mathematiker Johann Bernoulli, der Arzt Friedrich Hoffmann, der Theologe August Hermann Francke und der Mathematiker Ole Rømer; 1702 die Mathematiker Jakob Bernoulli und Samuel Reyher; 1703 der Mathematiker Nikolaus Hartsoeker; 1706 die Ärzte Theodor Zwinger und Johann Jakob Scheuchzer; 1707 der Mathematiker Jakob Hermann und der Physiker Denis Papin, der aber kein Diplom erhielt; 1711 der Philosoph Christian Wolff. Frankreich, England und Holland blieben fast vollständig unberücksichtigt. Selbst wenn man in Rechnung stellt, daß die Sozietät erst im Aufbau war, muß man konstatieren: Ein Anteil von etwa 15 bis 20 Prozent bedeutender Wissenschaftler unter den Gewählten ist zwar bemerkenswert für eine junge, mit Schwierigkeiten kämpfende Einrichtung, er zeugt aber noch keineswegs von einer dem Haupttrend der Wissenschaftsentwicklung folgenden Wahlpolitik. Im Unterschied zu den Wahlen bei den Anwesenden Mitgliedern, die immer auf das ortsansässige Potential angewiesen waren, da Berufungen von auswärts wegen der damit verbundenen finanziellen Belastungen kaum in Frage kamen, wäre bei den Berufungen Abwesender Mitglieder eine gezieltere Auswahl durchaus möglich gewesen.

Von den Universitäten Brandenburg-Preußens, die die wichtigsten wissenschaftlichen Ausbildungsstätten des Landes waren, wurden Königsberg quantitativ, Halle mit Hoffmann, Francke und Wolff qualitativ am stärksten berücksichtigt. Das entsprach ebenso der Situation wie die Tatsache, daß Duisburg kein, die alte brandenburgische Landesuniversität in Frankfurt an der Oder nur zwei Abwesende Mitglieder stellten. Einer von diesen beiden war der seit 1667 an der Viadrina nacheinander als Professor der griechischen Sprache, der Geschichte, der Politik und der Theologie wirkende Johann Christoph Becmann, der 1701 Abwesendes Mitglied wurde. Vor allem wegen seines Einflusses auf die Geschichte des Denkens seiner Zeit, der erst neuerdings die gebührende Beachtung findet, verdient er hier Erwähnung. Wie schon D. E. Jablonski ein Bindeglied zwischen Berlin und Frankfurt war, so wurden durch Becmann Kontakte zwischen der jungen Sozietät und der traditionsreichen Universität geknüpft.

Trennung von Leibniz

Bis zu seinem Tode 1716 blieb Leibniz auch nach der offiziellen Konstituierung der Sozietät im Januar 1711 deren Präsident. Seine Einflußmöglichkeiten auf sie schwanden freilich zunehmend. Daran hatten eigene Ungeschicklichkeiten, vor allem aber Verhaltensweisen der leitenden Berliner Sozietätsmitglieder ihren angemessenen Anteil. Entscheidend war jedoch eine eingreifende Akzentverschiebung in der preußischen Wissenschaftspolitik, die während der letzten Regierungsjahre des ersten preußischen Königs erfolgte und die sich unter dem 1713 zur Herrschaft gelangten König Friedrich Wilhelm I. fortsetzte. In seiner Regierungszeit bestanden für die noch im Aufbau befindliche Sozietät insgesamt keine günstigen Bedingungen. Wenn sie trotzdem überlebte, so zeugt das einmal von dem alles in allem doch tragfähigen Ansatz für eine derartige Wissenschaftsinstitution in Berlin, zum anderen von der Tatsache, daß der Vorwurf einer generellen Wissenschaftsfeindlichkeit an die Adresse des sogenannten Soldatenkönigs zumindest sehr differenziert betrachtet werden muß.

Friedrich Wilhelm I. war Politiker und Militär. Seine auf die Konsolidierung der Finanzen des Staates, die Neuorganisation der inneren Verwaltung und den Ausbau des Heeres gerichtete Politik rückte alle mit Bildung, Wissenschaft und Kultur zusammenhängenden Probleme auf die hinteren Seiten seines Interessenkatalogs. Unverständnis für viele geistige Fragen und ein enges Nützlichkeitsdenken taten ein übriges. Daraus folgte ein Desinteresse an allen Bereichen der Wissenschaft, deren Ergebnisse nicht unmittelbar verwertbar erschienen. Trotz eines zeitweise an Verhöhnung und Verächtlichmachen grenzenden Verhaltens gegenüber der Sozietät hat Friedrich Wilhelm deren Existenz zu keinem Zeitpunkt in Frage gestellt, auch wenn er sich als einziger preußischer König nicht zu ihrem Protektor erklärte. Soweit sie seinem eigenen engen Wissenschaftsbegriff einzuordnen war, hat er sie entweder geduldet oder sie in seinem Sinne konsequent eingespannt. Zu konstatieren ist einerseits ein grundlegendes Unverständnis des Königs für akademische Belange entsprechend dem weiten Leibnizschen Konzept und andererseits eine gewisse, auch anderen Monarchen der Zeit keineswegs fremde Willkür in einzelnen Entscheidungsfragen, die unter Umständen durchaus nachhaltige Folgen zeitigten. Insgesamt freilich mußte sich gerade im Sozietätsbereich die absolute, Widerspruch nicht duldende Verfügungsgewalt des Monarchen angesichts der Schwäche des Wissenschaftlerpotentials in Berlin nachteilig auswirken.

Das Verhältnis von Leibniz zur Berliner Sozietät war von Anfang an geprägt durch das Spannungsfeld zwischen seinem auf Universalismus zielenden Streben nach wissenschaftlichem Fortschritt, den gegebenen Realisierungschancen für seine Pläne durch die Gewinnung von Mitstreitern und seine Einbindung in Verhältnisse, die ihm nur den Weg über die Mächtigen auf den Thronen und um diese eröffneten, wenn Entscheidungen anstanden. Angesichts dieser Zwangslage war die Gründung und die Existenzsicherung der Sozietät ein großer Erfolg, unabhängig davon, ob sich im Rückblick aus späterer Zeit versäumte Möglichkeiten oder gar konzeptionelle Unzulänglichkeiten ausmachen lassen. Den Berliner Sozietätsmitgliedern, insbesondere den maßgeblichen beiden Jablonski, die gegenüber den Mächtigen in ihrer Residenzstadt in einer ähnlichen Zwangslage waren wie Leibniz selbst in der seinigen, ist weniger die Tatsache anzulasten, daß sie im eigenen Interesse an der Ausschaltung von Leibniz als Präsident mitwirkten, als vielmehr, daß sie ihn in einigen Fragen schlicht hintergingen, indem sie ihn falsch oder gar nicht informierten. Vielfach widerspiegeln sich darin auch Verhaltensweisen der Zeit, die als historische Fakten zu nehmen sind.

Alle Schwierigkeiten der Frühgeschichte der Berliner Sozietät lassen sich letztlich wie in vergleichbaren Fällen auf die Unausgewogenheit von Anspruch und Möglichkeit zurückführen. Solange mindestens partielle Übereinstimmungen unter den Beteiligten bestanden, blieben Erfolge nicht aus. Als diese in der Zeit nach der offiziellen Konstituierung der Sozietät geringer wurden, ist die Trennung von Leibniz weitgehend vollzogen worden. Der Form nach nahmen die Auseinandersetzungen den Charakter von Besoldungsangelegenheiten an. Wenn man, wie es geschah, die Leibniz als Präsidenten zugebilligten 600 Taler als Reise- und Korrespondenzkosten verbuchte, mußte jeder nicht geschriebene Brief und jede nicht durchgeführte Reise nach Berlin zum Nachteil für Leibniz werden. Es ist nicht notwendig, die fünfjährigen finanziellen Auseinandersetzungen, die durch die 1713 insgesamt verfügten Ausgabenbeschränkungen und Personalentlassungen des zweiten preußischen Königs noch erschwert wurden, hier im einzelnen nachzuzeichnen. In vieler Hinsicht waren sie nur der Vorwand, um Leibniz loszuwerden, zumal man ihn wegen seiner seit 1711 in Wien geführten Verhandlungen um eine Akademiegründung noch der möglichen Hinneigung zum Katholizismus beschuldigen konnte. Durch die 1714 vollzogene Personalunion zwischen Hannover und Großbritannien komplizierte sich zusätzlich die Stellung von Leibniz in seiner Hauptdienststellung, weshalb er Berlin weniger Aufmerksamkeit schenken konnte.

Seit 1710 gab es – wie gesagt – Bemühungen, Leibniz' Einkommen in Berlin zu kürzen. Ende 1714 forderte der König von der Sozietät eine finanzielle Rechenschaftslegung. Darin regte das Direktorium an, das Leibniz-Gehalt künftig dessen Mitgliedern zuzuweisen. Der König entschied jedoch anders: Die Gehälter von Leibniz und dem Sekretär wurden um jeweils die Hälfte auf 300 und 200 Taler gekürzt. Dabei blieb es trotz des Protestes der Sozietät, der allerdings nur die Mittel des Sekretärs betraf. Während Leibniz die Halbierung seines Gehaltes – wenn auch verstimmt – hinnahm, verteidigte er doch seine Verdienste um die Sozietät, als ihm 1715 die gesamte finanzielle Entschädigung gestrichen wurde. Freilich blieb auch das ohne Erfolg.

Die Verbindung zwischen Leibniz und der Sozietät ist dennoch bis zu seinem Tode nicht abgerissen. Insbesondere durch Briefe von Frisch und den Jablonskis blieb er informiert. Am 14. November 1716 ist Leibniz in Hannover gestorben, ohne seit 1711 noch einmal in Berlin gewesen zu sein. Außer in der Académie des Sciences in Paris, wo Fontenelle, deren Sekretär, ein Jahr später eine Gedenkrede hielt, hat man den Tod des Gelehrten, der sich um die Wissenschaftsorganisation so beachtliche Verdienste erworben hatte, offiziell nicht zur Kenntnis genommen, auch nicht in Berlin.

Forschungseinrichtungen und -vorhaben der Sozietät

Nachdem die Satzung der Sozietät 1710 erlassen und diese 1711 offiziell eröffnet worden war, begannen die regelmäßigen Sitzungen der vier Klassen. Sie waren fortan die wichtigsten Arbeitsgremien der Sozietät. Geplant wurden Gründungen eines Theatrum Anatomicum und eines chemischen Laboratoriums, die Anschaffung physikalischer und astronomischer Instrumente sowie die Abfassung eines deutschen Wörterbuches, als dessen Vorstufe die beabsichtigte Übersetzung von Tacitus' Germania ins Deutsche galt. Bis 1721 wurde das letztere Unternehmen erfolglos betrieben. Auch die 1712 in Angriff genommene neue Übersetzung der Bibel brachte keine sichtbaren Ergebnisse, obwohl bis 1743 daran gearbeitet wurde. Die Vorbereitung des zweiten Bandes der „Miscellanea", die Leibniz mit anderen betrieb, ging außerordentlich langsam voran. Die Hauptschuld daran wurde auch Leibniz zugeschrieben, in Berlin sah man darin ebenfalls eine Vernachlässigung seiner Pflichten. Der zweite Band konnte erst 1723 erscheinen. Er enthält vor allem mathematische und astronomische Abhandlungen, aber auch eine Untersuchung des zeitweiligen Anwesenden Mitglieds Johann Georg Wachter über die Sprache des Codex Argenteus. Wachter gab 1737 in Leipzig sein „Glossarium Germanicum" heraus. Ein Beispiel dafür, daß die Sozietät mit ihrem Plan im Trend der Zeit lag, was auch durch die zeitgleichen Arbeiten von Frisch bestätigt wird. Im dritten Band der „Miscellanea", der 1727 erschien, sind Abhandlungen aus den Gebieten Medizin und Chemie zahlreich vertreten.

Das Observatorium der Sozietät war 1709 fertiggestellt worden. Die Beobachtungsmöglichkeiten für Kirch verbesserten sich dadurch erheblich. Doch starb er schon 1710. Neben ihm arbeiteten als 2. Astronom bereits seit 1701 Johann Heinrich Hoffmann und von 1705 bis 1725 als Observator Johann Georg Schütz, der dann als

Professor der Mathematik nach Frankfurt an der Oder ging. Nachfolger Hoffmanns als Anwesendes Sozietätsmitglied wurde 1716 Christfried Kirch, der nicht nur von seiner Mutter und seiner Schwester, Maria Margaretha und Christina Kirch, als Observatorinnen unterstützt wurde, sondern zeitweilig auch von den Anwesenden Sozietätsmitgliedern Johann Wilhelm Wagner und Augustin Grischow. Die Sternwarte war die wichtigste Einrichtung, schuf sie doch durch die Kalenderarbeit die Voraussetzungen für Einnahmen der Sozietät, die in Preußen das Privileg für die Herausgabe von Kalendern besaß. Von den Einsparungsmaßnahmen des neuen Königs, die auch die Arbeit der Bibliothek und der Kunstakademie beeinträchtigten, wurde noch 1713 auch die Sozietät betroffen. Es wurde angewiesen, neben anderen Räumlichkeiten „die Logementer auf dem daselbst befindlichen Observatorio auf der Dorotheenstadt ... dem Meistbiethenden“[42] zu verpachten. Da sich allerdings „Niemand gefunden, der das Observatorium zu miethen verlanget“[43], blieb alles beim Alten. Dennoch: „Die Gelehrten möchten sich wohl wenig zu erfreuen haben“[44], konstatierte der Sekretär Jablonski am 15. Mai 1713 in einem Brief an Leibniz.

Der Präsident war allerdings noch nicht so hoffnungslos, er wollte eher den speziellen Interessen des Königs entgegenkommen. Am 6. Dezember 1713 schrieb er dem Sekretär: „Ich schließe aus diesem allen, das S. Maj. den Studien nicht abgeneigt sein, sondern wohl wissen werden, was im Regimente daran gelegen. Daher ich auch der Hoffnung lebe, Sie werden die von ihrem Hrn. Vater fundirte Societät der Wissenschaften allergnädigst protegiren. Es ist nöthig, daß man dahin bedacht sei, wie künftiges Jahr ein neues Volumen Miscell. Berolinensium zu Stande komme, darin nicht nur speculativa et curiosa, sondern auch practica et utilia zu bringen, wie man zwar auch beim ersten Volumine darauf gesehen. Ich will unter andern ein Problema tacticum inseriren: wie aus einer gegebenen Zahl ein Bataillon carré vide also zu formiren, daß am wenigsten Personen übrig bleiben, item etwas ad rem ballisticam. Und weil der König auch Manufacturen gern befördert, so stelle dahin, ob einige merkwürdige Vortheile oder Observationen u. dergl. zu haben und beizufügen. Ich sollte vermeinen, in Berlin würde sich dazu Gelegenheit finden.“[45] Nutzen konnte er allerdings mit derartigen Vorschlägen wenig oder nichts.

Erfolgreich war die Gründung des Theatrum Anatomicum, für das sich ab 1711 die Mediziner Friedrich Hoffmann und Theodor Christoph Krug von Nidda eingesetzt haben, der von 1710 bis zu seinem Tode 1719 Direktor der Physikalischen Klasse war. Die Einrichtung des Theatrum erfolgte 1713 zunächst unabhängig von der Sozietät, doch war deren Mitglied Christian Maximilian Spener die eigentlich treibende Kraft. Er hat am 28. November 1713 die erste öffentliche Sektion in Berlin durchgeführt, ist jedoch schon am 5. Mai 1714 gestorben. Die bereits 1716 in Aussicht stehende Angliederung des Theatrum an die Sozietät wurde 1717 vollzogen. Obwohl diese Entscheidung mit Kosten für die Sozietät verbunden war, die sie aus ihren Kalendereinkünften bezahlen mußte, entsprach sie doch einem generellen akademischen Anliegen in einer Zeit, in der der Akademiegedanke nicht auf eine Gelehrtengesellschaft reduziert war.

Die Medizin und ihre Nachbargebiete, insbesondere die Botanik und die Chemie, waren die Wissenschaften, denen der König am ehesten Interesse entgegenbrachte. Das war allein schon deshalb der Fall, weil er Chirurgen für seine Armee brauchte. 1723 ging aus dem Theatrum Anatomicum das Collegium Medico-chirurgicum hervor, indem der König entschieden hatte, „zu des publici besten und Beförderung des

Studii Medici und Chirurgici selbst in Dero hiesigen Residenzen die anatomischen Übungen mit anderen medizinischen, chirurgischen, Botanischen und Chymischen zu vermehren".[46] Die Kosten wurden wiederum der Sozietät auferlegt. Damit entstand in Berlin die erste medizinische Fachschule noch vor entsprechenden Einrichtungen in anderen deutschen Ländern. Viele der am Collegium Lehrenden waren Mitglieder der Sozietät. Verbindungen bestanden auch zu der in Berlin bestehenden Krankenanstalt, die 1710 als Pesthaus gegründet worden war und die 1727 den Namen Charité erhielt.

In jenen Jahren erhielt die Sozietät auch einen botanischen Garten, dessen Geschichte sich bis ins 17. Jahrhundert zurückverfolgen läßt. 1718 wurde ihr die „Aufsicht" über „rare auswärtige Bäume, Stauden und Gewächse"[47] im damaligen Hopfengarten übertragen. Die weitere Geschichte ist in ihren Einzelheiten nicht nachzuvollziehen. Doch betrachtete die Sozietät 1735 den Botanischen Garten als ihr Eigentum. Er diente zugleich auch als Unterrichtsstätte für das Collegium Medico-chirurgicum.

Zur weiteren Ausgestaltung des Medizinalwesens wurde in Anknüpfung an das Edikt von 1685, das zur Einsetzung des Collegium medicum geführt hatte, 1725 das „Allgemeine und neugeschärffte Medicinal-Edict und Verordnung" erlassen und das Obercollegium medicum etabliert, dem mehrere Provinzialkollegs zugeordnet wurden. Die Zulassungsbestimmungen für die Approbation der Ärzte und Chirurgen in Preußen wurden damit verschärft und einheitlich geregelt. Damit waren für die folgenden hundert Jahre in Preußen die Grundlagen für die Organisation des Medizinalwesens geschaffen.

Obwohl die Sozietät das Theatrum Anatomicum, das Collegium Medico-chirurgicum und den Botanischen Garten vorwiegend unter dem Aspekt der damit verbundenen zusätzlichen Kosten sah, darf man den wissenschaftlichen Hintergrund der Angliederung dieser Einrichtungen nicht übersehen. Mit ihr waren wissenschaftliche Aufgaben verknüpft, die einer Akademie angemessen waren. Sie zeugen auch nicht von einer Mißachtung der Sozietät, sondern eher von dem Versuch einer Umprofilierung. Eine andere Frage war, wie die Sozietät die damit gegebenen Möglichkeiten genutzt hat. Und da blieb doch manches in den Anfängen stecken, was aber vielfach neben der noch unzureichenden wissenschaftlichen Kapazität auch den Umständen der Übergangszeit geschuldet war.

Die Bereitschaft zur Realisierung größerer Vorhaben war jedenfalls bedingt vorhanden. Das zeigt beispielhaft das Unternehmen „Theatrum machinarum", mit dem sich die Sozietät 1718/19 intensiv beschäftigte. 1715 hatte sie den Leipziger Mechaniker Jakob Leupold als Abwesendes Mitglied aufgenommen. Er war ein Schüler Erhard Weigels in Jena und widmete sich seit dem Ausgang des 17. Jahrhunderts der Anwendung und Verbesserung von Maschinen in allen Produktionszweigen. Ab 1724 veröffentlichte Leupold mehrere Bände mit Abbildungen von Maschinen für Wasserkünste, den Brückenbau und andere Gebiete. Durch solche Handbücher wollte er der Verbreitung des neuesten Standes der Technik dienen. Bevor er ab 1723 auch Verbindungen nach Rußland zur Förderung dieses Unternehmens aufnahm, hatte er schon 1718 die Ernennung zum preußischen Kommerzienrat erlangt. Damit hatte er die Möglichkeit erhalten, der Sozietät einen Plan zu übergeben, in dem er eine Vereinbarung über seine Bezahlung, über die Reihenfolge der zu veröffentlichenden Bände des „Theatrum machinarum" sowie über die Ersetzung der Reisekosten und des Portos für seine Korrespondenz vorschlug. Die für das Vorhaben von der Sozietät zu erwerbenden Bücher sollten später deren Bibliothek übergeben werden. Für die geplanten 17 Bände sollten sechs Jahre hindurch jeweils 300 Blätter mit Abbildungen von Maschinen hergestellt werden. Nach mehrfachen Beratungen des Plans beschloß die Sozietät, zunächst die Vorlage des ersten Bandes von Leupold abzuwarten. Obwohl dieser das Interesse des preußischen Königs genoß, ist aus dem Unternehmen nichts geworden. Nach Rußland zu gehen war Leupold trotz glänzender finanzieller Angebote nicht bereit. Er hat bis zu seinem Tode 1727 in Sachsen gewirkt, wo er auch Universitätsmechanikus war, und einen Teil seiner Arbeitsergebnisse veröffentlichen können.

Wenn man die Wissenschaftspolitik Friedrich Wilhelms I., in die sein Verhältnis zur Sozietät eingebunden war, begreifen will, darf man nicht nur an solche spektakulären Ereignisse denken, wie die Ernennung von Hofnarren zu Sozietätspräsidenten und Vizepräsidenten, wie die später bedauerte Vertreibung von Christian Wolff aus Halle 1723 oder die Entlassung von Johann Jakob Moser in Frankfurt 1737. Dazu gehören ebenso die erwähnten neuen Einrichtungen der Sozietät oder 1727 die Schaffung von Professuren der Kameralwissenschaft in Halle und Frankfurt. Hier an der Oder erhielt das Abwesende Sozietätsmitglied Justus Christoph Dithmar, der als Historiker ausgewiesen war, diese Professur, die bereits früher von dem Frankfurter Polyhistor Becmann vorgeschlagen worden war. Dithmars 1731 erschienene „Einleitung in die öconomische, Policey- und Cameralwissenschaften" erlebte bis 1769 sechs Auflagen, war als Lehrbuch im Gebrauch und trug zur Systematik der Disziplin bei. Seit 1729 gab er mit der „Ökonomischen Fama", von der zehn Hefte erschienen, die erste wirtschaftswissenschaftliche Fachzeitschrift in Deutschland heraus. Paul Ernst Jablonski, der seit 1721 Professor an der Viadrina und Abwesendes Sozietätsmitglied war, übte durch seine auch in Berlin publizierten Arbeiten nachhaltigen Einfluß auf die Entwicklung der Ägyptenkunde aus.

Mitgliederwahlen

Die wohl bekannteste Episode aus der Geschichte der Berliner Sozietät unter Friedrich Wilhelm I. ist die Präsidentschaft von Paul Jakob Gundling, der 1724 in den Freiherrnstand erhoben wurde. Gundling war ein respektabler Gelehrter und ein schwacher Mensch. Nach Studien in Altdorf, Helmstedt und Jena besuchte er die Niederlande und England. 1705 wurde er an die neu gegründete Ritterakademie in Berlin berufen. Solche Einrichtungen bestanden vielerorts. Sie dienten vorwiegend der Ausbildung von Adligen und nahmen eine Zwischenstellung zwischen den Universitäten und den Gymnasien ein. 1711 wurde Gundlings Wahl zum Sozietätsmitglied verhandelt, aber nicht vollzogen. Die Auflösung der Ritterakademie unter Friedrich Wilhelm I. warf Gundling 1713 aus seiner Bahn. Schließlich wurde er Zeitungsreferent und sogar Oberzeremonienmeister des Königs, in dessen Tabakskollegium er eine berüchtigte Rolle als Spaßmacher spielte. 1718 ernannte ihn der König zum Sozietätspräsidenten. Erst seine Nachfolger aus der Unterhaltungszunft des Königs, David Faßmann als Präsident für etwa einen Monat 1731 und Otto Graben zum Stein als Vizepräsident von 1732 bis 1740, haben die Sozietät in ihrem Ansehen nachhaltig geschädigt. Gundling hat dagegen, zumindest in seiner Anfangszeit und bevor er seine Funktion als Unterhalter des Königs unter dem Einfluß des Alkohols und der ständigen Demütigungen zur Narretei verinnerlichte, die Sozietät zu aktivieren versucht. Er galt als Mann von ausgebreiteten Kenntnissen. Aus seiner Feder stammen fast zwei Dutzend historische und geographisch-statistische Arbeiten aus seiner Präsidentenzeit, er erarbeitete einen Codex diplomaticus Brandenburgicus, er erkannte in der Nachfolge Pufendorfs die Bedeutung der Urkunden als Grundlage der Geschichtsschreibung. Der Widerspruch zwischen dem gelehrten Narren und dem besessenen Gelehrten löste sich schließlich in der Groteske seiner Beerdigung im Weinfaß. Immerhin hatte er noch 1727 trotz allem so viel wissenschaftliche Potenz, die Sozietätsmitglieder anzuregen, gemeinsam unter seiner Leitung geographische Beschreibungen verschiedener Länder zu erarbeiten. Ein Teil seines wissenschaftlichen Nachlasses wurde von der Sozietät übernommen. Gundling war als Wissenschaftler ein Opfer seiner inneren Haltlosigkeit und der Umstände, in die er versetzt war.

Von 1711 bis 1733 hat die Sozietät etwa 40 in Berlin wirkende, ganz unterschiedlich bedeutende Wissenschaftler als Anwesende Mitglieder aufgenommen. Die allermeisten sind heute mit Recht vergessen. Einige haben mehr oder weniger stark die lokale Wissenschaftslandschaft in ihrer Zeit mitbestimmt, einige kamen zu nachhaltigerer Wirkung erst nach dem als Einschnitt zu betrachtenden Jahr 1733. Überregionale Bedeutung, für die etwa eine Mitgliedschaft in anderen Akademien oder eine registrierbare Rezeption wissenschaftlicher Forschungsergebnisse Kriterien sein könnten, läßt sich nur für verschwindend wenige Anwesende Sozietätsmitglieder jener Jahre ermitteln.

Als Chemiker verdienen Kaspar Neumann und Johann Heinrich Pott Erwähnung, die 1721 und 1722 Mitglieder wurden. Neumann, seit 1711 Hofapotheker, gilt als der erste Anhänger des berühmten Georg Ernst Stahl in Berlin. Stahl, der nicht Sozietätsmitglied wurde, hatte als Mediziner und vor allem als Chemiker die Universität Halle seit deren Gründung mitgestaltet und wurde 1715 nach Berlin als Leibarzt des Königs berufen. Er hat an der Ausarbeitung des Medizinaledikts von 1725 mitgewirkt und war Präsident des Obercollegium medicum. Er dürfte Anteil daran gehabt haben, daß sein Freund Neumann größere Reisen nach England, in die Niederlande, nach Frankreich und nach Italien unternehmen konnte, wo er internationale Beziehungen knüpfte. Neumann wurde Mitglied der Royal Society in London und 1728 der Leopoldina. Am Collegium Medico-chirurgicum lehrte er Chemie. In den „Miscellanea" hat er sieben Beiträge publiziert. Auch Pott, dessen Name in der Pottasche fortlebt und der ein biblisches Alter erreichte, war ein Anhänger Stahls, lehrte am Collegium Medico-chirurgicum und beteiligte sich bis in die fünfziger Jahre aktiv an den Arbeiten der Sozietät, in deren „Miscellanea" und späteren Publikationen er von 1727 bis 1753 allein fast 20 Abhandlungen veröffentlichte. Seine Untersuchungen über die Metalle und das Porzellan erschienen 1739 und 1741 auch als selbständige Publikationen.

Etwas größer ist die Zahl der Mediziner, die im vorliegenden Zusammenhang erwähnt werden müssen. Johann Daniel Gohl, von 1711 bis 1721 Anwesendes Mitglied und 1723 auch in die Leopoldina aufgenommen, hat sich durch die 1717 in Berlin initiierte und bis 1731 publizierte medizinische Zeitschrift „Acta medicorom Berolinensium" einen Namen gemacht. Die wahrscheinlich ersten deutschen Statistiken über Todesursachen wurden dort veröffentlicht. Der Generalchirurg Ernst Konrad Holtzendorf, der sich um den Auf- und Ausbau des Theatrum Anatomicum Verdienste erworben hatte, wurde 1724 Sozietätsmitglied. Der Hofarzt und Professor der Botanik am Collegium Medico-chirurgicum Michael Matthias Ludolff wurde 1723 in die Sozietät aufgenommen, an deren Publikationen er seit den dreißiger Jahren aktiv mitwirkte. Unter ihm wurde der Botanische Garten zu einer Stätte der Lehre.

Die beiden Ärzte Augustin Buddeus und Johann Theodor Eller, die 1726 und 1728 auch in die Leopoldina aufgenommen wurden, waren seit 1723 und 1725 Berliner Anwesende Sozietätsmitglieder. Buddeus lehrte Anatomie am Collegium Medico-chirurgicum, als dessen Direktor er bis 1735 fungierte, und war von 1725 bis 1744 auch Direktor der Physikalischen Klasse der Sozietät. Als Wissenschaftler, vor allem aber als Wissenschaftsorganisator wurde er von Eller überragt. Dieser hatte in Halle, Leiden, Amsterdam, Paris und London eine vorzügliche Ausbildung genossen. Nach kurzer Tätigkeit in Bernburg wurde er 1724 nach Berlin berufen. Mit Stahl war er der wichtigste Urheber des Medizinaledikts von 1725. 1730 gab er „Medizinische und chirurgische Anmerkungen" heraus. Er lehrte am Collegium Medico-chirurgicum, dessen Direktor er von 1735 bis 1760 war. Die Wichtigkeit dieser Funktion und die herausragende Stellung Ellers wurde dadurch unterstrichen, daß er ebenfalls 1735 neben den vier Klassendirektoren als fünfter, außerplanmäßiger Direktor eingesetzt wurde. 1744 rückte er an die Stelle von Buddeus als Direktor der Physikalischen Klasse. Eller führte in Preußen die Pockeninokulation ein.

Neben dem medizinisch-wissenschaftlichen Bereich waren die Geisteswissenschaften in der Sozietät schwächer vertreten. Erwähnenswert sind jedoch Georg Gottfried Küster und Johann Philipp Heinius, die 1728 und 1730 Sozietätsmitglieder wurden. Beide waren, zuletzt als Rektoren des Friedrich-Werderschen und des Joachimsthalischen Gymnasiums, im Bildungswesen tätig. Während Heinius über die Antike gearbeitet hat, gehört Küster zu den frühen Erforschern der märkischen Landesgeschichte. 1737, 1752, 1756 und 1760 publizierte er sein vierbändiges Werk „Altes und neues Berlin".

Von 1711 bis 1733 wurden mehr als 150 Abwesende Mitglieder in die Sozietät gewählt. Diese Wahlen im Einzelnen hier zu analysieren, würde den Rahmen sprengen. Auch wenn die Quantität der Gewählten wenig aussagt und Zufälligkeiten bei der Aufnahme nicht ausgeschlossen werden können, lassen sich aus der Wahlpolitik doch einige Schlußfolgerungen ziehen. Da ist zunächst das unverkennbare Bemühen der Sozietät um überregionale Repräsentanz. Die überwiegende Zahl der Abwesenden Mitglieder stammte aus verschiedenen deutschen Staaten. Aber auch aus Frankreich, England, Italien, der Schweiz und Rußland wurden Mitglieder aufgenommen. Zweitens lassen sich Bemühungen erkennen, Abwesende Mitglieder durch Korrespondenz und Mitarbeit an den „Miscellanea" in das Wirken der Sozietät einzubeziehen, auch wenn das nur sehr punktuell gelang. Die Quellenlage setzt unserem Wissen in dieser Beziehung zudem unüberwindbare Grenzen. Allenfalls können hier weitere gezielte biographische Untersuchungen über einzelne Mitglieder weiterhelfen. Immerhin ist zu konstatieren, daß die Berliner Sozietät auch in diesen für sie wohl schwierigsten Jahrzehnten nach der offiziellen Konstituierung als Bestandteil der internationalen Akademiebewegung betrachtet werden muß.

Die Wende von 1733 und Arbeiten der dreißiger Jahre

Im Jahre 1733 starb Ehrenreich Bogislaus von Creutz, der 1725 Printzen als Protektor der Sozietät abgelöst hatte. Etwa zwei Monate später wurde 1733 Adam Otto von Viereck zum Protektor berufen. Er war als ein an den Wissenschaften interessierter Minister angesehen und hat die Sozietät in den letzten Jahren der Regierung Friedrich

Wilhelms I. mit einiger Umsicht geleitet. Im Nachruf auf ihn von 1759 nennt ihn der Akademiesekretär Formey in einer bildlichen Umschreibung „den weisen Steuermann eines von Wellen umspülten Nachens, er hat ihn vor Schiffbruch bewahrt und ihn zum gesicherten Hafen jener Erneuerung geführt, die ihn für immer in den Schutz vor Klippen und Unwettern versetzt hat".[48] Vom König hatte Viereck den Auftrag, sich von allen Vorgängen in der Sozietät „fleißigen Rapport thun zu lassen, auch zu urgiren, daß von den Membris der Societät wenigstens alle Jahre ein Specimen dem Publico bekannt gemachet und in den Druck herausgegeben werde".[49] Von einem Desinteresse des Königs konnte also keine Rede sein.

Da bereits 1731 der Sekretär Jablonski gestorben und ihm sein Nachfolger, der ihm bereits seit 1725 beigegeben war, 1733 im Tode folgte, wurde unmittelbar vor Vierecks Berufung Philippe Joseph de Jarige als Sekretär der Sozietät eingesetzt. Das erfolgte auf deren Wunsch. Jarige entstammte einer Hugenottenfamilie und war 1731 zum Anwesenden Mitglied gewählt worden. Der spätere Präsident des Kammergerichts und Großkanzler der Justiz unter Friedrich II. blieb der Sozietät bis 1748 als Sekretär verbunden, als dieser Posten in der erneuerten Akademie dann für fast ein halbes Jahrhundert an Formey überging.

Als eine seiner ersten Amtshandlungen setzte Viereck beim König die Ernennung von Daniel Ernst Jablonski zum Präsidenten durch. Am 14. Juli 1733, fast genau 33 Jahre nach der Gründung und mehr als zwei Jahrzehnte nach der offiziellen Eröffnung, trat damit ein Mann an die Spitze der Sozietät, der deren Entstehen und Werden unmittelbar mitgestaltet hatte. Jablonski, wenngleich kein kreativer Gelehrter, hat sich nicht nur mit theologischen Fragen, sondern auch mit Problemen der Kirchengeschichte, insbesondere der slawischen, beschäftigt. Er stand mehr als 40 Jahre im Zentrum preußischer Wissenschaftspolitik. Er hatte die unverzichtbare Gabe, im Rahmen der weit ausgreifenden Bestrebungen eines Leibniz im Umfeld des europäischen Akademiegedankens das in Preußen damals Machbare anzustreben und zu sichern. Er starb wenige Monate nach der Thronbesteigung Friedrichs II., dem er eine zwar den veränderten Bedingungen nicht entsprechende, aber reformierbare Sozietät hinterließ. Das Bild vom Schiffchen auf den stürmischen Wellen, das vor dem Kentern bewahrt wurde, ließe sich auch auf das Wirken dieses Mitbegründers und schließlich Präsidenten der Sozietät in einer sich verändernden Welt beziehen.

In den Jahren 1734, 1737, 1740 und 1743 konnten vier weitere Bände der „Miscellanea Berolinensia" erscheinen, gegenüber drei Bänden in den Jahren 1710, 1723 und 1727. Auch in diesen letzten vier Bänden überwogen die naturwissenschaftlich-medizinischen Abhandlungen. Bei der Bedeutung, die einer kontinuierlich erscheinenden Publikation einer wissenschaftlichen Gesellschaft für deren Stellung im Wissenschaftsgefüge zukommt, kann diese Intensivierung der Editionstätigkeit der Sozietät kaum überschätzt werden. Auf diese Weise brachte sie sich bei auswärtigen Wissenschaftlern ständig in Erinnerung, auch wenn über die großen Fragen der Wissenschaft an anderen Stellen Europas verhandelt wurde.

Bis 1740 wurden etwa ein Dutzend neue Anwesende Mitglieder in die Sozietät aufgenommen. Die meisten waren Professoren am Collegium Medico-chirurgicum und haben in der Wissenschaft wenig bemerkbare Spuren hinterlassen. Zu erwähnen ist allenfalls Samuel Schaarschmidt, ein Physiologe und Pathologe, der 1737 gewählt wurde, aber schon 1747 mit noch nicht 38 Jahren starb. Mit seinem Namen ist die Einführung von Lehrvisiten in der Charité verbunden. Ab 1738 veröffentlichte er

„Medicinische und chirurgische Berlinische wöchentliche Nachrichten". Zahlreiche seiner medizinischen Werke wurden noch nach seinem Tode herausgegeben.

Zu den begabtesten Anatomen seiner Zeit gehörte Johann Nathanael Lieberkühn, ein Berliner Goldschmiedsohn. Er wurde bereits 1734 Anwesendes Sozietätsmitglied, da er sich durch den Bau physikalischer und anderer Instrumente Ansehen erworben hatte. 1737 wurde er in die Leopoldina aufgenommen. Seine medizinischen Kenntnisse erweiterte er auf Reisen nach Leiden, Paris und London, wo er auch Mitglied der Royal Society wurde. Ihn zeichneten eine ungewöhnliche Beobachtungsgabe und ein großes technisches Talent aus. Die von dem Niederländer Frederick Ruysch erfundene Injektionsmethode zur Herstellung anatomischer Präparate hat er wesentlich weiterentwickelt. Er beschäftigte sich mit dem Bau von Mikroskopen. Seine Untersuchungen über die Schlauchdrüsen des Dünndarms („Lieberkühnsche Drüsen") machten ihn weltbekannt. Noch 1782 sind seine Schriften in England aufgelegt worden.

Im Jahre 1738 wurde Andreas Sigismund Marggraf Anwesendes Sozietätsmitglied. Er arbeitete mehr als 40 Jahre in der Akademie. Der Sohn eines Hofapothekers hatte am Collegium Medico-chirurgicum, wo unter anderen Neumann sein Lehrer war, sowie in Straßburg und Halle studiert. Er war 1737 nach Berlin zurückgekehrt, wo ihm von der Sozietät ein Laboratorium zur Verfügung gestellt wurde. Erstmalig hat er das Mikroskop für chemische Forschungen eingesetzt, was ihm viele Entdeckungen ermöglichte. Er hat den Zuckergehalt der Runkelrübe ermittelt, worüber er 1747 in der Akademie berichtete. 1777 wurde er Auswärtiges Mitglied der Académie des Sciences in Paris – eine seltene und hohe Ehrung.

Die Sozietät erhielt im Jahre 1735 auf Weisung Friedrich Wilhelms aus der königlichen Bibliothek etwa 3 000 mathematische und medizinische Bücher sowie 300 Gegenstände aus dem Naturalienkabinett. Dadurch vergrößerte sich nicht nur ihr wissenschaftliches Inventar. Zumindest indirekt ist ihre Stellung im Berliner Wissenschaftsgefüge dadurch anerkannt und gefestigt worden. Der König nutzte die Gelegenheit, die Sozietätsmitglieder zu intensiver wissenschaftlicher Forschungsarbeit anzuspornen.

Von 1734 bis 1742 wurden mehr als dreißig weitere Abwesende Mitglieder der Sozietät gewählt, die meist Deutsche waren. Zu den Gewählten gehörten aber auch Anders Celsius (1734) und René-Antoine Ferchault de Réaumur (1742), deren Namen noch heute jedem aus der Temperaturmessung geläufig sind. 1735 wurde Pierre-Louis Moreau de Maupertuis Abwesendes Mitglied. Mit seinem Namen ist die frühe Geschichte der Académie Royale Friedrichs des Großen untrennbar verbunden.

Johann Leonhard Frisch

Der vielleicht vielseitigste Berliner Wissenschaftler in der damaligen Sozietät, der er von 1706 bis zu seinem Tode 1743 angehörte, war Johann Leonhard Frisch. Sowohl die Geistes- als auch die Naturwissenschaftler können ihn für sich beanspruchen. Von 1699 bis 1743 ist sein Wirken außerdem mit dem berühmten Berlinischen Gymnasium zum Grauen Kloster als Lehrer, Konrektor und Rektor verbunden. Leibniz, dessen Verbindungsmann Frisch in Berlin war, veranlaßte 1706 seine Aufnahme in die Sozietät, in der er seit 1731 Direktor der deutschen Klasse war. 1725 war er Mitglied der Leopoldina geworden, was eine seltene Ausnahme bei einem Wissenschaftler darstellt, dessen Arbeitsgebiet nicht ausschließlich die Naturwissenschaften waren. Außer seinen sonstigen Publikationen hat Frisch allein in den sieben Bänden der „Miscellanea Berolinensia" 49 Beiträge von 1710 bis 1743 veröffentlicht.

Eines der besonderen Anliegen von Frisch in der Sozietät war der Seidenbau, worüber er 1713 eine Schrift publizierte. Seit 1702 hatte Leibniz darum gekämpft, der Sozietät neben dem Kalender- das Seidenprivileg zu verschaffen, was endlich im März 1707 gelang. Die Sozietät erhielt damit das Recht, alle Aufgaben von der Anpflanzung der Maulbeerbäume bis zur Bearbeitung und Verwertung der einheimischen Seide selbständig zu betreiben. De facto wurde das Privileg, das der Sozietät Einnahmen bringen sollte, trotz der eifrigen Bemühungen von Frisch und einigen weiteren Persönlichkeiten und wegen der ungenügenden Unterstützung innerhalb und außerhalb der Sozietät, zu einer finanziellen Belastung für deren Kasse. 1712 bestand vorübergehend die Hoffnung, den Seidenbau voranzubringen. 1714 heißt es in einem Finanzbericht der Sozietät: „Was zur Fortsetzung des Seidenwerks noch nöthig ist, solange dasselbe sich nicht selbst unterhalten kann, muß auch hievon [von anderen Einkünften – C. G.] genommen werden."[50] Das Vorhaben war also fortdauernd ein Zuschußunternehmen – und dabei blieb es auch trotz aller Bemühungen von Frisch.

Seinen naturwissenschaftlichen Interessen ist Frisch während seines ganzen Lebens intensiv nachgegangen. Seine chemischen Versuche führten zur Verbesserung des Berliner Blaus, das in der Öl- und Wassermalerei, in der Färberei und in der Druckerei sowie zur Herstellung von Tinte weite Verwendung fand. Von 1720 bis 1738 konnte er seine entomologischen Forschungsergebnisse in der „Beschreibung von allerley Insecten in Teutschland" veröffentlichen. Ab 1733 publizierte er ornithologische Untersuchungen in der „Vorstellung der Vögel Deutschlands und beyläufig auch einiger fremden".

Das vielleicht umfassendste Arbeitsgebiet Frischs war die Sprachwissenschaft. Bereits 1712 veröffentlichte er sein französisch-deutsches und sein deutsch-französisches Wörterbuch, das 1719, 1725, 1730 und 1739 weitere Auflagen erlebte. 1741 erschien dann in zwei Bänden sein „Teutsch-Lateinisches Wörter-Buch", das in seinen deutschen Teilen ein Markstein in der Geschichte der deutschen Lexikographie ist. Die Arbeiten Frischs als Sprachwissenschaftler umfaßten auch seine slawistischen Studien, die ihn als einen Begründer der Slawistik in Deutschland ausweisen. Leibniz hat von Frisch Russisch gelernt, das sich Frisch durch seine Zusammenarbeit mit Russen in Berlin aneignete. Sein Rußlandinteresse, das auch zu Kontakten in dieses Land führte, ist ein wichtiger Aspekt im Wirken dieses Gelehrten. 1710 hat Frisch in den Leipziger „Acta Eruditorum" sechs in Rußland in „bürgerlicher" (nicht mehr in „slavonischer") Schrift gedruckte Bücher besprochen. Von 1727 bis 1736 hat er in fünf Teilen seine „Historia linguae slavonicae" vorgelegt, in denen er die slawischen Sprachen untersuchte. Auch als Übersetzer ins Russische hat sich Frisch betätigt, und zwar an einem pädagogischen Werk des Jan Amos Comenius.

Alle Arbeiten Frischs auf verschiedenen Fachgebieten fanden auch in seinen Beiträgen für die „Miscellanea" ihren Niederschlag. Der 1743 gedruckte Versteigerungskatalog seiner Bibliothek, in dem sein „Bücher-Vorrath" verzeichnet ist, spiegelt die Breite seines Interessenkreises wider, und er ist wie der entsprechende Bibliothekskatalog D. E. Jablonskis zugleich ein Dokument für die Wissenschaftsrezeption in Berlin. Die Sozietät war jedoch in den ersten 40 Jahren ihrer Existenz trotz aller Beiträge, die sie zur Entwicklung des Wissenschaftsstandortes Berlin leistete, nicht zuletzt dadurch beeinträchtigt, daß sie während mehrerer Zeitabschnitte nicht die erforderliche Förderung durch die staatlichen Stellen genoß; hinzu kommt, daß ihr nicht eine größere Anzahl von Mitgliedern angehörte, die mit Frisch und einigen wenigen anderen Forschern vergleichbar waren.

Gottfried Wilhelm Leibniz (1646 –1716).

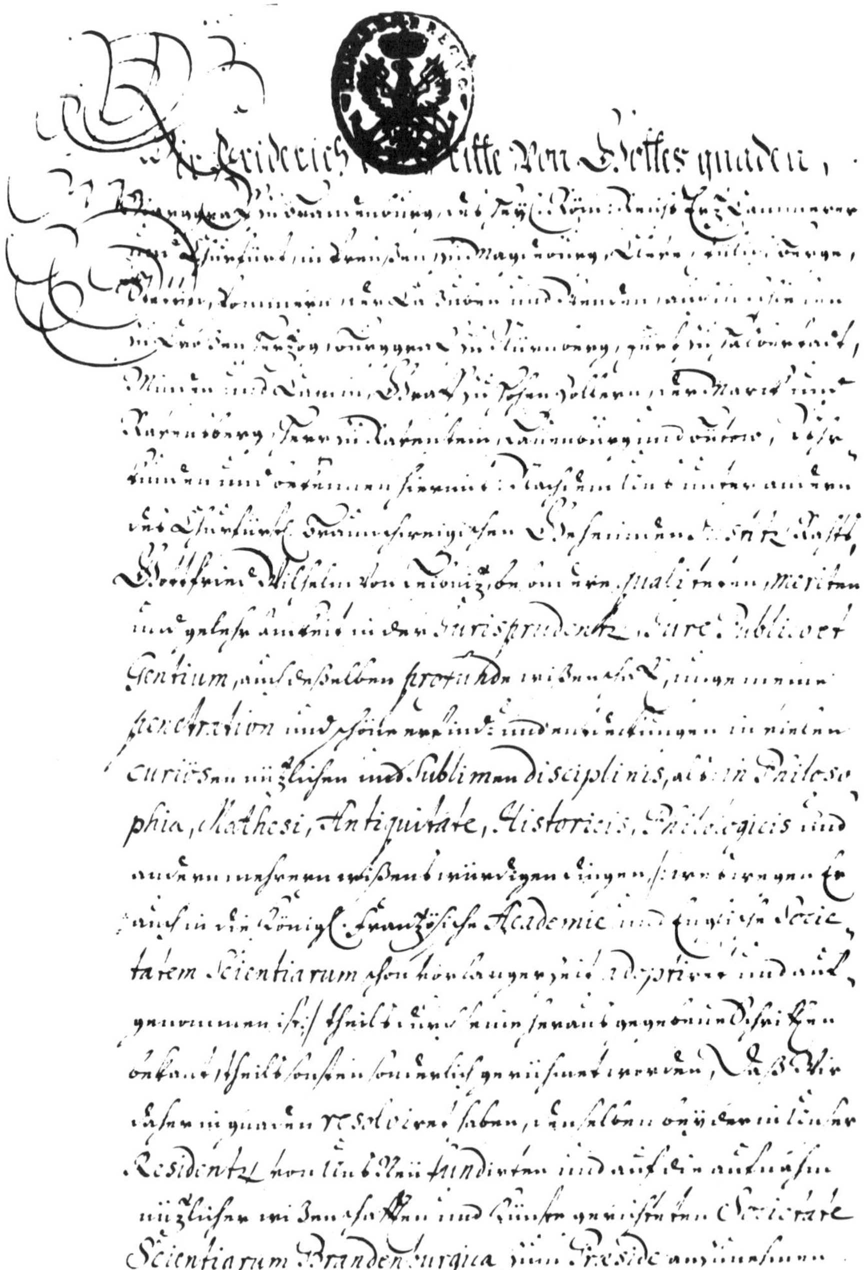

Erste Seite der Bestallungsurkunde für G. W. Leibniz als Präsident der Kurfürstlich Brandenburgischen Sozietät der Wissenschaften, Cölln an der Spree, 12. Juni 1700.

Daniel Ernst Jablonski (1660–1741).

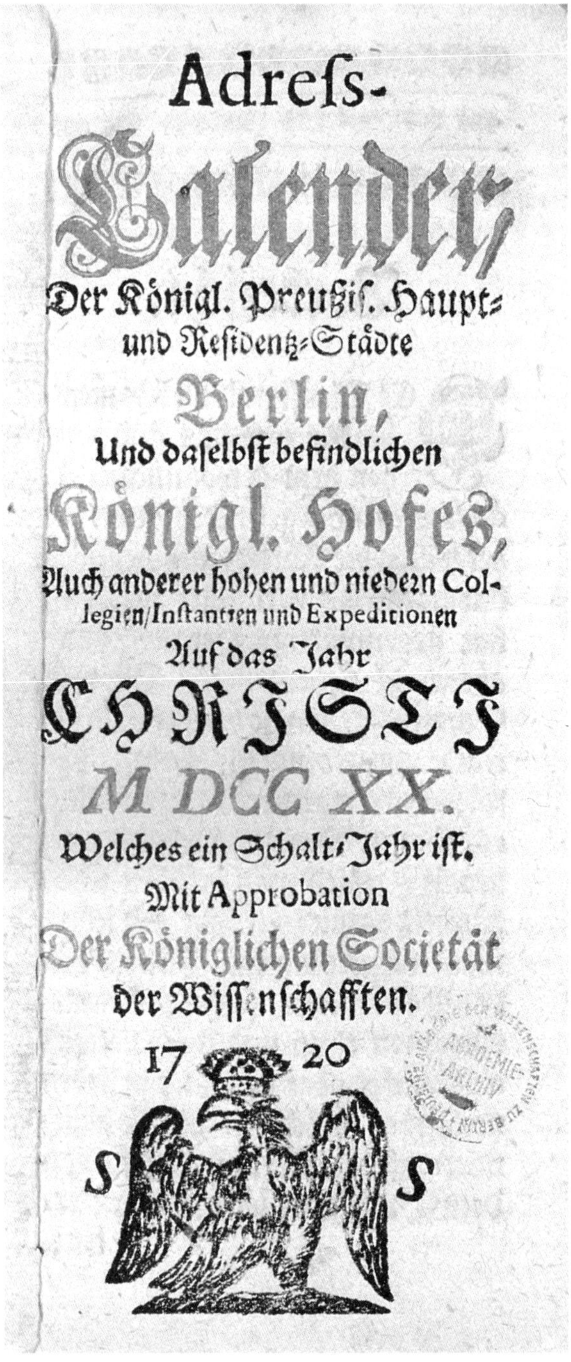

Adreſs-
Calender,
Der Königl. Preußiſ. Haupt-
und Reſidentz-Städte
Berlin,
Und daſelbſt befindlichen
Königl. Hofes,
Auch anderer hohen und niedern Col-
legien/Inſtantien und Expeditionen
Auf das Jahr
CHRISTI
M DCC XX.
Welches ein Schalt-Jahr iſt.
Mit Approbation
Der Königlichen Societät
der Wiſſenſchafften.
17 20
S S

Kalender der Sozietät der Wissenschaften in Berlin. Solche jährlich erscheinenden Kalender, deren wichtigster Teil das astronomische Kalendarium war, durften allein von der Sozietät/Akademie hergestellt und vertrieben werden.

3. Die Académie Royale des Sciences et Belles Lettres Friedrichs des Großen

Die Stellung Friedrichs des Großen als Monarch, Feldherr und Philosoph in der preußischen und der deutschen Geschichte wird seit Generationen immer neu befragt. Die Preußische Akademie der Wissenschaften betrachtete ihn als ihren zweiten Gründer nach Leibniz. Es unterliegt keinem Zweifel, daß ihm nicht nur unter den gekrönten Häuptern seiner Zeit ein herausragender Platz gebührt. Seine vielseitige Begabung, sein Verständnis für Bedürfnisse der Zeit und sein mit seinen Einsichten nicht immer übereinstimmendes Handeln, seine Expansionspolitik einerseits und seine Bemühungen um die innere Festigung des Staates andererseits, seine Haltung zur Aufklärung in ihren verschiedenen Ausprägungen, kurz: die Widersprüchlichkeit einer genialen Persönlichkeit, die allein durch die Geburt über unbeschränkten Einfluß gebot, fordert die Historiker seit mehr als zweihundert Jahren heraus. Zwischen Bewunderung und Ablehnung bewegen sich die Urteile, unberührt konnte und kann niemand bleiben. Die Geschichte der Akademie in Berlin hat der König nicht nur während seiner 46jährigen Regierungszeit nachhaltig beeinflußt, der Gedanke der friderizianischen Akademie hat auch in den folgenden Jahrhunderten nachgewirkt. Hier können entsprechend der Konzeption dieser Darstellung nur die Hauptlinien der Akademiepolitik Friedrichs II. nachgezeichnet werden, die wünschenswerte Untersuchung aller Details der Akademieentwicklung und der Funktion, die die Akademie damals im europäischen Wissenschaftsgefüge einnahm, muß einer monographischen Arbeit vorbehalten bleiben.

Der Plan der Berliner Gelehrtenrepublik

Der Thronwechsel in Preußen 1740 erweckte in allen Schichten die Hoffnung auf grundlegende Veränderungen. Der junge König, dessen Geschicke durch Flucht, Verhaftung, Bestrafung und „Verbannung“ vom Hof nach Rheinsberg geprägt waren, mußte den Eingeweihten als Garant für einen Neuanfang schlechthin, vor allem aber für die Überwindung aller Strenge sein, mit der der „Soldatenkönig“ das Land überzogen hatte. Friedrich galt als vielseitig gebildete Persönlichkeit, vertraut mit geistigen Strömungen der Aufklärung in Europa, die ihm der ihn umgebende Kreis von Freunden zugänglich machte, die er durch Lektüre oder die er über seine Korrespondenz rezipierte. Zeitgenössischem aufklärerischem Denken, repräsentiert vorrangig in der Wolffschen und der Newtonschen, über Frankreich vermittelten Philosophie, das in Berlin allenfalls als ferner Schein leuchtete, wollte er in seinem Lande eine Heimstatt schaffen. Die Sozietät, die insbesondere durch den nicht zu ihren Gunsten ausschlagenden Vergleich mit anderen europäischen Akademien schon als Kronprinz in sein Blickfeld getreten war, schien ihm ein geeignetes Mittel, um sein Land dem Geist der Zeit zu öffnen.

Am 31. Mai 1740 war der alte König gestorben. Bereits am 6. Juni 1740 forderte Friedrich den Bericht der Sozietät an. Jarige und Viereck stellten die erforderlichen Unterlagen zusammen, in denen auch auf die finanziellen Belastungen durch zugeordnete Einrichtungen eingegangen wird. Inhaltliche Fragen der Wissenschaft werden kaum berührt. Immerhin sprach Viereck einerseits von einem „ziemlichen Abfall" nach der Zeit von Leibniz, andererseits davon, daß von 1712 bis 1740 die Zahl der Mitglieder „mehr zu als abgenommen" habe: „in der Qualitaet aber dürfte vornehmlich bey den Einheimischen wohl ein Verlust zu rechnen seyn". Als Ursachen des Niedergangs nannte Viereck die „eingeschrenckten Revenuen", die „vielen Neben-Verrichtungen der Vorgesetzten" und die „der Societaet öfters zugestoßene Ungunst". Auf Vorschläge verzichtete Viereck als eine „Verwegenheit", da des Königs „Intention vor die Aufnahme der Wissenschafften so bekant und weltkundig" wäre.[1] Der König versprach auf diesen Bericht hin am 11. Juni 1740 „vor obgedachte Societät alle Vorsorge".[2] Das Gehalt für Graben zum Stein, den Vizepräsidenten, strich er ab Juli. Jablonski als Präsident bedankte sich ausdrücklich bei Viereck für des Königs versprochene Förderung.

An demselben Tage, an dem sich Friedrich II. an Viereck wandte, forderte der König das seit 1720 Anwesende Sozietätsmitglied Johann Gustav Reinbeck auf, sich um die Rückkehr von Christian Wolff in preußische Dienste „Mühe zu geben". Ein Erfolg wäre „eine Conquete im Lande der Wahrheit", äußerte der König.[3] Wolff war bekanntlich 1723 mit Schimpf und Schande von der Universität in Halle vertrieben worden und lehrte seither in Marburg. Reinbeck gehörte bereits seit 1736 einer noch von Friedrich Wilhelm I. eingesetzten Prüfungskommission an, die sich für die Rückkehr von Wolff engagieren sollte. Das Anliegen gelang 1740 nur partiell. Wolff zog der damals noch unsicheren erneuerten Akademie in Berlin seine alte Universität Halle vor. Manche der Namen von Vertretern der englisch-französischen Philosophie, die offen oder geheim als künftige Akademiemitglieder in Berlin gehandelt wurden, dürften den Aufklärer zusätzlich bewogen haben, die weiteren Dinge zunächst mit dem gebührenden örtlichen Abstand zu verfolgen.

Obwohl der König geistig durchaus für verschiedene Strömungen offen war, ist es immerhin auffallend, daß er sich gegenüber Wolff der Vermittlung eines Dritten bediente, mit anderen aber direkt korrespondierte. Das betraf vor allem Voltaire. Ihm, der mit Friedrich II. die Wissenschaften und die Künste in Preußen auf den Thron gestiegen sah, bot er zumindest indirekt die künftige Leitung der Akademie an. Durch ihn wiederum kam er in engeren Kontakt mit Maupertuis. An Voltaire war der berühmte Brief vom 27. Juni 1740 gerichtet, in dem der König gleichsam sein Regierungsprogramm darlegte, wobei die Reihenfolge Armee, Wissenschaft, Wirtschaft und Kunst wohl nicht zufällig war: „Ich habe gleich damit begonnen, die Wehrkraft des Staates um 16 Bataillone, 5 Schwadronen Husaren und 1 Schwadron Gardes du Corps zu vermehren. Ich habe die Grundlagen unserer neuen Akademie gelegt. Wolff, Maupertuis und Algarotti habe ich gewonnen. Von 's Gravesande, Vaucanson und Euler erwarte ich Antwort. Ich habe eine neue Behörde für Handel und Industrie gegründet; ich nehme Maler und Bildhauer in Dienst . . ."[4]

Von den genannten kam Wolff, wie gesagt, nach Halle. Mit Maupertuis wurden sehr schnell die entscheidenden Kontakte geknüpft, die wenige Jahre später zu seiner Präsidentschaft der Akademie führten. Mit Francesco Algarotti, der sich 1736 in seinem Werk „Newtonianisme pour les dames" als geschickter Propagandist der neuen

Philosophie ausgewiesen hatte und der 1747 Auswärtiges Mitglied der Académie wurde, kam eine dauernde Zusammenarbeit nicht zustande. Der Leidener Mathematiker und Philosoph Jakob Willem 's Gravesande, ebenfalls ein Newtonianer, und der Pariser Mechaniker Jacques de Vaucanson lehnten ab. Aber Euler kam. Und allein das war ein wirklicher Gewinn. Im Juli 1741 war er in Berlin.

Leonhard Euler war der berühmteste Mathematiker des Jahrhunderts. So kann man es überall lesen, und so ist es. Er war aber mehr. Er hat auch als Physiker und Astronom gearbeitet. Er gehört zu den namhaften Philosophen seiner Zeit, was letztlich seinen Lebensweg genauso nachhaltig bestimmt hat wie die exakten Wissenschaften. Und Euler war einer der großen Wissenschaftsorganisatoren. Aus Basel stammend, hatte er 1727 eine Berufung an die erst 1724 gegründete Akademie der Wissenschaften in St. Petersburg angenommen. Hier entwickelte er sich zu dem weltbekannten Wissenschaftler, den Friedrich II. gewinnen wollte. Dorthin kehrte er nach einem Vierteljahrhundert 1766 aus Berlin zurück. Den Weg nach Preußen bereiteten ihm 1740/41 im Auftrag Friedrichs II. der sächsische und der preußische Gesandte in St. Petersburg, die vor allem die schwierigen finanziellen Fragen, denen Euler stets größte Aufmerksamkeit widmete, regelten.

Als Euler in Berlin ankam, war der König längst im Krieg um Schlesien. Die auch ihm versprochene neue Akademie schien in weiter Ferne zu liegen. Euler nahm also vorerst die Arbeit an der Sozietät auf, freilich mit der für ihn kennzeichnenden Energie. Bereits der 7. Band der „Miscellanea“ von 1743 enthält auf 292 Seiten fünf Abhandlungen von ihm, wobei auf die Publikation von zwei weiteren sogar verzichtet werden mußte, weil „die fünf ersten Stücke schon einen großen Raum füllen“.[5] Er arbeitete aktiv in der Mathematischen Klasse mit. Seine besondere Aufmerksamkeit wandte er als deren Direktor seit 1741 der Sternwarte zu, die durch den Tod von Christfried Kirch 1740 ihren wichtigsten Astronomen verloren hatte. Euler veranlaßte daher 1742 die Aufnahme des Astronomen Johann Kies als Anwesendes Mitglied. Kies war das letzte Mitglied der alten Sozietät. Dem Drängen Eulers auf die versprochene neue Akademie gab Friedrich II. freilich zunächst nicht nach. Zweifel Eulers, ob sein Schritt nach Berlin richtig gewesen war, blieben deshalb nicht aus. Obwohl also die „wohl eingerichtete Academie der Wissenschaften“ wegen der „Kriegstroublen“ auf sich warten ließ, wie Euler im April 1742 schrieb, konnte er selbst allerdings recht zufrieden sein. „Inzwischen lebe ich hier völlig independent, bekomme meine Pension richtig und dependire von niemand als immediate von Ihro Maj.“[6] Die Situation sollte sich schnell ändern.

Die Nouvelle Société Littéraire und die „vereinigten Societaeten“

Absichtsbekundungen sind, wenn ihnen nicht definitive Entscheidungen folgen, eher dazu angetan, Verwirrung zu stiften als Klarheit zu schaffen. Wer 1740 Einblick in die Verhältnisse hatte, war von der Reformbedürftigkeit der Sozietät der Wissenschaften in Berlin überzeugt. Es war ja auch der Wille des Königs. Aber wußte er auch den Weg? Aus der Tatsache, daß er sofort einige berühmte Wissenschaftler zu gewinnen suchte und einer von ihnen – Maupertuis – sechs Jahre später der einflußreiche Akademiepräsident wurde, ist häufig die Schlußfolgerung abgeleitet worden, alles sei von Anfang an konsequent auf dieses Ziel hin angelegt gewesen. Der Wirklichkeit kommt man näher, wenn man den Prozeß genauer betrachtet, wie sich die Konstellationen herausbildeten, die die Entscheidungen von 1744 und 1746 möglich machten.

Im Umfeld des jungen Königs sammelten sich geistig interessierte Persönlichkeiten, die zunächst unorganisiert zusammenkamen. 1743 entschlossen sie sich zu einer festeren Vereinigung, die den Namen Nouvelle Société Littéraire annahm. Die wichtigsten Initiatoren waren Caspar Wilhelm von Borcke und Samuel Graf von Schmettau, beide ab 1744 Akademiekuratoren. Borcke hatte eine ausgezeichnete Ausbildung in Halle genossen und stand seit den dreißiger Jahren im diplomatischen Dienst des preußischen Königs. Längere Zeit verbrachte er als Diplomat in England. Es ist daher keineswegs ein Zufall, daß er 1741 eine deutsche Übersetzung von Shakespeares „Julius Caesar“ veröffentlichte. Das wissenschaftliche Interesse Borckes galt auch der pommerschen Geschichte. Einen ganz anderen Lebensweg hatte der wesentlich ältere Schmettau genommen, ein Militär in vieler Herren Länder Dienst und zuletzt österreichischer Feldmarschall. 1741, mitten im ersten schlesischen Krieg, trat er in preußische Dienste. Als Kartograph hatte er einen Namen.

Am 1. August 1743 fand die erste Sitzung der Société statt, auf der man die Ausarbeitung eines Statuts beschloß. Verfaßt wurde es von Jarige, dem Sekretär der Sozietät. Bereits am 8. August wurde es von den Société-Mitgliedern bestätigt. Verhandlungsgegenstände der Société sollten Philosophie, Mathematik, Naturwissenschaften, Geschichte und Literaturgeschichte sein. Erster Direktor wurde Schmettau. Von 21 Sitzungen, bis zum 16. Januar 1744, liegen Protokolle vor. Die Vortragenden waren fast ausschließlich Sozietätsmitglieder, darunter Eller, Euler, Kies, Lieberkühn, Marggraf, Naudé und Pott, aber auch spätere Akademiemitglieder ab 1744 wie D'Argens, Formey und Gleditsch. Damit, so schien es, hatte die neue Société die alte Sozietät bereits ersetzt. Ein Verzeichnis der 86 Abwesenden Mitglieder der Société von 1743 nennt fast ausschließlich diejenigen, die diesen Status auch schon in der Sozietät hatten.

Doch am 14. November 1743 mußte die Société ein Dekret Friedrichs II. über die „combination de l'ancienne Société Royale des Sciences avec la nouvelle“[7] verhandeln, also die Zusammenführung beider Gemeinschaften. Was war geschehen? Am 2. November 1743 hatte Viereck, Protektor der Sozietät und Mitglied der Société, dem König einen Bericht erstattet, in dem er für den verstorbenen Frisch und den fast 95jährigen Vignoles die Mitglieder Heinius und Euler als neue Klassendirektoren der Sozietät vorschlug. Diese betrachtete sich also als fortbestehend. Im übrigen war es die Sozietät, und nicht die neue Société, die durch das Kalenderprivileg allein über Einkünfte verfügte. Friedrich übergab Schmettau den Bericht Vierecks, worauf Schmettau am 9. November 1743 vorschlug, beide Gesellschaften zu vereinigen und über den Modus eine Kommission befinden zu lassen. So geschah es. Am 13. November 1743 betonte Friedrich, daß er „die Verbesserung derer Wissenschafften und Errichtung einer neuen Academie derselben in Berlin“ beabsichtige und „der gegründeten Meynung“ wäre, „daß solcher Zweck nicht füglicher zu erhalten sey, als wenn die alte Societät mit der neuen durch vernünfftige Arrangements zu einem eintzigen Corpore combiniret“ werde.[8] Die von Viereck erbetene Besetzung der Direktorposten sollte nach der Konstituierung der neuen Akademie erfolgen.

Bis zum Januar 1744 verhandelte eine Kommission über die Form der Vereinigung. Zwei Gruppen standen sich, wenn auch nicht unvereinbar, gegenüber. Die eine, vor allem Viereck und Jarige, tendierten zum einfachen Zusammenschluß, favorisierten also indirekt die alte Sozietät. Die andere, Wortführer waren hier Schmettau und Euler, wollten die Zusammenführung beider Sozietäten mit einer Auswahl, also einer Überprüfung, der Mitglieder verbinden, was vornehmlich die alte Sozietät betroffen hätte. Obwohl es auch außerhalb der Kommission sehr kritische Einstellungen zur alten Sozietät gab, die bis zur Forderung nach deren Aufhebung reichten, wurde schließlich ein Kompromiß gefunden. Er führte dazu, daß die Kontinuität gewahrt wurde, indem nahezu alle Sozietäts- und Société-Mitglieder in die neue Akademie übernommen wurden. Nur vier Anwesende Sozietätsmitglieder wurden ausgelassen, dafür aber mit der Konstituierung der neuen Akademie zwölf neue aufgenommen, die vielfach schon in der Société gewirkt hatten. Die meist adligen Vertreter des Beamten- und Militärapparates, die die Société initiiert hatten, wurden mehrheitlich Ehrenmitglieder der neuen Akademie, vier von ihnen Kuratoren.

Am 24. Januar 1744 wurden die „vereinigten Societaeten“ als Königliche Akademie der Wissenschaften konstituiert. Das Statut, das nur etwas mehr als zwei Jahre in Kraft blieb, definierte die Akademie so, „daß dieselbe alle diejenigen Vorwürfe zusammenfassen [soll], womit die zu London und Paris aufgerichtete Societes und Academies des Sciences, des Inscriptions et des belles Lettres beschäftiget sind, mithin unter gäntzlicher Ausschließung der geoffenbahrten Theologie, der bürgerlichen Rechtsgelehrsamkeit, der bloßen Poesie und Beredsamkeit auf das übrige gantze Wissenschafts- und Kunstwesen, imgleichen auf die alte und neue Historie, sonderlich von Unseren Landen und dem Deutschen Reiche, nicht weniger auf die Erhaltung der deutschen Sprache in ihrer anständigen Reinigkeit gehen und sich erstrecken soll.“[9]

Es wurden vier Klassen für Physik, Mathematik, Philosophie und Philologie eingerichtet und deren Arbeitsbereiche detailliert aufgeschlüsselt. Jede Klasse sollte einen Direktor und einen Sekretär haben. Die Klassen sollten abwechselnd wöchentlich zusammenkommen. Zu den Verantwortlichen für die Klassen kamen als Leitung der Gesamtakademie vier Kuratoren, ein Vizepräsident, ein Sekretär und ein Schatzmeister. Ein Präsident war nicht vorgesehen. Die ins Auge gefaßte Serienpublikation der Akademie sollte in lateinischer, deutscher oder französischer Sprache erscheinen. Insbesondere aus diesen Festlegungen über die Struktur und die Sprachen sowie aus der Tatsache, daß sich Friedrich II. nicht ausdrücklich zum Protektor erklärte, zog Harnack den Schluß, dieses „Gebilde“ wäre „nicht im Sinne Friedrichs“ gewesen.[10] Das stimmt nur bedingt, nämlich wenn man die dann 1746 gefundene Lösung mit Maupertuis als das non plus ultra, als absoluten Maßstab setzt. Richtiger zu begreifen ist die „Akademie der Wissenschaften“ als Zwischenstufe zwischen der „Sozietät der Wissenschaften“ und der „Académie Royale“.

Die Ankündigungen des Königs über eine neue Akademie in Berlin hatten ihn in einen Zugzwang versetzt, dem er unter den Realitäten Rechnung tragen mußte. Von seinen personellen Wünschen aus dem Jahre 1740, die mit seiner eher vage umschriebenen reorganisierten Akademie verbunden waren, hatte sich zunächst nur ein einziger erfüllt: Leonhard Euler war gekommen. Die schließlich 1743 entstandene Situation mit zwei wissenschaftlichen Gesellschaften in Berlin mit teilweise identischer Mitgliedschaft konnte nicht dauerhaft sein. Es zeugt von der Einsicht des Königs, wenn er unter dem Einfluß seiner Ratgeber auf die Vereinigung setzte und nicht auf die Bevorzugung einer der Gesellschaften oder sogar die Abschaffung beider. Im letzteren Falle hätte er, da ja das Interesse an geistig-wissenschaftlicher Kooperation in Berlin zwischen den engagierten Persönlichkeiten nicht verschwunden wäre, eher eine unkontrollierte Entwicklung riskiert, wie sie sich mit der Bildung der Nouvelle Société Littéraire ohne seine Beteiligung ja bereits einmal ergeben hatte.

Die im Statut von 1744 vorgesehene Wahl von Sekretären der vier Klassen erfolgte nicht. Bei den Direktoren gab es einige Veränderungen in Richtung der schon 1743 von Viereck gemachten Vorschläge. Direktor der Physikalischen Klasse wurde an Stelle von Buddeus jetzt Eller. Euler übernahm offiziell die Leitung der Mathematischen Klasse und blieb gleichzeitig Direktor der Sternwarte. Die Philosophische Klasse unterstand nun Heinius, während für die Philologische Klasse zwei Direktoren eingesetzt wurden: Elsner und D'Argens. Alle diese Direktoren behielten ihre Ämter auch in der späteren Académie Royale. Auch deswegen sind wir berechtigt, den Einschnitt in der Berliner Akademiegeschichte von 1744 nicht gegenüber dem von 1746 abzuwerten. Außerdem erhielt das Statut von 1744 zwei ganz wesentliche Bestimmungen, die langfristig in Kraft blieben.

Die eine Festlegung betraf die Publikationen der Akademie. Sie lagen laut Statut in der Verantwortung der Kuratoren und der Direktoren, sollten aber praktisch vom Sekretär betreut werden. Dieses Amt bekleidete bis 1748 Jarige. Doch wurde ihm de facto 1745 und de jure 1746 ein „Adjunkt" zugeteilt, der 1748 nach seinem Rücktritt wegen Arbeitsüberlastung sein Nachfolger wurde: Jean Henri Samuel Formey. Dieser erhielt bereits am 19. Juli 1745 durch die Kuratoren das im Statut nicht vorgesehene Amt eines Historiographen der Akademie. Sein Aufgabengebiet war die Herausgabe der Schriften der Akademie. Sie sollten Mitteilungen über die Arbeiten der Klassen, Abhandlungen der Mitglieder und Lebensbeschreibungen verstorbener Mitglieder enthalten. Formey war der Redakteur dieser mit dem Jahrgang 1745 beginnenden „Histoire de l'Académie Royale". Seine Aufgabe war auch die Abfassung der erwähnten Biographien. Zugleich war er Übersetzer, denn es war beabsichtigt, „dem an noch dieses Jahr herauszugebenden ersten Theile der Memoires eine kurtze Geschichte derselben nebst ihren Statutis und einer Vorrede wie auch einer Zuschrift an S.K.Maj. in frantzösischer Sprache vordrucken zu lassen". Da der König Latein nicht verstand und Deutsch nicht lesen wollte, wurde die Festlegung des Statuts über drei mögliche Sprachen faktisch eingeschränkt. Außerdem sollte Formey deutsche Abhandlungen für die „Histoire" ins Französische übersetzen. Diese sollten „mit Beydruckung des Originals, wenn es der Autor verlanget", publiziert werden.[11] In der Praxis wurde allerdings in der Zeit Friedrichs II. nur in französischer Sprache veröffentlicht.

Eine entscheidende Neuerung, die für das weitere Wirken der Berliner Akademie von großer Bedeutung wurde, war die Festlegung des Statuts von 1744 über die Preisaufgaben. Damit wurde eine zuerst von den Akademien in Paris seit 1671 geübte Praxis übernommen. Besonderes Interesse fanden die seit 1719 gestellten Preisfragen der Académie des Sciences im In- und Ausland. Die Berliner Akademie hatte fortan „jährlich ein Praemium von etwa fünfzig Ducaten zu Ausarbeitung einer wichtigen und dem Lande nützlichen Materie aus den Wissenschaften oder Literatur auszusetzen und das Problema durch die Zeitungen bekannt zu machen. Es werden zu dieser Ausarbeitung zwar sonderlich auswärtige Gelehrte eingeladen, jedoch aber sollen auch die Abhandlungen einheimischer Gelehrten, nicht weniger Mitglieder der Academie angenommen werden".[12]

Maupertuis und die Académie Royale

Pierre Louis Moreau de Maupertuis war seit 1735 Abwesendes Mitglied der Berliner Sozietät. Zu diesem Zeitpunkt hatte sich der frühere Cartesianer, insbesondere nach seinem Englandaufenthalt, bereits zu einem glühenden Anhänger Newtons gewandelt. Um dessen Gravitationstheorie tobte seit den zwanziger Jahren in Frankreich ein geistiger Kampf. Zu den herausragenden Verteidigern Newtons gehörte neben Voltaire auch Maupertuis. Der Streit spitzte sich in den dreißiger Jahren vor allem auf eine Schlußfolgerung aus den Theorien von Descartes und Newton zu. Nach des letzteren Gravitationstheorie mußte die Erde, deren exakte Kugelgestalt bereits im 17. Jahrhundert in Frage gestellt worden war, an den Polen abgeplattet sein. Die in Frankreich seit den siebziger Jahren durchgeführten Meridianmessungen bestätigten jedoch scheinbar, daß die Erde ein von Pol zu Pol gestrecktes Sphäroid sein müßte. Die Mehrzahl der französischen Wissenschaftler neigte dieser Anschauung zu, wonach die Erdgestalt – vereinfachend ausgedrückt – einer Zitrone und nicht einer Apfelsine gliche. Um die Newtonsche Auffassung über die Abplattung der Erdkugel an den Polen zu widerlegen, entschlossen sich die Cartesianer der Académie des Sciences in Paris 1735 zur Entsendung von zwei Expeditionen, die in der Nähe des Äquators und am Nordpol Erdmessungen durchführen sollten. Die eine, unter der Leitung von La Condamine, brach 1735 nach Peru auf und kehrte 1744 zurück. 1738 gelangten erste Nachrichten nach Paris, die Newton recht gaben und auf die Entscheidung der Streitfrage im ursprünglich nicht beabsichtigten Sinn nachhaltigen Einfluß hatten.

Das war aber nur noch die abschließende Bestätigung der bereits 1736/37 in Lappland ermittelten Ergebnisse. Diese zweite Expedition unter der Leitung von Maupertuis wurde trotz des späteren Beginns wegen der geringeren Entfernung früher abgeschlossen als die erste. Sie bestätigte Newtons Theorie ebenfalls. Die Erde ist an den Polen abgeplattet. Der Ruhm Maupertuis' eilte seiner Rückkehr voraus und erreichte seinen Höhepunkt, nachdem er 1738 seinen Bericht „De la figure de la terre" publiziert hatte. Abbildungen zeigen Maupertuis meist vor einem Globus mit seiner auf dem Nordpol der Erde liegenden Hand, gleichsam als wenn er selbst die Verformung der Kugel vorgenommen hätte. Sein wissenschaftliches Ansehen, seine ausgebreiteten persönlichen Kontakte zu anderen Gelehrten und nicht zuletzt seine Aktivität auf wissenschaftlichem Gebiet ließen Maupertuis dem König von Preußen früh als die geeignete Persönlichkeit erscheinen, um dem Akademiegedanken in Berlin neuen Glanz zu verleihen. Seine Aufnahme in die Académie des Sciences, mit der er seit 1723 als Adjunkt und seit 1731 als besoldetes Mitglied verbunden war, und in die Académie Française 1743 konnten einem solchen Anliegen in den Augen des Königs nur förderlich sein.

Nach mehrfachen Begegnungen mit Friedrich II. entschloß sich Maupertuis nach Abschluß des zweiten Schlesischen Krieges 1745 zur Übersiedlung nach Berlin. Am 1. Februar 1746 ernannte ihn der König zum Akademiepräsidenten, wobei in der Bestallungsurkunde ausdrücklich auf seine Mitgliedschaften in den Akademien von London, Paris, Rußland, Schweden und Italien hingewiesen wurde. Maupertuis blieb bis zu seinem Tode 1759 Präsident der Berliner Académie Royale, obwohl er nach 1752 infolge der noch zu erwähnenden Auseinandersetzungen überwiegend auswärts lebte. Er leitete die Akademie auf der Grundlage des Statuts vom 10. Mai 1746, das ganz auf seine Person zugeschnitten war. Am 12. Mai 1746 erhielt Maupertuis vom König ausdrücklich das alleinige Recht, Vorschläge für die Festlegung der Gehälter der Akademiemitglieder zu machen, was de facto die Zuwahlentscheidungen einschloß.

Das Statut der Académie Royale von 1746 ist sehr lange in Kraft geblieben, obwohl die Personenkombination zwischen dem aufgeklärten König und dem sehr mächtigen Präsidenten, die seine wichtige Voraussetzung war, schon seit den fünfziger Jahren nicht mehr galt. Die Zahl von vier Klassen wurde beibehalten, gleichwohl ihre Arbeitsgebiete teilweise neu bestimmt. Unter dem Oberbegriff „experimentelle Philosophie" gehörten zur ersten Klasse Chemie, Anatomie, Botanik und „alle Wissenschaften, die sich auf das Experiment gründen". Die zweite Klasse, die Mathematische, umfaßte Geometrie, Algebra, Mechanik, Astronomie und „alle Wissenschaften, deren Gegenstand die abstrakte Ausdehnung oder die Zahlen sind".[13] Logik, Metaphysik und Moral wurden zur dritten Klasse für spekulative, theoretische Philosophie vereinigt. Die vierte Klasse war unter dem Oberbegriff „belles-lettres" für die Altertümer, die Geschichte und die Sprachen zuständig. Jede Klasse hatte einen Direktor, doch sollten hinfort keine getrennten Klassensitzungen, sondern ausschließlich Gesamtversammlungen der Akademiemitglieder stattfinden. Das war eine ganz wesentliche Änderung, da sie das Schwergewicht der Arbeit in der Akademie von den einzelnen Disziplinen auf den Gesamtbereich der Wissenschaft verlegte. Die Funktion des Ständigen Sekretars wurde beibehalten.

Es waren drei unterschiedliche Formen von „Akademikern" vorgesehen: Ehren-, Ordentliche und Auswärtige Mitglieder, wobei die ersteren, deren Höchstzahl auf 16 beschränkt wurde, nicht und die zuletzt Genannten nur von Fall zu Fall zur Mitarbeit verpflichtet waren. „Die ordentlichen Mitglieder der Akademie bilden die vier Klassen."[14] Diese waren jedoch wiederum in drei Kategorien unterteilt: Veteranen wurden nach langem Dienst von ihren unmittelbaren akademischen Aufgaben befreit, behielten aber ihr Gehalt und ihre Rechte als Ordentliche Mitglieder innerhalb der Akademie. Die wichtigere Gruppe bildeten die gleichmäßig auf alle Klassen verteilten zwölf „Pensionäre", also die Gehalt empfangenden Wissenschaftler, die zusammen mit den ebenfalls zwölf „Associés", also unbezahlten Adjunkten, eigentlich die akademischen Arbeiten leisteten. Sie hatten jährlich mindestens zwei Abhandlungen beziehungsweise eine Abhandlung vorzulegen. Nur „Pensionäre" konnten Klassendirektoren werden.

Eine der wichtigsten Neuerungen des Statuts von 1744 wurde 1746 beibehalten: die Ausschreibung von Preisaufgaben. Daran durften sich jedoch fortan Mitglieder der Berliner Académie Royale nicht mehr beteiligen. Die Akademie wahrte sich also das wichtigste 1744 erlangte Mittel, in die internationale Erörterung drängender wissenschaftlicher Probleme einzugreifen.

Berühmte Männer und Ordentliche Mitglieder der vierziger und fünfziger Jahre

Die Liste der Auswärtigen Mitglieder der Akademie von 1744 bis 1760 bestätigt deren erfolgreiches Bemühen, die durch Zuwahlen mögliche Steigerung ihres Ansehens zu erreichen. Es handelt sich um insgesamt mehr als 150 Personen. Die Aufnahmen verteilen sich (außer 1757) auf alle Jahre, allerdings mit einer starken Konzentration auf die erste Hälfte des genannten Zeitraums. Neben zahlreichen Staaten des Reichs mit einem Übergewicht Preußens lassen sich neun europäische Länder ermitteln, aus denen Mitglieder kamen: Dänemark, Frankreich, Großbritannien, Italien, die Niederlande, Polen, Rußland, Schweden und die Schweiz. Die Mehrzahl der Auswärtigen Mitglieder stellten die Franzosen und die Schweizer, was nicht nur deren Rolle in der Wissenschaft um die Mitte des Jahrhunderts in Europa, sondern auch den Neigungen des Königs entsprach. Hinsichtlich der vertretenen Fachgebiete ist ein Übergewicht der Naturwissenschaften und der Mathematik zu erkennen.

Groß war die Zahl der aufgenommenen Persönlichkeiten, die man ohne bestimmte Fachzugehörigkeit schlechthin als Vertreter der Aufklärung und damit der vorherrschenden Geistesbewegung bezeichnen kann. Auffallend sind allenfalls die Zeitpunkte, zu denen man sie in die Liste der Auswärtigen Akademiemitglieder einschrieb. Zu dieser Gruppe sind beispielsweise zu zählen: Jean Le Rond d'Alembert (1746), François Marie Arouet de Voltaire (1746), Charles de Secondat, Baron de Montesquieu (1746), Bernard Le Bovier de Fontenelle (1749), Denis Diderot (1751); Paul Thierry Baron Holbach (1754), Claude Adrien Helvétius (1764) und Julien Offray de La Mettrie, der 1748 sogar Ordentliches Mitglied wurde, weil er in Berlin lebte. Zu dieser Gruppe berühmter Persönlichkeiten sind aber auch viele von den weiterhin zu nennenden zu rechnen, die von ihrem Fachgebiet ausgehend das Denken ihrer Zeit mitprägten. Eine gewisse persönliche Sicht bei dieser nun folgenden Auswahl soll angesichts der großen Zahl der Betroffenen und des begrenzten zur Verfügung stehenden Raumes nicht ausgeschlossen werden.

Unter den Auswärtigen Mitgliedern verdienen bei den Mathematikern, die oft zugleich auch Physiker waren, Erwähnung: Alexis Claude Clairaut (1744), der zu Maupertuis' Expedition gehört hatte; Charles Marie de La Condamine (1746), der Leiter der peruanischen Expedition; Daniel und Johann (II.) Bernoulli in Basel (1746); Petrus van Musschenbroeck in Utrecht (1746); die Professoren Johann Andreas Segner in Göttingen und Halle (1746) und Abraham Gotthelf Kästner in Leipzig und Göttingen (1750); Joseph Louis Comte de Lagrange (1756), der von 1766 bis 1787 als Nachfolger Leonhard Eulers Ordentliches Mitglied in Berlin wurde. Bereits 1746 wurden die Botaniker Georges Louis Leclerc Comte de Buffon in Paris und Karl von Linné in Uppsala Auswärtige Mitglieder. Als Mediziner gehören zu diesem Kreis berühmter Mitglieder Albrecht von Haller in Göttingen (1749), der Gründer der dortigen Gesellschaft der Wissenschaften im Jahre 1751, und Giovanni Battista Morgagni in Padua (1754), der jedes seiner Werke einer der Akademien widmete, deren Mitglied er war. Vater und Sohn Jacques und César-François Cassini, Direktoren der Pariser Sternwarte, wurden 1746 gleichzeitig Auswärtige Mitglieder. Dieselbe Ehre erfuhren die Astronomen James Bradley in London (1746), Joseph Jerome Le Français de Lalande in Paris (1751) und Eustachio Zanotti in Bologna (1760). Mit Johann Gottlob Leidenfrost in Duisburg, der 1756 den nach ihm benannten Versuch über das Verhalten eines Wassertropfens auf einer erhitzten Metallplatte beschrieben hatte, und Johann Friedrich Cartheuser in Frankfurt an der Oder, dessen pharmazeutisch-chemische Lehrbücher auch französisch erschienen, wurden 1758 Professoren zweier preußischer Universitäten Auswärtige Akademiemitglieder.

Im Statut der Akademie von 1744 wird gleichzeitig von Anwesenden Mitgliedern und von „Ordinarii" gesprochen, die „nothwendig in Berlin wohnhaft seyn müssen".[15] Für diese hat sich die Bezeichnung Ordentliche Mitglieder eingebürgert, wobei ab 1746 die drei genannten Kategorien dieser Mitgliedschaft unterschieden werden müssen. Wer Berlin verließ, erhielt den Status eines Ehren-, meist aber den eines Auswärtigen Mitglieds. Von 1744 bis 1760 sind einschließlich Maupertuis, dieser als Präsident, insgesamt 38 Wissenschaftler als Ordentliche Mitglieder in die Akademie aufgenommen worden, davon allein zwölf bei deren Konstituierung, die meist aus der Nouvelle Société Littéraire kamen.

Auf diese Weise hat die neue Akademie neben Formey, auf den noch einmal zurückzukommen sein wird, vor allem Johann Gottlieb Gleditsch gewonnen. Dieser hat mehr als vierzig Jahre hindurch nachhaltig auf das wissenschaftliche Leben in Berlin eingewirkt. Gleditsch lehrte nicht nur zeitweilig an der Universität in Frankfurt, sondern viele Jahrzehnte am Collegium Medico-chirurgicum; er war auch Direktor des Botanischen Gartens. In den Publikationen der Akademie hat er 36 zum Teil umfangreiche Abhandlungen veröffentlicht. Seine bedeutenden Forschungsergebnisse über die Sexualität der Pflanzen, aber auch über die Rolle der Insekten bei der Bestäubung und den Einfluß von Klimafaktoren sind eng mit seiner akademischen Arbeit verbunden. An der 1768 gegründeten Forstlehranstalt in Berlin hielt er Vorlesungen über die Forstbotanik, als deren Begründer er gilt. 1780 hat er in Berlin Karl von Linnés „Philosophia botanica" herausgegeben.

Ein großer Gewinn für die reorganisierte Akademie war 1745 die Aufnahme von Johann Peter Süßmilch, der von Beruf Theologe war. Seine wissenschaftlichen Verdienste liegen auf dem Gebiet der Statistik. Er förderte die Einrichtung und Führung von Geburts-, Heirats- und Sterberegistern, die er für bevölkerungspolitische Untersuchungen auswertete. Sein 1741 zuerst erschienenes Hauptwerk „Die göttliche Ordnung in den Veränderungen des menschlichen Geschlechts aus der Geburt, dem Tode und der Fortpflanzung desselben erwiesen" hat er in den folgenden Jahrzehnten mehrfach überarbeitet und neu aufgelegt. Damit wurde er zu einem Bahnbrecher der Bevölkerungsstatistik, die insbesondere in England betrieben wurde und deren dortige Ergebnisse er auch rezipierte. Süßmilch hat über seine Forschungen auf diesem Gebiet recht regelmäßig in der Akademie berichtet, diese Abhandlungen aber in den Mémoires nicht veröffentlicht. Ein weiteres seiner Arbeitsgebiete war die ältere Berliner Geschichte.

Auf mathematisch-astronomischem Gebiet war natürlich Leonhard Euler die alles beherrschende Persönlichkeit in der Akademie. Als sein Mitarbeiter bewährte sich seit 1744 in der Sternwarte Augustin Nathanael Grischow, der 1749 Ordentliches Mitglied wurde, aber schon ein Jahr später eine Berufung nach St. Petersburg annahm. Der als Physiker bekannt gewordene Franz Ulrich Theodor Aepinus, der 1755 aus Rostock als Ordentliches Akademiemitglied und Astronom nach Berlin berufen wurde, wirkte hier nur knapp zwei Jahre, bevor er ebenfalls einem Ruf nach St. Petersburg folgte. Diese Entscheidungen von Grischow und Aepinus wurden nicht ohne Zutun von Euler realisiert, der der Akademie in Rußland während seiner Berliner Zeit eng verbunden blieb. Auch der Geologe und Chemiker Johann Gottlob Lehmann, Ordentliches Akademiemitglied in Berlin seit 1754, ging bereits 1761 durch Vermittlung Eulers nach Rußland. Als Bergrat führte er chemische Untersuchungen von Rohstoffen aus. Obwohl er physikotheologischen Anschauungen nicht fern stand, sind seine stratigraphischen Untersuchungen über Fossilienfunde nicht ohne Wert für die Herausbildung des naturwissenschaftlichen Weltbildes. Euler nannte ihn „einen sehr geschickten und fleißigen Mann" und Berlin verlöre „an demselben ein sehr wichtiges Mitglied, da er in der Physicalischen Classe das meiste gearbeitet, ungeacht er keine Besoldung hatte".[16] Mit diesen Ausführungen wird aber wohl doch die Bedeutung anderer Chemiker, insbesondere von Marggraf, unterschätzt. Die angedeutete Fluktuation der Berliner Akademiemitglieder zeigt, daß die Anziehungskraft der Berliner Académie Royale im Geflecht der europäischen Akademien ihre Grenzen hatte.

Obwohl der Schweizer Johann Georg Sulzer 1747 unter Mitwirkung von Euler und Maupertuis als Professor der Mathematik an das Joachimsthalsche Gymnasium in Berlin gezogen und 1750 Ordentliches Akademiemitglied wurde, ist er doch eher durch seine philosophisch-ästhetischen Arbeiten bekannt geworden. Von 1771 bis 1774 hat er die beiden Bände seiner „Allgemeinen Theorie der schönen Künste" publiziert. Er erweist sich darin, wie in seinem gesamten Wirken in Berlin, als ein Anhänger Christian Wolffs – und damit indirekt auch von Leibniz –, dessen Philosophie er mit der englisch-französischen in Übereinstimmung zu bringen suchte.

In diesem Punkt war Sulzer der Gegner seines Landsmannes, des Philosophen Johann Bernhard Merian, der ebenfalls 1750 Ordentliches Akademiemitglied wurde. Merian, von 1771 bis 1807 Direktor der Classe de Belles-Lettres und ab 1797 sogar als Nachfolger Formeys Ständiger Sekretär, gehört zu den Mitgliedern, die der Akademie am längsten angehörten. Als produktiver Arbeiter hat er das wissenschaftliche Leben in der Akademie nachhaltig mitbestimmt, zunächst mit Euler und Maupertuis auf der Seite der Wolff-Gegner, später eher vermittelnd zwischen den verschiedenen Richtungen innerhalb der Akademie. Er gehörte zu denen, die regelmäßigen Zugang zum König hatten, was durchaus nicht für alle Akademiemitglieder galt.

Zwar war es nicht gelungen, Haller aus Göttingen nach Berlin zu ziehen, doch konnte man einen seiner besten Schüler gewinnen. Der Mediziner Johann Friedrich Meckel, Begründer einer Anatomendynastie, wurde 1749 Ordentliches Akademiemitglied und Professor am Collegium Medico-chirurgicum in Berlin. Seine anatomischen Untersuchungen über das Nervensystem gelten als wichtiger Beitrag zur Entwicklung der Medizin. Dagegen hat sich der Leibarzt Friedrichs II., Christian Andreas Cothenius, der 1750 Akademiemitglied wurde, weniger durch wissenschaftliche als vielmehr durch wissenschaftsorganisatorische Leistungen ausgezeichnet. Als Direktor des Collegium Medico-chirurgicum und durch seine Tätigkeit im Obercollegium Medicum war er der Leiter des preußischen Gesundheitswesens. Seit 1770 war Cothenius Director Ephemeridum der Leopoldina, der er seit 1743 als Mitglied angehörte. In dieser Funktion war er für die Publikationen der Leopoldina verantwortlich. Wie schon Eller 1760 der Berliner Akademie in seinem Testament eine Stiftung für die Stellung von Preisaufgaben gemacht hatte, so tat das auch Cothenius, der gleichzeitig auch der Leopoldina ein Legat machte. Die Cothenius-Medaille verleiht die Leopoldina bis in die Gegenwart. Ein schönes Zeichen für die interakademischen Verbindungen war die Entscheidung von Cothenius, der Leopoldina „aus meiner Bibliothek die Mémoires de l'Académie Royale des Sciences de Berlin" und der Berliner Akademie „die vollständigen Acta Eruditorum Lipsiensia" zu vermachen.[17]

Beachtlich war die Zahl der ab 1744 in die Akademie aufgenommenen Berliner Hugenotten, die während des ganzen 18. Jahrhunderts als Anwesende oder Ordentliche Mitglieder eine große Rolle in dieser Institution spielten. Zu diesem Kreis gehörte auch Formey. Obwohl die meisten von ihnen nicht mehr als regionale Bedeutung erlangten, müssen sie als Teil des Berliner Geisteslebens erwähnt werden. In der französischem Denken und französischer Sprache weit geöffneten Akademie waren sie vielfach angesehener als ihre deutschen Zeitgenossen, was unter diesen wiederum Unzufriedenheit fördern konnte.

König, Maupertuis, Voltaire: „Aktionsstreit“

Der Mathematiker Johann Samuel König, Professor an der Kriegsakademie in dem Haag, war seit 1749 Auswärtiges Mitglied der Académie Royale in Berlin. Er hatte – wie unter anderem Euler, Maupertuis und Clairaut – ebenfalls bei Johann Bernoulli in Basel studiert. Der Freundin Voltaires, der Marquise du Châtelet, hatte er bei der Übersetzung von Newtons „Principia mathematica“ ins Französische assistiert. König war also nicht irgendwer und sogar mit Maupertuis persönlich verbunden.

Der Streit, auf den hier hinzuweisen ist und der der Berliner Akademie Publizität, sie zugleich aber in eine mißliche Lage brachte, ging um ein Prinzip, das der kleinsten Aktion. Von Leibniz und Euler bis zu Helmholtz und Einstein haben sich größte Geister mit diesem Problem beschäftigt. Maupertuis nahm nicht nur dessen Entdekkung für sich in Anspruch, sondern glaubte zugleich erkannt zu haben, daß für jede Änderung in der Natur nur die kleinstmögliche Aktionsmenge erforderlich wäre. Da er in dem Prinzip einen Beweis für das Dasein Gottes sah, waren sogar weltanschauliche Schlußfolgerungen gezogen.

Dieser Hintergrund ist – ohne auf die mathematische Problematik hier eingehen zu können – zu beachten, wenn man den eher formalen Anlaß des Streits und dessen allerdings nachhaltige Folgen in der hier gebotenen Kürze, die notwendigerweise eine Verkürzung sein muß, beschreiben will. König verband seinen Dank für die Aufnahme in die Akademie an Maupertuis mit der Bitte um die Veröffentlichung eines Manuskripts. Darin erhob er sachliche Einwände gegen das Prinzip, lehnte die Beweise von Maupertuis ab und behauptete, daß bereits Leibniz in einem Brief das Prinzip formuliert hatte. Der allmächtige Akademiepräsident zeigte sich nicht bereit, diese Fragen zu erörtern, und lehnte die Publikation des Beitrags von König in den Schriften der Akademie ab. Dieser publizierte ihn daraufhin im März 1751 in den Leipziger „Nova Acta Eruditorum“. Jetzt war ein Ausweichen in Berlin nicht mehr möglich.

Die Auseinandersetzungen, in denen es um universale Fragen ging, verkürzten sich auf Rechthaberei, persönliche Fehden und einen Rechtsanspruch, denn Maupertuis konnte und wollte nicht zugeben, daß der von ihm als Philosoph abgelehnte Leibniz das Prinzip vor ihm gekannt haben sollte. Folgerichtig wurde daher von König verlangt, das Original des Leibniz-Briefes vorzulegen, auf dessen Abschrift er sich in seinem Artikel berufen hatte. Dazu war König nicht in der Lage, und erst 1911 konnte bestätigt werden, daß Leibniz sein Prinzip der kleinsten Aktion tatsächlich formuliert hatte. Unter der Leitung von Euler wurde daher auf der Sitzung der Berliner Akademiemitglieder am 13. April 1752, an der etwa ein Drittel der Berechtigten nicht teilnahmen, der Brief von Leibniz zu einer Fälschung von König erklärt. Die maßgebende Rolle Eulers, der die Schwäche der Beweisführungen von Maupertuis erkannt, aber nicht kritisiert hatte, hat die Forschung seither eindringlich beschäftigt. Ausschlaggebend für Euler, der zudem mit Maupertuis im besten Einvernehmen stand, und für den größeren Teil der Akademiemitglieder war offensichtlich ihre Ablehnung der Leibniz-Wolffschen Philosophie und die Überzeugung, sich durch das Bekenntnis zum Präsidenten für die Akademie und damit auch für deren Stellung einzusetzen. Die Gegner haben an der Entscheidung entweder nicht teilgenommen, oder sie haben sich wider besseres Wissen – wie etwa Formey – gebeugt. Sulzer hat mehrfach behauptet, an der Entscheidung nicht beteiligt gewesen zu sein. Am 13. April wurde er jedoch in der Anwesenheitsliste geführt.

König gab der Akademie nach diesen Vorgängen sein Mitgliedsdiplom zurück und verurteilte zugleich das Vorgehen von Maupertius und seinen Anhängern als Machtmißbrauch. Damit hätte es wohl sein Bewenden gehabt, wenn Voltaire nicht seine Chance gesehen hätte, dem so hoch gestiegenen und inzwischen kritisch beurteilten Maupertuis entgegenzutreten und ihn hart zu attackieren. Er verfaßte seine „Diatribe du Docteur Akakia", in dem jedermann Maupertuis erkannte, und gab diesen darin dem Spott preis. Obwohl Friedrich II., dem Voltaire den Text zur Kenntnis brachte, zum Schutz des Präsidenten und seiner Akademie den Druck der Schrift Voltaires nicht gestattete, ließ dieser in Leipzig eine Abhandlung mit erneuten Angriffen gegen Maupertuis publizieren. Sie wurde auf Befehl des König öffentlich in Berlin verbrannt, und Voltaire verließ Preußen. Als Flüchtling wurde er bis nach Frankfurt am Main verfolgt. In seinen „Denkwürdigkeiten aus dem Leben des Herrn de Voltaire" schildert dieser in bewußt ironisierender Art die Vorgänge, um Maupertuis, aber auch die Akademie und andere Beteiligte, lächerlich zu machen. Demnach „brachte er [der Präsident] einige arme Leute, die von der Akademie ein Jahresgehalt bezogen und also von ihm abhängig waren, auf die Beine und ließ über König den Spruch fällen". Mehr um die Verhältnisse zu charakterisieren als um den tatsächlichen geistigen Auseinandersetzungen gerecht zu werden, die ja weitergingen, fügte Voltaire hinzu: „In Berlin begnügte man sich, die Achsel zu zucken, denn der König hatte in dieser unglückseligen Angelegenheit Partei ergriffen, und niemand wagte zu sprechen."[18] Außer natürlich: Voltaire, der Streitbare.

Die Folgen der nur scheinbar harmlosen wissenschaftlichen Abhandlung von König gingen weit über den Anlaß hinaus. Die beteiligten Hauptpersonen betrafen sie in unterschiedlichem Maße. Maupertuis war als Wissenschaftler diskreditiert. Er blieb Präsident der Akademie, doch war sein Einfluß weitgehend gebrochen. Zwischen Friedrich II. und Voltaire trat eine vorübergehende Entfremdung ein. Eulers wissenschaftliches Ansehen blieb trotz der auch gegen ihn geführten Polemiken unangetastet.

Leonhard Euler als de-facto-Präsident

In den 25 Jahren seines Berliner Wirkens von 1741 bis 1766 war Leonhard Euler die wissenschaftliche Zentralgestalt der Académie Royale in Berlin. Grundlegende Werke wie die über die Himmelsmechanik und die Variationsrechnung, die „Scientia navalis" und über die Mechanik der Festkörper sind in diesem Vierteljahrhundert erschienen. Allein in der Serienpublikation der Akademie, den Mémoires, publizierte er in dieser Zeit weit über 100 Abhandlungen. Durch seine außerordentlich umfangreiche Korrespondenz stand er mit zahllosen Wissenschaftlern in vielen Ländern im ständigen wissenschaftlichen Meinungsaustausch. Die für diesen Zeitraum gedruckten Kurzfassungen der Protokolle der Akademiesitzungen, die Registres, erweisen Euler als einen unermüdlich und vielseitig Tätigen.

Von Anfang an war Euler in die geistigen Auseinandersetzungen einbezogen. Eines seiner ersten Bücher in Berlin behandelte 1747 die „Rettung der göttlichen Offenbarung gegen die Einwürfe der Freygeister". Und in Berlin entstanden von 1760 bis 1762 auch die „Briefe an eine deutsche Prinzessin über verschiedene Gegenstände aus der Physik und der Philosophie", die 1768 und 1772 veröffentlicht wurden. Sie enthalten eine auf den interessierten gebildeten Laien zielende Darstellung der Grundfragen der

Naturwissenschaft und der Philosophie. Euler wandte sich gegen den zeitweilig vorherrschenden Einfluß der Philosophie von Leibniz und Wolff, wie beispielsweise die von ihm mitinitiierte Preisfrage der Akademie 1747 über die Monadenlehre zeigt. Den Preis erhielt eine Schrift, die sich gegen diese Anschauung wandte. Hier traf sich Euler mit den Bestrebungen der modernen westeuropäischen Philosophie, als deren Repräsentant in der Akademie Maupertuis gelten kann. Zugleich wäre es verfehlt, Eulers durchaus selbständige Position zu übersehen, die sowohl cartesianisches als auch newtonsches Gedankengut einschloß, obwohl er keinen Zweifel an der Richtigkeit des Newtonschen Gravitationsgesetzes hegte. Insofern gehört er zu den Vertretern der Aufklärungsphilosophie, die den Newtonismus gegen den Cartesianismus und die Leibniz-Wolffsche Monadologie durchzusetzen halfen.

Was hier als grundlegende Denkrichtung Eulers in seiner Berliner Zeit anzudeuten versucht wurde, heißt nun keineswegs, daß alle Probleme der alltäglichen akademischen Arbeit, in die Euler voll einbezogen war, von ihm stets nur unter solchen weltanschaulichen Gesichtspunkten behandelt wurden. Seine Grundrichtung, in der er etwa mit Formey und Merian nicht übereinstimmte, konnte ihn nicht an der Zusammenarbeit auch mit diesen hindern, solange er glaubte, Durchsetzungschancen zu haben. In Maupertuis hatte er darin seinen wichtigsten Verbündeten, weshalb er sich auch für dessen Linie, die im übrigen die des Königs war, einsetzte. Obwohl den „biederen Schweizer“ Euler, wie er sich gelegentlich nannte, manches von dem aufgeklärten absolutistischen Herrscher Friedrich trennte, war es möglich, ein Stück des Weges gemeinsam zu gehen.

Als Maupertuis nach dem Streit um das Prinzip der kleinsten Aktion die Leitung der Akademie nur noch zeitweilig wahrnehmen konnte, ergab sich also nicht nur aus der überragenden wissenschaftlichen Stellung Eulers, sondern auch aus seiner geistigen Nähe zum weiterhin tätigen Präsidenten, daß er faktisch die Leitung der Akademie übernahm. Seine regelmäßigen Berichte an den Präsidenten während dessen Abwesenheit sind daher eine wichtige Quelle für die Geschichte der Akademie. Eulers Ansehen stieg gleichzeitig durch seine 1755 erfolgte Wahl zum Auswärtigen Mitglied der Académie des Sciences in Paris. Maupertuis wiederum bekannte sich zu Euler, indem er 1754 dessen erst zwanzigjährigen Sohn Johann Albrecht zum Ordentlichen Mitglied der mathematischen Klasse in Berlin vorschlug und ihm 1758 sogar ein Gehalt bewilligte.

Inzwischen hatte 1756 der Siebenjährige Krieg begonnen, der sich zunächst wenig, zunehmend jedoch – insbesondere während der zeitweiligen Besetzung der Stadt durch russische Truppen – nachteilig auch auf die Akademie auswirkte, die ihre Publikationen zeitweilig einstellen mußte. Kennzeichnend für die Situation ist hier ein Schreiben von d'Argens, der zugleich Klassendirektor war, an die Akademie von Ende 1760, in dem er als Vermittler zwischen dieser und dem König agierte. Die von der Akademie vollzogene Wahl Marggrafs zum Direktor der Physikalischen Klasse an Stelle des verstorbenen Eller wird in diesem Brief im Auftrage des Königs bestätigt. Im übrigen werde der König im Frieden seine ganze Sorge der Akademie zuwenden, Mißbräuche abstellen und der Akademie neue Kraft geben. Hier wird bereits deutlich, daß es mit der Akademie nicht zum Besten stand. „Es ist der Wille des Königs, die Angelegenheiten gegenwärtig in dem Zustand zu lassen, in dem sie sich befinden; die großen Angelegenheiten, mit denen er befaßt ist, erlauben es ihm nicht, sich mit denen der Akademie zu beschäftigen, die er zur Zufriedenheit aller Akademiker regeln wird, sobald der Krieg beendet ist.“[19]

Damit war eindeutig klargestellt, daß angesichts der Abhängigkeit der Akademie vom Willen des Königs durchgreifende Entscheidungen vorerst nicht zu erwarten waren, insbesondere nicht in der Präsidentenfrage, obwohl Maupertuis 1759 gestorben war. Für Euler, der sich vielleicht Hoffnungen auf die Ernennung zum Präsidenten gemacht hatte, blieb nur die Möglichkeit, sich mit der gegebenen Situation abzufinden. Die wissenschaftlichen Arbeiten wurden im Rahmen der Gegebenheiten weitergeführt, zugleich aber auch die geistigen Auseinandersetzungen, in denen sich ein allmähliches Vordringen Leibniz-Wolffschen Gedankengutes erkennen läßt.

Die Akademie nach dem Siebenjährigen Krieg

Den bereits seit 1752 verfolgten Plan, den Initiator der Encyclopédie d'Alembert als Präsidenten seiner Akademie zu gewinnen, hat Friedrich nach dem Friedensschluß von 1763 und dem Tode von Maupertuis intensiv weiterverfolgt. Eine solche Absicht dürfte nicht nur bei Euler, der d'Alembert als Mathematiker überlegen war, aber gegen den französischen Philosophen beim König wenig Chancen hatte, kaum Anklang gefunden haben. Süßmilch beispielsweise, der niemals ein Gehalt als Akademiemitglied erhalten hat, zeigte sich 1763 „muthlos" und zweifelte am Erfolg eines von ihm eingereichten wissenschaftlichen Werkes, „theils weil mein Buch deutsch geschrieben, theils weil die Akademie der neuen Schöpfung des D'Alembert soll unterworfen werden, woraus doch nichts als Tort für die Deutschen zu erwarten".[20] Wenn der geistige Gegensatz hier zu einem nationalen, der er nur sehr bedingt war, umfunktioniert wurde, so ist das aus der Situation des erfolgreichen Krieges gegen Frankreich vielleicht sogar verständlich. Der Kern hingegen ist damit nicht getroffen. Wenn man schon personalisieren wollte, so wäre darauf hinzuweisen, daß Auseinandersetzungen etwa zwischen dem Franzosen Maupertuis sowie den Deutschschweizern Euler und Merian auf der einen und dem Hugenotten Formey und dem Deutschschweizer Sulzer auf der anderen Seite stattfanden. Nicht die Sprache oder die nationale Zugehörigkeit, sondern die Einstellungen zu Grundfragen der Zeit waren ausschlaggebend. Allerdings konnte die immer wieder dokumentierte und bewußte Hinneigung des Königs zu allem Französischen sehr dazu beitragen, die tatsächlichen Fronten zu verwischen. Friedrich konnte d'Alembert nicht gewinnen, hat aber mit ihm weiterhin auch in Akademiefragen korrespondiert. Ob er deshalb als „der heimliche Präsident" oder sogar als „der wirkliche Präsident"[21] zu bezeichnen ist, wie es Harnack getan hat, erscheint fraglich. Eine solche Überbetonung des Einflusses von d'Alembert auf den durchaus selbstbewußten König führt angesichts der persönlichen Verantwortung Friedrichs des Großen für die Akademieentwicklung indirekt zur Verringerung von dessen Anteil an den Entscheidungen seiner letzten Regierungsjahrzehnte, die nicht in allen Fällen der Akademie zum Vorteil gereichten.

Im Jahre 1760, also nach dem Tode von Maupertuis, hatte der König die Aufnahme von drei Ordentlichen und neun Auswärtigen Mitgliedern – darunter Gotthold Ephraim Lessing – bestätigt. Die Zuwahlen erfolgten unter der Leitung Eulers, und sie sollen trotz der Zustimmung Friedrichs dessen Billigung nicht gefunden haben. Das läßt sich freilich eher indirekt aus der Tatsache schließen, daß der König die am 9. April 1761 vollzogenen Wahlen von fünf Auswärtigen Mitgliedern, darunter Christian Fürchtegott Gellert und Johann Heinrich Lambert, nicht bestätigte. Er antwortete auf die entsprechende Mitteilung der Akademie überhaupt erst am 6. Januar 1764, wie schon früher durch d'Argens. In diesem Schreiben von 1764 wurde die Akademie für die vom König 1763 angeordneten Wahlen von zwei Auswärtigen, darunter Helvétius, und drei Ordentlichen Mitgliedern, darunter die Mathematiker Jean de Castillon und Johann (III.) Bernoulli, gelobt. „Was die anderen 1761 vorgeschlagenen Personen betrifft, so kann sich S.M. nicht entschließen, gegenwärtig deren Aufnahme zuzustimmen. Seine Absicht ist, kein Mitglied in die Akademie aufzunehmen, solange er nicht einen Präsidenten ernannt hat; bis dahin reserviert sich der König das Recht, allein diejenigen zu bezeichnen, die die Akademie als Mitglied aufzunehmen hat."[22] Da ein Präsident nicht mehr ernannt wurde, hat der König fortan, zumindest im Hinblick auf die Zuwahlen, dessen Rechte wahrgenommen. Von wem immer er in diesen Entscheidungen beeinflußt worden sein mag, und war es selbst ein d'Alembert, so entbindet das den König nicht von seiner Verantwortung für die wichtige Wahlpolitik. So ließ Friedrich 1765 die schon weit gediehenen Verhandlungen mit dem bekannten Altertumsforscher Johann Joachim Winckelmann in Rom, der für 2 000 Taler als Bibliothekar nach Berlin kommen wollte, in völliger Unkenntnis von dessen Leistung an dieser Forderung scheitern. „Für einen Deutsche sind 1 000 Thaler genug."[23]

Am 21. Februar 1765 nahmen die Akademiemitglieder einen Brief des königlichen Vorlesers Henri de Catt, der seit 1760 Ordentliches Mitglied war, zur Kenntnis. Er enthielt Anweisungen des Königs über „verschiedene Maßnahmen, die für das größte Wohl der akademischen Angelegenheiten eingeleitet werden müssen".[24] Dahinter verbarg sich die unter anderem von Sulzer betriebene Einsetzung einer Kommission, die Vorschläge für die Reorganisation der Akademie machen sollte, insbesondere im Hinblick auf die Finanzen. Als „Ökonomische Kommission" am 7. März 1765 eingesetzt, wurde sie zu einer ständigen Einrichtung der Akademie bis 1798, als ein Direktorium an ihre Stelle trat. Ihre ersten Mitglieder waren Euler, Merian, Sulzer sowie Louis Isaac Beausobre, Ordentliches Mitglied seit 1755, Castillon und Lambert, der 1765, nun auf Vorschlag des Königs, Ordentliches Mitglied geworden war. Obwohl Euler in diese Kommission aufgenommen wurde, mußte deren Einsetzung für ihn, der die Akademie bis dahin maßgeblich geleitet hatte, als Mißtrauen interpretiert werden. Die Ökonomische Kommission sollte Vorschläge machen, wie das Kalenderwesen der Akademie, das ihr ihre Einnahmen sicherte, künftig gestaltet werden sollte. Eine Einigung wurde nicht erzielt. Sulzer schlug die Verpachtung, Lambert die Betreuung durch die Kommission und Euler die Beibehaltung des status quo vor. Letzteres hätte bedeutet, daß der langjährige Verwalter David Köhler, der in der Akademie vom Schreiber zum Schatzmeister aufgestiegen war, dem man großes Eigeninteresse und sogar Komplizenschaft mit Euler vorwarf, die Geschäfte unter etwas veränderten Bedingungen hätte weiterführen können. Der König entschied sich für die Verpachtung, noch bevor er die Vorschläge der Kommission erhalten hatte.

Eine bedeutsame Auswirkung der Arbeit der Ökonomischen Kommission war die Ordnung der Archivalien der Akademie und die Regelung ihrer Betreuung. Das Jahr 1765 ist das eigentliche Gründungsjahr des bis heute bestehenden Akademie-Archivs mit seinen für die Akademie- und Wissenschaftsgeschichte, durch das Kalenderwesen aber auch für wirtschaftsgeschichtliche Fragen, unschätzbaren Dokumenten. Auch Euler beteiligte sich aktiv an der Organisierung der Archivarbeit.

Schon seit 1763 verhandelte Euler über eine Rückkehr nach Rußland. 1765 standen diese Unterhandlungen kurz vor dem Abschluß. Die von ihm wohl als diskreditierend empfundene Entscheidung Friedrichs gegen seinen Vorschlag hinsichtlich der ökonomischen Probleme der Akademie gab also nicht den Ausschlag für Eulers Weggang, zumal der König nach einer harten Ablehnung von Eulers Vorstellungen einlenkte, auch wenn er bei seinem Entscheid blieb. Doch Euler war nicht zu halten. Seine niemals unterbrochenen Beziehungen zu Rußland und die Gewißheit, unter dem König als Präsidenten seine Stellung in Berlin nicht behaupten zu können, gaben wohl den Ausschlag. Hinzu kam die geistige Situation innerhalb der Akademie. Auf der ersten Sitzung der Akademiemitglieder nach dem Weggang von Leonhard Euler, dem sein Sohn Johann Albrecht folgte, wurde am 5. Juni 1766 als Preisaufgabe für 1768 eine Lobschrift auf Leibniz ausgeschrieben. Das kann man als Affront gegen Euler betrachten, aber auch gegen den König, dessen sehr nachlassendes Interesse an der Akademie in der Folgezeit, allerdings mit zeitweiligen Schwankungen, man auch mit diesem Vordringen deutschen Denkens in „seiner" Akademie in Verbindung bringen kann.

Preisaufgaben

Für die Entwicklung der Wissenschaft und des wissenschaftlichen Denkens im 18. Jahrhundert ist die Stellung von Preisaufgaben, die viele gelehrte Gesellschaften praktizierten, kaum zu überschätzen. Abgesehen davon, daß die Regelmäßigkeit gelegentlich auch unerhebliche Fragestellungen verursachte, so geben doch auch diese Einblikke in die Situation der wissenschaftlichen Institution, die sie aufwarf. Auch das Echo, das eine Preisaufgabe fand, und die Persönlichkeiten, die sich um ihre Lösung bemühten, sind von Interesse.

Die Berliner Akademie hat seit 1744 fast jährlich Preisaufgaben gestellt, von denen allerdings nicht alle beantwortet wurden. Vergeben wurde in der Regel ein Preis, der manchmal geteilt wurde, und als zusätzliche Anerkennung ein Accessit, das ebenfalls gleichzeitig mehreren Personen gewährt werden konnte. Die Abhandlungen mußten anonym eingereicht werden, so daß die nicht gekrönten, auch wenn sie erhalten sind, heute nur noch selten einem Autor zugeordnet werden können. Die ausgezeichneten Preisschriften wurden auf Kosten der Akademie publiziert. An der Lösung von Preisaufgaben haben sich neben zahllosen unbekannten Wissenschaftlern auch zahlreiche ausgewiesene Gelehrte beteiligt. Über die ausgeschriebenen Themen wurde in der Presse informiert, ebenso über die Ergebnisse.

Von 1744 bis 1786 stellte die Berliner Akademie 45 Probleme zur Diskussion, an denen die naturwissenschaftlich-mathematischen Klassen mit 20 und die philosophisch-historischen Klassen mit 25 beteiligt waren. Vergeben wurden 26 Preise an deutsche Autoren, acht an französische, zwei an Genfer Wissenschaftler und jeweils einer an Verfasser aus Italien und aus Siebenbürgen, insgesamt also 38. Obwohl man hinreichende Schlüsse über die Wirksamkeit der Preisaufgaben nur aus der Analyse aller eingereichten Schriften ziehen könnte, so läßt sich doch mit der gebotenen Vorsicht feststellen: Der Académie Royale, die Friedrich der Große in Geist und Form am französischen Beispiel orientierte, hat mir ihren Themen französische Gelehrte angesprochen, sie blieb aber im deutschen Geistesleben verwurzelt, wie die mehr als zwei Drittel deutscher Preisträger erweisen.

Eine Erörterung der naturwissenschaftlich-mathematischen und auch der historischen Fragestellungen kann nur im Rahmen der Geschichte der einzelnen Disziplinen erfolgen, weshalb hier darauf verzichtet werden muß. Nur soviel sei gesagt, daß beispielsweise auch solche praktischen Probleme behandelt wurden wie die Möglichkeit, aus Sand Steine zu machen, das ungelöst blieb, oder wie die Untersuchung des Einflusses der Physik auf die bäuerliche Ökonomie. Mehrere Fragen betrafen die mittelalterliche Geschichte der Mark Brandenburg. Größeres Interesse verdienen im vorliegenden Zusammenhang philosophische Fragestellungen, weil sie Rückschlüsse auf den Geist der Zeit und der Akademie zulassen.

Die für 1747 gestellte Preisfrage über die Monadenlehre von Leibniz veranlaßte bereits im Vorfeld eine öffentliche Diskussion, in der sich beispielsweise Euler contra und Formey pro engagierten. Den Sieg errang schließlich eine gegen Leibniz gerichtete Schrift. Die Leibniz-Problematik berührte auch die Preisfrage für 1751, bei der sich der Wolffianer Kästner durchsetzte. 1753 stellte man für 1755 die Aufgabe, die These des englischen Philosophen und Schriftstellers Alexander Pope „Alles ist gut" zu untersuchen. Auch hier ging es wieder um Leibniz und seine Lehre von der besten aller Welten. Sulzer und seine Freunde konnten sich bei der Aufgabenstellung nicht durchsetzen. Den Preis erhielt eine Schrift gegen die Leibnizsche Philosophie, doch rief diese Entscheidung sofort Gegner auf den Plan, von denen hier nur Lessing und Mendelssohn genannt werden sollen. Letzterer hat 1763 dank des Einsatzes vor allem von Sulzer den Preis über die Evidenz der metaphysischen und der mathematischen Wissenschaften gewonnen, während Kant das Accessit erhielt. 1768 schließlich krönte die Akademie eine Lobschrift auf Leibniz, was letztlich einen vorübergehenden Sieg Wolffs in der Akademie signalisierte. Mit Kant hatte sich aber bereits 1763 sein Überwinder zu Wort gemeldet.

Sprachtheoretische Untersuchungen regte die Akademie mit der Preisfrage für 1759 über den wechselseitigen Einfluß der Meinungen des Volkes auf die Sprache und der Sprache auf die Meinungen an. Gewinner war der Göttinger Orientalist J. D. Michaelis. Damit war die Richtung auf den Ursprung der Sprache angedeutet, die auch Süßmilch behandelt hatte, der dann in seinem Todesjahr 1766 seine Abhandlung über den göttlichen Ursprung der Sprache veröffentlichte. Auf die für 1771 gestellte Frage, ob die Menschen die Sprache haben erfinden können, gingen 31 Preisschriften ein. Den Preis erhielt Herder, der sowohl den göttlichen Ursprung als auch die „Erfindung" der Sprache ablehnte und die Sprache des Menschen als etwas Gewordenes darstellte. Für 1784 wurde dann erneut ein Sprachenproblem ausgeschrieben, und zwar über die Ursachen, die das Französische zur Universalsprache gemacht hätten. Der Preis wurde zwischen einem Deutschen und einem Franzosen geteilt.

Großes Aufsehen erregte die außerordentliche Preisfrage für 1780, die eine Vorgeschichte in der Korrespondenz Friedrichs mit d'Alembert hatte. Es ging darum, ob zum Wohle des Volkes Täuschungen erlaubt seien, was Friedrich bejahte, d'Alembert aber ablehnte. Ohne genannt werden zu wollen regte der König daher die Frage an: „Ist es nützlich für das Volk, betrogen zu werden, sei es, daß man es neuen Irrtümern aussetzt oder daß man es bei denen beläßt, in denen es sich befindet?" Die Entscheidung mußte der Akademie schwerfallen. Von 44 eingelaufenen Abhandlungen entsprachen 33 den Vorschriften für Preisschriften, von denen 20 verneinend und 13 bejahend antworteten. Vier der verneinenden und sieben der bejahenden wurden als gut anerkannt. Alle elf erhielten einen Preis, neun also ein Accessit. Jeweils eine zustimmende Abhandlung, sie stammte von dem späteren Akademiemitglied Castillon, und ein ablehnender Beitrag erhielten den ersten Preis. Der letztere ging an Rudolf

Zacharias Becker, der sich in den neunziger Jahren als Mitglied der Erfurter Akademie als Initiator eines engeren Zusammenschlusses der deutschen Akademien bekannt machte.

Außer dem Preis über die Entstehung der Sprache hat Herder, der sich selbst aktiv mit dem Akademiegedanken befaßte und 1787 einen eigenen Akademieplan zur Förderung der Wissenschaften in Deutschland vorlegte, zwei weitere Preise der Berliner Akademie gewonnen. 1775 behandelte er die Ursachen für den Niedergang des Geschmacks bei verschiedenen Völkern. Seine berühmte Abhandlung über den Einfluß der Regierung auf die Wissenschaften und der Wissenschaften auf die Regierung war die Antwort auf die Berliner Preisfrage von 1780. Damit war eine Grundfrage der Aufklärung angesprochen. Herder, der also dreimal bei Preisfragen in Berlin erfolgreich war, schrieb an Formey am 12. Juni 1780: „Mit freudigem und bescheidenem Danke empfange ich die Ehre des dritten Preises der königl. Akademie mit dem Wunsch, des Beyfalls derselben werth zu seyn und immer werther zu werden.“[25] Auf eine Wahl zum Akademiemitglied freilich mußte Herder noch einige Jahre warten.

Der Akademiesekretär Formey

Der Nachkomme französischer Hugenotten in Berlin Jean Henri Samuel Formey hat der Akademie von 1744 bis zu seinem Tode 1797 mehr als fünfzig Jahre angehört. Seit 1748 Ständiger Sekretär und seit 1789 zusätzlich Direktor der Philosophischen Klasse, hat Formey durch seine außerordentliche Vielseitigkeit das geistig-kulturelle Leben seiner Zeit noch nachhaltiger bestimmt als durch wissenschaftliche Leistungen. Zum König, den er erst Ende der siebziger Jahre persönlich kennenlernte, hatte er ein spannungsgeladenes Verhältnis. Einladungen nach Sanssouci hatte er 1751 abgelehnt. Formey hat 600 Publikationen vorgelegt und in rund 40 000 Briefen die europaweite wissenschaftliche Kommunikation gepflegt.

Für die Betreuung der Serienpublikationen der Akademie hatte sich Formey als Zeitschriftenherausgeber empfohlen. Unter der Leitung von Jacques Lenfant, der 1724 auch Anwesendes Sozietätsmitglied wurde, ist seit 1717 in Berlin die Zeitschrift „Bibliothèque Germanique“ redigiert worden. Seit 1734 gehörte Formey, der 1737 Professor der Philosophie am Collège Français wurde, zum Herausgeberkreis des Journals, an dem auch andere An- und Abwesende Akademiemitglieder mitwirkten und die unter diesem Titel bis 1741 erschien. Nach einer Zwischenlösung unter anderem Titel erschien die Zeitschrift von 1746 bis 1759 als „Nouvelle Bibliothèque Germanique“, an der wiederum Formey mitwirkte, ab 1750 als alleiniger Verantwortlicher. Das Organ informierte ausführlich über Probleme der Geistes- und der Naturwissenschaften in ganz Europa, wobei den Akademien besondere Aufmerksamkeit zuteil wurde. Auch sonst betätigte sich Formey als engagierter Herausgeber.

Die schriftstellerische Tätigkeit Formeys, die ihm bei seinen Zeitgenossen Ruhm, aber auch Kritik einbrachte, wobei beides noch durch seine amtliche Stellung als Akademiesekretär beeinflußt wurde, erstreckte sich auf zahlreiche Gebiete der Wissenschaften. Sie kann hier nicht behandelt werden. Erwähnung verdient dagegen sein Beitrag zur Progagierung und Verbreitung der Leibniz-Wolffschen Philosophie. Von 1741 bis 1756 publizierte er in sechs Bänden seinen philosophischen Roman „La belle Wolfienne“, in dem er die Anschauungen Wolffs in allgemeinverständlicher Form darzulegen trachtete. Trotz gestalterischer Unzulänglichkeiten ist es ihm damit gelungen, dem interessierten Publikum bis hin nach Frankreich komplizierte Probleme in ansprechender Form vorzutragen. Er hat auch ein Lehrbuch zum Thema „Elementa philosophiae Wolffianae" (1746) verfaßt.

Seinen Grundanschauungen blieb Formey treu, auch wenn er angesichts der Entwicklung in Berlin bis in den Beginn der sechziger Jahre zu Kompromissen bereit sein mußte. Gerade eine solche Bereitschaft ließ ihn sich behaupten, und sie war wohl auch eine Voraussetzung für die Funktion, die er bekleidete. Der Aufklärungshistoriker Werner Krauss, dem wir eine gekonnte Analyse der widersprüchlichen Persönlichkeit Formeys verdanken, betonte nachdrücklich die Unterschiede zwischen der französischen Aufklärung mit ihren Gastspielen in Sanssouci und ihre geringe Resonanz in der umgebenden deutschen Welt auf der einen und „der ungeheuren Mehrheit der aufgeklärten Deutschen" auf der anderen Seite, mit der sich Formey verband. „Der Kontakt mit der deutschen Wirklichkeit wurde unter Formeys Führung von der Preußischen Akademie systematisch aufgenommen. Und dieser Kontakt war wohl eine Messe wert."[26]

Noch bevor d'Alembert und Diderot 1751 mit ihrem Plan der „Encyclopédie" vor die Öffentlichkeit traten, hatte Formey den Plan einer enzyklopädischen Zusammenfassung des Wissens der Zeit, der auch in England Anklang gefunden hatte, aufgegriffen und entsprechende Ausarbeitungen angefertigt. Diese Materialien gingen in der Form von 81 Artikeln in die „Enzyklopädie" ein, deren ältester Mitarbeiter Formey folglich war. Er blieb ein Bewunderer dieses Unternehmens. In der „Einleitenden Abhandlung" („Discours préliminaire") von d'Alembert aus dem Jahre 1751 wird Formeys Mitarbeit hervorgehoben.

Unter den 140 Abhandlungen, die Formey in den Schriften der Akademie publiziert hat, verdienen die „Lobreden" („Eloges") auf weit mehr als 50 verstorbene Akademiemitglieder, die in ihrem Gehalt natürlich sehr unterschiedlich sind, Erwähnung. Sie sind ebenso wie seine Ansprachen bei feierlichen Sitzungen der Akademie und seine Antworten auf Antrittsreden neuer Akademiemitglieder unverzichtbare Quellen für die Geschichte der Wissenschaft in jener Zeit und für das Selbstverständnis der Akademie.

Mitgliederernennungen unter dem König als Präsidenten

In den etwas mehr als zwei Jahrzehnten, in denen sich Friedrich der Große als Präsident der Académie Royale betrachtete, wurden nur 18 Wissenschaftler als Ordentliche Mitglieder aufgenommen, wobei die letzte Zuwahl sogar mehr als drei Jahre vor dem Tode des Königs erfolgte. Aus wissenschaftshistorischer Sicht besonders hervorhebenswert sind fünf dieser Ernennungen. Teilweise mußten sie dem König abgerungen werden.

Johann Heinrich Lambert gehörte zu den Wissenschaftlern, deren Wahl zu Auswärtigen Mitgliedern am 2. April 1761 Friedrich drei Jahre später abgelehnt hatte. Der Mathematiker, Physiker und Philosoph gilt als der Begründer der Photometrie, der Wärmemessung, der Hygrometrie und der mathematischen Kartographie. Bereits 1761 veröffentlichte er seine „Kosmologischen Briefe", die ihn wie das „Neue Organon" (1764), die „Architektonik" (1771) und andere Schriften als Vorläufer Kants auszuweisen. Lambert, damals in Augsburg wirkend, war bereits 1759, dem Gründungsjahr der

Bayerischen Akademie der Wissenschaften in München, deren Auswärtiges Mitglied geworden – übrigens ein Jahr vor dem Haller-Biographen Johann Georg Zimmerman, der 1760 auch Auswärtiges Mitglied in Berlin wurde. Lambert war zwar zur Mitarbeit in der Bayerischen Akademie bereit, wollte aber nicht nach München übersiedeln. Euler bemühte sich, ihn für St. Petersburg zu gewinnen. Schließlich begab sich Lambert 1764 nach Berlin, wo er als Oberbaurat die Aufsicht über die allgemeine Landvermessung und das Landbauwesen übernahm. Am 10. Januar 1765 wurde er auf Antrag des Königs zum Ordentlichen Akademiemitglied ernannt. Seine annähernd 50 Vorträge in der Akademie erschienen teilweise erst nach seinem Tode in deren Schriften.

Als Nachfolger Eulers, auch als Direktor der Mathematischen Klasse, wurde noch 1766 Joseph Louis Comte de Lagrange aus Paris als Ordentliches Mitglied gewonnen. Auswärtiges Mitglied war er bereits seit 1756. Die Funktion Eulers als Direktor der Sternwarte übernahm 1767 Johann (III.) Bernoulli, der mehr als 40 Jahre in der Akademie wirkte, zuletzt ab 1791 als Direktor der Mathematischen Klasse. Lagrange, der bis 1787 in Berlin blieb, war einer der bedeutendsten Mathematiker, Physiker und Astronomen seiner Zeit. In den Schriften der Akademie hat er nicht nur während seines Berliner Lebensabschnittes mehr als 50 Abhandlungen veröffentlicht. Lagrange war Mitglied zahlreicher Akademien der Wissenschaften in ganz Europa.

Im Jahre 1773 wurde der Anatom Johann Gottlieb Walter, der am Collegium Medico-chirurgicum lehrte und anatomische Sammlungen anlegte, die später zur Grundlage eines Museums an der Universität wurden, zum Ordentlichen Akademiemitglied ernannt. Er war ein Schüler Lieberkühns und Meckels, stammte also aus der Berliner Medizinerschule. Das runde Dutzend seiner akademischen Abhandlungen weist Walter als einen erfolgreichen praktischen Anatomen aus.

Den Arzt Karl Abraham Gerhard, der 1768 Ordentliches Akademiemitglied wurde, kann man als den Begründer der Bergbauwissenschaft in Berlin betrachten. Er war Absolvent der Universität in Frankfurt an der Oder und hat Verdienste um die Gründung der Bergakademie in Berlin. Sein 1781 erschienenes Hauptwerk „Versuch einer Geschichte des Mineralreichs" enthält wertvolle Untersuchungen über die Gebirge. Bergbaukundlichen Problemen widmete er auch seine etwa 20 Abhandlungen in den Schriften der Akademie. 1805 löste er Achard als Direktor der Physikalischen Klasse ab.

Franz Karl (François Charles) Achard wurde 1776 nach hinhaltendem Widerstand des Königs zum Ordentlichen Akademiemitglied ernannt. Er war vielseitig als Chemiker, Physiker, Botaniker und Techniker tätig, doch knüpft sich an seinen Namen vor allem die wissenschaftlich vorbereitete technische Gewinnung des Zuckers aus Runkelrüben. Als Schüler Marggrafs knüpfte er an dessen Entdeckung des Zuckergehalts der Rüben an, über die dieser 1747 in den Publikationen der Akademie berichtet hatte. Marggraf hatte auch gemeinsam mit anderen Akademiemitgliedern den entscheidenden Anteil daran, daß Achard für die Akademie gewonnen werden konnte. Sie überwanden den Widerstand Friedrichs II., der unbedingt einen Chemiker aus Schweden berufen wollte. Die Mitgliedschaft in der Akademie hat Achard ungeachtet lebenslanger finanzieller Schwierigkeiten die Möglichkeit geboten, im Chemischen Laboratorium seine Zuckerforschungen, die teilweise in seinen über 80 Akademieabhandlungen ihren Niederschlag fanden, zur Praxisreife zu führen. Als Nachfolger seines Lehrers Marggraf war Achard seit 1782 Direktor der Physikalischen Klasse der Akademie und des Chemischen Laboratoriums.

Ein Verlust für die Akademie ist es zweifellos gewesen, daß es ihr nicht gelang, mit Moses Mendelssohn einen herausragenden Vertreter der Berliner Aufklärung als Mitglied zu gewinnen. Er hatte 1763 einen Preis der Akademie erhalten. Die bald darauf einsetzenden Bemühungen um seine Zuwahl führten 1771 zu Vorstößen beim König, die jedoch ohne Erfolg blieben. 1785 gehörte Mendelssohn zu denjenigen, die die Errichtung einer Denksäule für Leibniz, Sulzer und Lambert als bedeutende Philosophen in Berlin vorschlugen. Trotz der Zustimmung, die der König in diesem Falle gab, ist der Plan nicht verwirklicht worden.

Auch bei den Zuwahlen Auswärtiger Mitglieder, die in der Geschichte einer Akademie als Ausdruck ihrer kommunikativen wissenschaftlichen Verflechtung betrachtet werden müssen, konnte die Akademie zeitgenössischen Erfordernissen nur bedingt entsprechen. Nur 28 Wissenschaftler wurde von 1764 bis 1786 hinzugewählt, wozu noch die beiden Euler kommen, die nach ihrer Übersiedlung nach Rußland 1766 als Auswärtige Mitglieder geführt wurden. Friedrich nutzte die Akademie zudem im Rahmen seiner Auswärtigen Politik, indem er 1767 Katharina II. von Rußland – die erste Frau als Mitglied der Berliner Akademie – und 1777 den Direktor der Akademie der Wissenschaften in St. Petersburg, Sergej Domaschnew, aufnehmen ließ.

Die Entscheidung des Königs für den Philosophen Claude Adrien Helvétius (1764) war offensichtlich als Affront für die Akademie gedacht. Obwohl einige weitere Wahlen angesehene Persönlichkeiten trafen, läßt sich eine eigentlich gestaltende Wahlpolitik nicht erkennen. Aufgenommen wurden die Astronomen Daniel Melander aus Schweden (1773) und Giuseppe Toaldo aus Padua (1776). Der Anatom Lazaro Spallanzani aus Pavia, der 1785 den experimentellen Nachweis der Befruchtung der Eier durch Samen führte und damit die Urzeugungshypothese widerlegte, wurde ebenfalls 1776 Auswärtiges Mitglied. Der einzige Deutsche, dem diese Ehre in diesem Zeitabschnitt zuteil wurde, war 1784 der Mediziner und Chemiker Lorenz Crell, der 1778 das erste chemische Journal in Deutschland gegründet hatte.

Die Berliner Akademie im System der europäischen Akademien

Neben die Akademien in Paris, die Royal Society in London, die Russische Akademie der Wissenschaften in St. Petersburg und die Leopoldina, die entsprechend den Wohnsitzen ihrer Präsidenten ihre Arbeitsorte wechselte und von 1745 bis 1769 im preußischen Halle residierte, traten seit dem zweiten Drittel des 18. Jahrhunderts weitere gelehrte Gesellschaften. Kontakte der Akademien untereinander wurden in jener Zeit vor allem durch wechselseitige Zuwahlen von Wissenschaftlern, aber auch durch die Beteiligung an Preisaufgaben und durch den Austausch wissenschaftlicher Publikationen realisiert. Eine organisierte Zusammenarbeit gab es noch nicht. Dennoch wurde längerfristig die Ausbreitung der Akademiekontakte auch für die Geschichte der einzelnen Akademien von Bedeutung.

In Schweden und in Dänemark entstanden Akademien 1739 in Stockholm und 1742 in Kopenhagen. Verhältnismäßig groß war die Zahl der Akademien, die innerhalb des Heiligen Römischen Reiches deutscher Nation gegründet wurden, von denen einige auch in dem oben genannten weiten Sinne Kontakte zur Berliner Akademie hatten. Das gilt besonders für die 1751 im damals englischen Hannover gegründete Gesellschaft in Göttingen und für die Bayerische Akademie der Wissenschaften, die 1759 geschaffen wurde. Beide bestehen ununterbrochen bis heute als weltweit anerkannte Wissenschaftlergemeinschaften. Dagegen haben zwei deutsche Akademien des 18. Jahrhunderts, obwohl sie bis 1945 existierten und nach 1989 neu belebt wurden, von Anfang an eher regionalen Charakter gehabt. Es handelt sich um die 1754 in Erfurt geschaffene „Kurfürstlich Mainzische Akademie nützlicher Wissenschaften" und die „Oberlausitzische Gesellschaft der Wissenschaften" in Görlitz, die 1779 entstand. Mehrere Jahrzehnte erfolgreich arbeitete die 1763 in Mannheim von dem Straßburger Historiker Johann Daniel Schöpflin maßgeblich gegründete „Kurpfälzische Akademie der Wissenschaften", die in den Stürmen der Kriege nach der Französischen Revolution unterging.

In den Ländern der Habsburger, die zum Reich gehörten, setzte sich der Akademiegedanke damals nur teilweise durch. Ergriffen wurden vorerst nur Böhmen und Mähren und die österreichischen Niederlande, in deren unabhängigen Teil die Akademie der Wissenschaften in Harlem bestand. Nachdem zuerst in Olmütz in Mähren 1746 eine kurzlebige Societas eruditorum incognitorum in terris austriacis entstanden war, gab es wenige Jahrzehnte später Bemühungen um eine Akademie in Prag, die sich besonders an den Namen von Ignaz Born knüpften. Seit 1775 erschienen in sechs Bänden die „Abhandlungen einer Privatgesellschaft in Böhmen zur Aufnahme der Mathematik, der vaterländischen Geschichte und der Naturgeschichte". 1784 wurde die Akademie durch Wien bestätigt. Im Jahre 1772 billigte Maria Theresia die Umwandlung der seit 1769 bestehenden Société Littéraire in Brüssel zur Académie Imperiale et Royale des Sciences et Belles Lettres de Bruxelles, die vorerst bis 1794 bestand.

Auch der Gründer der Olmützer Gesellschaft, Joseph Freiherr von Petrasch, mühte sich weiter um den Akademiegedanken in Österreich. So verfaßte er 1758/59 „Vorschläge, wie man neue gelehrte Akademien errichten und alte verbessern sollte", die jedoch nicht realisiert wurden. Die Vorschläge knüpften an einen Plan Johann Christoph Gottscheds an, den dieser bereits in den vierziger Jahren nach Wien gesandt hatte. Um 1750 ließ Gottsched sogar Publikationen der Pariser Académie des Inscriptions et Belles Lettres ins Deutsche übersetzen, um sie als Beispiele für seine Akademiepläne zu nutzen. Es ist sicher nicht verfehlt, in dem Olmützer und dem Wiener Projekt auch eine Reaktion auf die erfolgreiche Reorganisation der Berliner Akademie unter Friedrich II. zu sehen, zumal Österreich der unmittelbare Gegner Preußens war.

Wie sehr der Blick unter dem Gesichtspunkt des sich damals immer deutlicher ausprägenden preußisch-österreichischen Gegensatzes auf die Förderung eines Akademieplans in den habsburgischen Ländern weiterhin gerichtet blieb, zeigt noch eine andere Tatsache. Friedrich Gottlieb Klopstock arbeitete in den Jahren 1768 bis 1773 konkrete Pläne für Wien aus, die 1774 ihren Niederschlag in seinem Buch „Gelehrtenrepublik" fanden. 1783/84 kam er in Vorschlägen für Kaiser Josef II. erneut auf die Problematik zurück. Zu beachten ist, daß Klopstock Friedrich wegen dessen Vorliebe für die französische Literatur und Wissenschaft offensichtlich für weniger ansprechbar hielt als den Wiener Hof. So schrieb er im Jahre 1768: „Der König von Preußen, Friedrich der Zweite, hatte sich um die Nation, welcher er angehörte, zu wenig bekümmert . . ." Man „spottete über den deutschen Fürsten, der mittelmäßig in der französischen Sprache schrieb", der „in seinem letzten Kriege hassenswürdig geworden" war.[27] Klopstock dachte an eine Förderung der schönen Wissenschaften (Poesie, Beredsamkeit, Geschichtsschreibung) und der philosophischen Wissenschaften (Theologie, Philosophie, Naturwissenschaft, Jurisprudenz) durch den Kaiser in Wien. Ihm war jedoch kein Erfolg beschieden.

Seit 1774 erwog Maria Theresia die Gründung einer Akademie in Wien, die schon einmal zu Beginn des Jahrhunderts unter der Mitwirkung von Leibniz zur Debatte gestanden hatte. Entwürfe arbeiteten jetzt der Wiener Mathematiker und Astronom Maximilian Hell und der Professor der Universal und Literaturgeschichte an der Wiener Universität Ignaz Matthias von Hess aus. Hell plante eine Akademie nach dem Vorbild der Royal Society in London oder der Académie des Sciences in Paris, Hess wollte sich am Beispiel der Berliner Akademie orientieren. Gründe für das Scheitern dieser Pläne waren die nicht verfügbaren finanziellen Mittel und die letztlich fehlende Bereitschaft Maria Theresias, Akademiepläne nachhaltig zu fördern.

Im Jahre 1787 legte J. G. Herder seinen Akademieplan unter dem Titel „Idee zum ersten patriotischen Institut für den Allgemeingeist Deutschlands" vor. Darin bekannte er sich zum „Ziel der patriotischen Aufklärung. Alles, was dahin abzweckt, gehört für diese Akademie, es betreffe solches das Werkzeug unserer Gedanken, die Sprache, oder jede Wissenschaft, sofern sie nach der jetzigen Zeitenlage zum Wohl unseres Vaterlandes gehöret."[28] Dieses wohl allgemein verbreitete Interesse an der Erneuerung des Akademiegedankens, so kann man vermuten, bewegte auch den einstigen Gewinner eines Preises der Berliner Akademie, Rudolf Zacharias Becker, der 1793/94 ein Informations- und Korrespondenzzentrum deutscher Akademien plante, weshalb er in dem von ihm herausgegebenen „Reichs-Anzeiger" 1793 ein Verzeichnis von Akademien veröffentlichte, das allerdings weder vollständig noch ganz exakt war. Er bestätigte damit auf spezifische Art eine Unzufriedenheit mit dem damaligen Stand der Akademien, die auch in Berlin in den letzten Jahrzehnten der Regierung Friedrichs des Großen erkennbar wurde.

Wissenschaftliche Bestrebungen in Berlin und die Akademie

Geistig-kulturelles Leben in Berlin entfaltete sich auch unabhängig und neben der Académie Royale. Seit 1765 edierte Friedrich Nicolai in Berlin seine „Allgemeine deutsche Bibliothek", die sich, vielfach auch angefeindet, zu einem wichtigen Organ der Aufklärung in Deutschland entwickelte. 1783 folgten Johann Erich Biester und Friedrich Gedike mit ihrer „Berlinischen Monatsschrift", die bis 1796 erschien und in der 1784 die bekannte Debatte „Was ist Aufklärung?" geführt wurde, an der sich auch Kant beteiligte. Biester, Absolvent der Universität Göttingen, war seit 1777 Privatsekretär des Ministers von Zedlitz und wurde 1784 auf dessen Veranlassung Bibliothekar der Königlichen Bibliothek. Karl Abraham Freiherr von Zedlitz, seit 1776 Ehrenmitglied der Akademie, war für das Schulwesen in Preußen verantwortlich, dessen Entwicklung er ebenso wie die der Universitäten, beispielsweise in Halle, fördernd beeinflußte. Er war praktisch Kultusminister, galt als Förderer der Aufklärung und des Bildungswesens. Auch Gedike, der in Frankfurt an der Oder studiert hatte, war ein wichtiger Mitarbeiter von Zedlitz und seit 1776 Rektor des Friedrichwerderschen Gymnasiums in Berlin. Seit 1773 gab Johann Georg Krünitz in Berlin seine „Ökonomische Enzyklopädie oder allgemeines System der Staats-, Stadt-, Haus- und Landwirtschaft" heraus – auch das ein Zeichen geistiger Betriebsamkeit außerhalb der Akademie.

Die „Berlinische Monatsschrift“ entstand in demselben Jahr 1783 wie die Mittwochsgesellschaft, die ein Diskussionskreis von Berliner Aufklärungsfreunden und Reformbefürwortern war, die außerhalb der Akademie standen. Biester war Sekretär der Gesellschaft, deren Mitglieder in vielen Fällen in der genannten Zeitschrift publizierten. Nicolai, eines der Mitglieder, nannte die Mittwochsgesellschaft später eine „Privatgesellschaft von auserlesenen Männern“, die „sich bloß zur freien Untersuchung der Wahrheit von allerlei Art zusammengetan hatte“.[29] Verhandelt wurden philosophische und literarische, pädagogische und schulpolitische, juristische und rechtspolitische, ökonomische und wirtschaftspolitische Fragen. Die Gesellschaft und die Zeitschrift waren Ausdruck des Berliner geistigen Lebens.

Die in Berlin bestehenden Gymnasien stellten weiterhin ein wichtiges Bildungspotential dar. Heraushebenswert ist hier das Berlinische Gymnasium zum Grauen Kloster unter seinem Direktor Anton Friedrich Büsching seit 1767. Büsching war zuvor Professor an der Universität Göttingen gewesen und hatte dann zeitweilig in St. Petersburg gewirkt. Sein „Magazin für die neuere Historie und Geographie“, das seit 1767 erschien, und andere von ihm publizierte Periodika sind typische Dokumente enzyklopädischer aufklärerischer Bestrebungen. Als ihn die Akademie nach des Königs Tod endlich als Mitglied aufnehmen wollte, lehnte er das ab. Bereits seit 1747 bestand in Berlin die von Johann Julius Hecker gegründete ökonomisch-mathematische Realschule als neuer Schultyp. Hecker erwarb sich auch Verdienste um die Lehrerbildung und wurde 1762 von Friedrich II. bei der Abfassung des General-Land-Schul-Reglements herangezogen.

Eine Reihe weiterer Bildungsstätten nahmen neben dem Collegium Medico-chirurgicum seit den sechziger Jahren ihre Tätigkeit in Berlin auf. Der König begründete 1765 die Ritterakademie, deren Lehrer teilweise Akademiemitglieder wurden. 1770 wurde unter aktiver Mitwirkung von Gerhard die Bergakademie geschaffen, die sich am Vorbild der Freiberger Einrichtung orientierte, insbesondere nachdem Karl Friedrich Anton von Heynitz 1777 aus Sachsen nach Preußen berufen worden war. Er gilt als der Schöpfer des auf wissenschaftlichen Grundlagen beruhenden Berg- und Hüttenwesens in Preußen. In der Berliner Bergakademie wurden neben den berg- und hüttenmännischen Disziplinen auch Mathematik, Chemie, Physik und Botanik gelehrt. Auch Achard wirkte mit seinen öffentlichen Vorträgen über die Akademie hinaus.

Im Jahre 1773 schlossen sich Naturforscher und interessierte Laien zur Berlinischen Gesellschaft Naturforschender Freunde zusammen. Diese Gründung war ein Symptom für die zunehmende Popularität der Naturwissenschaft, vielleicht aber gleichzeitig auch ein Zeichen dafür, daß die Akademie auf diesem Gebiet des wissenschaftlichen Meinungsaustausches zunehmend eine Lücke ließ. Die neue Gesellschaft, an deren Zustandekommen der Astronom Bode maßgeblich beteiligt war, schuf sich ein Naturalienkabinett und eine Bibliothek und gab eine Schriftenreihe heraus, in der bis 1786 bereits zehn Bände erschienen waren. Führende Mitglieder waren bedeutende Berliner Naturwissenschaftler wie der Botaniker Gleditsch und der Chemiker Achard. Durch die Zuwahl auswärtiger Wissenschaftler wirkte diese Gesellschaft auch über Berlin hinaus.

So läßt sich konstatieren, daß in der Mitte der achtziger Jahre eine Situation herangereift war, die neue wissenschaftspolitische Überlegungen auch in Berlin erforderte. Der große Ansatz der Académie Royale des Sciences et Belles Lettres Friedrichs des Großen, der dieser Institution überregionales Ansehen verschaffte, war schon während der Regierungszeit des Königs an seine Grenzen gestoßen. Für einen lebenden Organismus, wie ihn eine Gelehrtengemeinschaft darstellt, erwiesen sich seine Eingriffe ebenso wie sein Desinteresse an bestimmten Entwicklungen als Nachteile. Es ergaben sich aber auch immer wieder Notwendigkeiten, die Stellung der Akademie zu überdenken und Strukturen neu aufzubrechen. Das konnte offensichtlich nicht mehr mit dem König geschehen. Wie 1740, so stand die Berliner Akademie auch 1786 unter allerdings völlig veränderten Bedingungen erneut am Scheideweg.

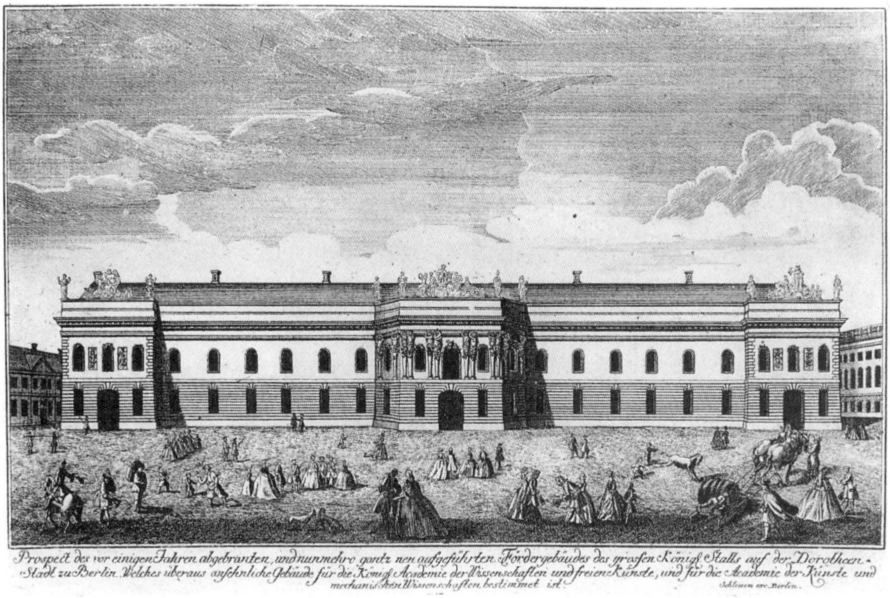

Gebäude Unter den Linden in Berlin, das die Académie Royale des Sciences et Belles Lettres nach dem Wiederaufbau 1752 bezogen hat.

Akademiebesitzung um 1745. Zeichnung von Adolph Menzel.

Louis Moreau de Maupertius (1698–1759).

Friedrich II., der Große (1712–1786).

Leonhard Euler (1707–1783).

Johann Gottlieb Gleditsch (1714–1786).

4. Das Ringen um eine neue Akademie im Umfeld der preußischen Reformen

In den Jahrzehnten nach 1786, als die überkommene Weltordnung infolge der politischen und geistigen Wirkungen der Französischen Revolution aus den Fugen geriet, erlebte auch die Preußische Akademie der Wissenschaften einen Umbruch. Das Ergebnis war eine Akademie, die in der Lage war, sich neuen Anforderungen in einem veränderten wissenschaftlichen Umfeld zu stellen. Über weite Strecken dieses Zeitabschnitts stand die Suche nach neuen Wegen im Vordergrund, vielfach wurden ad-hoc-Entscheidungen getroffen, die sich nicht bewährten. Erst in der letzten Phase, als die notwendige Akademiereform zu einem Bestandteil der nach dem Zusammenbruch Preußens unverzichtbaren Staatsreform auf wirtschaftlichem, politischem und kulturellem Gebiet wurde, zeichneten sich zukunftsträchtige Lösungen ab. Die Akademie behauptete sich als eine der möglichen Organisationsformen wissenschaftlicher Arbeit.

Hertzberg als Kurator-Präsident und der Mitgliederschub von 1786 bis 1788

Am 17. August 1786 starb Friedrich der Große in Sanssouci. Der Wirkliche Geheime Etats- und Kabinettsminister Ewald Friedrich Graf von Hertzberg, in diesem Amt seit 1763, wurde am 25. August 1786 zum Kurator der Akademie ernannt, was er bis zu seinem Tode 1795 blieb. Hertzberg war seit 1752, damals noch Geheimer Legationsrat, Ehrenmitglied der Akademie, nachdem er deren Preis für die Beantwortung der 1750 für 1752 gestellten Frage nach der deutschen Besiedlung der Gebiete zwischen Elbe und Oder sowie der Neumark und Pommerns im Mittelalter gewonnen hatte. In diesem Beitrag zur Geschichte Brandenburgs erörterte der Autor auch Probleme der slawischen Urbevölkerung Ostdeutschlands. Die Verbindung zur Akademie hatte Hertzberg nie abreißen lassen, wie seine Vorträge seit den achtziger Jahren erweisen. Im Mittelpunkt seines Wirkens stand jedoch die preußische Außenpolitik, deren Mitgestalter er unter Friedrich II. und in den ersten Jahren von dessen Nachfolger Friedrich Wilhelm II. war. Hertzberg war der Verfasser des Mémoire raisonné, mit dem Friedrich seinen Einmarsch in Sachsen 1756 nachträglich zu rechtfertigen versuchte. Seine mit Konsequenz verfolgte österreichfeindliche Politik, die ein partielles Zusammengehen etwa bei den polnischen Teilungen nicht ausschloß, trug zu seiner Ablösung als Außenminister am Beginn der neunziger Jahre bei, als sich das Bündnis zwischen Preußen und Österreich anbahnte.

Der aus einem altpommernschen Geschlecht stammende Hertzberg hatte nach dem Besuch des Stettiner Gymnasiums Rechtswissenschaften und Geschichte an der Universität in Halle studiert, wo er von den Anschauungen Christian Wolffs beeinflußt wurde. Seit 1750 war er Leiter des Geheimen Preußischen Staats- und Kabinettarchivs.

Sein Leben lang hat er historische Studien betrieben und andere Historiker gefördert, insbesondere dank seines Zugangs zu den Archivalien, die er als Außenminister hatte. Seine Dissertation, die er in Halle über das brandenburgische öffentliche Recht geschrieben hatte, durfte seinerzeit aus staatspolitischer Rücksicht nicht veröffentlicht werden, weshalb er 1745 eine zweite über das deutsche Kurfürstenkolleg verfassen mußte. Hertzberg gehörte zum Kreis der Berliner Aufklärer, die er im Rahmen seiner Möglichkeiten und Einsichten unterstützte. In einer Biographie von 1909 wurde von ihm gesagt, daß Preußen außer Wilhelm von Humboldt, „wenigstens im auswärtigen Amt, niemals einen gelehrteren Minister“[1] gehabt hätte. Sein 1752 durch Heirat erworbenes Gut Britz bei Berlin machte Hertzberg zu einem anerkannten landwirtschaftlichen Musterbetrieb.

Hertzberg hat – wie gesagt – historische Arbeiten nicht nur verfaßt, sondern auch andere in ihren Forschungen unterstützt. Wahrscheinlich hat er beispielsweise die Herausgabe des „Landbuches der Mark Brandenburg Karls IV.“ (1781, 1784) mit vorbereitet. Pufendorfs nicht abgeschlossenes Werk über Kurfürst Friedrich III. von Brandenburg hat er herausgegeben. Für die Encyclopédie von Diderot und d'Alembert lieferte er statistisches Material über Brandenburg. Die Außenpolitik Friedrichs hat Hertzberg in aktuell-politischen Schriften begründet, die Veröffentlichung von Dokumenten zu dieser Problematik hat ihm anfangs der neunziger Jahre noch Schwierigkeiten bereitet. Seine Akademievorträge der achtziger Jahre sind kenntnisreiche Beiträge zur Zeitgeschichte, insbesondere zur preußischen. Andreas Kraus sagt über ihn: „Hertzberg besaß Anlagen zum Gelehrten, aber nach einem vielversprechenden Anfang mußte er sich auf Themen beschränken, die ohne langwieriges Quellenstudium zu bewältigen waren. Er opferte die historische Forschung dem politischen Erfolg.“[2]

Nachdem Friedrich der Große seine vieldiskutierte Abhandlung „Über die deutsche Literatur“ geschrieben und 1780 veröffentlicht hatte, beauftragte er Hertzberg mit deren Übersetzung ins Deutsche. Heute ist unbestritten, daß der König seine Schrift ohne hinreichende Kenntnis der Materie verfaßt hat und sie zugleich Ausdruck seiner Vorstellungen von der geistigen Kultur Europas seiner Zeit war. Zurückhaltende Einwände, die Hertzberg gegen die Mißachtung der deutschen Sprache durch den König machte – unter anderem indem er deutsche Übersetzungen des Tacitus vorlegte und sie französischen gleichstellte –, hatten keinen Erfolg. Bei Hertzberg siegten letztlich sein preußischer Patriotismus und seine enge Bindung an den aufgeklärten Absolutismus, wie ihn Friedrich der Große für ihn verkörpert. Darin liegen auch die Wurzeln für sein Verhalten nach dem Tod des Königs.

Etwas mehr als ein Jahrfünft hatte Hertzberg Gelegenheit, als Kurator der Akademie seine Vorstellungen von Wissenschaft in Preußen zu praktizieren. Es war eine Zeit des Umbruchs im Umfeld der Französischen Revolution, in der er seine personellen Ziele durch die Zuwahlpolitik und seine wissenschaftsorganisatorischen Pläne durchzusetzen bestrebt war. Seine Reden in der Akademie seit 1789 reflektieren die Französische Revolution. Sein gesamtes Wirken in der Akademie war von seiner Absicht bestimmt, nicht nur deren Kurator, sondern deren Präsident zu sein. Da er die Akademie „zur ersten in Europa“[3] machen wollte, hat er sich auch entsprechend engagiert. Er kümmerte sich praktisch um alle Fragen der Wissenschaft und der Verwaltung, was seinen Ausdruck in der Teilnahme an nahezu allen Versammlungen der Akademiemitglieder fand. Die erhaltenen Quellen weisen aus, daß in der Akademie bis in den Beginn der neunziger Jahre nichts ohne Hertzberg geschah, was einige von deren Mitgliedern natürlicherweise auch als Belastung empfanden. Die Akademie arbeitete weiter auf der Grundlage des Statuts von 1746, dessen starke Betonung der Stellung des Präsidenten jetzt dem Kurator zugute kam. Nur ließ sich dieser im Unterschied zu jenem von veränderten Anschauungen leiten, was sich zuerst in der Zuwahlpolitik zeigte.

Die Qualität und die Quantität der Mitgliedschaft einer Akademie in ihrer untrennbaren Verbindung mit der daran geknüpften wissenschaftlichen Leistungsfähigkeit hatte Hertzberg sofort als das zuerst zu lösende Problem erkannt. Die Wahlpolitik des Königs in seiner letzten Regierungsperiode hatte das Ansehen der Akademie vermindert. Nach Zahl und Zusammensetzung entsprach sie weder den Vorstellungen des Kurators, noch der Situation, wie sie sich in Berlin entwickelt hatte. Hertzberg hat daher allein von September bis Dezember 1786 insgesamt 14 sowie 1787 und 1788 jeweils einen weiteren Wissenschaftler zu Ordentlichen Mitgliedern wählen lassen. Außerdem wurden vom Herbst 1786 bis Ende 1788 insgesamt 27 Auswärtige Mitglieder hinzugewählt. Was erbrachte diese Erweiterung des Mitgliederbestandes in zweieinhalb Jahren um mehr als 40 Personen?

Wenn die zugewählten Ordentlichen Mitglieder fast alle bereits in Berlin wirkten, spiegeln sich schon in dieser Tatsache Vorzüge, Grenzen und vorherige Versäumnisse wider. Eine regional gebundene, bis dahin stark mißachtete Gruppe von Persönlichkeiten drängte in die Akademie, was den Nachteil einschloß, daß auch der Bewertungsmaßstab in erster Linie ein regionaler sein konnte. Dennoch gehört ein Teil der Zuwahlen zweifellos auch im historischen Rückblick zu den wissenschaftlich gerechtfertigten Entscheidungen.

Mit dem aus St. Petersburg berufenen Schweden Johann Jakob Ferber, der 1786 Oberbergrat in Berlin wurde, gewann die Akademie einen europaweit bekannten Mineralogen, der allerdings schon 1790 starb. Er konnte der Akademie daher nur einen Beitrag über Versteinerungen liefern. Der bedeutende Astronom Johann Elert Bode war bereits 1772 als Observator der akademischen Sternwarte nach Berlin gekommen, wurde hier 1773 Mitbegründer der Gesellschaft Naturforschender Freunde und begründete 1774 das „Berliner astronomische Jahrbuch“. Als Botaniker und Direktor des Botanischen Gartens erwarb sich der Mediziner Johann Christoph Andreas Mayer Ansehen, der auch an der Frankfurter Universität und am Collegium Medico-chirurgicum gelehrt hat. Ein weiterer Arzt, der 1786 Ordentliches Mitglied wurde, war Johann Karl Wilhelm Moehsen, den man als einen Begründer der brandenburgischen Wissenschaftsgeschichtsschreibung betrachten kann und der eng mit der Berliner Aufklärung verbunden war. Der bekannte Chemiker Martin Heinrich Klaproth, der Entdecker mehrerer Elemente, wurde 1788 Ordentliches Akademiemitglied und konnte 1802 als Direktor und Nachfolger Achards das damals neu erbaute Chemische Laboratorium der Akademie übernehmen. 1786 wurden die Leiter des Collège Français und des Joachimsthalschen Gymnasiums, Jean Pierre Erman und Johann Heinrich Ludwig Meierotto, Ordentliche Mitglieder der Akademie. Erman war angesehen durch seine Verdienste um die Erforschung der Geschichte der Hugenotten in Brandenburg-Preußen, und Meierotto hat in seiner Zeit beachtete Schriften zur römischen Geschichte geliefert.

Nahezu alle 1786 gewählten Auswärtigen Mitglieder haben bis heute einen anerkannten Namen in der Wissenschafts- und Geistesgeschichte. Ihre Wahlen bestätigen besonders eindrucksvoll die Versäumnisse der spätfriderizianischen Zeit. Es handelte sich unter anderem um Ignaz Born, den Begründer der Prager Wissenschaftsgesellschaft; den Mathematiker Marie Jean Antoine Marquis de Condorcet, Secretaire der Académie des Sciences in Paris und als „Königsmörder“ 1793 aus der Berliner Akademie ausgeschlossen; beide Forster, Johann Reinhold und Georg, beide Weltreisende und der letztere später maßgeblicher Begründer der Mainzer Republik; den berühmten Orientalisten Christian Gottlieb Heyne in Göttingen; Charles Bonnet, den angesehenen Naturforscher in Genf, der bereits fast allen Akademien der Wissenschaften angehörte; Immanuel Kant, den Philosophen in Königsberg; den Physiker Alessandro Volta in Pavia; Christoph Martin Wieland in Weimar. 1787 waren unter den gewählten Auswärtigen Mitgliedern Johann Gottfried Herder in Weimar und der Sekretar der vielseitigen wissenschaftlichen Gesellschaft in Haarlem, Martinus van Marum. Im folgenden Jahr gewann die Berliner Akademie neben anderen Wissenschaftlern den bedeutenden niederländischen Anatomen Pieter Camper, den aus Hannover stammenden Astronomen Friedrich Wilhelm Herschel in England und den Reorganisator der Erfurter Akademie Karl Theodor von Dalberg.

Diesen beachtlichen personellen Zugewinn des Mitgliederschubs von 1786 bis 1788, mit dem die Akademie dank der Initiative Hertzbergs Anschluß an die europäische Akademieentwicklung zu finden suchte, steht allerdings ein bedeutender Verlust entgegen: Lagrange verließ Anfang 1787 Berlin trotz der Versuche Hertzbergs und des Königs, ihn zu halten, und kehrte nach Paris zurück. Er wurde nun als Auswärtiges Mitglied gezählt und erhielt sogar weiterhin eine Pension. Einen Nachfolger in Berlin hat er nicht gefunden. Überlegungen, den berühmten Georg Christoph Lichtenberg aus Göttingen zu gewinnen, führten zu keinem Ergebnis.

Die „Deutsche Deputation“

Hertzberg verfolgte von Anfang an den Plan eines engeren Zusammenschlusses neuer Mitglieder der Akademie, die sich besonders der deutschen Sprache widmen sollten. Meist handelte es sich dabei um Persönlichkeiten, die sich eingehender mit Philosophie, Theologie und Literatur beschäftigt hatten. Bereits ab 1786 wurden – wohl auch unter diesem Gesichtspunkt – vier solche Kandidaten zu Ordentlichen Mitgliedern gewählt. Es handelte sich dabei zunächst um die beiden Direktoren der Königlichen Schauspiele Johann Jakob Engel, zugleich Professor am Joachimsthalschen Gymnasium, und Karl Wilhelm Ramler, der gleichzeitig am Kadettenkorps lehrte. Dazu kam Wilhelm Abraham Teller, ein Theologe. 1789 wurde Abel Burja, beruflich als Mathematiker tätig, hinzugewählt. Als Mitglieder des Oberschulkollegiums in Berlin wurden 1790 und 1791 der Gymnasialdirektor Friedrich Gedike und der Oberkonsistorialrat Johann Friedrich Zoellner als Ordentliche Mitglieder in die Akademie aufgenommen. Als wichtigste Persönlichkeit in diesem Zusammenhang gewann Hertzberg endlich 1791 Karl Philipp Moritz, der seit 1780 in Berlin wirkte, seit 1789 an der Akademie der Künste. Dieser Freund Goethes und in seiner Zeit ein angesehener Schriftsteller wurde Leiter der „Deputation deutscher Mitglieder der Akademie zur Vervollkommnung und Ausbildung der deutschen Sprache“, die sich kurz „Deutsche Deputation“ nannte und der sich auch Hertzberg anschloß.

Festzuhalten bleibt, daß sich in der „Deutschen Deputation“ keineswegs alle deutschen Akademiemitglieder zusammenfanden, beispielsweise nicht die Naturforscher. Letztlich handelte es sich bei den Mitgliedern der Deputation nicht um Wissenschaftler im engeren Sinne, sondern um Vertreter des geistig-literarischen Lebens Berlins. Sie waren für die Zielstellung, die Hertzberg vorschwebte, also wenig geeignet, da sie nicht eigentlich forschten. Daraus ist wohl auch teilweise der Mißerfolg des Vorhabens zu erklären. Als die Arbeit tatsächlich beginnen sollte, hatte Hertzberg, der Akademiekurator blieb, seine politische Stellung als preußischer Außenminister bereits verloren.

Seine konkreten Vorschläge unterbreitete Hertzberg Anfang 1792 dem König, wobei er sich ausdrücklich auf Leibniz berief, der die Vervollkommnung der deutschen Sprache zu einem erstrangigen Gegenstand der Akademie erklärt hätte. Daher hätten „diejenigen Mitglieder der philosophischen und philologischen Klasse“ der Akademie, „die sich bisher schon mit dem Studium der Deutschen Sprache vorzüglich beschäftiget haben“, in einer speziellen „Deputation zur Beförderung der Deutschen Sprache“ bisherige Ergebnisse zusammenzufassen, „um so mit gemeinschaftlichem Fleiße nach und nach alles vorzubereiten, was erforderlich ist, um dereinst eine Geschichte der Deutschen Sprache, ein vollständiges Wörterbuch derselben und eine ausführliche Sprachlehre zu liefern“.[4] Den Deputationsmitgliedern empfahl Hertzberg Leibniz' Schrift „Unvorgreifliche Gedanken betreffend die Ausübung und Verbesserung der teutschen Sprache“ von 1697, in der der Sozietätsgründer Überlegungen Justus Georg Schottels aufgegriffen hatte. Hertzberg ließ Leibniz' Schrift sogar erneut veröffentlichen.

Was Hertzberg mit seiner „Deutschen Deputation“ wirklich wollte, enthüllt eine Passage seiner französischen Eingabe an den König vom 4. Januar 1792, die bisher nicht genügend beachtet wurde. Er bekundet darin die Absicht, „die Akademien Frankreichs, Spaniens, Rußlands und der Toskana nachzuahmen, weil man begründet glaubt, daß das die wahre Beschäftigung der großen literarischen und nationalen Gesellschaften sein muß, die zu schwer für einen einzelnen Gelehrten ist“.[5] Seine Vorbilder waren also bestehende Akademien für Sprache und Literatur: die Académie Française von 1635, die Real Academía Española von 1713, die 1783 von Katharina II. geschaffene Russische Akademie (die 1843 zu einer Klasse der Akademie der Wissenschaften in St. Petersburg wurde) und die Accademia della Crusca von 1592 in Florenz, die Hertzberg unter der Akademie der Toskana verstanden haben dürfte. Alle diese Einrichtungen befaßten sich mit der Erarbeitung von Wörterbüchern für die jeweiligen Sprachen Französisch, Spanisch, Russisch und Italienisch. Da auch in Schweden seit 1786 eine Sprachakademie bestand, wäre Preußen, wenn sich Hertzberg durchgesetzt hätte, das sechste Land in Europa gewesen, in dem sich eine Akademie mit der Erforschung der Landessprache und der Sammlung des Wortschatzes beschäftigt hätte. Auch spätere Versuche, für Untersuchungen über die deutsche Sprache eine eigene Klasse innerhalb der Akademie zu bilden, sind gescheitert.

Für eine solche Klasse sollte die „Deutsche Deputation“ nach Hertzbergs Vorstellungen in der Tat nur die Vorstufe sein. Er entwickelte diese Vorstellungen gleichsam in vorhersehbarer Ablehnung derjenigen Mitglieder, die den überwiegend französischen Charakter der Akademie nicht beeinträchtigt sehen wollten, wenn er am 15. April 1792 an den König schrieb: „Da einige französische Mitglieder zu fürchten scheinen, daß die Akademie allmählich zu einer deutschen werde, suche ich sie zu beruhigen, indem ich sie versichere, daß die Akademie fortfahren wird zu arbeiten und ihre Mémoires nach ihrem ursprünglichen Plan entsprechend den vier Klassen der Wissenschaften in französischer Sprache zu veröffentlichen, mit Latein und Deutsch für die Abhandlungen, die wie diejenigen über die Künste nicht gut übersetzt werden können, daß das Deutsche Komité eine besondere Klasse sein wird, die getrennt arbeitet und ihre Schriften publiziert, ohne sich in die Mémoires der Akademie einzumischen, daß man auch nicht aufhören wird, von Zeit zu Zeit in die Akademie alle inländischen Mitglieder der französischen Nation eintreten zu lassen, die dafür geeignet sind – wie ich es während meiner Kuratorschaft bereits praktiziert habe – und sogar Ausländer, welche Eure Majestät hierher zu berufen entscheidet."[6]

Die „Deutsche Deputation" hat ihre Arbeiten bis 1795 fortgesetzt, ihre aktivste Zeit fällt jedoch in die Jahre 1791/92, als die Konzeption entwickelt wurde. Im Jahre 1793 konnten „Beiträge zur deutschen Sprachkunde" publiziert werden, an denen Moritz, Teller, Gedike und Zoellner mitgewirkt haben. Moritz ist schon 1793 gestorben. Als ein indirektes Ergebnis der Arbeit der „Deutschen Deputation" ist die Herausgabe der „Sammlung der deutschen Abhandlungen, welche in der Königlichen Akademie der Wissenschaften zu Berlin vorgelesen wurden", anzusehen. Insgesamt erschienen diese Bände ab 1793 parallel zu den Mémoires, die mit dem Jahrgang 1804 ihr Erscheinen einstellten. An Stelle der beiden Reihen wurden jetzt die „Abhandlungen" herausgegeben. Die „Sammlung" enthält auch naturwissenschaftliche Beiträge.

Die Akademie und die Französische Revolution

Die Sprachenfrage, so wichtig sie gerade unter den spezifischen Bedingungen der Berliner Akademie war, erweist sich letztlich als Ausdruck für das Ringen um die Wissenschaft als nationales und als internationales Phänomen. Sie war ein Indiz für die als notwendig empfundene Reform der Akademie. Nach Inhalt und Richtung einer solchen Reform wurde intensiv gesucht, und es bleibt das Verdienst von Hertzberg, diesen Prozeß in Gang gebracht zu haben. Da er sich, bedingt durch seinen Lebensgang und seine Stellung, Umgestaltungen nur im Rahmen einer allgemeinen Verbesserung der monarchischen Ordnung im Sinne einer konsequenten Aufklärung vorstellen konnte, waren seinem Vorhaben Grenzen gesetzt. Diese waren zudem durch den Personenkreis gezogen, der ihm in Berlin als Mitarbeiter zur Verfügung stand und der wiederum in einer Zeit, in der die revolutionären Ereignisse in Paris ganz Europa zu beeinflussen begannen, letztlich durch die sich in Berlin manifestierenden recht moderaten Aufklärungsbestrebungen bestimmt wurde. Die Vorgänge in Paris, die sich in der Akademie sehr früh reflektierten, haben auch in ihr, wie bei der Mehrheit der Vertreter des deutschen Geisteslebens, die Furcht vor grundlegenden Veränderungen eher verstärkt.

Bereits am 30. September 1789 leugnete Hertzberg in einem Akademievortrag ausdrücklich den Bedarf an revolutionären Wandlungen in Preußen, denn Monarchie und Monarch würden den Zeitinteressen gerecht, und Spandau wäre keine Bastille. Bereits im folgenden Jahr geriet Hertzberg in eine Auseinandersetzung mit Anacharsis Cloots, eigentlich Johannes Baptista Hermanus Maria Baron Cloots von Gnadenthal aus Kleve im preußischen Rheinland, der in Paris als „Redner des Menschengeschlechts" die Revolution unterstützte. Cloots war von 1770 bis 1773 Schüler der Berliner Ritterakademie gewesen, an der ihn auch Akademiemitglieder, beispielsweise Sulzer, unterrichtet hatten. Die Debatte mit Hertzberg zog sich bis 1794 hin, als Cloots seine Schrift „L'orateur du genre humain ou dépêche du Prussien Cloots au Prussien

Hertzberg" publizierte. Inzwischen hatte sich Hertzberg 1791 in der Akademie nicht nur gegen die Abschaffung des Adels in Frankreich gewandt und dabei den von ihm verehrten Montesquieu verteidigt, sondern auch eine Rede über die „äußeren, inneren und religiösen Revolutionen der Staaten" gehalten, die August Ludwig Schlözer in Göttingen 1792 in deutscher Übersetzung veröffentlichte, also noch vor der Publikation in den „Mémoires" der Akademie. Er konnte sie folglich nur von Hertzberg haben. Dieser sprach darin von der „Französischen Revolution, der außerordentlichsten von allen, welche die Geschichte uns aufweiset und durch welche die französische Nation, aufgeklärt und angetrieben von den neuern Philosophen, die bestmögliche Konstitution gründen und sogar die englische übertreffen will, indem sie Monarchie und Republik vereinigt oder vermischt und der Nation die gesetzgebende Macht und dem Könige die ausübende Macht zusichert, doch so, daß dieser den Stellvertretern der Nation untergeordnet bleibt".[7] Das waren 1791 unerhörte Worte in der Königlichen Akademie in Berlin!

Wenn man das gesamte Verhalten Hertzbergs in Betracht zieht, wird man in seinen Äußerungen seine große Reformbereitschaft nicht in Abrede stellen können. Das bestätigen speziell zwei Vorgänge des Jahres 1792, die ihr besonderes Gewicht aus dem Kontext gewinnen, daß im November 1792 zwei Ordentliche und im Januar 1793 das Auswärtige Mitglied Condorcet auf Befehl des Königs wegen ihrer Unterstützung der Französischen Revolution aus der Berliner Akademie ausgeschlossen wurden, wobei unerheblich ist, ob das aus Furcht des Königs oder wegen aus seiner Sicht gerechtfertigter Vorwürfe geschah. Hertzberg hat unter diesen Umständen seine noch im Herbst 1792 bestätigte langjährige Absicht, Schlözer in Göttingen, der die Französische Revolution in ihrer ersten Phase unterstützte, zum Auswärtigen Mitglied zu machen, nicht mehr realisieren können. Er knüpfte bei seinem Plan an Bemühungen an, Schlözer für Preußen zu gewinnen, die schon auf Zedlitz zurückgingen, der 1778 über dessen Berufung nach Halle verhandelt hatte. Die Vorsicht, die Hertzberg 1792 gegenüber Schlözer walten ließ, hat er nicht an den Tag gelegt, als er am 18. November 1792 an Stelle eines der ausgeschlossenen Mitglieder den ihm persönlich verbundenen Georg Forster als Ordentliches Mitglied der Berliner Akademie vorschlug. Das geschah ganz offensichtlich in Kenntnis der Rolle, die Forster in Mainz zu spielen begann, und war vielleicht ein Versuch, ihn in letzter Minute von dort wegzuziehen. Die Reaktion des Königs vom 5. Dezember 1792 war aus dessen Sicht sehr verständlich: „Ich bin überrascht, daß Sie mir einen Revolutionär vorschlagen."[8] Natürlich erfolgte die Wahl von Forster nicht. Hertzberg jedoch verlor weiter an Einfluß.

Noch im Januar 1793 plädierte Hertzberg in der Akademie allerdings für „die Form der englischen Monarchie, die von allen gegenwärtig existierenden die am wenigsten unvollkommene zu sein scheint und die sich die französische Nation in der ersten Nationalversammlung so freudig hat geben können"[9], er trat also im Sinne „einer vernünftigen Reform" auf, wie er sie in Übereinstimmung mit Vertretern der Berliner Aufklärung verstand. So verteidigte Ernst Ferdinand Klein, Ordentliches Akademiemitglied seit 1789 und Mitarbeiter an der preußischen Justizreform, 1790 seine „Theorie, daß auch den Fürsten die Erfüllung ihrer Pflichten nicht als Gnade, sondern als Schuldigkeit vorgestellt werden müsse", wie er in der „Berlinischen Monatsschrift" von Gedike und Biester schrieb.[10]

Auffällig ist, daß die archivalischen und die gedruckten Quellen für die Zeit von September 1789 bis zur Jahreswende 1792/93 ein verhältnismäßig breites, wenn auch sicher unvollständiges Echo auf die Ereignisse in Paris in der Akademie belegen. Es war weitgehend bestimmt durch den Akademiekurator Hertzberg als Historiker und als Vertreter der Berliner Aufklärung, als Reformator im Sinne einer konstitutionellen Monarchie. Stellung und Neigung verpflichteten ihn zur Verteidigung Preußens, wobei er sich durch die bewußte Hervorhebung des friderizianischen Preußen einen gewissen Raum schaffte, um durch immer wiederholte Hinweise auf die Ereignisse in Frankreich den regierenden König auf mögliche Grenzen hinzuweisen, natürlich stets unter dem Deckmantel des Lobes für ihn. Von großem Einfluß auf Hertzbergs Verhalten als Wissenschaftspolitiker in der Akademie dürfte darüber hinaus neben seiner bedingten Einsicht in die Notwendigkeit innerpreußischer Veränderungen sein antiösterreichisches außenpolitisches Konzept gewesen sein, für das er sich Vorteile aus der Schwächung des französischen Absolutismus infolge der Revolution versprochen haben dürfte. Nachdem er, wie im Juli 1791 in den Protokollen ausdrücklich vermerkt ist, sein Außenministeramt abgegeben hatte, aber Kurator blieb, und vollends nach der Herstellung des österreichisch-preußischen Bündnisses seit dem Februar 1792, war Hertzberg gescheitert. Äußerer Ausdruck dafür in der Akademie war die Tatsache, daß er in der Öffentlichen Versammlung der Akademie im Januar 1792 nicht die Revolution, sondern die Vervollkommnung der deutschen Sprache, eines seiner wichtigsten innerakademischen Anliegen, behandelte und die zweite Öffentliche Versammlung dieses Jahres am 27. September demselben Thema in einem Vortrag von Karl Philipp Moritz gewidmet war. Hertzbergs Versuch, seine Stellung nach der Ablehnung seines Vorschlags für Georg Forster im November/Dezember 1792 durch die ausführlich begründete Zurückweisung der republikanischen Staatsform im Januar 1793 zu festigen, scheiterte nicht zuletzt an der Weiterführung der Revolution, die in die Errichtung der Jakobinerdiktatur mündete.

Die sichtbare Abwendung großer Teile der deutschen Intelligenz von der zuvor teilweise begrüßten Revolution in Frankreich seit 1792, und besonders in deren jakobinischer Phase, reflektierte sich in der Akademie durch Schweigen – jedenfalls sagen die Protokolle und Veröffentlichungen nichts über mögliche Erörterungen pro und – was wahrscheinlicher wäre – contra. Die Situation änderte sich erst wieder nach der Errichtung der Thermidorianerherrschaft in Frankreich Ende Juli 1794. Hertzberg, der am 27. Mai 1795 starb, hatte laut Protokoll am 6. November 1794 zum letzten Mal an einer Akademiesitzung teilgenommen. Einer seiner letzten Amtsakte war am 16. Oktober 1794 die Einführung des während der Revolution aus Frankreich emigrierten Schriftstellers Guillaume Henri Charles Vicomte de Goyon d'Arzac als eines Ordentlichen Mitglieds. In seiner Antwort auf dessen Antrittsrede sprach Formey folgenden Satz: „Man kann nicht leugnen, daß einige vorhergehende Regierungen die Katastrophe des unglücklichen Ludwigs XVI. angekündigt und in gewisser Weise vorbereitet haben.“[11]

Einen Abschluß des direkten Widerhalls der Französischen Revolution in der Akademie von 1789 bis 1794 markierte die Rede des Ordentlichen Mitglieds Giacomo Maria Carlo Denina in der Öffentlichen Versammlung am 25. September 1794. Der Historiker Denina, den Friedrich II. 1782 zum Mitglied ernannt hatte, ist eine interessante Gestalt der europäischen Aufklärung. Er hat sich unter anderem durch seine Arbeiten über das geistige Leben in Preußen („La Prusse littéraire“) einen Namen gemacht. 1794 wollte er beweisen, „daß die Demokratie von allen Regierungsformen die für die Wissenschaften und Künste am wenigsten geeignete Regierungsform ist“.

Bei der erst 1799 erfolgten Drucklegung dieser Rede wurde in einer Anmerkung ausdrücklich festgestellt: „Diese Abhandlung wurde in der Zeit des Terrorismus und in der Epoche des entsetzlichen Regimes von Robespierre verfaßt.“ Erinnernswert sind Deninas Gedankengänge in seiner Rede. „Ich glaube, es ist notwendig“, sagte er 1794 seinen zeitgenössischen Wissenschaftskollegen, „festzustellen, worin die Freiheit besteht, die die Autoren unter der gegenwärtigen französischen Demokratie erlangt haben. Man braucht sich nur an das zu erinnern, was wir aus den Veröffentlichungen erfahren. Die Liste der Schriftsteller, die allein deshalb zum Tode verurteilt wurden, weil sie Dinge gesagt oder geschrieben haben, die dem Interesse oder den Ansichten der im Moment Regierenden widersprachen, und die noch größere Zahl derjenigen, die verhaftet wurden oder die flohen, um nicht verhaftet und hingerichtet zu werden, haben uns sehr deutlich gezeigt, welche Art Freiheit die Schriftsteller, ganz gleich welchen Genres, in einer Volksrepublik zu erwarten haben. Es ist höchstens die Freiheit zu schweigen, und selbst dieses Schweigen ist oft als ein Verbrechen bestraft worden.“ Dieser Grundtenor bestimmt den ganzen Beitrag.

Um die Nachteile der Demokratie zu belegen, berief sich Denina auf seinen Landsmann, den 1770 durch sein Buch „Il vero despotismo“ hervorgetretenen Aufklärer Giuseppe Gorani, der 1792 wie der bereits erwähnte Cloots zu den ausländischen Ehrenbürgern der Französischen Revolution gehört hatte. Denina nannte Gorani einen „Prediger der Demokratie und ungestümen Kritiker jeder monarchischen, priesterlichen, aristokratischen oder gemischten Regierung“.[12] Offensichtlich mit Genugtuung verwies Denina nun darauf, daß Gorani 1794 in seinen „Lettres aux Français“ seine demokratischen Prinzipien widerrufen hatte, die seine „Lettres aux souverains sur la Révolution française“ (1793) und seine „Mémoires secrets et critiques des Cours, des Gouvernements et des Moeurs des principaux Etats d'Italie“ (1793) durchdrungen hatten.

Die Preußische Akademie unter Hertzberg stand also durchaus in den geistigen Auseinandersetzungen, die um 1790 Europa bewegten.

Wöllner und die Akademie in den neunziger Jahren

Zu der Gruppe der Personen, die Hertzberg im Herbst 1786 als Ordentliche Mitglieder in die Akademie aufnehmen ließ, gehörte auch Johann Christoph Wöllner, der in demselben Jahr geadelt wurde. Die Zuwahl war eine politische Entscheidung, denn es war abzusehen, daß Wöllner als einstiger Berater des Kronprinzen dessen Weg als König begleiten würde. Da er zudem schriftstellerisch produktiv gewesen war, ließ sich die Wahl im Umkreis der von Hertzberg angestrebten Reorganisation der Akademie sogar rechtfertigen. Auf die Geschichte der Akademie hat Wöllner nicht als deren Mitglied – er hat keine einzige Abhandlung vorgelegt – eingewirkt, sondern als Staatsmann. Ein kurzer Blick auf seinen Lebensweg bis 1786 ist geeignet, die ganze Zwiespältigkeit jener Zeit, in die die Akademie eingebunden war, ein wenig zu verdeutlichen.

Wöllner, nur etwas jünger als Hertzberg, hatte wie dieser seine Ausbildung in Halle genossen, jedoch nicht als Jurist, sondern als Theologe. Und noch etwas, und das war entscheidend, trennte beide: Der eine entstammte altpommernschem Adel, der andere war der Sohn eines märkischen Landpfarrers. Als Hauslehrer und Prediger einer Gutsherrschaft im Havelland begann dann Wöllner auch nach seinem Studium im aufklärerischen Geist zu wirken, bevor er sich seit Beginn der sechziger Jahre als Gutspächter der Landwirtschaft als neuem Arbeitsgebiet zuwandte. Als Ökonom erwarb er sich in theoretischer Hinsicht mit mehreren Publikationen über aktuelle Fragen der Landwirtschaft und praktisch als Gutspächter einen guten Ruf. Seine Anschauungen erwiesen sich als durchaus zukunftsweisend, und es wird sich wohl kaum abschließend sagen lassen, wie seine hinsichtlich der bestehenden feudalen Produktionsverhältnisse kritischen ökonomischen Auffassungen, seine reaktionäre Geisteshaltung der Spätzeit und sein praktisches Verhalten als maßgebender Staatsmann auf einen Nenner gebracht werden können. Unter dem Einfluß einer Politik, deren Repräsentant er war, wurden beispielsweise die „Allgemeine Deutsche Bibliothek" von Nicolai und die „Berlinische Monatsschrift" von Biester und Gedike, in deren Geist er selbst einst gearbeitet hatte, in ihrer Wirkung in Preußen zu begrenzen gesucht. 1794 war Wöllner maßgeblich an der Maßregelung Kants wegen dessen freier religiöser Auffassungen beteiligt.

Es dürften zwei Schlüsselerlebnisse gewesen sein, die Wöllner bei gleichzeitiger Treue zu seinen ökonomischen Anschauungen auf die Seite der Aufklärungsgegner trieben. Nachdem er 1766 die Tochter seiner adligen Gutsherrin geheiratet hatte, versagte Friedrich II. nicht nur seine Zustimmung zur Ehe, sondern ließ die junge Frau sogar vorübergehend verhaften und ihr Vermögen beschlagnahmen. So blieb es bis zum Tode des Monarchen. Als Dritte versuchten, Wöllner durch den König nobilitieren zu lassen, um auf diese Weise die Mesalliance nachträglich zu rechtfertigen, soll Friedrich die vielfach kolportierte Aussage getroffen haben: „Der Wöllner ist ein betrügerischer und intriganter Pfaffe."[13] Das war er damals noch nicht, vielleicht ist er es auch dank dieser Einschätzung geworden. Jedenfalls das friderizianische System dürfte ihm von nun an gründlich verhaßt gewesen sein. Seine Verbindungen zum Prinzen Heinrich, dessen gespanntes Verhältnis zum königlichen Bruder bekannt war und dessen Kammerrat Wöllner wurde, dürfte ein Übriges getan haben.

Ursprünglich Freimaurer, trat Wöllner 1779 dem Orden der Rosenkreuzer bei, einer obskuren Vereinigung mystisch-religiösen Charakters. Diesem Orden gehörte auch Friedrich Wilhelm an, der Neffe Friedrichs II. und seit 1758 als „Prinz von Preußen" Thronfolger. An ihn schloß sich Wöllner an. Seit 1781 hielt er dem zu mystischer Verinnerlichung neigenden Prinzen staatswissenschaftliche und philosophische Vorlesungen und brachte ihn gemeinsam mit anderen ganz unter seinen Einfluß. Unter dem König war er dann der einflußreichste Staatsmann Preußens.

Noch bevor Wöllner Akademiemitglied wurde, hat er dem Thronfolger 1786 seine Gedanken über die Akademie vorgetragen, die ganz von praktischen Erwägungen bestimmt waren. In der Akademie sah er allenfalls „ein halb Dutzend wirklich gelehrte und verdienstvolle Männer". Die anderen „nützen dem Lande, das sie ernährt, nicht das mindeste". Die „herrlichen Einkünfte der Akademie d. W. in Berlin" würden daher „unnütze angewendet", beispielsweise für Preisaufgaben: „Lauter elende speculativische Fragen, die nicht das mindeste praktische enthalten, welches zu nützlichen neuen Entdeckungen, Verbesserungen und zum Besten des Landes Anlaß geben könnte".[14]

Wie wollte Wöllner das ändern? Durch die Einrichtung einer ökonomischen Klasse, die zehn Jahre hindurch allein das Recht haben sollte, Preisaufgaben auszuschreiben. Der Staat sollte die Finanzen der Akademie stärker kontrollieren, „um zu bestimmen, wie viel den Mitgliedern dieser neuen ökonomischen Klasse von Pensionen festgesetzt werden könnte". Im übrigen könnte durch Nichtbesetzung der Stellen verstorbener

Akademiemitglieder „die Akademie nach einiger Zeit auf einen völlig veränderten Fuß eingerichtet werden".[15] Unabhängig davon, ob Hertzberg diese Vorstellungen in ihrer konkreten Form kannte: Er handelte sicher in seinem Sinne einer Akademiereform einsichtig, wenn er den aufsteigenden Stern Wöllner in die Akademie einband. Bei landwirtschaftlich-ökonomischen Preisfragen marschierten beide in den folgenden Jahren in dieselbe Richtung. Auf diesem Gebiet konnte die Akademie beachtliches Ansehen gewinnen.

Es ist nicht bekannt, ob Wöllner versucht hat, in der Akademie seine Vorstellungen von einer eigenen ökonomischen Klasse durchzusetzen, wie es Hertzberg für eine deutsche Sprachklasse plante. Wöllners Einfluß auf die Akademie war zunächst im Unterschied zu dem von Hertzberg auch nur indirekter Art, insbesondere solange sich letzterer behaupten konnte. Das zeigt ein Blick auf die Situation ausgangs der achtziger Jahre. Das preußische Religionsedikt vom 19. Juli 1788 wandte sich im Geist Wöllners und der am Hof maßgebenden Kreise gegen die Vertreter der kirchlichen Aufklärung und verschlechterte damit allgemein die geistige Atmosphäre im Lande. Seiner Durchsetzung diente das am 19. Dezember 1788 erlassene Zensuredikt, das wie das Religionsedikt meist ebenfalls mit dem Namen Wöllners verbunden wird, aber der Aufklärung sogar noch Hintertüren offen ließ. Die Publikationen der Akademie waren überhaupt von der Zensur ausgenommen. Stärkere Folgen zeitigte erst die sogenannte Immediate Examinationskommission vom 14. Mai 1791, die auf Betreiben Wöllners eingesetzt wurde und die im Rahmen einer reichseinheitlichen Regelung dem Vordringen der Ideen der Französischen Revolution durch die Publikationskontrolle Einhalt gebieten sollte. Das dargestellte Vorgehen Hertzbergs in der Akademie einschließlich seiner eigenen Reden zeigt, daß der antiaufklärerischen Bewegung in dieser Institution damals noch Grenzen gesetzt waren.

Den ersten Angriff auf die Akademie, zielend auf die Person des Kurators, Hertzberg, startete Wöllner am 17. April 1792, als dessen Position bereits stark geschwächt war. In einer Eingabe an den König prophezeite er den Bankrott der Akademie unter der Leitung Hertzbergs. Wöllner fand Unterstützung bei Merian, der schließlich auch ein neues Reglement der Akademie oder zumindest die Überprüfung der bestehenden akademischen Ordnung anmahnte. Schließlich befahl der König Merian Ende 1794 unter Hinweis auf die „Schwäche" des Kurators, Vorschläge der Ökonomischen Kommission für Veränderungen in der Akademie zu unterbreiten. Das daraufhin ausgearbeitete Reglement wurde vom König am 12. Januar 1795 genehmigt. Das Statut von 1746 wurde darin bestätigt und ergänzt. Wichtig war einerseits die Festlegung, daß das Französische weiterhin die Sprache der Serienpublikationen der Akademie sein sollte, womit den Bemühungen Hertzbergs ein Riegel vorgeschoben wurde, und andererseits das Verbot, in den nächsten fünf Jahren, als Reaktion auf die Wahlpolitik des Kurators, Akademiemitglieder aufzunehmen. Die letzte Bestimmung erinnert zu sehr an Vorstellungen Wöllners von 1786, als daß man hier nicht seine Handschrift vermuten dürfte, zumal die Wahlpolitik Hertzbergs generell einer seiner Angriffspunkte war. Bis zu seiner Entlassung als Minister im März 1798, also schon unter Friedrich Wilhelm III., lastete die Herrschaft Wöllners wie auf dem Staate Preußen so auch auf dessen Akademie.

In Fortsetzung der Reorganisationsbestrebungen nach dem Tode Friedrichs des Großen waren die neunziger Jahre in der Geschichte der Akademie durch die Suche nach neuen Wegen gekennzeichnet. Den Bemühungen um eine Neugestaltung der

Akademie, ob von Hertzberg oder von Wöllner als Folge des allgemein als unbefriedigend empfundenen Zustandes initiiert, kann man nicht gerecht werden, wenn man ihre begrenzten Ergebnisse am Ideal einer vorwiegend auf große Forschungsprojekte und an den großen Forscherpersönlichkeiten orientierten Akademie des 19. Jahrhunderts mißt. Allgemein ist zu konstatieren, daß nicht nur in Berlin nach einer Neukonstituierung der Forschungslandschaft gesucht wurde, wobei neben den Akademien auch die Universitäten ins Blickfeld rückten. Auch ihr Verhältnis zueinander mußte neu bestimmt werden, was ebenso die unter dem Stichwort Universitätssterben in Europa seit 1794 bekannte Tatsache einschloß wie die Neubestimmung des Universitätsgedankens im Hinblick auf die weiter bestehenden und neu zu gründenden höheren Bildungsstätten. Die Problematik wird beispielsweise durch die Tatsache veranschaulicht, daß der Göttinger Professor Christoph Meiners 1801 sein Werk „Über die Verfassung und Verwaltung deutscher Universitäten" zu publizieren begann.

Die eingreifendsten Veränderungen vollzogen sich in Frankreich. In Paris wurden die Akademien in den Sturz des Königtums hineingezogen. Ihre Auflösung erfolgte 1793. Im Jahre 1795 wurde dann das „Institut de France" gebildet und in Klassen nach Fachgebieten eingeteilt. Diese Klassen erhielten erst 1816 in Anlehnung an die 1793 beseitigten Einrichtungen wieder die Bezeichnung Akademien, deren Rahmen das fortbestehende Institut de France bildete. Als Neugründungen oder durch die Umgestaltung bestehender Institutionen wurden neue Bildungs- und Forschungsstätten geschaffen. Das gilt etwa für die Ecole Polytechnique oder das Muséum d'histoire naturelle, die 1794 entstanden. Das Universitätssystem in Frankreich wurde völlig umgestaltet. 1793 wurden alle Universitäten aufgelöst, während die früheren Fakultäten als juristisch selbständige Einheiten weiter bestanden. Die Universitätsreform fand 1808 mit der Schaffung der „Université" als nationale Organisation des Bildungswesens in Frankreich einen gewissen Abschluß. Das Land wurde in Universitätsbezirke unter der Bezeichnung „Académies" eingeteilt.

Zunächst stand im Berliner Wissenschaftsbetrieb im Allgemeinen und in der Akademie im Besonderen bis zum Beginn des 19. Jahrhunderts nicht grundlegend Neues zur Debatte, sondern eher die Aus- und Umgestaltung des Bestehenden. Zu erinnern ist an die 1790 eingerichtete Tierarzneischule und an die Pépinière, die 1795 zur Ausbildung von Militärärzten geschaffen wurde. Daneben blieben die schon genannten älteren Ausbildungsstätten bestehen. Die Akademie der Künste und der mechanischen Wissenschaften erhielt im Jahre 1790 ein neues Statut und nahm einen beträchtlichen Aufschwung. Das war nicht zuletzt deren Kurator Karl Friedrich Anton Freiherr von Heynitz zu verdanken, aber auch Daniel Chodowiecki als Sekretär und seit 1797 als Vizedirektor. Sogar eine Vereinigung der Kunst- und der Wissenschaftsakademie war im Gespräch. Ausdruck ihrer engen Kooperation war beispielsweise die wechselseitige Wahl der Kuratoren, Hertzberg und Heynitz, zu Ehrenmitgliedern der jeweils anderen Akademie. Aber auch Wissenschaftler, etwa Moritz und Aloys Hirt, gehörten beiden Akademien an. Zunächst als besonderer Teil der Akademie der Künste wurde 1799 die Bauakademie gegründet. Vor diesem Hintergrund sind auch die erneuten Reformpläne der Akademie der Wissenschaften 1798/99 zu sehen.

Der neue König, Friedrich Wilhelm III., neigte unter dem Einfluß seiner Ausbildung, seiner Ratgeber – insbesondere des Leiters des Schul- und Universitätswesens Eberhard Julius Wilhelm von Massow – und der allgemeinen Entwicklung zu einer Akademieauffassung, die deren praktische Zielstellungen gegenüber den rein wissenschaftlichen in den Vordergrund rückte. Daraus entstand sogar die Vermutung, der König wolle die Akademie aufheben, was jedoch nicht geschah. Am 24. März 1798 bestätigte er deren Existenz und am 9. April 1798 erließ er eine Anordnung über die Organisation der Akademie, in der das Statut von 1746 wiederum bestätigt wurde, allerdings mit einigen Änderungen. Grundsätzlich beklagte der König, daß sich die Akademie nicht genügend um „wirklich nützliche Dinge“[16] gekümmert hätte.

Im Einzelnen sah das Reglement von 1798 die Einsetzung eines Präsidenten vor, was jedoch niemals erfolgte. Die Ökonomische Kommission wurde durch ein Direktorium aus dem Präsidenten, den vier Klassendirektoren und zwei Beamten, die „wissenschaftliche Verdienste haben“[17], als Gesamtleitung der Akademie ersetzt. Als Mitglieder waren Ehren- und Ordentliche Mitglieder vorgesehen. Letztere sollten sich gleichmäßig auf die fortbestehenden vier Klassen verteilen, und zwar jeweils sechs und der Direktor. Solange die Reduzierung auf insgesamt 28 Ordentliche Mitglieder nicht erreicht war, wurden Zuwahlen nicht gestattet, jedoch das Wahlrecht der Mitglieder bei nachfolgender königlicher Bestätigung grundsätzlich nicht in Frage gestellt. Über die Auswärtigen Mitglieder wurde in der Anordnung nichts gesagt. Dagegen wurden die Königliche Bibliothek und das Naturalienkabinett mit der Akademie vereinigt und deren Direktion unterstellt. Das war eine durchaus eingreifende Änderung, die die Stellung der Akademie festigte. Die angekündigte gründliche Überarbeitung des Statuts wurde zwar begonnen, führte aber zu keinem Ergebnis.

Mitgliederaufnahmen

Die Wahlpolitik der Akademie in den neunziger Jahren war den Unklarheiten des neuen Akademiekonzepts untergeordnet, sie war also zufällig, wenig effektiv und durch das zweimalige Zuwahlverbot eingeschränkt. Immerhin wurden von 1790 bis 1799 insgesamt 20 neue Ordentliche Mitglieder aufgenommen, von denen allerdings nur einige wenige wegen ihrer wissenschaftlichen Bedeutung oder wegen ihrer Funktion in der Akademie Erwähnung verdienen. Auf Friedrich Gedike (1790), Karl Philipp Moritz (1791) und Johann Friedrich Zoellner (1791) war im Zusammenhang mit der „Deutschen Deputation“ bereits hingewiesen worden.

Der zweifellos bedeutendste in diesen Jahren gewählte Wissenschaftler war der Botaniker Karl Ludwig Willdenow. Er hatte Medizin in Halle studiert und arbeitete danach als Apotheker in Berlin. 1792 hatte er seinen „Grundriß der Kräuterkunde“ veröffentlicht, und 1794 wurde er Ordentliches Akademiemitglied. Er war einer der Lehrer Alexander von Humboldts, noch bevor er 1798 Professor der Naturgeschichte am Collegium Medico-chirurgicum und später der erste Botanikprofessor an der Universität wurde. In seinen Arbeiten im Botanischen Garten knüpfte er unter anderem an die Forschungen von Gleditsch über die Sexualität der Pflanzen an. Er gehörte zu den herausragenden Systematikern seiner Zeit und war Mitbegründer der Dendrologie, was sich auch in seinen elf von der Akademie veröffentlichten Abhandlungen widerspiegelt. Sein Herbarium mit etwa 20 000 Arten bildete den Grundstock des späteren Botanischen Museums in Berlin.

Im Jahre 1796 wurde ungeachtet des Aufnahmeverbots der Kunsthistoriker Aloys Hirt auf Anordnung des Königs Ordentliches Akademiemitglied. Über seine Forschungen zur antiken Kunst hat er auch in der Akademie vorgetragen. Seine Aufnahme in die Akademie ist vor allem in dem Umfeld zu sehen, diese mit der Akademie der Künste zu verbinden. Das gilt auch für die Aufnahme des Mathematikers Johann Philipp Grüson (Jean Philippe Gruson) 1798, der unter anderem an der Bauakademie lehrte. Hirt und Gruson waren später Professoren an der Universität.

Die Bestimmungen, die 1798 über das Reglement der Akademie erlassen wurden, bewirkten drei Neuaufnahmen von Ordentlichen Mitgliedern. Johann Erich Biester, einer der maßgeblichen Vertreter der Berliner Aufklärung, den Hertzberg nicht hatte durchsetzen können, wurde als Königlicher Bibliothekar in Folge der Angliederung der Bibliothek an die Akademie deren Mitglied. Ebenfalls Akademiemitglied wurden die beiden Beamten, die dem 1798 neugebildeten Direktorium angehörten. Von ihnen fungierte Albrecht August Heinrich von Borgstede de facto bis 1812 als umsichtiger Direktor der Akademie. Danach wurde er Ehrenmitglied. Sein Kollege sollte Karl Gottlieb Suarez (Svarez, Schwartz) sein, der jedoch schon nach einem Monat starb. Ein neuer Beamter wurde nicht ernannt. Darin drückte sich wohl auch ein offizielles Desinteresse an der Akademie aus. Suarez war ein bedeutender aufgeklärter Rechtswissenschaftler. Er hatte durch seine auftragsgemäße Mitwirkung am Zensuredikt von 1788 dessen antiaufklärerische Richtung gemildert und war der eigentliche Schöpfer des „Preußischen Landrechts" von 1794.

Das Zuwahlverbot von 1798 wurde in der Akademie umgangen, indem man eine eigentlich nicht vorgesehene Mitgliederkategorie schuf: die Außerordentlichen Mitglieder. Als solche wurden von 1799 bis 1808 insgesamt 16 Persönlichkeiten aufgenommen, von denen 14 bis 1810 Ordentliche und zwei 1812 Ehrenmitglieder wurden. Die Reihe der Außerordentlichen Mitglieder wird, wenn man die 1799 als verspätete Ehrung vollzogene Aufnahme von Friedrich Christoph Nicolai als einem Vertreter der überwundenen Phase der Aufklärung hier ausklammert, 1800 mit Alexander von Humboldt (Ordentliches Mitglied 1805) eröffnet, und sie endet 1808 mit Wilhelm von Humboldt (Ordentliches Mitglied 1810). Zu dieser Gruppe, in vielen Fällen spätere Universitätsprofessoren, gehörten Wissenschaftler, die bis heute Rang und Namen haben. Zu nennen sind der Chemiker und Pharmazeut Sigismund Hermbstaedt (1800, 1808), der Mineraloge Dietrich Ludwig Gustav Karsten (1803, 1808), der klassische Philologe Georg Ludwig Spalding (1803, 1808), der Geologe Leopold von Buch (1806, 1808), der Physiker Paul Erman (1806, 1808), der Philologe und Bibliothekar Philipp Karl Buttmann (1806, 1808) und der Archäologe Johann Daniel Wilhelm Otto Uhden (1808, 1810), ein wichtiger Mitarbeiter W. von Humboldts bei der Bildungsreform. Einige der genannten Persönlichkeiten haben die Stellung der Akademie in den ersten Jahrzehnten des 19. Jahrhunderts maßgeblich mitbestimmt.

Das gilt teilweise auch für diejenigen sechs Wissenschaftler, die im ersten Jahrzehnt des 19. Jahrhunderts sofort als Ordentliche Mitglieder aufgenommen wurden. Erwähnenswert sind hier vor allem der herausragende Mediziner Christoph Wilhelm Hufeland (1800) und der Begründer der modernen Landwirtschaftswissenschaft, Albrecht Daniel Thaer (1804). Der Historiker Johannes von Müller, Auswärtiges Mitglied schon seit 1790, war von 1804 bis 1807 Ordentliches Mitglied, bevor er in die Dienste des nach dem Sieg Napoleons neugegründeten Königreichs Westfalen trat. Friedrich August Wolf, der klassische Philologe aus Halle an der Schwelle der modernen Altertumswissenschaft, war der Akademie schon seit 1799 durch den Empfang eines Gehalts verbunden und wurde von 1808 bis 1812 als Ordentliches und danach als Ehrenmitglied geführt.

Von 1790 bis 1808 wurden fast 50 Auswärtige Mitglieder in die Berliner Akademie aufgenommen. Darin kann man einen Ausdruck des Bestrebens sehen, in Berlin den Anschluß an die Geistes- und Wissenschaftsentwicklung auch in dieser Umbruchszeit zu halten. In die Liste dieser Mitgliederkategorie wurden unter anderem eingeschrieben: der russische Diplomat und Physiker Dmitrij A. Fürst Golicyn (Gallitzin) im Jahre 1793, der Mathematiker und Ständige Sekretar der Akademie der Wissenschaften in St. Petersburg, Nikolaus Fuß (1793), der Astronom und Sternwartendirektor Franz Xaver Freiherr von Zach (1800), der Mineraloge René Just Hauy (1804), der Präsident der Royal Society in London, Sir Joseph Banks (1806), der Anatom und Naturforscher Georges Baron Cuvier (1806), Johann Wolfgang von Goethe (1806), der Philosoph und Präsident der Bayerischen Akademie der Wissenschaften in München, Friedrich Heinrich Jacobi (1808), der Mathematiker und Astronom Pierre Simon Comte de Laplace (1808) und der Freiberger Mineraloge Abraham Gottlob Werner (1808). Das war schon eine beeindruckende Ansammlung von Persönlichkeiten.

Die geistige Situation in der Akademie beleuchteten schlaglichtartig die Diskussionen, die 1804/05 um die Wahl von Johann Gottlieb Fichte zum Ordentlichen Akademiemitglied geführt wurden. Der Begründer der Wissenschaftslehre und spätere erste gewählte Rektor der Berliner Universität mußte nach dem sogenannten Atheismus-Streit 1799 Jena verlassen und ging nach Berlin. Hier hielt er 1807 seine bekannten „Reden an die deutsche Nation“. Über die Vorbereitungen zu seiner Wahl, die nicht nur über die wissenschaftliche Haltung der Akademie, sondern auch über deren Organisationsstruktur Einsichten vermitteln, existieren umfassende Dokumente. Sie erweisen, daß vor allem die Vertreter der Berliner Aufklärungsphilosophie, allen voran Nicolai und Biester, nicht bereit waren, Fichte und seine Anschauungen durch dessen Zuwahl zu akzeptieren. In der entscheidenden Abstimmung am 28. März 1805 wurde Fichtes Wahl mit 15 gegen 13 Stimmen abgelehnt. Der Kampf blieb also gleichsam unentschieden mit einem recht geringen Übergewicht zugunsten der Antifichteaner. Fichte ging daraufhin vorübergehend an die preußische Universität Erlangen. Der Vormarsch der Armee Napoleons vertrieb ihn 1806 von dort, und der Zusammenbruch Preußens eröffnete auch für dessen Akademie, die mit seiner Nichtwahl gerade am Geist der Zeit vorbei entschieden hatte, ein Jahrfünft intensiver Reorganisationsbestrebungen, deren Ergebnis eine neugestaltete Akademie in einem veränderten Wissenschaftsgefüge war.

Reorganisationspläne der Akademie von 1806 bis 1809

Im November 1805 kehrte Alexander von Humboldt aus dem Ausland nach Berlin zurück. Nach seiner Ausbildung durch Privatlehrer in Berlin, Studien in Frankfurt an der Oder, Göttingen, Hamburg und Freiberg, Reisen in Europa, darunter mit Georg Forster, Tätigkeit in der Leitung des preußischen Bergbaus und seiner amerikanischen Forschungsreise von 1799 bis 1804 war er bereits einer der namhaftesten Gelehrten. Seit Februar 1804 war er Korrespondierendes Mitglied der Académie des Sciences in Paris, wo er sich bereits vor seiner transatlantischen Reise wie einst Leibniz mit der Organisation der akademischen Arbeit hatte vertraut machen können. Am Ende seines Lebens gehörte Humboldt 30 Akademien als Mitglied an. Die erste Akademie, die ihn 1793 aufnahm, ist die Leopoldina gewesen. Sein Eintritt in die Berliner Akademie vollzog sich zu einem Zeitpunkt, zu dem diese noch immer nach ihrem Weg in die Zukunft suchte.

Mit einer Denkschrift über die Auswärtigen Mitglieder vom 25. Juli 1806 griff Humboldt in den Reorganisationsprozeß der Berliner Akademie ein. Sein Credo „Akademien wählen daher auswärtige Mitglieder, sowohl um andere, als um sich selbst zu ehren“ wandte er darin auf Berlin an mit der Schlußfolgerung: „Dreißig Stellen sind eigentlich leer, und die Akademie hat heute nicht 58, sondern erst acht und zwanzig bis dreißig auswärtige Mitglieder“[18], die Humboldts Kriterien standhielten. Wie immer subjektiv das Urteil gewesen sein mag, es war einerseits vernichtend, andererseits aber zugleich ein Ausdruck für die Tatsache, daß es der Akademie allen widrigen Umständen der vorhergehenden Jahrzehnte zum Trotz gelungen war, mit der einen Hälfte ihrer Auswärtigen Mitglieder ein vertretbares Niveau zu halten.

Die Denkschrift Humboldts, die fast 70 namentliche Vorschläge für Zuwahlen enthielt, wurde zunächst ad acta gelegt. Ein beachtlicher Teil der von Humboldt Vorgeschlagenen wurde jedoch, insbesondere nach 1812, als Auswärtige oder Korrespondierende Mitglieder in die Akademie aufgenommen. Seine Anregungen blieben folglich durchaus nicht wirkungslos. Vor allem hatte er der Reorganisation der Akademie einen Anstoß gegeben, der etwa ein Jahr nach dem Zusammenbruch des alten Preußen in der Schlacht bei Jena und Auerstedt zum Tragen kam. Am 15. Oktober 1807 forderte der König die Akademie auf, einen „Plan der neuen Organisation“ vorzulegen. Eine entsprechende Kommission unter dem Vorsitz Humboldts mit Biester als Sekretar wurde am 29. Oktober 1807 von den Akademiemitgliedern gewählt.

Am 2. und 4. November 1807 legte A. von Humboldt seine Vorschläge vor, die einerseits detailliert, andererseits eher grundsätzlich orientierend waren. Sie sind von nachhaltiger Bedeutung für die Geschichte des Akademiegedankens, können jedoch hier nur in ihren Hauptpunkten referiert werden. Als „Zweck der Akademie“ formulierte er „Beförderung wissenschaftlicher Cultur durch eigene Arbeiten, durch Veranlassung fremder Arbeit, durch Leitung, Rath“. Er betonte die „Wechselwirkung“ der Wissenschaften „mit dem bürgerlichen Wohlstande“ und trat für eine „Trennung der Akademie der Wissenschaften von der Universität“ ein.[19] Probleme der inneren Organisation warf er vielfach nur durch anregende Fragen auf. Dazu gehörten die Zahl der Klassen, die Präsidentenfrage, die Geschäftsführung, die Auswahl der Mitglieder, die Bezahlung und viele weitere. „Der größere Theil der Fonds der Akademie wird zu den mit ihr verknüpften Anstalten und zu besonderen wissenschaftlichen Arbeiten, Versuchen usw. verwandt“. Unter dem Oberbegriff „wissenschaftliche Hülfsmittel“ behandelte er Einrichtungen der Akademie wie „Sammlungen zur Naturbeschreibung“, Bibliothek, Sternwarte, Botanischen Garten, Chemisches Laboratorium u.a.m. Bei den „Arbeiten“ differenzierte er zwischen denen „der gesamten Akademie“ und denjenigen „einzelner Mitglieder“, wobei wiederum „perpetuirliche“ und „nicht perpetuirliche“ unterschieden wurden. Die Sprachenfrage der Publikationen wagte er nicht zu entscheiden, doch: „Sprachverschiedenheit hindert allerdings leichte Communication der Ideen“. Er warf die Frage auf, ob die „Kalenderpacht“ durch „eine andere sichere Quelle der Einkünfte“ zu ersetzen wäre.[20] Da Humboldt bereits im November 1807 Berlin wieder verließ, konnte er an den weiteren Beratungen der Statutenkommission nicht mehr mitwirken. Den Vorsitz übernahm der Chemiker Klaproth. Die Kommission tagte bis Anfang 1809 und legte dann einen Statutenentwurf vor, der von den Mitgliedern beraten und am 1. August 1809 mehrheitlich bestätigt wurde.

Dieses Dokument, das im Druck mehr als ein Dutzend Seiten umfaßt, regelt in einer Einleitung und zehn Abschnitten detailliert alle Fragen, die die akademische Arbeit betreffen. „Der vornehmste Zweck der Akademie soll auf Erweiterung der Wissenschaften gerichtet seyn.“[21] Es sollte Ordentliche und Auswärtige Mitglieder sowie Korrespondenten und vier Klassen geben, und zwar mit einer unterschiedlichen Zahl Ordentlicher Mitglieder der einzelnen Klassen, wobei deren Zahl für die einzelnen Fachgebiete innerhalb jeder Klasse festgelegt war. Diese Aufteilung ist für die Geschichte der Wissenschaftsklassifikation nicht ohne Interesse. In der „Physikalischen Klasse“ sollten zwölf Mitglieder folgende Fachgebiete vertreten: zwei die Allgemeine Naturlehre, zwei die Chemie, zwei die Mineralogie, zwei die Botanik, zwei die Zootomie und zwei die Zoologie. Die Einteilung der zehn Ordentlichen Mitglieder in der Mathematischen Klasse war noch detaillierter: „reine theoretische Mathematik ... überhaupt“ (1), Analysis (2), allgemeine Geometrie (1), rein dynamische Wissenschaften (1), „für das Physisch-Mathematische Fach“ (2), praktische Astronomie (1) und „für das Technisch-Mathematische“ (2), mit einer Unterteilung in „Maschinen-Lehre“ und architektonische Wissenschaft. Die fünf Mitglieder der Philosophischen Klasse sollten die allgemeine Philosophie, die Geschichte der Philosophie, die Psychologie, die Gesetzgebung und die Ästhetik vertreten. Für die Historische Klasse waren neun Mitglieder vorgesehen, und zwar mit folgenden Fachgebieten: Griechische (2) und Römische (2) Literatur, Orientalistik (1), Archäologie (2) und Geschichte (2), davon eines „für die Vaterländische insbesondere“, und eines „für die vaterländische Sprache“. Damit kommt man auf eine Gesamtzahl von 36 Ordentlichen Mitgliedern, von denen 17 „ausschließlich“ in der Akademie arbeiten sollten. „Diese Gelehrte dürfen also in keinem anderen Amte stehen.“[22] Ein Präsident und ein Vizepräsident sollten für jeweils ein Jahr, die vier Klassensekretare auf Lebenszeit gewählt werden. Es war genau festgelegt, in welcher Reihenfolge die Klassen einen Präsidenten stellen konnten. Ein Sekretar konnte nicht Präsident sein.

Zur Akademie sollten zehn „Anstalten“ gehören, die der „Beförderung der Wissenschaften“ dienen.[23] Die Zahl der Auswärtigen durfte nicht höher sein als die der Ordentlichen Mitglieder einer Klasse, die der Korrespondenten dagegen doppelt so groß. Alle weiteren Detailregelungen, so interessant sie wissenschaftshistorisch sind, können im vorliegenden Zusammenhang unbeachtet bleiben, da dieses Statut niemals in Kraft trat. Damit wurde auch die Fachstellenaufteilung der Mitglieder um etwa drei Jahrzehnte aufgeschoben. Die in Berlin bereits 1809 offen diskutierte Frage der Gründung einer Universität hat in dem Statutenentwurf kein Echo gefunden.

Der Statutenentwurf von 1809 und die Verhandlungsprotokolle der Statutenkommission sind außerordentlich bedeutsame wissenschaftshistorische Dokumente für das Selbstverständnis der Preußischen Akademie und die Geschichte des Akademiegedankens, obwohl die darin niedergelegten Ergebnisse niemals zur Arbeitsgrundlage der Akademie wurden. Wenige Wochen nach der Fertigstellung des Statuts erhielt die Akademie eine Kabinettsordre vom 22. September 1809. Danach hatte der König „von neuem den Beschluß bestätigt, eine allgemeine höhere Lehranstalt unter dem alten hergebrachten Namen einer Universität mit dem Rechte zur Ertheilung akademischer Würden in Berlin zu errichten, und mit den beiden daselbst vorhandenen Akademien und sämmtlichen Instituten und Sammlungen daselbst, als Bibliotheken, Sternwarte, botanischem Garten, anatomischen Museum, Medaillen-Kabinet u.s.f. unter der unmittelbaren Leitung der Section des öffentlichen Unterrichts dergestalt zu einem organischen Ganzen zu verbinden, daß jeder einzelne Theil eine angemessene Selbständigkeit erhalte, jedoch gemeinschaftlich mit den anderen zu dem allgemeinen Zweck mitwirke".[24]

Sollte das das Ende der Akademie sein?

Universitätsgründung in Berlin

Berlin wurde schon am Ende des 18. Jahrhunderts auch zu einer Stadt der Lehre, obwohl eine Universität noch fehlte. Akademiemitglieder und Vertreter anderer Wissenschaftsinstitutionen unterrichteten und hielten Vorlesungen für ein interessiertes Publikum. Stellvertretend für andere seien hier die Namen von Achard, Bode, Gleditsch, Hermbstaedt, Hufeland, Karsten, Klaproth, Moritz, Thaer und Willdenow genannt. Der Gedanke einer „höheren Lehranstalt" lag also seit der Jahrhundertwende gleichsam in der Luft. Bereits 1802 legte Johann Jakob Engel dem Kabinettsrat Karl Friedrich Beyme einen Plan „Zur Begründung einer großen Lehranstalt in Berlin" vor. Nach dem Zusammenbruch Preußens 1806, nachdem das Land alle seine Gebiete westlich der Elbe verloren hatte, büßte es auch vier der ihm bis zu diesem Zeitpunkt gehörenden Universitäten in Duisburg, Erfurt, Erlangen und Halle ein. Es blieben Frankfurt an der Oder und Königsberg. Der Gedanke, in Berlin eine Universität zu gründen, erhielt damit zusätzlichen Auftrieb.

Es wurden 13 Pläne für eine Universität ausgearbeitet, darunter von Friedrich August Wolf, Hufeland, Fichte, Schleiermacher und anderen. Auch in A. von Humboldts Vorschlägen vom November 1807 tauchte die Universität bereits auf. Der wirkliche Durchbruch kam jedoch Ende 1808, als Wilhelm von Humboldt an die Spitze der Sektion für das Unterrichtswesen im Innenministerium berufen wurde und seine förmliche Ernennung im Februar 1809 erfolgte. Zu diesem Zeitpunkt war er bereits Außerordentliches Akademiemitglied, nachdem ihn der Minister Heinrich Friedrich Karl Freiherr vom und zum Stein am 21. Juli 1808 empfohlen hatte, denn er wäre „ein in Deutschland anerkannter Gelehrter".[25] Bereits im März 1809 äußerte sich Humboldt über das Verhältnis von Akademie und Universität, wenn er schrieb, „daß es dem Unterrichtssystem einer bedeutenden und selbständigen Nation schlechterdings an der letzten und schönsten Vollendung fehlt, wo nicht eine Akademie der Wissenschaften alle Zweige derselben in sich vereinigt und gerade ihre höchsten und feinsten Theile verfolgt. Ebenso gewiß ist es, daß eine Akademie nicht mit einer Universität verwechselt werden darf, daß jene mehr zur Erweiterung, diese mehr zur Verbreitung der Wissenschaften bestimmt ist".[26] Letzterer Grundsatz erinnert an Vorstellungen Hallers bei der Gründung der Göttinger Akademie in Verbindung mit der dortigen Universität.

Während seiner Amtszeit als Sektionschef bis zum Frühsommer 1810 stand für Humboldt zweifellos die Universität im Vordergrund, deren Gründung er durchsetzte. Gleichwohl wurde die Akademie nicht aus den Augen verloren. Die Universität nahm im Herbst 1810 ihren Lehrbetrieb auf. Die Hoffnungen Humboldts und der „Einrichtungskommission", eine größere Zahl namhafter Gelehrter schnell nach Berlin zu ziehen, erfüllte sich nicht in dem gewünschten Maße. Das wirkte sich auch auf die Akademie aus. Einige Wissenschaftler wie der Mathematiker Carl Friedrich Gauß in Göttingen und der Altphilologe Johann Gottlob Schneider in Frankfurt an der Oder wollten Berufungen nicht annehmen und wurden daher Auswärtige Mitglieder der

Akademie. Der Mathematiker Jabbo Oltmanns war schon 1810 zum Ordentlichen Mitglied gewählt worden, kam aber erst 1825 nach Berlin. Einige an die neue Universität berufene Wissenschaftler wurden später Akademiemitglieder. Ein größerer Teil der neuen Professoren hatte schon vor der Universitätsgründung in Berlin gelehrt, einige davon waren oder wurden auch Akademiemitglieder. Echte Zugewinne für die Akademie waren sechs Persönlichkeiten, die in der Gründungsphase der Universität als Professoren berufen und 1810/11 als Ordentliche Mitglieder in die Akademie aufgenommen wurden.

Ausgewiesen als Anatom und Physiologe war Karl Asmund Rudolphi, der 1810 aus Greifswald nach Berlin an die Universität berufen und zum Akademiemitglied gewählt wurde. Der geborene Schwede hatte in Greifswald, aber auch an der Berliner Tierarzneischule studiert. Er arbeitete speziell über parasitische Würmer und förderte die Helminthologie durch vergleichende Forschungen, bedeutende Sammlungen und seine Lehrveranstaltungen. Sein Kollege als Professor der Zoologie und Direktor des Zoologischen Museums wurde Johann Karl Wilhelm Illiger, der nach seinen Studien, unter anderem in Helmstedt und Göttingen, in Braunschweig gearbeitet und von 1802 bis 1807 das „Magazin für Insektenkunde" herausgegeben hatte. Er leistete maßgebliche Arbeiten zur Taxonomie der Vögel und Insekten.

Ein bedeutender Wissenschaftler war Christian Ludwig Ideler, der 1810 Ordentliches Akademiemitglied und 1821 Professor an der Universität wurde. Als Astronom, der für die Berechnung der Kalender im preußischen Staat verantwortlich war, arbeitete er seit 1792 mit der Akademie zusammen. Sein Hauptwerk „Handbuch der mathematischen und technischen Chronologie" (1825) konnte noch 1883 in zweiter Auflage erscheinen. Der Akademie hat er zahlreiche Beiträge zur altorientalischen und antiken Chronologie geliefert.

Friedrich Schleiermacher lebte 1810 zum Zeitpunkt seiner Wahl in die Akademie und seiner Berufung an die Universität bereits in Berlin. Er hatte seine theologischen Studien in Halle absolviert und fand ab 1796 in Berlin Anschluß an den Kreis der Romantiker. 1804 erhielt er eine theologische Professur in Halle, siedelte aber schon 1807 nach dem Zusammenbruch Preußens und noch vor der Umwandlung der Halleschen Universität in eine des Königreichs Westfalen nach Berlin über. Hier erwarb er sich durch seine Aufzeichnung „Gelegentliche Gedanken über Universitäten im deutschen Sinne" und als Mitglied der „Einrichtungskommission" Verdienste um die Gründung der Universität, an der er der erste Dekan der Theologischen Fakultät war. Als Theologe, Pädagoge und Philosoph gehörte er zu den geistig führenden Persönlichkeiten Berlins und besonders auch der Akademie, in der er seit 1815 Klassensekretar war.

In der Entwicklung der Altertumswissenschaft leitete Barthold Georg Niebuhr dank seiner kritischen Methode mit seiner „Römischen Geschichte" (1811/12) eine neue Etappe ein. Er war 1806 aus dänischen in preußische Dienste getreten. Seit 1810 war er Ordentliches Mitglied der Akademie und lehrte an der Universität. 1816 ging er als preußischer Gesandter an den päpstlichen Stuhl nach Rom, wo er weiter ausgedehnte Studien betrieb und mit der Akademie in Verbindung blieb, wie seine auch in dieser Zeit gelieferten Abhandlungen bezeugen.

Im Jahre 1811 gelang es nach intensiven Bemühungen, den Rechtswissenschaftler Friedrich Karl von Savigny an die Universität und die Akademie zu ziehen. Er hat 50 Jahre in Berlin gewirkt. Vorher hatte er an den Universitäten Marburg und Landshut

Straf- und Zivilrecht gelehrt. In Berlin übernahm er die Professur für römisches Recht. Als Begründer der historischen Rechtsschule wandte er sich gegen den Rationalismus des Naturrechts und leitete damit eine neue Etappe der Jurisprudenz als Wissenschaft ein. 1815 begründete er mit anderen die „Zeitschrift für geschichtliche Rechtswissenschaft". Savigny war einer der bedeutendsten deutschen Rechtswissenschaftler. Als Mitglied des preußischen Staatsrats, der Gesetzes-Revisionskommission und schließlich von 1842 bis 1848 als Minister für Gesetzgebungsrevision hat er neben seiner intensiven Forschungsarbeit nachhaltig auf die Rechtspolitik eingewirkt. In der Akademie hat er vor allem bis in die dreißiger Jahre aktiv mitgearbeitet.

Nachdem die Universität ihre Tätigkeit aufgenommen hatte, galt es, die Akademie abschließend zu reorganisieren. Der im Herbst 1809 vorliegende Statutenentwurf war zwar in Kenntnis einer möglichen Universitätsgründung, aber ohne Bezug darauf und vor allem ohne Berücksichtigung ihrer tatsächlichen Existenz ausgearbeitet worden. Es kam nunmehr darauf an, die Vorstellungen der Reformer umfassender umzusetzen. W. von Humboldt hatte bei seinem Ausscheiden als Sektionschef seinem Nachfolger Uhden, der gemeinsam mit ihm 1808 Außerordentliches und 1810 Ordentliches Akademiemitglied geworden war, die Denkschrift „Über die innere und äußere Organisation der höheren wissenschaftlichen Anstalten in Berlin" hinterlassen. Darin äußert er sich auch über Akademie und Universität und wirft die Frage auf, „ob es wirklich noch der Mühe werth ist, neben einer Universität eine Akademie zu errichten oder zu erhalten?" Nach genauer Erwägung kommt er zu dem Schluß, „sie dergestalt miteinander zu verbinden, daß, obgleich ihre Thätigkeit abgesondert bleibt, doch die einzelnen Mitglieder nicht immer bloß ausschließend der einen oder andern gehören. In dieser Verbindung läßt sich nun das abgesonderte Bestehen beider auf eine neue und treffliche Art benutzen".[27] Humboldt sah als dritten Bestandteil der „höheren wissenschaftlichen Anstalten noch die leblosen Institute", wie er sie nannte. Daher konnte er formulieren: „Akademie, Universität und Hülfsinstitute sind also drei gleich unabhängige und integrante Theile der Gesamtanstalt. Alle stehen, allein die beiden letzteren mehr, die erstere weniger, unter Leitung und Oberaufsicht des Staates. Akademie und Universität sind beide gleich selbständig; allein insofern verbunden, daß sie gemeinsame Mitglieder haben, daß die Universität alle Akademiker zu dem Recht Vorlesungen zu halten zuläßt".[28]

Bei der Ausarbeitung des neuen Akademiestatuts wurde versucht, diese und andere Gedanken unter Berücksichtigung weiterer Aspekte der Wissenschaftsorganisation in Berlin zu berücksichtigen.

Das Akademie-Statut von 1812

Zwischen dem Zeitpunkt der Vorlage eines Statutenentwurfs im Herbst 1809 und dem Erlaß des Statuts vom Januar 1812 wurden bereits vorgreifend zwei Entscheidungen getroffen, die für die erneuerte Akademie von weittragender Bedeutung waren. Am 10. Januar 1811 wurde entsprechend einer schon 1809 erfolgten Ankündigung das Kalenderprivileg der Akademie aufgehoben. Insgesamt 110 Jahre hatte sie auf diese Weise ihre finanziellen Mittel erhalten. Nunmehr erfolgte ihre Finanzierung durch den Staat, mit allen daran gebundenen Abhängigkeiten und Vorzügen, und in späterer Zeit auch durch Stiftungen. Die Wissenschaftsfinanzierung in Preußen wurde damit 1811 auf völlig neue Grundlagen gestellt. Nicht weniger eingreifend war, wenn bereits im Januar 1810 das seit der Sozietätsgründung bestehende Amt des Ständigen Sekretars abgeschafft wurde, und zwar mit der Begründung, daß „dieser den großen Umfang der Wissenschaften für eine allgemeine wissenschaftliche Correspondenz mit auswärtigen Akademien und Gelehrten nicht zu umfassen vermag".[29] Den Anlaß boten persönliche Querelen. Nach dem Tode Formeys war Merian zehn Jahre Ständiger Sekretar gewesen, ihm folgten unbedeutende Persönlichkeiten, deren Einsetzung Ausdruck für den betrüblichen Zustand der Akademie war. Durch die Neuregelung wurden 1810 vier Sekretare bestellt, für jede Klasse einer.

Zur Prüfung und Überarbeitung des von der Akademie eingereichten Statutenentwurfs von 1809 wurde am 24. November 1810 eine Kommission eingesetzt, der die Wissenschaftspolitiker und Ordentlichen Akademiemitglieder Uhden, Ancillon und Niebuhr angehörten. Statt der ursprünglich vorgesehenen vier Wochen hat die Kommission ein Jahr gearbeitet. Alle in den 110 Jahren der Existenz der Akademie über deren Arbeit getroffenen Regelungen wurden durchgearbeitet. Der Blick richtete sich aber auch über Berlin hinaus. In Göttingen existierte bereits seit mehreren Jahrzehnten ein Beispiel für die Verbindung von Akademie und Universität in Deutschland. Um diese Erfahrungen zu nutzen, erbat man von dem dortigen Präsidenten Christian Gottlieb Heyne, der seit 1786 Auswärtiges Mitglied in Berlin war, eine Stellungnahme, die im Juni 1811 in Berlin eintraf. Der hier von der Kommission erarbeitete Entwurf wurde mit den Klassensekretaren abgestimmt und am 25. November 1811 dem zuständigen Departement im Innenministerium eingereicht. Der beigefügte Etat belief sich auf etwa 20 500 Taler, davon ca. 15 000 Taler für Gehälter und 3 000 Taler für wissenschaftliche Zwecke. Am 24. Januar 1812 trat das neue Statut der Königlich Preußischen Akademie der Wissenschaften in Kraft. Es wich entscheidend von dem 1809 vorgelegten Entwurf ab, war also nicht nur eine Überarbeitung.

Das Statut umfaßt 49 Paragraphen ohne jede weitere Unterteilung. Im ersten wird ihre Aufgabe definiert: „Der Zweck der Akademie ist auf keine Weise Vortrag des bereits bekannten und als Wissenschaft geltenden, sondern Prüfung des Vorhandenen und weitere Forschung im Gebiet der Wissenschaft."[30] Es gab weiterhin vier Klassen, die Physikalische, die Mathematische, die Philosophische und die Historisch-philologische unter der Leitung eines jeweils auf Lebenszeit gewählten Sekretars. Die Klassen sollten abwechselnd wöchentlich tagen, während in jeder Woche zusätzlich eine Gesamtsitzung stattfinden sollte. Öffentliche Gesamtsitzungen sollten dreimal jährlich durchgeführt werden, und zwar am Geburtstag Friedrichs II., „des Erneuerers der Akademie", am Geburtstag des regierenden Königs und am Geburtstag von Leibniz, „des ersten Präsidenten der ersten größtentheils nach seinem Plan eingerichteten hiesigen Societät der Wissenschaften".[31] Damit waren der „Friedrichstag" und der „Leibniztag" der Akademie geboren.

Die Akademie hatte Ordentliche, Auswärtige und Ehrenmitglieder sowie Korrespondenten. Nur die Zahl der Auswärtigen Mitglieder war auf 24 begrenzt. „Die Zahl der ordentlichen Mitglieder, der Ehrenmitglieder und der Correspondenten hängt lediglich von dem Bedürfniß der Wissenschaft und von den äußern Umständen ab."[32] Das war eine ganz einmalige Regelung. Die eigentliche Arbeit leisteten die Ordentlichen Mitglieder, für die daher das Anwesenheitsprinzip galt. „Ordentliche Mitglieder können nur solche sein, die entweder in Berlin selbst wohnen, oder doch in keiner solchen Entfernung von dieser Hauptstadt, welche ein Hinderniß der Erfüllung ihrer

Pflichten und ihres Verhältnisses zur Akademie überhaupt veranlassen kann."[33] Es muß nachdrücklich unterstrichen werden, daß zwischen den Mitgliederkategorien, insbesondere zwischen Ordentlichen, Auswärtigen und Korrespondierenden Mitgliedern, in keiner Weise nach der wissenschaftlichen Qualifikation unterschieden wurde, sondern allein nach dem Wohnort. Dementsprechend war ein Wechsel zwischen Ordentlicher und Auswärtiger Mitgliedschaft möglich; beide bedurften im Unterschied zur nicht bestätigungspflichtigen Korrespondentenwahl der königlichen Genehmigung. Nur Ordentliche Mitglieder konnten Sekretare werden und hatten das Recht zu Vorlesungen an der Universität in Berlin wie die berufenen Professoren und waren verpflichtet, Abhandlungen zu lesen, an der Stellung von Preisaufgaben mitzuwirken, regelmäßig an den Akademiesitzungen teilzunehmen und die ihnen von der Akademie übertragenen Aufgaben zu erfüllen.

Die Akademie sollte eine Auswahl der vorgetragenen Abhandlungen jährlich nach Klassen getrennt in deutscher Sprache veröffentlichen. Jeder dieser vier Bände hatte „auch Nachrichten von wichtigen die Akademie betreffenden Ereignissen, Denkschriften auf Verstorbene, und die gekrönten Preisschriften" zu enthalten. Möglich war auch die Publikation der Abhandlungen „von andern in keinem Verhältniß mit der Akademie stehenden Gelehrten".[34] Damit öffnete sich die Akademie im Publikationsbereich auch Nichtmitgliedern.

Die Leitung der Akademie bildeten allein die vier Sekretare, es gab weder einen Kurator noch einen Präsidenten oder Vizepräsidenten. „Bei den Gesamtsitzungen führt abwechselnd einer der Klassen-Sekretare drei Monate hindurch den Vorsitz. Bei jeder Klassen-Versammlung aber der Sekretar der Klasse."[35] Der „Vorsitzende Sekretar" fungierte de facto als Präsident auf Zeit, war aber vollständig in die kollegiale Leitung eingebunden. „Die im Namen der Akademie geschehenen Ausfertigungen werden von den vier Sekretaren im Concept gezeichnet und in der Reinschrift unterschrieben."[36]

Als einzige wissenschaftliche Einrichtung außer den Klassen und der Gesamtversammlung, in denen auch alle wissenschaftsorganisatorischen Fragen wie etwa die Zuwahlen verhandelt wurden, bestand die „eigene Bibliothek, in welche jedoch nur die Sammlungen von Verhandlungen anderer gelehrter Gesellschaften und ähnliche umfassende, auch encyclopädische Werke und Lexica gehören"; andere „zukommende"[37] Werke waren nach einer bestimmten Frist an die Königliche Bibliothek abzuliefern. Die 1798 verfügte Vereinigung mit der Königlichen Bibliothek war damit aufgehoben. Das weiterhin bestehende Archiv der Akademie, die seit 1766 einen Archivar bestellte, wird im Statut von 1812 nicht erwähnt.

Diese Nichtnennung gilt auch für alle wissenschaftlichen Einrichtungen, die seit dem 18. Jahrhundert gegründet und im Statutenentwurf von 1809 aufgezählt wurden. Sie wurden durchweg organisatorisch von der Akademie getrennt, allerdings in einzelnen Fällen noch von ihr mitgenutzt. Von den 1809 verzeichneten zehn „Anstalten" – „große öffentliche Bibliothek", „das Physikalisch-Mathematische Cabinett", „Sternwarte", „das Chemische Laboratorium", „das Mineralogische Cabinett", „der Botanische Garten", „das Zootomische Museum", „die Zoologische Sammlung", „das Archäologische Museum", „eine besondere Handbibliothek"[38] – blieben der Akademie nur die letztere und ihr bis heute bestehendes Archiv.

Die 1812 nach fast einem Vierteljahrhundert der Suche festgelegten Veränderungen in der Akademie waren von grundlegender Bedeutung und haben deren Stellung im deutschen und internationalen Wissenschaftsgefüge für annähernd 150 Jahre bestimmend geprägt. Das gilt unabhängig von den später erfolgten Neuregelungen in Einzelfragen für den Charakter der Akademie als Gelehrtengesellschaft, der die Möglichkeit zur Mitwirkung an der Forschung eingeräumt wurde und die sich 1812 erstmalig auch ausdrücklich als eine Leibnizsche verstand. Wie weit dabei der tatsächliche oder der unterschiedlich interpretierte Leibniz im Blick war, bewegt die Forschung seit eben dieser Zeit. Und an dieser wiederum hat die Akademie selbst durch den jährlich begangenen Leibniztag und die von ihr geförderten oder durchgeführten Leibniz-Forschungen ihren spezifischen Anteil. Die Akademie blieb 1812 entgegen den in eine andere Richtung zielenden Vorstellungen eine selbständige Einrichtung in Verbindung mit der Universität. Diese Verbindung war jedoch außer der vorläufig noch gemeinsamen Nutzung einiger Einrichtungen wie der Sternwarte weniger eine institutionelle als vielmehr eine personelle dank des Vorlesungsrechts der Ordentlichen Mitglieder und der Tatsache, daß Berufungen von Professoren an die Universität in den folgenden Jahrzehnten in vielen Fällen auch unter dem Gesichtspunkt der Akademiewürdigkeit der jeweiligen Persönlichkeit erfolgten. Als Gelehrtengesellschaft, deren meiste Mitglieder zudem durch ihre Tätigkeit in anderen wissenschaftlichen Institutionen und im Umfeld der wissenschaftlichen Kommunikation in das Forschungsgefüge integriert waren, hat es die Akademie bereits seit 1815 durch eine weite Interpretation ihrer Aufgabenstellung im Statut von 1812 – „weitere Forschung im Gebiet der Wissenschaft" – verstanden, ihren spezifischen Beitrag zur Wissenschaftsentwicklung zu leisten. Das Statut von 1812 markierte zugleich den Abschluß einer langen Entwicklung der Akademie und einen Neubeginn, von dem damals kaum abzusehen war, wie tragfähig er sein würde.

1561 No. CLIV. 1562

ALLGEMEINER LITTERARISCHER ANZEIGER.

Freitags, am 28. September 1798.

Mit KurFürstlichSächsischer gnädigster Freiheit.

Sitzungen der königl. Preufsischen Akademie der Wissenschaften zu Berlin.

(S. Allg. litt. Anz. 1797, No. LXIV, S. 668—671 und No. CXXXII, S. 1357—1358.)

Am 11. Januar 1798 las der geh.R. *Selle* über das NaturRecht. Teutsch.

Am 18. Januar Der geh.R. *Ermon* seine VIII. Abhandlung über die litterarischen Irrthümer, und ihren Einflufs in die Biographien. Französisch. (*Sur les bévues littéraires et leur influence sur la biographie.*)

Am 25. Januar. In der offentlichen Sitzung der Direktor *Achard*. *Relation de quelques expériences faites dans la vue de déterminer l'influence de la compression de l'air sur la germination de graines, et son action sur la vie animale avec la description d'une nouvelle méthode d'injecter les canaux des plantes qui sont susceptibles de recevoir un fluide dans leur capacité interne.* Der Abt *Denina*. *Sur les traces anciennes du caractère des Allemands, suivi d'une courte comparaison de Marc-Aurèle et de Fréderic II.* Der Prof. *Klaproth*. Ueber das Siebenbürgische GoldErz, und das in selbigem enthaltene neue Metall. Der Prof. *Bastide*. *Recherches sur le mot Environ.* Der Vicomte *de Goyon*. *Tableau historique de l'influence des femmes sur les grands évènemens de leur siecle et de leur pays. Troisieme époque.*

Am 1. Februar. Der Prof. *Willdenow*. Versuch einer neuen Klassifikation der SäugThiere.

Am 8. Februar. Der Prof. *Bode*. Einige Neuigkeiten aus seiner astronomischen Korrespondenz. Zeigte auch die Bahn des im Jahre 1797 erschienenen Kometen vor, welche er entworfen hatte, mit den daraus gezogenen Resultaten seiner Erscheinung und seines wahren Laufs.

1798.

Am 15. Februar. Der Prof. *von Castillon*. *Réflexions sur les Sens en général, et particulierement sur les organes du sens intime.*

Am 22. Februar. Der Ob.Konsist.R. *Gedike*. Vom gegenseitigen Einflufs der Kultur auf die Schrift, und der Schrift auf die Kultur.

Am 1. März. Der Prof. *Trembley*. — — — —

Am 8. März. Der Prof. *Burja*. *De la route de la lumière qui traverse un prisme transparent, avec des applications aux prismes achromatiques, et aux lunettes achromatiques.*

Am 15. März. Der Ob.Kons.R. *Ancillon*. *Mémorie sur les pressentimens.*

Am 22. März. Der Prof. *Bastide*. *Observations diverses sur la langue françoise à l'occasion de différens passages de Montaigne, y compris quelques remarques critiques sur cet auteur.*

Am 29. März. Der Prof. *Walter*, der Sohn. Ueber die Haut.

Am 19. April legte Prof. *Bode* die ersten 8 Blätter seiner HimmelsKarte vo .

Am 26. April. Der Prof. *Trembley*. — — — — (Ferien.)

Am 3. May. Der Probst *Teller*. Ueber den moralischen Purismus und Empirismus und die Würdigung beider.

Am 10. May. Der KriegsR. *Cuhn*. Geschichte der Entstehung der Teutschen StaatsVerfassung. (Ferien.)

Am 7. Juny. Der Direkt. *Achard*. Untersuchungen über das Keimen der Samen und den Wachsthum der Pflanzen.

Am 14. Juny. Der Prof. *Grüson*. *Sur un nouveau Calcul, qu' il appelle Calcul d'exposition.*

196

Zeitungsausschnitt mit einem Bericht über das Wirken der Akademie der Wissenschaften in Berlin.

Ewald Friedrich Graf von Hertzberg (1725–1795).

Wilhelm von Humboldt (1767–1835).

Friedrich Daniel Ernst Schleiermacher (1768–1834).

5. Die reorganisierte Preußische Akademie in der Zeit des Deutschen Bundes

Als sich Deutschland nach dem Befreiungskrieg anschickte, seine staatsrechtlichen Verhältnisse neu zu ordnen, war die Reorganisation der Preußischen Akademie nach einem Vierteljahrhundert gerade zum Abschluß gekommen. Ihr neues Statut war 1812 in Kraft getreten. Der seit dem 18. September 1814 in Wien tagende Kongreß endete am 9. Juni 1815 mit der Unterzeichnung des Abschlußdokuments, das auch die Unterschrift des Staatsmannes und Wissenschaftspolitikers Wilhelm von Humboldt trägt. Am Tage zuvor war der Deutsche Bund gegründet worden.

Der Deutsche Bund als Föderation von etwa drei Dutzend souveränen Staaten auf dem Territorium des bis 1806 bestehenden Heiligen Römischen Reiches deutscher Nation existierte fast genau ein halbes Jahrhundert von 1815 bis 1866, als zunächst der Norddeutsche Bund und 1871 das Deutsche Reich geschaffen wurden. Seine Mitglieder waren außer vier Städten ausschließlich monarchisch verfaßte Staaten. Die einzelnen Bundesglieder, darunter das Kaisertum Österreich und das Königreich Preußen als die größten, sowie die Königreiche Bayern, Hannover, Sachsen und Württemberg, verfügten entsprechend ihrer Größe und ihrem politisch-ökonomischen Gewicht über eine unterschiedliche Stimmenzahl im Bundestag in Frankfurt am Main, einer ständigen Versammlung von Gesandten der Regierungen. Für die Territorien Hannover, Holstein-Lauenburg und Luxemburg waren die Könige Großbritanniens, Dänemarks und der Niederlande Mitglieder des Deutschen Bundes. Zu ihm gehörten wiederum nicht die außerhalb der Reichsgrenzen von 1806 gelegenen Landesteile Österreichs und Preußens. Die letzteren beiden Staaten wurden neben Großbritannien, Frankreich und Rußland zu den fünf europäischen Großmächten gerechnet. Österreich schied 1866 aus dem deutschen Staatsverband aus. Preußen setzte mit seinen verbündeten deutschen Staaten nach dem militärischen Sieg über Frankreich 1871 die Reichsgründung als kleindeutsche Lösung der Einigungsfrage durch. Die beiden anderen Großmächte verhielten sich neutral.

Preußen als deutscher Bundesstaat nach 1815 und seine Wissenschaftsinstitutionen

Preußen hatte 1807 im Frieden von Tilsit alle seine westlich der Elbe gelegenen Gebiete verloren. Das Zentrum der Staatsverwaltung verlagerte sich von Berlin vorübergehend nach Osten, nach Memel und Königsberg. Die nach dem Zusammenbruch eingeleiteten Reformen in Preußen in allen Bereichen erstreckten sich auch auf die Wissenschaftsorganisation. Insbesondere der Verlust der wichtigen Universität Halle, die an das Königreich Westfalen fiel, mußte ausgeglichen werden. Die vorübergehend zu Preußen gehörenden Städte Erfurt mit Universität und Akademie der Wissenschaften und Erlangen mit Universität und der dort seit 1781 angesiedelten Leopoldina wurden wieder von Preußen getrennt, ebenso die Gebiete am Rhein mit der Universität Duisburg. Von den Preußen verbliebenen Wissenschaftsstandorten Berlin, Frankfurt an der Oder und Königsberg, die alle reformbedürftig waren, trat vor allem die Hauptstadt ins Blickfeld. Hier hatte sich bereits in den beiden letzten Jahrzehnten des 18. Jahrhunderts im Umfeld der Akademie, teils mit, teils neben ihr, eine Situation herausgebildet, die nach dem Zusammenbruch und den territorialen Einbußen des Staates immer stärker auf einen Neubeginn drängte. Wichtige Ergebnisse des Umgestaltungsprozesses waren 1809 die Gründung der Berliner Universität und 1812 die Reorganisation der Akademie der Wissenschaften. Beide Entscheidungen mußten freilich zunächst vor allem zukunftsweisende Absichtserklärungen bleiben, solange es nicht gelang, die Europa dominierende Herrschaft des Napoleonischen Frankreich zu überwinden.

Der Befreiungskrieg, dessen gegen die Fremdherrschaft gerichtete Haupttendenz unterschiedliche Zielstellungen der teilnehmenden Bevölkerungskreise aus dem Adel, dem Bürgertum und der Bauernschaft zeitweilig in den Hintergrund drängte, führte schließlich ungeachtet vorher gegebener Versprechungen zahlreicher Fürsten zur Errichtung einer Ordnung, die von restaurativen Kräften dominiert wurde. Der Wiener Kongreß der Diplomaten installierte 1815 unter Mißachtung demokratischer Bestrebungen ein Europa unter dem Etikett der Legitimität monarchischer Herrschaft. Preußen konnte nicht nur den größeren Teil seiner 1807 verlorenen Gebiete zurückgewinnen, es wurde zu Lasten Sachsens und durch ehemals meist geistliche Herrschaftsgebiete am Rhein territorial beträchtlich erweitert.

Im Rahmen der Neugliederung der zentralen Staatsverwaltung Preußens, die schon während der Reformen zur Einrichtung der Ministerien geführt hatte, wurden die Wissenschaftsangelegenheiten 1817 aus dem Innenministerium, zu dem sie seit 1809 gehörten, ausgegliedert. Es entstand das Ministerium für geistliche, Unterrichts- und Medizinalangelegenheiten, das Kultusministerium, unter der Leitung von Karl Sigismund Franz Freiherr vom Stein zum Altenstein. Er verwaltete dieses Amt bis zu seinem Tode 1840 und hat die preußische Wissenschaftspolitik maßgeblich bestimmt, wobei er Einflüsse der Restauration abzumildern suchte, indem er scheinbare Passivität mit energischem und zielstrebigem Handeln zu verbinden wußte. Neben anderen fand er in Alexander von Humboldt einen Ratgeber, der unter widrigen Umständen Freiräume für die Wissenschaft in Preußen zu erringen und zu bewahren sich bemühte. Altenstein wurde 1822 Ehrenmitglied der Akademie in Berlin. In seinen Verantwortungsbereich fielen das gesamte Schulwesen, die höheren Bildungsanstalten und die Forschungsinstitutionen, die Museen, Bibliotheken und Archive, natürlich Kirchenfragen und der medizinische Bereich.

Vergleichbare Umgestaltungen der wissenschaftsleitenden Organe erfolgten auch in anderen deutschen Staaten, deren Kultusbehörden teils selbständige Ministerien, teils spezielle Abteilungen anderer Ministerien bildeten.

In das Jahrzehnt nach der Gründung der Berliner Universität fällt die grundlegende Umgestaltung des Hochschulwesens in Preußen. Inhaltlich ging es dabei um die Durchsetzung des maßgeblich von Wilhelm von Humboldt bestimmten Universitätskonzepts in seiner Kombination von Universal- und Fachbildung, in seiner Verbindung von Forschung und Lehre als eines immer nur partiell erreichten Ideals. Organisatorisch erfolgte gleichzeitig mit dem allmählich über Preußen hinausgreifenden neuen Universitätskonzept eine Neuordnung der Universitätsgeographie, die sich in der Hauptsache an den Provinzen orientierte, die ab 1815/16 in Preußen gebildet wurden.

Die Universitäten Königsberg (seit 1544) in Preußen (das nicht Teil des Deutschen Bundes war) und Greifswald (seit 1456) in Pommern, die von 1648 bis 1815 zu Schweden gehörte, blieben bestehen. Die brandenburgische Landesuniversität Frankfurt an der Oder (seit 1506) war schon 1811 nach Breslau in Schlesien verlegt und mit der dort seit 1702 existierenden Teiluniversität mit zwei Fakultäten vereinigt worden. In der vor allem aus Teilen Brandenburgs, den abgetretenen Gebieten des Königreichs Sachsen und den Gebietsgewinnen in Thüringen gebildeten preußischen Provinz Sachsen bestand die Universität Halle (seit 1694), die 1817 mit der früheren sächsischen Universität Wittenberg (seit 1502), die sich 1815 aufgelöst hatte, vereinigt wurde. Im jetzt zu dieser Provinz gehörenden Erfurt wurde 1816 die seit 1392 bestehende Universität geschlossen, dagegen blieb die dortige Akademie bestehen. In der Rheinprovinz Preußens, wo bis 1798 die Universitäten Köln (seit 1388) und Bonn (seit 1784) bestanden hatten, wurde nach längeren Auseinandersetzungen 1818 zugunsten einer Wiederbegründung der Universität Bonn entschieden. Die Universität Duisburg (seit 1654) wurde 1818 aufgehoben. Die 1780 eröffnete Universität Münster in Westfalen wurde 1818 nach der Schließung der juristischen und der medizinischen Fakultät zu einer akademischen Lehranstalt mit theologischen und philosophischen Einrichtungen umgebildet. In Preußen bestanden also nach 1818 insgesamt sechs Universitäten: in Berlin, Bonn, Breslau, Greifswald, Halle und Königsberg. Erst nach dem preußisch-österreichischen Krieg von 1866, der zu großen Gebietserweiterungen Preußens führte, wuchs die Zahl auf neun. Neue preußische Universitäten waren jetzt Göttingen (seit 1737), Kiel (seit 1665) und Marburg (seit 1527). Zugleich wurde die in Göttingen seit 1751 bestehende Gesellschaft der Wissenschaften eine Einrichtung in Preußen.

Die Wissenschaftspolitik in Preußen wurde einerseits durch die Herrscher – Friedrich Wilhelm III. bis 1840, Friedrich Wilhelm IV. bis 1857/58 und Wilhelm I. bis 1888 (zunächst bis 1861 als Vertreter seines kranken Bruders) – und andererseits durch die Kultusminister beeinflußt. Nach Altenstein waren das ab 1840 Friedrich Eichhorn bis 1848, Adalbert von Ladenberg bis 1850, Karl Otto von Raumer bis 1858, Moritz August von Bethmann-Hollweg bis 1862 und Heinrich von Mühler bis 1872. Sie verfolgten durchweg, bei allen Unterschieden in der Form und in der Akzentsetzung ihrer Amtsführung, eine in der Grundtendenz konservative Wissenschaftspolitik, was angesichts ihrer Einbindung in das bestehende System auch kaum anders sein konnte. Nur Bethmann-Hollweg, auf den liberale Kreise anfangs Hoffnungen gesetzt hatten, wurde nach seinem Ausscheiden aus dem Ministeramt Ehrenmitglied der Akademie in Berlin (1862).

Die 1819 gefaßten Karlsbader Beschlüsse des Ministerkongresses des Deutschen Bundes haben, insbesondere hinsichtlich der Überwachung der Universitäten und der Zensur, das geistige Leben in Deutschland nachhaltig negativ beeinflußt. Sie galten bis 1848 und wurden, wenn auch unterschiedlich konsequent, in allen Bundesstaaten praktiziert. Während sie beispielsweise im von Metternich beherrschten Österreich lange Zeit die Entwicklung der Wissenschaft beeinträchtigten, wurden sie in süddeutschen Staaten liberaler gehandhabt. Auch in Preußen haben sie ungeachtet aller Schwierigkeiten, die aus ihnen resultierten, den wissenschaftlichen Fortschritt weniger hemmen können. Für die Universitäts- und Akademiepolitik der deutschen Staaten erwies sich als wichtig, daß Berufungen von Wissenschaftlern zwischen ihnen möglich blieben. Beispielsweise war der bekannte Historiker Johann Gustav Droysen nacheinander Professor in Berlin (1835), Kiel (1840), Jena (1851) und wieder Berlin (1859). Weitere derartige Beispiele ließen sich in großer Zahl anführen. Die Revolution von 1848/49, in deren Vorbereitung und Verlauf die Professorenschaft der deutschen Universitäten aktiv einbezogen war, hat trotz ihres schließlichen Mißerfolgs den während der Restaurationsepoche entstandenen geistigen Stau gelöst. Die kleindeutsch-preußische Lösung der deutschen Frage 1871 war auch das Ergebnis der Entwicklung der geistigen Kräfte in den Universitäten und Akademien. Das gilt nicht zuletzt für diese beiden Institutionen in Preußens Hauptstadt Berlin.

Akademiemitglieder, Universitätsprofessoren

Nachdem die Preußische Akademie im Januar 1812 ihr neues Statut erhalten und auf dieser Grundlage ihren Mitgliederbestand geordnet hatte, stellte sich die Situation folgendermaßen dar. Anfang Juli 1812 gehörten ihr 31 Ordentliche Mitglieder an. In der Physikalischen Klasse waren es 13, darunter Gerhard, Klaproth, Hufeland, Thaer, Hermbstaedt, von Buch, Rudolphi, Illiger, Willdenow und A. von Humboldt. Die Mathematische Klasse zählte sechs Mitglieder, darunter Bode, und die Historisch-Philologische sieben, darunter Hirt, Biester, Buttmann und Niebuhr. Unter den fünf Mitgliedern der Philosophischen Klasse ragten Schleiermacher und Savigny heraus. Bis 1827 wurden 19 Ordentliche Mitglieder hinzugewählt. W. von Humboldt und der Mathematiker Jabbo Oltmanns, die der Akademie bereits angehörtem, traten 1819 und 1825 mit ihrer Übersiedlung nach Berlin in ihre Rechte als Ordentliche Mitglieder ein. Humboldt konzentrierte sich zunehmend auf sprachwissenschaftliche Studien, die auch in der Akademie ihren Niederschlag fanden und die ihn in die Reihe der bedeutenden Begründer der vergleichenden Sprachwissenschaft stellen. Die meisten Wissenschaftler, die Akademiemitglieder wurden und die alle laut Statut das Recht zu Universitätsvorlesungen hatten, waren als Ordentliche Professoren nach Berlin berufen worden.

Drei der neuen Mitglieder waren in der staatlichen Verwaltung tätig. Der ehemalige Professor für Altertumswissenschaften der Königsberger Universität Johann Wilhelm Suevern wurde 1815 gewählt. Seit 1809 erwarb er sich, zeitweilig an der Seite W. von Humboldts, Verdienste um die Reform des preußischen Schulwesens. Der Mineraloge Karl Johann Wilhelm Karsten, Ordentliches Mitglied seit 1822, war auf dem Gebiet des Bergbaus tätig und verfaßte mehrere Bücher über das Hüttenwesen. Von Beruf Mathematiker und Bautechniker war August Leopold Crelle, der 1827 in die Akademie aufgenommen wurde. Er gründete 1826 die erste mathematische Zeitschrift in deutscher Sprache, die auch international Ansehen gewann, und lieferte die Entwürfe für den Bau der Eisenbahn von Berlin nach Potsdam, die 1838 eröffnet wurde. Alle drei haben durch Veröffentlichungen in den Abhandlungen der Akademie deren wissenschaftliches Ansehen mitbestimmt.

Von den sechs in dieser Zeit in die Akademie gewählten Geisteswissenschaftlern konnte Christian Friedrich Rühs, der 1818 aus Greifswald als Professor für Geschichte an die Berliner Universität und zum Historiographen des preußischen Staates berufen wurde, vor seinem frühen Tod nur wenig mehr als ein Jahr Akademiemitglied sein. Rühs war 1808 der Nachfolger Ernst Moritz Arndts als Geschichtsprofessor in Greifswald geworden. Gleichzeitig mit Rühs wurde 1819 Friedrich Wilken Ordentliches Akademiemitglied. Er war in Göttingen ausgebildet worden und kam über Heidelberg 1817 als Professor für Geschichte und orientalische Sprachen nach Berlin. Hier war der vielseitige Forscher zugleich Direktor der Königlichen Bibliothek, die er zu einer der führenden in Deutschland machte. Sein Hauptwerk ist die „Geschichte der Kreuzzüge“ (1807–1832, 7 Bände). Mit einem Werk über das Mittelalter, der „Geschichte der Hohenstaufen und ihrer Zeit“ (1823–1825, 6 Bände), machte sich auch Friedrich von Raumer einen Namen in der Wissenschaft. Er war seit 1819 Professor in Berlin und seit 1827 Ordentliches Akademiemitglied. Als Klassensekretar seit 1841 nutzte er 1847 den Friedrichstag der Akademie zur Kritik der preußischen Politik. Er schied noch 1847 aus der Akademie aus, blieb jedoch wissenschaftlich außerordentlich produktiv.

Im Jahre 1821 berief die Universität und im folgenden Jahr wählte die Akademie den Linguisten Franz Bopp zum Ordentlichen Mitglied. Er ist der Begründer der vergleichenden Sprachwissenschaft. Schon seine erste Schrift auf diesem Gebiet war 1816 epochemachend. Seine umfassenden Forschungsergebnisse, die auch in vielen Akademieabhandlungen ihren Niederschlag fanden, publizierte er von 1833 bis 1852 in seiner „Vergleichenden Grammatik“. Dieses Werk gehört zu den herausragenden wissenschaftlichen Leistungen des 19. Jahrhunderts, auf dem die weitere Entwicklung der Indoeuropäistik aufbaute. 1866 wurde bei der Preußischen Akademie anläßlich des 50. Jahrestages der ersten Publikation die Bopp-Stiftung zur Förderung sprachvergleichender Studien gegründet.

Der Aufschwung der Altertumswissenschaften in Berlin in jener Zeit ist in beachtlichem Maße an die Namen August Böckh und August Immanuel Bekker geknüpft, die ab 1810 als Professoren der klassischen Philologie an der Universität wirkten und 1814 und 1815 Ordentliche Akademiemitglieder wurden. Böckh hatte in Halle studiert, wo er von F. A. Wolf beeinflußt wurde, und war ab 1807 Professor in Heidelberg. Vor allem durch sein Werk „Die Staatshaushaltung der Athener“ (1817, 2 Bände) leistete er Bahnbrechendes für die Untersuchung der nationalökonomischen und politischen Verhältnisse im alten Griechenland. Indem er die Grenzen der traditionellen philologischen Forschung durch Berücksichtigung aller Seiten des Lebens der Antike zu überwinden suchte, wurde er zu einem der Begründer der modernen Altertumswissenschaft. Er hat 1815 maßgeblich die Aufnahme des ersten wissenschaftlichen Unternehmens der Akademie bestimmt. Als Sekretar von 1834 bis 1861 gehörte er zum Leitungsgremium der Akademie, der er mit großer Regelmäßigkeit seine Forschungsergebnisse vortrug. Auch Bekker kam aus der altertumswissenschaftlichen Schule in Halle. Sein bevorzugtes Arbeitsgebiet waren kritische Textausgaben vor allem griechischer Autoren, so beispielsweise von Platon und Aristoteles. Seine außerordentliche wissenschaftliche Produktivität war aufs engste mit der Akademie verbunden.

Als Karl Ritter, seit 1820 Professor der Geographie an der Berliner Universität, 1822 Ordentliches Akademiemitglied wurde, befand sich diese Wissenschaft nicht zuletzt durch sein Wirken in der Phase der Neubestimmung ihres Gegenstandes zwischen der Geistes- und der Naturwissenschaft. 1817/18 hatte Ritter sein Hauptwerk „Die Erdkunde im Verhältnis zur Natur und Geschichte des Menschen“ in zwei Bänden veröffentlicht. Neben A. von Humboldt ist er der Begründer der wissenschaftlichen Geographie in Deutschland, indem er sein genanntes Werk von 1822 bis 1859 zu einer vielbändigen, doch unvollendeten Publikation über die Geographie Afrikas und Asiens erweiterte, die auch international ein starkes Echo fand. Ritter war einer der aktivsten Vortragenden in der Akademie. Die unter seiner maßgeblichen Mitwirkung 1828 in Berlin gegründete und noch heute bestehende Gesellschaft für Erdkunde gehört neben der Société de Géographie in Paris (1821) und der Royal Geographical Society in London (1830) zu den ältesten der Welt.

Aus Leipzig wurde 1810 der Mineraloge Christian Samuel Weiß an die Universität in Berlin berufen, wo er 1815 Ordentliches Akademiemitglied wurde. Er erwarb sich Verdienste um die systematische Kristallographie. Als Mitbegründer der kristallographischen Chemie und als Entdecker des Isomorphismus gilt Eilhard Mitscherlich; auf Grund eines Briefes seines Lehrers J. J. Berzelius in Stockholm an den Minister von Altenstein vom 6. August 1821 wurde er noch in demselben Jahr Professor an der Berliner Universität, seine Wahl zum Ordentlichen Akademiemitglied erfolgte am 25. Oktober 1821 und wurde im folgenden Jahr bestätigt.

An der Sternwarte auf dem Seeberg bei Gotha, die durch von Zach gegründet worden war, hatte der Gauß-Schüler Johann Franz Encke gearbeitet, bevor er 1825 als Nachfolger Bodes Direktor der Berliner Sternwarte wurde. In demselben Jahr wurde er Ordentliches Mitglied der Akademie, deren Korrespondent er schon seit 1823 war, und Sekretar der Mathematischen Klasse. Eine Professur für Astronomie an der Universität erhielt er 1844. Encke bestimmte als erster zuverlässig die Sonnenparallaxe und berechnete die Bahn des sogenannten Enckeschen Kometen. Von 1832 bis 1835 wurde unter seiner Leitung eine neue Sternwarte in Berlin gebaut, die modernsten Ansprüchen genügte.

Zunächst als Privatdozent kam Martin Hinrich Karl Lichtenstein 1810 nach Berlin, wo er 1811 Professor der Zoologie und 1813 Direktor des von ihm mitbegründeten Zoologischen Museums wurde. 1814 ist er Ordentliches Akademiemitglied geworden. Er war Mitbegründer und erster Leiter des 1844 eröffneten Zoologischen Gartens in Berlin. Sein Kollege als Botaniker war Heinrich Friedrich Link, der auch als Chemiker arbeitete und der über Greifswald und Breslau 1815 an die Berliner Universität kam, als er auch Ordentliches Mitglied der Akademie wurde, der er bereits seit 1812 als Korrespondent angehörte. Link war auch Direktor des Botanischen Gartens. Botanische, zoologische und auch geologische Interessen verband Christian Gottfried Ehrenberg, der nach seinem Medizinstudium an einer Expedition in den Vorderen Orient teilnahm (1820–1825). Er wurde 1826 Korrespondierendes und 1827 Ordentliches Mitglied der Akademie und war seit 1842 Klassensekretar. Er arbeitete insbesondere über pflanzliche und tierische Mikroorganismen. 1829 war er einer von A. von Humboldts Reisebegleitern auf dessen Rußland- und Sibirienreise. Seit 1839 lehrte Ehrenberg an der Universität Theorie, Geschichte und Methodik der Medizin. Mit 274 Veröffentlichungen in den Publikationen der Akademie von 1827 bis 1875 war er mit Abstand deren produktivster Mitarbeiter.

Wie ein Teil der hier erwähnten Persönlichkeiten zeigt, hat sich bereits in der frühen Phase der Universität deren enge Verbindung mit der Akademie erwiesen, wobei die auch später zu beobachtende Tendenz deutlich wird, daß eine Berufung an die Universität oftmals der Wahl in die Akademie vorausging.

Die Zahl der Wissenschaftler außerhalb Berlins, die von 1812 bis 1827 in die Akademie aufgenommen wurden, ist so groß, daß hier nur einige wenige genannt werden können, die gleichwohl den Aktionsradius der reorganisierten Akademie verdeutlichen. Auswärtige Mitglieder wurden schon 1812 die Chemiker Claude Louis

Comte Berthollet und Sir Humphry Davy, der Mediziner Johann Friedrich Blumenbach, der Botaniker Antoine Laurent de Jussieu, der Astronom Friedrich Wilhelm Bessel und der Sprachforscher Antoine Isaac Baron Silvestre de Sacy. Später kamen unter anderem hinzu der Anatom Samuel Thomas von Sömmering (1818) und der Chemiker Johann Jakob Berzelius (1825, seit 1812 Korrespondent). Von 1814 bis 1827 wurden 13 Ehrenmitglieder aufgenommen, von denen hier nur der Freiherr vom Stein, der Begründer der Monumenta Germaniae Historica, genannt werden kann (1827).

Am 25. Juni 1812 wählten alle vier Klassen Korrespondierende Mitglieder, und zwar die Physikalische Klasse 48, die Mathematische zwölf, die Philosophische acht und die Historisch-philologische Klasse 23. Unter diesen 91 Persönlichkeiten, zu denen von 1814 bis 1827 weitere 60 hinzukamen, waren einige, die später Auswärtige oder Ordentliche Mitglieder wurden. Insgesamt läßt sich diese Liste von etwa 150 Wissenschaftlern wie ein Adressenverzeichnis der europäischen Wissenschaft im ersten Viertel des 19. Jahrhunderts lesen. Ohne daß hier auch nur ein einziger Name genannt werden kann, da eine Auswahl schlechthin unmöglich ist, läßt sich feststellen: Die Akademie hatte hinsichtlich ihres Mitgliederbestandes den Anschluß an die internationale Wissenschaftsentwicklung gefunden.

Forschungsvorhaben der Akademie

Im Statut der Akademie von 1812 war „weitere Forschung im Gebiet der Wissenschaft"[1] als eine ihrer Aufgaben definiert worden. Offen war dabei allerdings geblieben, in welcher Form diesem Auftrag entsprochen werden sollte. Böckh gebührt das Verdienst, den Blick 1815 erfolgreich auf Gemeinschaftsarbeiten gelenkt zu haben, wenn er neben dem Vortrag von Abhandlungen einzelner Wissenschaftler als „Hauptzweck" der Akademie forderte, „Untersuchungen zu machen und Arbeiten zu liefern, welche kein Einzelner leisten kann".[2] Natürlich zielte sein Wunsch, den sich die Akademie zu eigen machte, auf ein spezifisches Unternehmen aus seinem eigenen Gebiet der Altertumswissenschaft.

Es schmälert die Leistung von Böckh und Buttmann, der als Sekretar der Historisch-philologischen Klasse die praktische Realisierung des Projekts in die Wege leitete, in keiner Weise, wenn man in Erinnerung ruft, daß ihr Vorhaben an traditionelle Vorstellungen des Akademiegedankens anknüpft. Stets läßt sich in den Akademien das Grundanliegen beobachten, durch die Bündelung wissenschaftlicher Kräfte verbesserte qualitative Möglichkeiten für die Forschung zu schaffen. Gelungen ist diese Absicht allerdings durchaus nicht immer und wenn, dann eher für zeitlich und thematisch begrenzte Abschnitte. Der Zeitpunkt für den Vorstoß von Böckh war gut gewählt. Wissenschaftsorganisatorisch waren die Dinge in Berlin nach der Universitätsgründung und der Akademiereform im Fluß. Die sich nach der Trennung der Akademie von allen ihren Forschungseinrichtungen zugunsten der Universität abzeichnende Tendenz zu einer reinen Gelehrtengesellschaft konnte nur eingegrenzt werden, wenn es gelang, akademiespezifische Arbeitsgegenstände zu ermitteln. Zugleich bedingte das Postulat der Verbindung von Lehre und Forschung für die berufenen Universitätsprofessoren als Akademiemitglieder ebenso wie für die sogenannten lesenden, also die an der Universität lehrenden Akademiemitglieder die Suche nach Forschungsmöglichkeiten, die über die individuelle Arbeit Einzelner und die Möglichkeiten, die die Universität bot, hinaus wiesen. Wenn dabei die Orientierung auf Grundlagenforschungen, was für die Geisteswissenschaften vor allem die Quellenerschließung umfaßte, gelegt wurde, so entsprach das sowohl innerwissenschaftlichen Entwicklungstendenzen als auch den spezifischen Möglichkeiten der Akademie.

Der Antrag von Böckh, den sich die Historisch-philologische Klasse am 24. März 1815 zu eigen machte, zielte auf einen Thesaurus inscriptionum, denn: „Kein Zweig des Alterthums, welcher der Hülfe der Inschriften nicht bedürfte. Sie sind für die alte Geschichte, was die Urkunden für die neuere."[3] Geplant war die Erfassung aller Inschriften, sowohl der bereits veröffentlichten als auch derjenigen, „die noch gar nicht gedruckt sind, sondern entweder in Handschriften von Gelehrten und Reisenden, die sie abschrieben, vergraben sind, oder endlich noch auf den Denkmälern der Alten selbst ihren Abschreiber erwarten".[4] Das Unternehmen zielte auf „die Sammlung aller dem griechisch-römischen Alterthum angehörigen" Inschriften, doch wollte man sich zunächst beschränken: „Die Sammlung sämmtlicher griechischen Inschriften soll den Anfang machen." Die ungedruckten Inschriften sollten bei Forschungsreisen „in auswärtigen Bibliotheken" und in Ländern, „wo noch so viele solche Urkunden auf alten Monumenten jeder Art sich befinden", erschlossen werden. Über Umfang und Dauer des Vorhabens wagte man keine Aussage, doch hoffte man, daß 6 000 Taler, verteilt auf vier Jahre, geeignet wären, „das Werk im Wesentlichen zu fördern".[5] Aus dem Projekt wurde wegen der Unermeßlichkeit des Materials ein noch heute betriebenes Jahrhundertunternehmen, was letzten Endes für die Urheber spricht, die die Sonde dort angesetzt haben, wo reichhaltige Quellen flossen.

Das Corpus Inscriptionum Graecarum wurde am 20. April 1815 auf Antrag der Historisch-philologischen Klasse von der Akademie beschlossen und am 12. Mai 1815 vom zuständigen Ministerium bestätigt. Am 15. Juni 1815 nahm die Kommission für das Vorhaben, der Niebuhr, Schleiermacher, Buttmann und Bekker unter der Leitung von Böckh angehörten, ihre Arbeit auf. 1825 konnte mit dem Druck der ersten Lieferung begonnen werden, und 1828 lag der erste Band des Corpus abgeschlossen vor. Der zweite Band folgte 1843; beendet wurde das Werk vorerst mit dem vierten Band 1859, während der Indexband sogar erst 1877 erschien. Ständig neue Funde machten auch danach die Weiterarbeit erforderlich. Sein Werk über „Die Staatshaushaltung der Athener" von 1817, das seinen wissenschaftlichen Ruhm begründet hatte, konnte Böckh 1851 dank intensiver Forschungsarbeiten, nicht zuletzt aber auch auf der Grundlage der Ergebnisse der von ihm initiierten und von ihm betreuten Inschriftenerschließung der Akademie in einer zweiten, nunmehr erweiterten Ausgabe vorlegen.

Dieses erste von später mehreren Dutzend Unternehmen der Akademie hat gezeigt, daß sich ursprünglich als befristet angesehene Projekte zu Langzeitvorhaben entwikkelten, weil ihr Gegenstand sich entweder als sehr umfassend oder als im eigentlichen Sinne nicht abschließend zu bearbeiten erwies. Kein Unternehmen wurde später etwa nur deshalb weitergeführt, weil es einmal begonnen worden war. Meist stellten sich die bei der Inaugurierung maßgebenden Forschungsansätze als über die Jahrzehnte hinaus tragfähig heraus, selbst wenn finanzielle oder personelle Defizite zuweilen längere Unterbrechungen erzwangen. Kritik, die an akademischen Vorhaben von Zeitgenossen und im Rückblick geübt wurde, ist nur dann berechtigt, wenn sie die Richtigkeit des wissenschaftlichen Ansatzes widerlegt. Das aber ist nur bei ganz wenigen Unternehmen möglich. In den meisten Fällen resultierte die lange Dauer aus einem richtig gewählten, dauerhaft tragfähigen Forschungsgegenstand, aber auch aus der Tatsache, daß dem Einsatz von wissenschaftlichem Potential Grenzen gesetzt waren.

Als zweites Unternehmen initiierte die Akademie 1817 auf Antrag Schleiermachers eine kritische Aristoteles-Ausgabe, deren Ausführung Bekker übertragen wurde, der bis 1820 in Paris, Oxford, Cambridge, London und Leiden forschte. 1821 wurde eine entsprechende Kommission zur Leitung der Arbeiten eingesetzt. Seit 1827 begann der Druck der vierbändigen Ausgabe, der 1836 abgeschlossen wurde: „Aristoteles ex recensione J. Bekkeri edidit Academia Regia Borussica". Der noch fehlende Index konnte erst 1870 von Bonitz fertiggestellt werden. Dieser war es auch, der 1874 den Antrag stellte, eine „Ausgabe der griechischen Commentare zu den Aristotelischen Schriften zu veranstalten".[6] Der Vorschlag wurde gebilligt.

Im Jahre 1824 regte das Korrespondierende Mitglied Bessel in Königsberg an, die Akademie solle vollständige Himmelskarten als Grundlagen für weitere Beobachtungen herausgeben. Der Vorschlag fand Zustimmung und 1825 wurde eine Kommission eingesetzt, die unter der Leitung von Encke arbeitete. Geplant waren 24 Karten, deren Bearbeitung einzelne Wissenschaftler in Deutschland und im Ausland übernahmen. Die erste Karte lag 1830 vor. Der Abschluß der Arbeiten war 1859 erreicht.

Die Einrichtung von wissenschaftlichen Unternehmen, die als Organisationsform der Forschung an der Akademie etwa 150 Jahre eines ihrer spezifischen Arbeitsfelder blieben und die auch von anderen Akademien rezipiert wurde, hat immer wieder zu der Frage geführt, welchen Stellenwert die Akademie auf diese Weise im Forschungsgefüge errang. Die Entwicklung im 19. Jahrhundert verlief in Richtung auf Forschungsinstitute der Universitäten, des Staates und der Industrie. Die Akademie als Institution war daran nicht beteiligt, wohl aber einzelne ihrer Mitglieder. Soweit Wissenschaft mit Lehre oder mit Anwendung ihrer Ergebnisse verbunden war, stand die Akademie ebenfalls gewissermaßen im Abseits, denn der Staat setzte bei der Festlegung der Forschungsprioritäten nicht auf die Akademie, und diese selbst wiederum verstand sich vor allem als eine Institution, die ausgewiesenen und ausgewählten Wissenschaftlerpersönlichkeiten die Möglichkeit zu wissenschaftlicher Kommunikation und zu Arbeiten bot, die an anderer Stelle nicht betrieben wurden. Die Inschriften, die Aristoteles-Ausgabe und die Sternkarten, wenn man von dem jeweils speziellen Gegenstand absieht, also Quelleneditionen, Werkausgaben bedeutender Persönlichkeiten und systematische Erfassung von naturwissenschaftlichen Forschungsergebnissen als langfristige Aufgaben bei einem relativ niedrigen Grad der Institutionalisierung und verhältnismäßig geringen finanziellen Aufwand waren folglich die Arbeitsgebiete, auf denen die Akademie ihre Potenzen am besten zur Geltung bringen konnte. Sie füllte damit nicht nur eine Lücke, wie es den Anschein haben könnte, weil die von ihr bearbeiteten Probleme in der Regel nicht im Mittelpunkt des breiten öffentlichen Interesses standen, auch wenn sie sich als notwendig erwiesen. Wenn das Schwergewicht der akademischen Arbeiten in den Unternehmen auf den Geisteswissenschaften lag, wie es sich schon bei der Initiierung ab 1815 abzeichnete, entsprach auch das den gegebenen Möglichkeiten, da naturwissenschaftliche Forschungen ohne apparative Voraussetzungen nur als systematisierend-zusammenfassende Verzeichnung von Ergebnissen erfolgen konnten. Eine Ausnahme bildeten hier nur Forschungsreisen, die die Akademie fördern konnte. Das geschah bereits in den Jahren 1820 bis 1826, als Ehrenberg mit Unterstützung der Akademie in Nordafrika und im Vorderen Orient reiste und reiche Tier- und Pflanzensammlungen zusammentrug.

A. von Humboldts Rückkehr nach Berlin und die Folgen

Alexander von Humboldt, der Ordentliches Akademiemitglied in Berlin blieb, lebte und arbeitete von 1807 bis 1827 mit kurzen Unterbrechungen in Paris im Kreise zahlreicher Freunde und als angesehenes Mitglied der Académie des Sciences, seit 1804 als deren Correspondant, seit 1810 als Associé étranger. Dort erschien auch von 1804 bis 1835 in französischer Sprache sein Werk „Reise in die Aequinoktialgegenden des neuen Kontinents" in 34 Bänden. Es ist das größte private Reisewerk der Geschichte. Seine Mitarbeiter waren bedeutende Naturwissenschaftler und zahlreiche Künstler für die Herstellung der Abbildungen. Spätere Berechnungen haben ergeben, daß für die Drucklegung mehr als eine halbe Million Francs aufgebracht werden mußten. Humboldt dürfte während seines Lebens über 400 000 Taler vorwiegend für wissenschaftliche Zwecke ausgegeben haben. Die Mittel stammten aus seinem Erbe und aus seinem Einkommen als Berliner Akademiemitglied und als königlicher Kammerherr, das wohl 220 000 Taler betragen haben dürfte.

Die Verbindungen Humboldts zur Berliner Akademie waren während seiner Pariser Zeit eher sporadisch auf einzelne Gelehrte beschränkt. Sie wurden in den zwanziger Jahren wieder enger; so nahm er während seiner Berlinaufenthalte 1823 und 1826 an Akademiesitzungen teil. 1826 berichtete er der Akademie über die Ergebnisse der Forschungsreise von Ehrenberg und dessen Begleiter Hemprich, die er sehr gefördert hatte. Überhaupt verfolgte er die Entwicklung der Wissenschaft in Deutschland, nicht nur in Preußen, mit Aufmerksamkeit.

Es ist bis heute nicht in allen Einzelheiten geklärt, was Humboldt 1827 zur Übersiedlung nach Berlin veranlaßte. Wahrscheinlich war es ein Komplex von wissenschaftlichen und persönlichen Gründen. Zu letzteren dürften der Wunsch nach der Nähe zu seinem Bruder Wilhelm gehört haben, aber auch Fragen der materiellen Existenz im Ausland und das Drängen des Königs Friedrich Wilhelm III. nach dem direkten Umgang mit seinem Kammerherrn. Asiatische Reisepläne, seit langem gehegt, ließen sich vielleicht ebenfalls von Berlin aus besser verwirklichen.

In einem Brief aus Paris vom 16. Februar 1827 schrieb Humboldt an Gauß in Göttingen: „Es ist ein großer Entschluß, einen Theil meiner Freiheit und eine wissenschaftliche Lage aufzugeben, in der ich hier seit 18 Jahren manchen schönen geistigen Genuß gehabt. Aber ich bereue nicht, was ich gethan. Das intellectuelle Leben hat mich unendlich angesprochen bei meinem letzten Aufenthalte in Deutschland ..." Und Gauß kommentierte diesen „großen Entschluß" gegenüber dem Arzt und Astronomen Wilhelm Olbers mit den Worten: „Ich bin überzeugt, dass Humboldt's Rückkehr nach Berlin dem Gedeihen der exakten Wissenschaften in Deutschland die grössten Vortheile bringen wird."[7] Tatsächlich machte sich der Einfluß alsbald geltend.

Humboldt kam mit einem ausgereiften wissenschaftsorganisatorischen Programm nach Berlin, das er wahrscheinlich 1829 formulierte und in dem es unter anderem heißt: „In Deutschland wirkt man auf den Geist einiger großer Persönlichkeiten nur durch den Reflex des Ansehens im Ausland ... Berlin soll mit der Zeit die erste Sternwarte, die erste chemische Anstalt, den ersten botanischen Garten, die erste Schule für transzendentale Mathematik besitzen. Das ist das Ziel meiner Bemühungen und das einigende Band meiner Anstrengungen."[8] In den folgenden Jahrzehnten hat er beharrlich an der Verwirklichung seiner Vorstellungen gearbeitet. Die Akademie war in dieser Beziehung ein wichtiges, wenngleich nicht sein einziges Arbeitsfeld. Durch

Vorträge, Reorganisationsinitiativen, Wahlvorschläge – von 1806 bis 1858 hat Humboldt insgesamt 33 solcher Anträge verfaßt (9), mitunterzeichnet (16) oder angeregt (8) – und andere Aktivitäten hat er auf die Entwicklung der Akademie Einfluß genommen.

Für die Wissenschaft in Berlin und damit auch für die Stellung der Akademie erwiesen sich unmittelbar nach der Rückkehr Humboldts vor allem die folgenden Vorgänge als außerordentlich bedeutsam.

Seine Möglichkeiten als lesendes Akademiemitglied nutzend hat Humboldt im Winter 1827/28 an der Berliner Universität 61 Vorlesungen über physikalische Geographie gehalten. Parallel dazu fanden 16 öffentliche Vorträge statt. Er knüpfte damit an eine Praxis an, die er zuvor bereits in Paris geübt hatte. In Berlin fand er größten Anklang. Der Bruder Wilhelm von Humboldt verzeichnete die hohe Zahl von 1300 bis 1400 Zuhörern aus allen Bevölkerungsgruppen an den Berliner Veranstaltungen. Zelter berichtete Goethe begeistert; für ihn war es „Humboldts prächtig reiches Naturwunderkollegium", er schrieb von „einem respektablen Auditorio, das an die Tausende geht".[9] Diese später als „Kosmos-Vorlesungen" bezeichneten Vorträge bildeten die Grundlage für Humboldts ab 1845 erschienenes Hauptwerk „Kosmos. Entwurf einer physischen Weltbeschreibung", das sofort ein starkes Echo fand und in viele Sprachen übersetzt wurde. Dieses Werk, bei dessen Erarbeitung ihn zahlreiche Wissenschaftler im In- und Ausland durch ihr spezielles Fachwissen unterstützten und dessen fünfter Band 1862 postum publiziert wurde, hat 30 Jahre einen großen Teil der Arbeitskraft Humboldts in Berlin absorbiert, wobei erneut auch auf den Kreis der Gelehrten in der Akademie hingewiesen werden muß.

Im September 1828 leitete Humboldt in Berlin unter Mitwirkung weiterer Wissenschaftler die 7. Versammlung Deutscher Naturforscher und Ärzte mit etwa 600 Teilnehmern aus ganz Deutschland und dem Ausland. Diese jährlich stattfindenden Tagungen waren 1822 durch den 1819 als Professor der Medizin in Jena durch die Restaurationspolitik verdrängten Lorenz Oken, der ab 1817 auch die bis 1848 erscheinende Zeitschrift „Isis" herausgab, ins Leben gerufen worden. Seit 1827 lehrte Oken in München, wo er zugleich Ordentliches Akademiemitglied wurde. Auch hier zeigt sich erneut, daß Benachteiligung in einem Staat des Deutschen Bundes nicht in jedem Fall auch in einem anderen galt. Der Leopoldina gehörte Oken bereits seit 1818 an. Teilnehmer der Versammlung in Berlin waren unter anderen Gauß, Berzelius, Oersted und Babbage. Es war nicht zuletzt das Verdienst Humboldts, die Zustimmung der Berliner Behörden zur Durchführung einer Tagung gewonnen zu haben, deren Veranstalter die Einheit der Forschung in einem geteilten Deutschland und Europa als Ziel anstrebten. Humboldt, auf dessen Anregung die Durchführung von Fachsektionen neben den Plenarsitzungen der Versammlung zurückging, hat durch seinen Einsatz bewirkt, daß sich die Naturwissenschaften neben den Geisteswissenschaften auch in Berlin immer stärker durchsetzen konnten. Das erste Meeting der British Association for the Advancement of Science, die 1831 auf Initiative von Charles Babbage und anderen als Gegengewicht zu der als ungenügend empfundenen Royal Society in London gegründet wurde, betrachtete die Berliner Versammlung Deutscher Naturforscher und Ärzte, an der Babbage teilgenommen hatte, als Vorbild für die eigene Organisation.

Von Berlin aus brach Humboldt im Frühjahr 1829 in Begleitung Ehrenbergs und des Mineralogen Gustav Rose zu seiner Forschungsreise nach Rußland auf. Ende Dezember 1829 waren die Reisenden, die allein auf russischem Territorium bis an die Grenze

Chinas 15 000 Kilometer zurückgelegt hatten, wieder in Berlin. Die Akademie der Wissenschaften in St. Petersburg, deren Ehrenmitglied Humboldt seit 1818 war, veranstaltete zu seinen Ehren eine feierliche Sitzung. Wissenschaftlich war die Reise außerordentlich ertragreich. Die Ergebnisse wurden von Humboldt selbst, zum Beispiel in „Zentralasien“ (1843, 3 Bände), und in seinem Auftrage von Rose, „Reise nach dem Ural, dem Altai und dem kaspischen Meere“ (1837/42, 2 Bände), der wissenschaftlichen Öffentlichkeit bekannt gemacht. Wie Ehrenberg 1827, so wurde auch Rose 1834, dieser auf Antrag Humboldts, Ordentliches Akademiemitglied in Berlin.

Zu den unmittelbaren Wirkungen der ersten Jahre Humboldts in Berlin gehört sein Vorschlag von 1828 über den Neubau einer Sternwarte, der 1832 unter direkter Einwirkung von Encke begonnen und 1835 vollendet wurde. Von 1827 bis 1829 war Humboldt Vorsitzender der königlichen Immediat-Kommission zur Überprüfung der Unterstützungsgesuche junger Künstler. Er war damit zumindest indirekt einbezogen in die Bemühungen um die Einrichtung eines staatlichen Kunstmuseums, für das Akademiemitglied Aloys Hirt bereits 1797 einen Plan vorgelegt hatte. Nach langen Planungen, die insbesondere in den zwanziger Jahren an Intensität gewannen und an denen auch Wilhelm von Humboldt maßgeblich beteiligt war, konnte 1830 das von Schinkel erbaute Alte Museum eröffnet werden. An der Zusammenstellung der Ausstellungsstücke war wiederum Hirt maßgeblich beteiligt.

Die erneute Reorganisation der Akademie bis zum Statut von 1838

Am 6. Dezember 1827 wurde nach langwierigen Verhandlungen in der Akademie beschlossen, die Philosophische und die Historisch-philologische Klasse der Akademie als Philosophisch-historische Klasse zu vereinigen. Was war der Hintergrund dieser scheinbar rein organisatorischen Entscheidung und worin bestanden ihre Folgen?

Im Statut von 1812 war festgelegt worden, daß wöchentlich Gesamtsitzungen der Akademie stattfinden sollten, dagegen nur abwechselnd Tagungen der Klassen, de facto also einmal im Monat für jede Klasse. Bereits 1815 monierte die Historisch-philologische Klasse, diese Anordnung würde die disziplinorientierte Arbeit behindern. Es war sicher kein Zufall, daß gerade diese Klasse, die als erste mit der Gemeinschaftsarbeit begann, sich zu Wort meldete. Es zeigt sich hier die Wissenschaftsentwicklung an, die schließlich in allen Disziplinen zu einer stärkeren Differenzierung führte, was eine stärkere Berücksichtigung der Interessen der einzelnen Fachgebiete erforderte. 1815 schwankten die Meinungen unter den Akademiemitgliedern zwischen Notwendigkeit und Nutzlosigkeit von Gesamtsitzungen, allerdings mit einem Übergewicht für diejenigen, die sie für erforderlich hielten. Zunächst ruhte die Angelegenheit bis 1818. Zu diesem Zeitpunkt ordnete Altenstein, als neuer Kultusminister seit 1817 auch für die Akademie zuständig, die Einsetzung eines Revisionsausschusses für das Statut an.

Eines der Ergebnisse der Beratungen waren fünf für die Wissenschaftsgeschichte wichtige Gutachten von Böckh, Savigny, Schleiermacher, Buttmann und als einzigem Naturwissenschaftler von Buch. Nur letzterer wandte sich gegen wissenschaftliche Unternehmen der Akademie. Auch nachdem der Minister noch 1818 eine vorläufige Stellungnahme der Akademiemitglieder erhalten hatte, gingen die Diskussionen innerhalb der Akademie weiter, doch war eine Einigung über die künftige Gestaltung der Akademie nicht zu erzielen, insbesondere nicht über das Verhältnis zwischen Einzel- und Gemeinschaftsarbeit der Mitglieder und über die Notwendigkeit einer Philosophischen Klasse. Gegen sie hatte sich besonders nachdrücklich Schleiermacher gewandt, auch aus seiner Gegnerschaft zu Hegel, der 1818 unter aktiver Mitwirkung von Altenstein an die Berliner Universität berufen wurde. Einen gewissen Abschluß in der Reorganisationsfrage bildete angesichts der Uneinigkeit in der Akademie die Entscheidung Altensteins vom Oktober 1820. Die Gesamtsitzungen sollten in der bisherigen Form weitergeführt, aber den Klassen, deren Zahl erhalten blieb, zugebilligt werden, nach Bedarf häufiger zu tagen. Die Möglichkeit der Teilung der Historisch-philologischen Klasse in eine Historische und eine Philologische wurde nicht ausgeschlossen.

Diese Vorgeschichte, die Ausdruck für Auseinandersetzungen unter den Akademiemitgliedern war, machte das Vorgehen von Schleiermacher im Jahre 1826 erst verständlich. Als Buttmann, der Sekretar der Historisch-philologischen Klasse, in diesem Jahr aus Altersgründen zurücktrat, vollzog Schleiermacher denselben Schritt als Sekretar der Philosophischen Klasse, deren Nützlichkeit er bezweifelte und für die er keine Möglichkeit zu gemeinsamer Arbeit sah. Kurz darauf, noch 1826, wurde Schleiermacher zum Sekretar der Historisch-philologischen Klasse gewählt, in die er übergetreten war. Es folgten langwierige Verhandlungen, in denen auch die Aufnahme Hegels und des zu Schleiermachers Philosophie neigenden Heinrich Ritter als Ordentliche Mitglieder erwogen wurde. Hegel wurde niemals, Ritter, ein Bruder des Geographen Karl Ritter, wurde 1832 Ordentliches Akademiemitglied. Schließlich erfolgte Ende 1827 die Bildung der Historisch-philosophischen Klasse. A. von Humboldt regte daraufhin an, auch die beiden anderen Klassen zu verschmelzen, worüber sofort Beratungen stattfanden. Ihre Vereinigung zur Physikalisch-mathematischen Klasse erfolgte im April 1828.

Der Kultusminister billigte diese Entscheidungen, verlangte jedoch die Ausarbeitung eines Statuts, in dem die neuen Verhältnisse Berücksichtigung finden sollten. Ein Entwurf, stark beeinflußt von Schleiermacher, wurde zwar 1829 vorgelegt, aber nicht bestätigt. Zugleich wurde der Akademie erlaubt, vorläufig nach dem Entwurf zu arbeiten, während gleichzeitig das Statut von 1812 in Kraft blieb. Dieser Zustand dauerte bis 1838. Der Entwurf von 1829 ist vor allem in zwei Richtungen bemerkenswert. Die Aufgabe der Akademie wurde genauer definiert. Neben die Prüfung des Vorhandenen in der Wissenschaft trat der Auftrag, „weitere Forschungen, theils selbst durch die Beiträge ihrer einzelnen Mitglieder, so wie durch vereinte Bestrebungen zu fördern, theils auch Andere dazu aufzuregen“.[10] Die Zahl der Gesamtsitzungen wurde dagegen nicht vermindert; die weiterhin vier Sekretare – zwei für jede Klasse – sollten sich fortan viermonatlich (bis dahin dreimonatlich) als Vorsitzende Sekretare ablösen.

Erst 1836 kam die Angelegenheit erneut in Fluß. Altenstein nahm Bezug auf den seit 1829 vorliegenden Statutenentwurf und regte eine erneute Redaktion an. Diese erfolgte durch eine Kommission von Akademiemitgliedern, die Ende 1837 einen neuen Text vorlegten. Am 31. März 1838 wurde dieses Statut vom König bestätigt. Es galt in den Grundzügen bis 1881. Ein Teil der eingeführten Neuerungen veränderte den Status der Akademie nicht unwesentlich, auch wenn deren Grundstrukturen weitgehend erhalten wurden.

Das Statut von 1838 umfaßte fünf Abschnitte: „Von der Akademie überhaupt“; „Von den Mitgliedern der Akademie“; „Von den Sekretaren und den Offizianten der

Akademie"; „Von den wissenschaftlichen Arbeiten der Akademie, insbesondere den Sitzungen und von dem Geschäftsgange"; „Von dem Vermögen und Einkommen der Akademie und von der Geldverwendung". Alle Vorschriften fanden in insgesamt 90 Paragraphen ihren Niederschlag.

Die Akademie wurde definiert als „eine Gesellschaft von Gelehrten, welche zur Förderung und Erweiterung der allgemeinen Wissenschaften, ohne einen bestimmten Lehrzweck, eingesetzt ist".[11] Beide Klassen, die Physikalisch-mathematische und die Philosophisch-historische, waren gleichgestellt, wurden von jeweils zwei auf Lebenszeit gewählten Sekretaren geleitet und konnten „über diejenigen Dinge, welche sie allein betreffen", beschließen, und zwar „unabhängig von der Gesammt-Akademie"[12], die jedoch zu informieren war. Die Zahl der Ordentlichen Mitglieder wurde auf 50 – in jeder Klasse 25, da der Physikalisch-mathematischen Klasse zu diesem Zeitpunkt gerade so viele Mitglieder angehörten – festgelegt. Außerdem konnten pro Klasse 16 Auswärtige, eine nicht begrenzte Zahl von Ehren- und 100 Korrespondierende Mitglieder aufgenommen werden. Das Recht der Ordentlichen Mitglieder zu Vorlesungen an der Berliner Universität wurde im Unterschied zum Statut von 1812 auf alle preußischen Universitäten erweitert.

Die in Abänderung des Statuts von 1812 erfolgte Begrenzung der Zahl der Ordentlichen Mitglieder und die erstmalige rechtliche Fixierung von zwei paritätischen Klassen erwiesen sich als weittragende Neuerungen. Die Auswahlkriterien für die Zuwahlen mußten höher angesetzt werden, wenn eine bestimmte Mitgliederzahl nicht überschritten werden durfte. Für jedes Mitglied wurde ein Mindestgehalt von 200 Reichstalern pro Jahr festgelegt, was ebenfalls die Bedeutung einer Zuwahl unterstrich. Die mehr als hundert Jahre in Kraft bleibende quantitative Gleichsetzung der Natur- und Geisteswissenschaften hinsichtlich der Mitgliederzahl berücksichtigte dagegen mögliche Tendenzen der Wissenschaftsentwicklung nicht hinreichend. Vor allem dem sich bereits abzeichnenden Aufschwung der Naturwissenschaften konnte im Rahmen dieser Festlegung später sehr schwer entsprochen werden. Für die Stellung der Akademie ergaben sich daraus Probleme, die allerdings am Ende des ersten Drittels des 19. Jahrhunderts in ihren Wirkungen noch schwer abzusehen waren.

Die Notwendigkeit, eine angemessene Vertretung aller Wissenschaftsdisziplinen in der Akademie zu sichern, war den Autoren des Statuts allerdings ebenso wie 1809 bewußt. Deshalb wurde festgelegt, „daß soviel es die äußeren Umstände gestatten, jedes der beiden Hauptfächer, welche zu einer Classe vereinigt sind, so wie auch die bedeutendern einzelnen Fächer, welche in das Gebiet der Classe gehören, verhältnismäßig besetzt seien".[13] Das war ein Hinweis auf die schon früher von A. von Humboldt erwogene Fachstellenaufteilung. Er war es wiederum, der dieser Regelung jetzt zum Durchbruch verhalf. 1838 und 1839 legten beide Klassen die Zahl der Fachstellen fest. In der Historisch-philosophischen Klasse, die sich zuerst entschied, entfielen vier Stellen auf die klassische Philologie, jeweils drei auf die Philosophie und deren Geschichte sowie die Geschichte, jeweils zwei auf Archäologie/Kunstwissenschaft und Orientalistik, jeweils eine auf die deutsche Philologie sowie auf Politik und Statistik. Es blieben also neun freie Stellen, deren Inhaber nach ihrer Wahl in freiwerdende Fachstellen einrückten. Für die Mathematisch-naturwissenschaftliche Klasse wurde folgende Fachstellenaufteilung vorgenommen: sechs für die Mathematik einschließlich der Astronomie sowie jeweils zwei für Chemie, Physik, Botanik, Zoologie, Anatomie und Mineralogie/Geologie. In dieser Klasse blieben also sieben freie Stellen. Die

Fachstelleneinteilung, jedoch ohne freie Stellen, wurde auch auf die Korrespondierenden Mitglieder übertragen.

Als Offizianten der Akademie galten der Archivar, der Kanzlist und der Kastellan, die auf Lebenszeit angestellt wurden. In den Händen des Archivars, der auch die Bibliothek der Akademie betreute, lag die laufende Geschäftsführung. Für den Etat der Akademie, der aus den Erträgen ihres Vermögens und der jährlichen staatlichen Zuwendung von 20 743 Reichstalern bestand, war der Geldverwendungsausschuß zuständig. Ihm gehörten die vier Sekretare sowie zwei von jeder Klasse und ein von der Gesamtakademie aus abwechselnd einer Klasse jährlich gewählte Mitglieder an, insgesamt also neun Personen.

Laut Statut gehörten zu den „wissenschaftlichen Arbeiten der Akademie" Vorträge der Mitglieder, die „besonderen wissenschaftlichen Unternehmungen, welche sie durch Mitglieder oder andere nicht zur Akademie gehörige Personen unter ihrer Aufsicht und Unterstützung ausführen läßt"[14], sowie die Stellung und Begutachtung der Preisaufgaben. Unter den Unternehmungen verstand man, wie es an anderer Stelle des Statuts heißt, „Arbeiten, welche entweder das gemeinsame Zusammenwirken mehrerer Gelehrten erfordern, oder durch Umfang und Kostenaufwand die Kräfte Einzelner übersteigen, oder einer so lange fortgesetzten Anstrengung bedürfen, daß sie nur von einem dauernden Verein mit Erfolg ausgeführt werden können".[15] Zugleich wurde die Möglichkeit geschaffen, daß jede Klasse zwei Wissenschaftler, die nicht Mitglieder der Akademie sein mußten, gegen ein Entgelt von 200 Reichstalern im Jahr für solche Vorhaben beschäftigte. Das waren die ersten, noch bescheidenen Anfänge wissenschaftlicher Mitarbeiter der Akademie. Damit wurde 1838 der Arbeitsbereich der Unternehmen in der Akademie erstmals in einem Statut verankert.

Weitgehend ohne Berücksichtigung des Standes der Wissenschaftsentwicklung und der in der Akademie selbst geführten Debatten blieb es bei wöchentlichen Gesamtsitzungen auch ab 1838. Die Klassen tagten weiterhin monatlich. Außerordentliche Sitzungen beider Gremien waren möglich. Die ab 1812 stattfindenden jährlichen öffentlichen Sitzungen zu Ehren Friedrichs des Großen, Leibniz' und des regierenden Königs an dessen Geburtstag wurden beibehalten. Außer den traditionellen „Abhandlungen" gab die Akademie seit 1836 „Berichte" heraus, die über ihre laufende Tätigkeit berichteten. Sie enthielten beispielsweise Resumés der Vorträge, die die Mitglieder liefern mußten, und Informationen über andere Arbeiten der Akademie, „soweit sie zur Bekanntmachung geeignet sind".[16] Die Akademie suchte damit der Notwendigkeit zu entsprechen, ihre Arbeiten einer größeren wissenschaftlichen Öffentlichkeit zugänglich zu machen.

Zuwahlen der dreißiger Jahre

Von 1830 bis 1840 hat die Akademie 26 Wissenschaftler als Ordentliche Mitglieder aufgenommen, die zum überwiegenden Teil an der seit 1828 so genannten Berliner Friedrich-Wilhelms-Universität lehrten. Etwas mehr als ein Dutzend Persönlichkeiten wurden während dieses Zeitraums Auswärtige Mitglieder, so etwa die Mathematiker Denis Poisson und Augustin Cauchy, beide in Paris, und Karl Gustav Jakob Jacobi in Königsberg, die Astronomen Wilhelm Olbers in Bremen und John Herschel in London, der Botaniker Robert Brown in London, der Philosoph und Präsident der Bayerischen Akademie der Wissenschaften Friedrich Wilhelm Joseph von Schelling, die Historiker Arnold Heeren in Göttingen und François Pierre Guillaume Guizot in Paris, der dort auch Präsident der Académie des Sciences morales et politiques war. Einige der Genannten waren zuvor schon Korrespondierende Mitglieder gewesen. Bei dieser Mitgliederkategorie gab es im hier behandelten Jahrzehnt allein fast 100 Zuwahlen. Unter letzteren waren einige, die später Auswärtige oder Ordentliche Mitglieder wurden.

1832 und 1834 gewann die Akademie mit Johann Peter Gustav Lejeune Dirichlet und Jakob Steiner zwei bedeutende Mathematiker als Ordentliche Mitglieder. Für den ersteren, dessen Wahl an seinem 27. Geburtstag bestätigt wurde, hat sich A. von Humboldt mit Nachdruck eingesetzt, der ihn schon in Paris kennengelernt hatte. Dirichlet hat an Forschungen von Gauß angeknüpft und herausragende Verdienste um die Zahlentheorie. Mit dem Namen des Schweizers Steiner ist eine Stiftung der Akademie zur Förderung der mathematischen Forschung verbunden. Er hat vorwiegend auf dem Gebiet der synthetischen Geometrie gearbeitet, als deren Begründer er gilt.

Einer der bedeutendsten Physiologen des 19. Jahrhunderts war Johannes Müller, ein Schüler Rudolphis. Müller löste sich von der vorherrschenden Naturphilosophie und begründete die Physiologie als Naturwissenschaft. Er arbeitete intensiv auf vergleichend-anatomischem und entwicklungsgeschichtlichem Gebiet, worüber er der Akademie, deren Ordentliches Mitglied er seit 1834 war, umfassende Untersuchungen vorlegte. Er wirkte, insbesondere durch sein Lehrbuch, äußerst anregend auf seine Schüler, auch über Deutschland hinaus.

Den Botaniker Karl Sigismund Kunth, der 1830 Ordentliches Akademiemitglied wurde, hatte A. von Humboldt 1813 als Mitarbeiter an seinem Reisewerk nach Paris berufen, wo er bis 1829 mit großem Erfolg arbeitete. Er erwarb sich den Ruf eines bedeutenden Systematikers und hat diese Arbeiten auch in Berlin fortgeführt. Hier war er zugleich Professor der Botanik und Stellvertretender Direktor des Botanischen Gartens. In diesem wiederum arbeitete der als Schriftsteller bekannte Adalbert von Chamisso, der sich vor allem durch die Ergebnisse seiner Teilnahme an einer von 1815 bis 1818 durchgeführten Weltumseglung einen Namen als Wissenschaftler erworben hatte. Ordentliches Mitglied der Akademie wurde er 1835, doch starb er bereits drei Jahre später.

Für das Fachgebiet der Physik gewann die Akademie in den dreißiger Jahren drei neue Mitglieder, die bis heute einen Namen in der Geschichte dieser Disziplin haben. Sie wirkten alle mehrere Jahrzehnte in der Akademie. Heinrich Wilhelm Dove, seit 1837 Ordentliches Mitglied, arbeitete auf dem Gebiet der Optik und der Elektrizitätslehre, erwarb sich aber besondere Verdienste als Meteorologe, zu deren wissenschaftlichen Begründern er gehörte. 1848 wurde er Direktor des 1846 gegründeten Preußischen Meteorologischen Instituts, das eine führende Stellung in Deutschland gewann. Mit seiner Gründung begann in Preußen die Einrichtung staatlicher Forschungsinstitute neben den Universitäten und der Akademie. Johann Christian Poggendorff, den die Akademie 1839 zum Ordentlichen Mitglied wählte, hat sich insbesondere durch seine Experimentaluntersuchungen ausgezeichnet. Als Begründer der „Annalen der Physik und Chemie“, deren erste 160 Bände er von 1824 bis 1877 redigierte und herausgab, und des „Biographisch-litterarischen Handwörterbuchs zur Geschichte der exakten Wissenschaften“, das 1857 zu erscheinen begann und bis in die Gegenwart fortgeführt wird, hat er sich einen Namen in der Geschichte der Naturwissenschaften gemacht.

Gustav Magnus, als dritter Physiker dieser Gruppe 1840 zum Ordentlichen Akademiemitglied gewählt, hat 1840 in seinem Haus am Kupfergraben in Berlin ein Laboratorium eingerichtet, womit er auch Studenten erstmals experimentelles physikalisches Arbeiten ermöglichte. Das Laboratorium wurde 1863 von der Universität übernommen, an der Magnus seit 1845 Professor der Physik war. Aus seiner Schule gingen bedeutende Physiker hervor.

Auf dem Gebiet der klassischen und der deutschen Philologie arbeitete Karl Lachmann, der seit 1825 an der Berliner Universität lehrte und 1830 Ordentliches Akademiemitglied wurde. Über seine beiden Arbeitsbereiche hat er auch in der Akademie vorgetragen. Er gehört zu denjenigen Wissenschaftlern, die die Methoden der klassischen Philologie auf historisch-biographisch-philologische Untersuchungen der mittelalterlichen deutschen Literatur anwandte, beispielsweise auf das Nibelungenlied.

Eduard Gerhard gehört zu den herausragenden Archäologen des 19. Jahrhunderts. Er arbeitete mehrere Jahre in Italien, wo er 1829 zum Mitbegründer des Istituto di correspondenza archaeologica wurde. Dieses besteht bis in die Gegenwart, ab 1871 als Preußisches und ab 1874 als Deutsches Archäologisches Institut. Gerhard, der die Förderung des Kronprinzen Friedrich Wilhelm genoß, wurde bereits 1832 Korrespondierendes und 1835, nachdem er die Leitung der archäologischen Abteilung der königlichen Museen in Berlin übernommen hatte, Ordentliches Mitglied der Akademie. Über seine Forschungen hat er dort in mehr als 40 publizierten Abhandlungen berichtet. Ab 1893 bestand bei der Akademie die Eduard-Gerhard-Stiftung.

Schon 1832 hat die Akademie den Historiker und Begründer der kritischen Geschichtsforschung Leopold Ranke, der 1824 seine wirkungsgeschichtlich so bedeutsame Abhandlung „Zur Kritik neuerer Geschichtsschreiber“ publiziert hatte, als Ordentliches Mitglied aufgenommen. Das vielseitige, durch konservative Grundauffassungen geprägte Werk Rankes zur europäischen Geschichte vorwiegend des späten Mittelalters und der frühen Neuzeit bestimmte seine herausragende Stellung in der Historiographie des 19. Jahrhunderts. Er war bereits über 80 Jahre alt, als er an die Abfassung der „Weltgeschichte“ schritt. Seine „Sämtlichen Werke“, deren Edition er 1867 begann, umfassen 54 Bände. In der Berliner Akademie hat Ranke wenig mitgearbeitet, eher in der Akademie der Wissenschaften in München, wo er 1858 Vorsitzender der damals gegründeten Historischen Kommission bei dieser Akademie wurde, und die sich im Rahmen des Deutschen Bundes als gesamtdeutsche Institution verstand. Neben den Quelleneditionen dieser Kommission, die bis heute arbeitet, sind insbesondere deren „Geschichte der Wissenschaften in Deutschland“ (seit 1874), die Ranke besonders am Herzen lag, und die „Allgemeine Deutsche Biographie“ (seit 1875) einschließlich ihrer Fortsetzung „Neue Deutsche Biographie“ (ab 1953) als Arbeitsvorhaben zu erwähnen. Ranke hat, so läßt sich rückschauend feststellen, die individuelle und fachspezifische gemeinsame Arbeit gegenüber der interdisziplinären der Akademien der Wissenschaften höher bewertet. Das fand seinen Ausdruck auch in seiner eher zurückhaltenden Mitarbeit in der Berliner Akademie.

Die Übersiedlung der Brüder Grimm nach Berlin

Das Leben und die Wirkungsgeschichte von Jakob und Wilhelm Grimm sind auf vielfältige Art mit der Entwicklung der Berliner Akademie verbunden. Die Begründer der Germanistik, deren Namen durch ihre Märchensammlungen weitesten Kreisen zum Begriff wurden, waren etwa zwanzig Jahre in Berlin tätig. Hier arbeiteten sie an ihrem „Deutschen Wörterbuch", dessen Weiterführung und Abschluß rund hundert Jahre nach ihrem Tod wiederum Teil der Berliner Akademiegeschichte ist. Die Umstände der Übersiedlung der Grimms nach Berlin im Jahre 1841 eröffnen zugleich Einblicke in wissenschaftspolitische Bestrebungen in Deutschland und in Preußen, in die die Berliner Akademie eingebunden war.

Jakob Grimm, Professor der Philologie in Göttingen und Mitglied der dortigen Gesellschaft der Wissenschaften, wurde 1826 zum Korrespondierenden Mitglied der Akademie in Berlin gewählt. Schon 1830 wurde über seine Wahl zum Auswärtigen Mitglied verhandelt, doch war diese überschattet durch die Auseinandersetzungen zwischen den beiden Klassen der Akademie, die 1831 sogar zum Antrag der Philosophisch-historischen Klasse auf Trennung von der Physikalisch-mathematischen Klasse führten, was praktisch die Teilung der Akademie bedeutet hätte. Den Hintergrund bildete die Tatsache, daß die Gesamtakademie von sieben Wahlvorschlägen der Philosophisch-historischen Klasse nur einen gebilligt hatte, woran diese der Parallelklasse die Schuld gab. Zu den Abgelehnten gehörten 1830 Georg Wilhelm Friedrich Hegel als Ordentliches und Jakob Grimm als Auswärtiges Mitglied. Hegel, der bereits 1831 starb, wurde niemals Berliner Akademiemitglied. Jakob Grimm dagegen wurde 1832 zum Auswärtigen Mitglied gewählt, und zwar gleichzeitig mit seinem Bruder Wilhelm, dem Professor der Philologie in Göttingen, der Korrespondierendes Mitglied wurde.

Diese Wahlen der Brüder Grimm in den Jahren 1826 und 1832 hatten auf deren weiteres Schicksal nachhaltigen Einfluß. Die Mitgliedschaft gab ihnen, wie anderen Wissenschaftlern auch, die Möglichkeit, bei Anwesenheit in Berlin an den Sitzungen der Akademie und überhaupt, wenn sie das gewollt hätten, an deren Arbeiten teilzunehmen. Weitergehende Folgen hatte die Wahl zum Auswärtigen Mitglied. Sie bot Jakob Grimm die Voraussetzung, ohne die Durchführung einer erneuten Wahl automatisch Ordentliches Mitglied zu werden, falls er seinen ständigen Wohnsitz in Berlin nahm. Diese Bestimmung, die nicht für Korrespondierende Mitglieder, also nicht für Wilhelm Grimm, galt, erwies sich als bedeutsam, als die Grimms ihre Anstellung als Professoren in Göttingen verloren.

Kurz nach der Jahrhundertfeier der Göttinger Universität hatte der hannoversche König Ernst August 1837 die Verfassung des Landes außer Kraft gesetzt. Eine der Folgen war die Weigerung von sieben Göttinger Professoren, diesen Verfassungsbruch anzuerkennen, der auch unter den Fürsten des Deutschen Bundes nicht unumstritten war, während der Bundestag in Frankfurt am Main eine Behandlung der Problematik ablehnte. Die Entlassung der Göttinger Professoren, darunter der Brüder Grimm, führte zu Protesten von Vertretern des deutschen Geisteslebens, die sich beispielsweise in der Gründung von Unterstützungskomitees für die Göttinger Sieben äußerten. Sie waren Ausdruck für einen Aufschwung der demokratischen Bewegung insbesondere unter der deutschen Intelligenz. Alexander von Humboldt beispielsweise empfand das Vorgehen des hannoverschen Königs als „tyrannisch", betonte aber zugleich: „Solche Vorgänge fördern die Sache der Freiheit im schlummernden Deutschland."[17]

Die Brüder Grimm, die zusätzlich zu ihrer Entlassung in Göttingen noch die Ausweisung Jakobs aus dem Königreich Hannover getroffen hatte, gingen in ihren ehemaligen Wirkungsort Kassel nach Hessen zurück. Hier fiel 1838 ihre Entscheidung für die Erarbeitung eines deutschen Wörterbuchs. Der preußische Kronprinz, der spätere König Friedrich Wilhelm IV., sah bereits damals die Chance, für seine wissenschaftlich-künstlerischen Interessen aus dem hannoverschen Vorgehen Gewinn zu ziehen, obwohl dadurch die monarchische Loyalität in Frage gestellt war. „Ich höre heute", schrieb der Kronprinz 1838, „daß die Grimms aus Göttingen und dem Lande verjagt sind. Gewiß haben sie und Konsorten nicht gut gehandelt mit ihrer Protestation. Mais le meilleur cheval bronche un fois. [Aber auch das beste Pferd stolpert einmal.] Der Gewinn der Grimms für unsere Universität wäre gewiß etwas Großes." Während er deshalb „fast Freude empfand, als Onkel Hannover mit den Grimms ‚Chass' aus dem Haus' machte", bedauerte er zugleich, daß Ernst August „bey Behandlung der 7 Professoren über den so *nöthigen* Ernst hinaus in *unnöthige* Strenge hineingegangen" war.[18]

Die Bemühungen, die Grimms nach Berlin zu ziehen, erreichten eine neue Stufe, nachdem der Kronprinz 1840 preußischer König geworden war. An ihm haftete der Ruf, liberaler als sein Vater zu sein. Die Wiederherstellung der Rechte Ernst Moritz Arndts als Professor in Bonn und andere Aktivitäten nach der Thronbesteigung schienen das zu bestätigen. Im Herbst 1840 wurden „vertrauliche" Verhandlungen über die Übersiedlung der Grimms nach Berlin eingeleitet, in die neben anderen A. von Humboldt, Savigny, der preußische Kultusminister Eichhorn, der leitende hannoversche Minister und der preußische Gesandte in Hannover eingeschaltet wurden. Das Ziel bestand darin, auf jeden Fall eine förmliche Berufung der Brüder Grimm nach Berlin zu vermeiden, worauf Ernst August bestand, wie er Anfang 1841 an Friedrich Wilhelm IV. schrieb: „Allein sie auf einer Deiner Universitäten als ernannte Professoren zu sehen . . . würde mich sehr ärgern, nicht nur um der Folgen willen, die das für die Universität selbst haben könnte, sondern das würde vor den Augen der Welt zeigen, daß der König von Preußen mich wegen meiner Prinzipien tadelt, die, wie er wohl weiß, nur auf die Aufrechterhaltung der guten Ordnung und der monarchischen Grundsätze abzielen."[19]

Der Ausweg wurde gefunden, indem man betonte, die Grimms würden ausschließlich zu „einem Aufenthalt zur Betreibung wissenschaftlicher Zwecke"[20] nach Berlin kommen, und man wäre nicht in der Lage, „einem Mitgliede der Berliner Akademie das ihm zustehende Recht zu entziehen",[21] in Berlin zu wirken. Deshalb wurde die Arbeit der Grimms am Deutschen Wörterbuch in den Vordergrund gerückt. Nach deren grundsätzlicher Zusage zur Übersiedlung nach Berlin hat der König Ende November 1840 nach seinen eigenen Worten „ihnen die zur Herausgabe ihres Werkes nötigen Fonds zu beschaffen versprochen, aber auch das *nur* solange, bis ihr Werk fertig sein wird, damit jeder Schein eines Gehaltes oder einer Anstellung verschwinde".[22] Deshalb einigten sich der hannoversche Minister und der preußische Gesandte in Hannover im Dezember 1840 darauf, „daß die Aufnahme der Grimms in Berlin keine politische Tendenz und Bedeutung habe, sondern daß es sich dabei lediglich um eine wissenschaftliche Angelegenheit handle".[23] In diesem Sinne sollte auch in der preußischen zensurierten Presse berichtet werden.

Die Durchführung des Kompromisses fiel in den Aufgabenbereich der Akademie. Für Jakob Grimm ging es allein um die Übersiedlung, denn als Auswärtiges Mitglied trat er damit automatisch in die Rechte eines Ordentlichen ein. Für Wilhelm Grimm wurde Ende November 1840 der Wahlprozeß eingeleitet und am 11. Februar 1841 mit der Wohl zum Ordentlichen Mitglied abgeschlossen. Der Tag der königlichen Bestätigung der Wahl Wilhelms, der 9. März 1841, ist zugleich das Datum, mit dem die Ordentliche Mitgliedschaft Jakobs in der Preußischen Akademie beginnt. Damit erhielten beide als lesende Akademiemitglieder zugleich das Recht zu Vorlesungen an der Friedrich-Wilhelms-Universität, das sie auch wahrgenommen haben.

In der Akademie haben die Brüder Grimm von Anfang an aktiv mitgearbeitet. Ihr „Deutsches Wörterbuch“ freilich, für dessen Ausarbeitung ihnen jetzt günstige Bedingungen gewährt waren, konnten sie angesichts des immensen Ausmaßes des Vorhabens nicht über die Anfänge hinausbringen. Nach verschiedenen Zwischenstufen wurde es ab 1908 als Unternehmen der Preußischen Akademie der Wissenschaften betrieben und erst nach dem zweiten Weltkrieg abgeschlossen.

Die Berliner Akademie war in diesem Prozeß der Gewinnung der Grimms nicht eigentlich handelndes, sondern ausführendes Organ. Freilich waren offensichtlich nicht alle Mitglieder der Ansicht, daß Friedrich Wilhelm richtig vorging. Eine besondere Rolle spielte in dieser Frage zweifellos Savigny, der einstige Lehrer Jakob Grimms. Obwohl Savigny zuerst durch seine Schwägerin Bettina von Arnim und später durch den König selbst in die Bemühungen um die Änderung der Lage der Grimms in Kassel eingeschaltet wurde, kam es doch zu einer Entfremdung zwischen den Wissenschaftlern, wenn auch nicht zum Bruch. Bereits seit der Julirevolution 1830 in Frankreich waren die Wege von Jakob Grimm und Savigny auseinandergegangen. Der eine wendete sich deutlicher dem Liberalismus zu, der andere demonstrierte sichtbarer seine legitimistischen Anschauungen. Der eine protestierte 1837 in Göttingen und zog 1848 als Abgeordneter in die Frankfurter Paulskirche ein, der andere konnte im Schritt des hannoverschen Königs einen Rechtsbruch nicht erkennen und war von 1842 bis 1848 preußischer Minister für Gesetzgebungsrevision. Nach Savignys Tod bekannte Jakob Grimm 1862: „Mein Schritt in Göttingen war ihm zuwider, sein Briefwechsel stockte.“[24] Die Vorgänge um die Übersiedlung der Brüder Grimm nach Berlin, die Bestandteil der wissenschaftlichen Bestrebungen in den deutschen Bundesstaaten waren, zeigten deutlich, daß sich ein Ende der Restaurationsperiode in Deutschland abzeichnete. Im Ringen zwischen den demokratisch-liberalen und den feudal-restaurativen Kräften im Deutschen Bund wirkten der Protest der Göttinger Sieben und seine Folgen stimulierend, vor allem auf die Vertreter des deutschen geistig-kulturellen Lebens.

„Pour le mérite für Wissenschaften und Künste“

Die Zwiespältigkeit der an den Namen Friedrich Wilhelms IV. gebundenen preußischen Wissenschaftspolitik resultierte nicht nur aus den persönlichen Ambitionen des Monarchen, der wissenschaftlich und künstlerisch gebildet und sehr interessiert war. Von ihm wurde als dem „Romantiker auf dem Thron“ gesprochen. Zunächst wurde seine Thronbesteigung 1840 von der Öffentlichkeit in der Hoffnung auf eine liberalere Politik begrüßt, schließlich blieben aber doch die antikonstitutionellen, von der Überzeugung monarchischer Machtvollkommenheit getragenen Vorstellungen des Königs, die von tiefer Religiosität getragen waren, die bestimmenden. In die Geschicke der Akademie hat er bereits unmittelbar nach seinem Regierungsantritt 1840/41 durch die Gewinnung der Brüder Grimm nachhaltig eingegriffen.

Dem wissenschaftlich-künstlerischen Anliegen des Königs entsprach auch eine Entscheidung, die mittelbar die Akademie der Wissenschaft betraf. Im Jahre 1740 hatte Friedrich der Große den Orden „Pour le mérite" gestiftet, der ab 1810 im Unterschied zur ursprünglichen Praxis nur noch für militärische Verdienste verliehen wurde. 1842 stiftete Friedrich Wilhelm IV. ergänzend dazu den Orden „Pour le mérite für Wissenschaften und Künste", der bis heute besteht. Obwohl Alexander von Humboldt nicht der Initiator des Ordens war, hat er doch das Umfeld, in dem er entstand, und seine erste Entwicklung nachhaltig bestimmt. Er war der erste Kanzler des Ordens, in den am 31. Mai 1842 erstmalig 56 in- und ausländische Wissenschaftler und Künstler aufgenommen wurden. Der König behielt sich die Entscheidung über die Aufnahme in den Orden vor, räumte aber den Mitgliedern das Recht der Zuwahl ein.

Die Zahl der deutschen Ordensmitglieder – wobei zunächst die am Heiligen Römischen Reich deutscher Nation orientierten Grenzen des Deutschen Bundes und ab 1890 die deutsche Reichsangehörigkeit (also dann ohne Österreich) galten – war auf 30 festgelegt. Die Zahl der ausländischen Mitglieder durfte nicht höher sein als die der deutschen. Von Humboldt stammte die seit 1846 geltende Festlegung, daß die Preußischen Akademien der Wissenschaften und der Künste jeweils drei Vorschläge für die Zuwahl eines ausländischen Wissenschaftlers und Künstlers machten, aus denen der König die Mitglieder auswählte. Dieser hat sich, jedenfalls solange Humboldt Kanzler war, fast ausnahmslos für die Kandidaten entschieden, die von den Akademiemitgliedern die meisten Stimmen erhalten hatten. Nicht nur diese Regelung, sondern auch die Tatsache, daß die meisten wissenschaftlichen Ordensmitglieder zugleich Mitglieder der Preußischen Akademie mit unterschiedlichem Status waren, rückt den Orden „Pour le mérite für Wissenschaften und Künste" in das Umfeld der Akademie.

Von den ersten 30 deutschen Ordensmitgliedern wirkten 22 in Berlin, darunter die Ordentlichen Mitglieder der Preußischen Akademie der Wissenschaften Böckh, Bopp, von Buch, Ehrenberg, Encke, J. Grimm, A. von Humboldt, Mitscherlich, Johannes Müller, Karl Ritter und von Savigny (er wurde zweiter Kanzler nach dem Tode von Humboldt). Repräsentativ vertreten war die ausländische Wissenschaft unter den 26 Mitgliedern mit dem französischen Physiker Arago, dem schwedischen Chemiker Berzelius, dem englischen Botaniker Brown, dem englischen Chemiker und Physiker Faraday, dem französischen Chemiker und Physiker Gay-Lussac, dem englischen Astronomen Herschel, dem Forschungsreisenden Krusenstern aus Rußland, dem italienischen Physiker Melloni und dem dänischen Physiker Oersted, von denen viele auch der Akademie in Berlin als Mitglieder angehörten. Zu den ersten Ordensmitgliedern, die nicht oder später zu Ordentlichen Akademiemitgliedern gewählt wurden, gehörten der Königsberger Astronom Bessel (Auswärtiges Mitglied 1812), der Berliner Chirurg Johann Friedrich Dieffenbach, der Göttinger Mathematiker Gauß (Auswärtiges Mitglied 1812), der Königsberger Mathematiker K. G. J. Jacobi (Korrespondent 1829, Auswärtiges Mitglied 1836, Ordentliches Mitglied 1844), der Wiener Slawist Bartholomäus Kopitar (Korrespondent 1836), der Münchener Philosoph F. W. J. von Schelling (Auswärtiges Mitglied 1832, Ordentliches Mitglied 1842) und der Berliner Mediziner Johann Lukas Schönlein.

„Man kann die Friedensklasse des Pour le mérite in ihrer ursprünglichen Gestalt als eine Schöpfung des ‚anderen Preußen‘ bezeichnen, des Staates, der im Sinne der idealistischen Reformer auf Geist gegründet sein soll und sich durch ‚moralische Eroberungen‘ die Führung in Deutschland erwerben will“, schrieb Theodor Schieder in einem Essay über den Orden.[25] Dessen weitere Geschichte zeigt, daß er diesem Anliegen in den Grenzen, die die Zahl der Wählbaren und die jeweils zeitgenössische Einsicht in die Trends der Wissenschafts- und Kunstentwicklung zogen, durchaus gerecht zu werden suchte.

Freilich ist auch nicht zu übersehen, daß eine vom König 1842 getroffene Entscheidung nicht nur von Zeitgenossen als problematisch empfunden wurde: Die Aufnahme Metternichs in den Orden „Pour le mérite für Wissenschaften und Künste“. Humboldt nannte sie in einem Brief an Gauß 1842 „eine launige Ernennung. Die bösen Berliner sagen, es sei ein Gegenstück zu Daguerre.“[26] Damit spielte er gegen den „Dunkelmann“ Metternich auf den ebenfalls zum Ordensritter ernannten Louis Jacques Mandé Daguerre an, den Erfinder der „Lichtbilder“, der „Daguerrotypie“. Dabei muß rückschauend nach dem heutigen Kenntnisstand die Frage gestellt werden, ob das gängige Urteil über die generelle Behinderung der Wissenschaft durch das von Metternich repräsentierte Regime im Deutschen Bund, so nachteilig es insgesamt gewesen ist, allgemein gilt oder ob die Situation etwa für die Naturwissenschaften selbst in Österreich differenzierter gewesen ist. Immerhin bleiben die Gründung der Akademie der Wissenschaften in Wien 1847 und deren lange Vorgeschichte auch mit dem Namen des Staatskanzlers verbunden. Selbst eine Fehlentscheidung neben 55 anderen, die aus wissenschafts- und kunstgeschichtlicher Sicht zum überwiegenden Teil Bestand haben, beeinträchtigt nicht die Tatsache, daß die Stiftung des „Ordens pour le mérite für Wissenschaft und Künste“ im Jahre 1842 für den Wissenschaftsstandort Berlin von weittragender Bedeutung war.

Zuwahlen und Unternehmen der vierziger Jahre

Zu den zwölf Wissenschaftlern, die von 1841 bis 1847 als Ordentliche Mitglieder in die Akademie aufgenommen wurden, gehörten die Brüder Grimm. Gleichzeitig mit ihnen wurde der Germanist Friedrich Heinrich von der Hagen 1841 gewählt. Er hatte bereits 1810 an der Berliner Universität gelehrt, war aber 1811 nach Breslau berufen worden, von wo aus er 1824 an die Berliner Universität zurückkehrte. Er hat Verdienste um die Erforschung der deutschen Literatur des Mittelalters, worüber er auch fleißig publizierte, darunter auch in dem von ihm seit 1835 herausgegebenen „Jahrbuch der Berliner Gesellschaft für deutsche Sprache und Altertumskunde“. Im Unterschied zu seinen Fachgenossen Lachmann und den Brüdern Grimm, deren Arbeiten er kritisch gegenüberstand, gehörte er nicht zu den herausragenden Gestalten der germanischen Philologie seiner Zeit. Seine vergleichsweise späte Wahl in die Akademie – etwa eineinhalb Jahrzehnte nach seiner Berliner Berufung – bestätigt seine relative Randstellung in der Forschung, deren neuen Methoden er sich verschloß.

Von geringer wissenschaftsgeschichtlicher Bedeutung waren auch die Zuwahlen des Rechtshistorikers Heinrich Eduard Dirksen (1841) und des Statistikers Karl Friedrich Wilhelm Dieterici (1847). Hervorhebung dagegen verdient die 1841 vollzogene Wahl des Orientalisten Wilhelm Schott, der seit 1838 in Berlin lehrte und der sich insbesondere mit den ostasiatischen Sprachen beschäftigte. Er gilt als Begründer der Erforschung der finnisch-tatarischen Sprachen in Deutschland und hat in der Akademie in den fast 50 Jahren seiner Mitgliedschaft neben zahlreichen weiteren Werken mehr als 50 Abhandlungen in deren Publikationen veröffentlicht.

In dem hier behandelten Zeitraum der vierziger Jahre wurden zwei Philosophen Ordentliche Mitglieder der Akademie. Friedrich Wilhelm Joseph von Schelling, dessen Hauptleistung in seinem frühen Schaffen liegt, gehört zu den herausragenden Vertretern der klassischen deutschen Philosophie. Seine Hauptwirkungsorte waren Leipzig, Jena, Würzburg, Erlangen und besonders München, wo der hochbegabte Gelehrte bereits 1806 Ordentliches Mitglied der Bayerischen Akademie der Wissenschaften wurde, deren Präsident er von 1827 bis 1842 war. Seine naturphilosophischen Anschauungen, basierend auf spezifischer Verarbeitung und Interpretation naturwissenschaftlicher Erkenntnisse, bestimmten, befruchteten und hemmten die geistige Diskussion der ersten Hälfte des 19. Jahrhunderts. Im Jahre 1832 wurde er zum Auswärtigen Mitglied der Preußischen Akademie gewählt, nachdem seine bereits 1830 vorgeschlagene Wahl im Umfeld der Auseinandersetzungen innerhalb der Akademie gescheitert war. Schellings Berufung nach Berlin durch Friedrich Wilhelm IV. im Jahre 1842 im Kontext von dessen durchaus widersprüchlicher Wissenschaftspolitik verfolgte nicht zuletzt das Ziel, den nachwirkenden Einfluß Hegels einzudämmen. Mit der Übersiedlung nach Berlin trat Schelling automatisch in die Reihe der Ordentlichen Mitglieder der Akademie ein, wo er wie als Professor an der Friedrich-Wilhelms-Universität allerdings nur kurzzeitig und wenig wirksam wurde.

Zu den namhaftesten Gelehrten Berlins gehörte über viele Jahrzehnte seit 1833, als er außerordentlicher Professor wurde, der Philosoph und Philologe Friedrich Adolf Trendelenburg, der in seinen Anschauungen an Aristoteles anknüpfte und auch als Philosophiehistoriker hervorgetreten ist. 1846 wurde er Ordentliches Mitglied der Akademie und schon im folgenden Jahr bis 1871 einer der Sekretare der Philosophisch-historischen Klasse. In dieser Funktion, nicht zuletzt durch seine zahlreichen Ansprachen auf öffentlichen Sitzungen der Akademie und durch seine wissenschaftlichen Leistungen, hat er die Arbeit und die Stellung der Akademie im Bildungs- und Forschungsgefüge seiner Zeit stark geprägt.

Von vergleichbarer, wenngleich andersartiger Bedeutung war 1843 die Wahl des Historikers Georg Heinrich Pertz zum Ordentlichen Mitglied der Akademie, deren Korrespondent er seit 1840 war. Als geistiger Kopf und umsichtiger Organisator prägte Pertz seit 1820 die Monumenta Germaniae Historica, das vom Freiherrn vom und zum Stein initiierte umfassendste Unternehmen zur Edition mittelalterlicher deutscher Geschichtsquellen. Durch die Berufung von Pertz aus Hannover als Leiter der Königlichen Bibliothek in Berlin als Nachfolger Wilkens gelangte dieses Unternehmen in Preußens Hauptstadt, wo es hundert Jahre betrieben wurde. Es war mit der Akademie freilich zunächst nur durch die Person von Pertz verbunden. Ranke hat an der Übersiedlung seines Freundes, der ihm als Forscher nicht ebenbürtig war, nach Berlin mitgewirkt, weil er Berlin für den besseren Platz der Arbeit an den Monumenta als Hannover hielt.

Noch stärker als auf geisteswissenschaftlichem Gebiet hielten sich die Veränderungen innerhalb der Akademie durch Zuwahlen auf naturwissenschaftlichem Gebiet in engen Grenzen. Die Aufnahme des mathematisch-astronomisch gebildeten Hydrotechnikers Gotthilf Hagen, der schon 1816 im Auftrage der Akademie eine totale Sonnenfinsternis beobachtet hatte, als Ordentliches Mitglied in die Akademie im Jahre 1842 entsprach deren Linie, wissenschaftlich ausgewiesene Vertreter der Staatsverwaltung, in diesem Falle der Oberbaudeputation, in die Akademie zu wählen. Hagen lehrte auch an der Bauakademie in Berlin. Der Akademie der Wissenschaften hat er während mehrerer Jahrzehnte eine stattliche Reihe vor allem wasserbautechnischer Forschungsergebnisse vorgelegt.

Einer der bedeutendsten Mathematiker der ersten Hälfte des 19. Jahrhunderts war Karl Gustav Jakob Jacobi, der 1829 an seinem 25. Geburtstag Korrespondierendes, 1836 Auswärtiges und 1844 Ordentliches Akademiemitglied wurde. Sein Hauptarbeitsgebiet war die Theorie der elliptischen Funktionen. 1841 veröffentlichte er seine wirkungsgeschichtlich bedeutende Arbeit über die Theorie der Determinanten. Als Jacobi entsprechend seinen demokratischen Auffassungen während der Revolution von 1848/49 aktiv wurde, verlor er einen Teil seines Gehalts und erwog daher die Annahme einer Berufung nach Wien. Es war nicht zuletzt A. von Humboldt und seinen Bemühungen auch in der Akademie zu verdanken, daß sich Jacobi zum Bleiben in Berlin entschied. Doch ist er schon im Februar 1851 gestorben.

Die Wahl des Physikers Peter Theophil Rieß zum Ordentlichen Akademiemitglied im Jahre 1842 ist nicht zuletzt deshalb bemerkenswert, weil er der erste Jude in dieser Position in der Akademie gewesen ist, während zum Christentum konvertierte Wissenschaftler jüdischer Herkunft schon früher aufgenommen wurden. A. von Humboldt hatte sich auch in diesem Falle eingeschaltet. Das belegt seine eigene Wiedergabe seines Briefes an den Kultusminister, „daß die Akademie wisse, wer Riess sei; dazu sei die Akademie zu allem berechtigt, was die Statuten nicht verböten“.[27] Rieß, der an keiner wissenschaftlichen Einrichtung wirkte und dessen Wahl in die Akademie wegen seiner Glaubenszugehörigkeit von der Staatsbehörde zumindest verzögert wurde, betrieb als Privatmann physikalische Forschungen, vor allem zur Reibungselektrizität, worüber er auch Monographien publizierte. In den Veröffentlichungen der Akademie hat er 40 seiner Untersuchungsergebnisse bekannt gemacht.

Während die Liste der Auswärtigen Mitglieder in den vierziger Jahren nur durch sechs Wissenschaftler, darunter Michael Faraday, Louis Joseph Gay-Lussac und Jean Baptiste Biot, die bereits Korrespondenten waren, erweitert wurde, stieg die Zahl der Korrespondierenden Mitglieder von 1840 bis 1850 um insgesamt über 80, wobei die Geisteswissenschaftler mit etwa 60 das Übergewicht hatten. Auch in diesem Falle verbietet es sich aus Raumgründen, einzelne Namen von Wissenschaftlern zu nennen, von denen einige später noch Auswärtige oder Ordentliche Mitglieder geworden sind. Unter den neuen Korrespondenten waren Wissenschaftler aus zahlreichen deutschen Bundesstaaten, einschließlich Österreich, sowie aus Dänemark, Frankreich, Großbritannien, Italien, den Niederlanden, Schweden, der Schweiz und den USA.

In dem hier behandelten Zeitraum hat die Akademie nur ein einziges neues wissenschaftliches Unternehmen begonnen: die Edition der Werke Friedrichs des Großen. Schon in Vorbereitung auf den hundertsten Jahrestag seiner Thronbesteigung wurde Ende der dreißiger Jahre ein solches Vorhaben geplant. Begonnen wurde es 1840 nach der Thronbesteigung Friedrich Wilhelms IV. – aus Pietät für den Vorgänger auf dem preußischen Thron und aus historischem Interesse. A. von Humboldt, der sich an der unter Leitung von Böckh stehenden Friedrich-Edition beteiligte, schrieb in anderem Zusammenhang 1843: „Hätte der König ausgeführt, was den Kronprinzen so lebhaft beschäftigte, nach Guizots Beispiel unter Ranke's oder Pertz's Leitung eine Commission für endliche Bearbeitung der in den Archiven der Hauptstadt und der Provinzen tief schlummernden *historischen* Documente zu ernennen ...“[28] In diesen Kontext gehört die Friedrich-Werkausgabe, für die allerdings weder Pertz noch Ranke, den Humboldt nicht schätzte, herangezogen wurden. Die Öffnung der Archive für sie war ein wesentlicher Punkt. Die eigentlichen Editionsarbeiten leistete der Historiker Johann David Erdmann Preuß, der sich durch mehrere Untersuchungen über Friedrich II. seit 1834 ausgewiesen hatte. Die Forderung des Königs, August Wilhelm von Schlegel in Bonn, der seit 1822 Auswärtiges Akademiemitglied war, an der Ausgabe zu beteiligen, wurde in Berlin als nicht vorteilhaft angesehen. Sie hatte jedoch kaum Folgen, da Schlegel schon 1845 starb. Die dreißigbändige Ausgabe der „Oeuvres“ mit den historischen, den philosophischen, den poetischen und den militärischen Werken sowie der Korrespondenz erschien in einer einfachen und in einer Prachtausgabe von 1846 bis 1857. Damit vollzog die Akademie den Einstieg in ihre Forschungen und Editionen zur preußischen Geschichte, auf die noch zurückzukommen sein wird.

Akademien in den Ländern des Deutschen Bundes

Außer im Königreich Preußen arbeiteten in zwei weiteren deutschen Königreichen seit der Mitte des 18. Jahrhunderts Akademien der Wissenschaften: in Göttingen/Hannover und in München/Bayern. Auch wenn sich die Organisationsformen der Akademien in Details unterschieden, so zeichneten sich doch alle drei dadurch aus, daß in ihnen sowohl die Natur- als auch die Geisteswissenschaften gepflegt wurden und daß sie ungeachtet ihrer Bindung an einen deutschen Bundesstaat zugleich gesamtdeutsche und internationale Bedeutung hatten. Als Hauptform interakademischer Kontakte erwiesen sich unverändert wechselseitige Wahlen von Wissenschaftlern und der Schriftentausch. Organisatorische Formen der Zusammenarbeit bildeten sich erst in späterer Zeit heraus.

Eine Sonderstellung im deutschen Akademiegefüge nahm die Leopoldina ein, einmal als spezifische naturwissenschaftliche Akademie und zum anderen als Institution, deren Bezugspunkt, das Heilige Römische Reich deutscher Nation, seit 1806 nicht mehr bestand. Es war der Fall eingetreten, daß eine Kaiserliche Akademie – so weiterhin ihr Name – in einer Konföderation ohne Staatsoberhaupt existierte. Die fehlende feste Ortsbindung und die Festlegung des Sitzes der Akademie entsprechend dem Wohnort ihres Präsidenten erwies sich unter diesen Umständen trotz der Probleme, die diese Regelung mit sich brachte, als ein Vorteil.

Als sich das Reich auflöste, hatte die Leopoldina ihren Sitz bereits seit 1788 in Erlangen. In der Zeit des Umbruchs war von 1791 bis 1810 Johann Christian Daniel Schreber deren IX. Präsident. Er war als Medizinprofessor in Erlangen auf botanischem und zoologischem Gebiet tätig und schriftstellerisch aktiv. Bekannt wurde er durch seine 1775 begonnene „Geschichte der Säugetiere“. Schon 1792 wurde Schreber Ehrenmitglied der Akademie in St. Petersburg, 1808 nahm ihn die Bayerische Akademie unter ihre Auswärtigen Mitglieder auf. Unter Schrebers Präsidentschaft wurden 1793 A. von Humboldt und der Astronom Friedrich Wilhelm Herschel Leopoldina-Mitglieder. Erlangen, wo seit 1742 eine Universität besteht, gehörte bis 1791 zur Markgrafschaft Bayreuth, gelangte dann an Preußen und 1810 an Bayern. Diese territorialen Veränderungen blieben nicht ohne Folgen für die Leopoldina. Bereits 1804 gab es Bestrebungen, die Leopoldina zukünftig fest in Erlangen anzusiedeln und sie mit der Universität zu verbinden. Hinter dieser Absicht stand Karl August Fürst von Hardenberg, in den neunziger Jahren Minister der fränkischen Herzogtümer und seit 1797 in leitender Position in Berlin. 1805 förderte die preußische Regierung die Verlegung der Bibliothek und der Sammlungen der Leopoldina aus Erfurt, wo sie sich als einem früheren Sitz der Leopoldina seit 1735/36 befanden, nach Erlangen. Damit schienen die Voraussetzungen für ein ständiges Verbleiben der Leopoldina in Erlangen gesichert, zumal 1810 und 1818 erneut Erlanger Professoren der nun bayerischen Universität zu Leopoldina-Präsidenten gewählt wurden.

Der 1818 in Erlangen gewählte Präsident Christian Gottfried Daniel Nees von Esenbeck, ein verdienstvoller Kryptogamenforscher, wurde jedoch noch in demselben Jahr als Professor an die neu gegründete preußische Universität Bonn berufen, von wo er 1830 nach Breslau ging. Bis 1858 stand Nees an der Spitze der Leopoldina, die mit ihm nach anfänglichen Auseinandersetzungen 1818 vom Bayerischen ins Preußische wechselte. Die preußische Regierung förderte den Umzug der „durch ihre vielseitigen Verdienste um die Naturwissenschaft ehrwürdigen Akademie" – so der Kultusminister von Altenstein an Nees am 18. Mai 1819 – nach Bonn und erklärte ihre Absicht, sie *als eine freie deutsche Anstalt* zu erhalten.[29] Auf dieser Basis konnte die Leopoldina fortan arbeiten. Die Versuche des späteren XII. Leopoldina-Präsidenten Dietrich Georg Kieser in den Jahren 1843 und 1844, die Leopoldina unter den direkten Schutz Preußens und Österreichs zu stellen, mißlangen ebenso wie die Reformvorschläge von 1848 an die Nationalversammlung in Frankfurt am Main auf die „Stiftung einer Allgemeinen deutschen Central-Akademie der Wissenschaften"[30] auf der Grundlage der Leopoldina. Diese behielt damit ihre eigentlich ungeklärte Stellung im deutschen Akademiegefüge. Immerhin bezeugen ihre wissenschafts-politischen Bestrebungen bei gleichzeitiger Weiterführung wissenschaftlicher Forschungsarbeiten den geistigen Zusammenhalt der Wissenschaftler in der Zeit der deutschen Konföderation. 1858 betrachtete Kieser die Leopoldina als eine Institution, „welche bei der Auflösung des deutschen Reiches und der Zersplitterung der Einheit Deutschlands als der einzige Rest des früheren, zu einer großen Gesamtheit verbunden gewesenen Reichskörpers deutscher Zunge den Verfall des organischen Ganzen überlebt, und im Reiche der Naturwissenschaft als *selbständiger, freier, keinem einzelnen Staate untergeordneter* Körper sich erhalten hat".[31]

Dominierend blieb gleichwohl das föderale Prinzip der Wissenschaftsorganisation im Deutschen Bund, wo 1846 und 1847 neben die drei bestehenden zwei weitere Akademien der Wissenschaften traten.

Im Jahre 1845 wandten sich 13 Professoren der Universität Leipzig an das sächsische Ministerium des Kultus und des öffentlichen Unterrichts mit dem Vorschlag, den damals bevorstehenden 200. Geburtstag des Leipzigers Gottfried Wilhelm Leibniz zum Anlaß für die Gründung einer mit der Universität verbundenen, „zugleich aber auf das ganze Königreich Sachsen oder vielleicht sogar auf die gesammten sächsischen Lande auszudehnenden Königlich Sächsischen Gesellschaft der Wissenschaften"[32] zu nehmen. Im Umfeld der sächsischen Reformpolitik auf dem Gebiet der Wissenschaft, die beispielsweise Anfang der dreißiger Jahre zur Umgestaltung der Leipziger Universität führte, wurde bei der Akademiegründung zugleich an die Pläne von Leibniz und Tschirnhaus – an erstere direkt, an die anderen indirekt – vom Beginn des 18. Jahrhunderts angeknüpft. Die Eröffnung der Wissenschaftsgesellschaft in

Leipzig erfolgte 1846. Dabei „schwebte zunächst das Vorbild Göttingens den Begründern vor Augen“, wie 1858 festgestellt wurde. Aber auch die allgemeine Entwicklung wurde berücksichtigt: „In den letzten 40 Jahren sind daher mehrfach Akademien und Universitäten in nähere Verbindung gebracht worden; so in Berlin, München, Wien, Petersburg.“[33] Auf die Verbindung „mit allen deutschen Akademien“, jedoch auch mit ausländischen, durch den Schriftentausch wurde 1858 ausdrücklich verwiesen.

Ähnlich wie in Leipzig verlief die Gründung der Akademie der Wissenschaften in Wien. Die im Vergleich zu Sachsen bedeutendere Stellung Österreichs im Deutschen Bund und der Charakter des Kaiserreiches als Vielvölkerstaat warf jedoch zugleich Probleme auf. In Wien war seit dem Beginn des 18. Jahrhunderts immer wieder der Plan erwogen worden, eine Akademie zu gründen. Unter Maria Theresia und Josef II. zeichneten sich sogar ganz konkrete Vorstellungen ab. Aber auch damals kam man über Planungen nicht hinaus. Erst seit den dreißiger Jahren des 19. Jahrhunderts rückte die Gründung in greifbare Nähe.

Es waren einerseits die Wissenschaftler, die sich um eine solche Institution bemühten, und andererseits die Staatsbehörden, die sich jedoch trotz zeitweilig weit gediehener Planungen immer wieder nicht zu einer Entscheidung durchringen konnten. Obwohl die grundsätzliche Überzeugung weit verbreitet war, daß wissenschaftliche und politische Gründe für eine Akademie in Wien sprachen, komplizierte gerade die Verflechtung beider Faktoren das Problem. Österreich galt als eine der führenden europäischen Großmächte und zugleich nach dem Wiener Kongreß als eine der bestimmenden Mächte im Deutschen Bund. Zu diesem Staatenbund gehörte es jedoch wiederum nur mit einem Teil seines Territoriums, auf dem neben Deutschen als wichtigste andere Nationalitäten Italiener, Slawen und Ungarn lebten. Die Regierung in Wien sah sich als Vormacht der Restauration nicht nur im eigenen Land, sondern auch im Deutschen Bund, zunehmend mit einer nationalen Bewegung konfrontiert, deren Repräsentanten in hohem Maße Vertreter der Intelligenz waren. Metternich, von dem die Entscheidung über die Akademie in Wien letztlich abhing, konnte sich unter diesen Umständen lange nicht entscheiden, ob und in welcher Form der durchaus als dringend erforderlich empfundene Schritt getan werden sollte.

Bereits 1817 stand Metternich entsprechenden Plänen nicht schlechthin negativ gegenüber. Dafür sprach, daß Österreich gegenüber anderen europäischen Staaten auch auf diesem Gebiet eigentlich nicht dauernd zurückstehen konnte. Zudem bot eine Akademie, die der Leitung des Staates verantwortlich war, diesem die Möglichkeit, Einfluß auf wissenschaftliche Bestrebungen zu nehmen. Im Ganzen überwogen aber bei Metternich die Bedenken, da er befürchtete, eine Akademie würde den Anspruch, der ohnehin auf Denk- und Schreibfreiheit erhoben wurde, noch weiter befördern. Verbunden damit waren Diskussionen, ob auch solche politisch besonders relevanten Disziplinen wie die Philosophie und die Literatur oder die Staats- und Rechtswissenschaften in den Arbeitsbereich einer Akademie einbezogen zu werden verdienten.

Die Überlegungen erreichten ein neues Stadium, als 1837 einige Wiener Gelehrte sich entschlossen, in einer Eingabe an die Regierung die Bildung einer Akademie vorzuschlagen. Insgesamt beteiligten sich zwölf Wissenschaftler, unter ihnen Professoren der Universität und des Polytechnischen Instituts in Wien sowie Leiter und Mitarbeiter staatlicher wissenschaftlicher Einrichtungen wie des Münz- und Antikenkabinetts, des Geheimen Haus-, Hof- und Staatsarchivs, des Botanischen Gartens, der Hofbibliothek, der Sternwarte und des Naturalienkabinetts.

Die wichtigsten Entscheidungen, die zu treffen waren, mußten zugleich unter wissenschaftlichen und politischen Gesichtspunkten gefällt werden. Die erste betraf die zu berücksichtigenden Disziplinen. Obwohl auch erwogen wurde, nur eine naturwissenschaftliche Institution zu schaffen, entschloß man sich schließlich zu einer Akademie mit zwei Klassen, einer mathematisch-naturwissenschaftlichen und einer historisch-philologischen. Staats- und Rechtswissenschaften sowie Philosophie sollten angesichts der politischen Lage von vornherein ausgeschlossen bleiben. Kennzeichnend für die Vorsicht, mit der die Antragsteller vorgingen, ist die folgende Formulierung über die Zielstellung der Akademie: „. . . ihre eigentliche Aufgabe, die wissenschaftliche Empirie, ist einerseits den Erscheinungen der Natur, andererseits dem historischen Factum zugewendet".[34] Ganz offensichtlich wurde hier die Detailforschung unter Verzicht auf aktuell-praktische Zielstellungen bewußt in den Vordergrund gestellt. Vorgesehen waren Wirkliche Mitglieder, also die eigentlich in der Akademie tätigen, die nach diesen Plänen ihren Wohnsitz in Wien haben mußten. Daneben sollte es Ehren- und Korrespondierende Mitglieder geben.

Damit wäre zugleich die politisch relevante Frage entschieden gewesen, ob die zu gründende Akademie eine Einrichtung der gesamten Monarchie sein sollte, in der es, beispielsweise in Prag und Budapest, bereits gelehrte Gesellschaften gab. Der Antrag der zwölf Wissenschaftler bezeichnete die zu begründende Akademie als „eine rein österreichische, ohne mit der böhmischen, italienischen und ungarischen in irgendeinem anderen Verbande, als dem allen Akademien auch des Auslandes gemeinsamer wissenschaftlicher Correspondenz zu stehen".[35]

Bis zum Beginn der vierziger Jahre befaßten sich verschiedene Behörden des Staates mit diesen Vorschlägen. Schließlich blieben sie ohne Ergebnis. Der fortschreitende Aufschwung der Wissenschaften ließ jedoch den Akademiegedanken auf wissenschaftspolitischem Gebiet immer deutlicher in den Vordergrund treten. Schließlich konnte sich ihm auch Metternich nicht länger verschließen. Er tat das ihm am sinnvollsten Erscheinende – er stelle sich an die Spitze der Bewegung und schlug am 13. Januar 1846 dem Kaiser die Gründung einer Akademie vor. Äußere Anstöße wie die Wirksamkeit anderer Akademien, in denen die Weiterführung des wissenschaftlichen Fortschritts und die gleichzeitige Einordnung in die bestehenden Verhältnisse weitgehend gelungen zu sein schien, konnten hier nur fördernd wirken. Kennzeichnend ist in dieser Hinsicht eine Äußerung Metternichs nach seiner Auszeichnung mit dem preußischen Orden Pour le mérite 1842: „Nun müssen wir aber doch unsererseits etwas für die Wissenschaft und namentlich für eine Akademie tun".[36]

Am 5. Februar 1846 wurde die Gründung der Akademie vom österreichischen Kaiser genehmigt, 1847 konstituierte sie sich und am 2. Februar 1848 fand die feierliche Eröffnungssitzung statt. Die Akademie bestand aus zwei Klassen, denen neben Ehren- und Korrespondierenden Mitgliedern 48 paritätisch auf die Klassen verteilte Wissenschaftler als Wirkliche Mitglieder angehören konnten. Die eine Hälfte sollte aus Wien, die zweite aus anderen Teilen der Monarchie stammen. Durch ihren Sitz in Wien und da das Deutsche als Sprache der Akademie von Anfang an in keiner Weise in Frage gestellt wurde, verstand sich die Akademie selbst als Teil der deutschen Akademiebewegung und wurde zunehmend auch als solche betrachtet, insbesondere von ihren nichtdeutschen österreichischen Mitgliedern. Der Kroate und Slawist Vatroslav Jagić, seit 1888 Wirkliches Mitglied der Wiener Akademie und durch zahlreiche Mitgliedschaften weiterer Akademien geehrt, schrieb beispielsweise 1904, gleichsam die ersten fünfzig Jahre der Geschichte der Wiener Akademie in dieser Frage resümierend: „Wir haben zum Beispiel Kartellverbindungen mit München, Göttingen, Leipzig, Berlin, aber keine Beziehungen zu Prag und Krakau."[37] Die Akademien dieser zuletzt genannten Städte waren auch Einrichtungen Österreichs beziehungsweise später der Doppelmonarchie.

Die Akademie in Berlin in den Revolutionsjahren

Als die Vorbereitung der Akademie in Wien in ihr Endstadium trat, zeigten sich in ihrer älteren Berliner Schwesterinstitution erste sichtbare Zeichen der Unzufriedenheit von Wissenschaftlern mit den bestehenden Verhältnissen.

Nach vierzehnjähriger Mitgliedschaft in der Preußischen Akademie war der Historiker Friedrich von Raumer als Nachfolger Wilkens 1841 zu einem der Sekretare der Philosophisch-historischen Klassen gewählt worden. Auf ihn fiel im Januar 1847 das Amt, die Festansprache am seit 1812 jährlich begangenen Friedrichstag zu halten. Er wählte als Thema die Façon, nach der – der Überlieferung entsprechend – unter der Herrschaft Friedrichs des Großen in Preußen jeder selig werden konnte, also die Religionsfreiheit. Damit hatte er sich im liberalen Sinne entschieden und gegen die immer mehr in den Vordergrund drängende Frömmelei, gegen die antiliberale Kirchenpolitik des Königs, der Religion und Kirche als wichtige Stützen seiner Herrschaft besonders protegierte. Der König und weitere Angehörige des Hofes nahmen an der Festsitzung teil, woraus deren über die Akademie hinaus reichende Wirkung nicht zuletzt resultierte. Denn Raumer, der auch an der seit 1840 von der Akademie betriebenen Edition der Werke Friedrichs II. mitwirkte, sagte eigentlich nichts Neues. Es waren vor allem Zeit und Ort und Zuhörerkreis, in denen der Sprengstoff lag. Der König äußerte sein Mißfallen über die „Rede zur Gedächtnisfeier König Friedrichs II., gehalten am 28. Januar 1847 in der königlich preußischen Akademie der Wissenschaften von Friedrich von Raumer", die nicht von der Akademie veröffentlicht wurde, doch schon Anfang Februar 1847 im Druck vorlag.

Raumer hatte gesprochen von der „Torheit, alle für alle Zeiten an das dürre Latten- und Gitterwerk unbedingter menschlicher Vorschriften festbinden zu wollen", wenn sich „ein Volk aus dumpfem Hinleben, aus knechtischer Unterwürfigkeit zu persönlicher Selbständigkeit erhebt". Er lehnte eine Landeskirche ab, die „die eine oder die andere Partei, das eine oder das andere Bekenntnis begünstigt und hervorhebt". Er rühmte den König Friedrich II. gegenüber den Bestrebungen „unduldsam theologisierender Herrscher" und plädierte dafür, jede kirchlich-religiöse Bevormundung zu unterbinden. Raumers Forderung, „den Wert der Persönlichkeit" zu erkennen, „deren Unterjochung für Tyrannei" zu erklären, das Privatleben von staatlicher und kirchlicher Bevormundung frei zu halten, entsprach der Stimmung im Lande.

Man kann sich gut vorstellen, daß es Friedrich Wilhelm IV. nicht gut in den Ohren klang, wenn Raumer von „einer gewaltigen Übertreibung" sprach, die „Könige als Ebenbilder Gottes" zu bezeichnen. Der Monarch fühlte sich getroffen und sagte das auch. Dabei hatte ihn Raumer, der sicher keine Konfrontation wollte, unter „Preußens Könige bis auf den heutigen Tag" eingereiht, die die Freiheit der Wissenschaft immer verteidigt hätten. Über letztere sagte er, womit er den König zugleich an seine Grenzen mahnte: „In dem Sinne ihres zweiten Stifters und Wohltäters hat die Akademie der

Wissenschaften stets daran festgehalten, daß sie nach allen Richtungen, in den Gebieten der Natur und des Geistes, frei und ungefesselt sich bewegen und fortschreiten dürfe und müsse; daß keine Art von Gesetzen, Vorschriften, Lehren über die Unabhängigkeit vernunftmäßiger Entwicklung aufzustellen sei, und daß Irrtum in den Wissenschaften lediglich am besten durch die Wissenschaft selbst berichtigt und ausgeheilt werde."[38]

Für die Akademie hatten die Ereignisse vom 28. Januar 1847 sichtbare Folgen. Auch Raumer selbst war offensichtlich über die Wirkung verwundert. Er nahm alle Schuld auf sich, und die Akademie entschuldigte sich beim König in einer freilich an die Grenze einer kaum noch vertretbaren Unterwürfigkeit reichenden Erklärung für die „unrichtige und leichtsinnige Beurteilung der Verhältnisse und Umstände von seiten eines ihrer Mitglieder", wodurch „das königliche Gemüt" verletzt worden wäre.[39] Der König verzieh. Raumer dagegen legte am 5. März 1847 sein Amt als Sekretar und seine Mitgliedschaft in der Akademie nieder. Versuche einiger Akademiemitglieder, Raumer wenigstens als Mitglied zu halten, mißlangen, da es Raumer ablehnte, von seiner Entscheidung abzugehen. Der Historiker lebte noch bis 1873, war 1848 Mitglied der Frankfurter Nationalversammlung und setzte seine wissenschaftlichen Arbeiten fort. Sein Nachfolger in der Akademie als Sekretar wurde Trendelenburg.

Nicht in der Akademie als Institution, wohl aber bei einzelnen ihrer Mitglieder fand die Revolution von 1848/49 ein Echo. Jakob Grimm ging wie Raumer als Abgeordneter nach Frankfurt, Jacobi drohte wegen finanzieller Einbußen nach nichtkonformem Verhalten eine Berufung nach Wien anzunehmen, A. von Humboldt setzte im Juni 1848 seine Hoffnung in die Nationalversammlung. Im Frühjahr 1848 forderte die 1845 gegründete „Physikalische Gesellschaft zu Berlin" öffentliche Versammlungen der Akademie, „insofern die Verhandlungen wissenschaftliche Gegenstände betreffen". In dem Aufruf hieß es: „Dann wird auch bald die lebendigste Einwirkung der Akademie auf das Volk beginnen, und wo jetzt ihr Bestehen vielleicht kaum gekannt oder mit Gleichgültigkeit betrachtet ist, wird sie als ein Stolz der Nation und als derjenige unentbehrliche Bestandtheil des Gemeinwesens erscheinen, dessen wichtige Aufgabe es ist, in Sachen der Wissenschaft stets die Initiative zu ergreifen."[40] Erster Unterzeichner der Petition war Emil du Bois-Reymond, selbst später Mitglied und Sekretar der Akademie. 1848 lehnte diese die an sie gestellten Forderungen ab.

Diese Linie verfolgte die Akademie auch 1849, nachdem die „Berlinischen Nachrichten" am 5. Januar in einem Neujahrsgruß an das „Collegium der Weisesten und Erleuchtetsten" ihr vorgeworfen hatten, von ihr wäre „auch noch nicht ahnungsweise verlautet, daß sie geneigt sei, sich in ihr natürliches Verhältnis zum Publikum und zur Nation zu setzen", sondern „nur den Zuschnitt der Welt von ehemals, nicht jedoch die Anforderungen der Gegenwart" kennte.[41] Die Akademie sah darin die Absicht, sie in „einen politischen und demokratischen Club"[42] zu verwandeln.

Auf wissenschaftlicher Ebene ließen sich freilich Reaktionen der Akademie auf die Revolution durchaus erkennen. Anläßlich der Festveranstaltungen 1848, zum Leibniztag und zum Geburtstag des regierenden Königs im Oktober, bekannten sich Trendelenburg und Encke zu Reformen. Auf dem Friedrichstag im Januar 1849 verteidigte Böckh die Akademie als „gelehrte Gesellschaft" für „wissenschaftliche Zwecke"[43] und deren Recht zur Selbstergänzung durch Zuwahlen. In diese Richtung argumentierten im Herbst 1849 auch Trendelenburg und besonders nachhaltig Jakob Grimm in seiner Rede „Über Schule, Universität, Akademie", in der er das Wesen der Akademie zu bestimmen suchte. Er klagte „ihre gebührende und heilsame Stelle an der Spitze der Wissenschaft" ein und konstatierte zugleich, „daß die Akademieen im Stand ihrer gegenwärtigen Entfaltung noch nicht wirksam genug sind, gleichwohl alle Keime einer zweiten und dritten Wiedergeburt in sich tragen". In diesem Zusammenhang veranschlagte Grimm das Recht für „die freie und ungehemmte Wahl neu zutretender Mitglieder"[44] höher als die Beiträge zur Wissenschaft, die die Mitglieder im Plenum, in den Klassen und in den Unternehmen leisten konnten. Es bedurfte seiner Zeit, um insbesondere die zuletzt genannte Form der wissenschaftlichen Arbeit endgültig im größeren Umfang durchzusetzen.

Zuwahlen der fünfziger Jahre und die Sammlung der lateinischen Inschriften

Von 1850 bis 1859 hat die Akademie 24 neue Ordentliche Mitglieder gewählt, jeweils zwölf in jeder Klasse. Unter den Gewählten waren zahlreiche Wissenschaftler, die nicht nur die weitere Entwicklung der Wissenschaft nachhaltig bestimmten, sondern die auch wesentlichen Einfluß auf die Geschicke der Akademie als Gelehrtengemeinschaft und als Forschungsinstitution nahmen. Da die Zuwahlmöglichkeiten auch durch die verfügbaren Stellen bestimmt wurden, ergaben sich disziplinäre Schwerpunkte entsprechend den freien Stellen. Solche lassen sich in der Physikalisch-mathematischen Klasse bei der Mathematik und in der Philosophisch-historischen Klasse bei den Altertumswissenschaften erkennen.

Der Mathematiker Gotthold Eisenstein, der schon mit 29 Jahren starb und für den sich A. von Humboldt nachhaltig eingesetzt hatte, gehörte der Akademie 1852 nur etwa ein halbes Jahr an. Seit 1855 waren Wilhelm Borchardt und Ernst Kummer und seit 1856 Karl Weierstraß in der Akademie als Ordentliche Mitglieder tätig. Kummer war bereits seit 1839 Korrespondent und von 1863 bis 1878 Sekretar als Nachfolger Enckes. Alle drei Mathematiker haben die Entwicklung ihrer Disziplin in allen Bereichen außerordentlich bereichert, teils durch ihre Lehrtätigkeit an der Friedrich-Wilhelms-Universität, teils durch ihre Forschungsarbeiten, deren Ergebnisse sie auch in der Akademie vortrugen. Ihre Aufnahmen in die Académie des Sciences in Paris als Korrespondierende oder Auswärtige Mitglieder sowie in andere Akademien belegen ihre wissenschaftsgeschichtliche Bedeutung.

Zu den berühmtesten Mitgliedern der Preußischen Akademie gehörte der Anatom und Physiologe Emil du Bois-Reymond, der 1851 die ordentliche Mitgliedschaft erhielt und der von 1867 bis 1895 Klassensekretar war. Seine Arbeiten über die tierische Elektrizität sowie die Muskel- und Nervenphysiologie sichern diesem Schüler und Nachfolger Johannes Müllers einen festen Platz in der Wissenschaftsgeschichte. Er griff aktiv in die geistigen Auseinandersetzungen in der zweiten Hälfte des 19. Jahrhunderts ein, wobei er nicht nur als Naturwissenschaftler und Philosoph, sondern auch als Wissenschaftspolitiker agierte. Sein Fachkollege Karl Bogislaw Reichert, der 1859 Ordentliches Akademiemitglied wurde, hat sich dagegen vor allem als Forscher einen Namen gemacht, beispielsweise über die Entwicklungsgeschichte der Wirbeltiere.

Von den neuen Ordentlichen Mitgliedern der Philosophisch-historischen Klasse sind Heinrich Kiepert (1853) wegen seiner sprachvergleichenden Forschungen, die unter anderem an die Untersuchungen von Wilhelm von Humboldt anknüpften, und der Germanist Moriz Haupt (1853) zu erwähnen, der schon seit 1846 Korrespondent und von 1861 bis 1874 als Nachfolger Böckhs Sekretar war. Haupt, der 1850 wegen seiner Teilnahme an der revolutionären Bewegung seine Professur an der Leipziger Universität verlor und Sekretär der Historisch-philosophischen Klasse der Sächsischen Gesellschaft der Wissenschaften wurde, war 1853 auf Lachmanns Lehrstuhl an die Berliner Universität berufen worden. Er hat wie andere Wissenschaftler, die von der klassischen Philologie herkamen, wesentlichen Einfluß auf die Nutzbarmachung von deren kritischen Methoden für die Erforschung der mittelalterlichen deutschen Literatur gehabt.

Mit Richard Lepsius, der schon seit 1844 Korrespondent war, gewann die Akademie 1850 einen herausragenden Ägyptologen als Ordentliches Mitglied. In Leipzig, Göttingen, Berlin und Paris sowie während seines Italienaufenthaltes, wo er auch zeitweilig Sekretär des Archäologischen Instituts war, glänzend ausgebildet, leitete Lepsius von 1842 bis 1846 die von Friedrich Wilhelm IV. geförderte Ägyptische Expedition. Deren Ergebnisse fanden in einer mehrbändigen Publikation und in dem nach Lepsius' Plänen in Berlin errichteten Ägyptischen Museum ihren Niederschlag. Er gehörte zu den Begründern der wissenschaftlichen Ägyptologie, organisierte weitere Forschungsreisen, wirkte in der Leitung des Deutschen Archäologischen Instituts in Rom und war als Nachfolger von Pertz Direktor der Königlichen Bibliothek in Berlin. Als Ägyptologe arbeitete auch Gustav Parthey, der 1857 Ordentliches Akademiemitglied wurde.

Ein herausragender Vertreter der klassischen Philologie war Ernst Curtius, der von 1852 bis 1856 und wieder ab 1868 als Ordentliches Mitglied der Akademie in Berlin wirkte. Er hat eine Reihe verdienstvoller Arbeiten über das alte Griechenland geliefert. Auf seine Anregung gingen die von 1875 bis 1881 durchgeführten Ausgrabungen in Olympia zurück, deren Ergebnisse unter seiner Leitung veröffentlicht wurden. Von 1871 bis 1893 war er als Nachfolger von Trendelenburg Sekretar der Philosophisch-historischen Klasse der Preußischen Akademie.

Der Orientalist Heinrich Petermann, der sich Verdienste um die Erforschung der armenischen Sprache und Literatur erwarb, wurde 1850 Ordentliches Akademiemitglied. Wohl bedeutender war sein Universitätskollege Albrecht Weber, der 1857 zum Ordentlichen Mitglied gewählt wurde. Er gilt als einer der bedeutendsten Sanskritisten und hat zahlreiche Texte in dieser Sprache zuerst ediert. Seine indologischen Forschungen haben auch in den Veröffentlichungen der Akademie breiten Niederschlag gefunden, insbesondere seine Veda-Forschungen.

Im Jahre 1858 gewann die Preußische Akademie Theodor Mommsen, der seit 1853 ihr Korrespondent war, als Ordentliches Mitglied. Er war der bedeutendste Altertumswissenschaftler seiner Zeit. Die Geschichte der Akademie hat er als Forscher, als Begründer und Leiter des großen Unternehmens Corpus Inscriptionum Latinarum (CIL) und als Sekretar von 1874 bis 1895 als Nachfolger Haupts außerordentlich nachhaltig geprägt. Mommsen hatte seine Professur in Leipzig wegen der Teilnahme an der Revolution 1850 verloren und war nach Zürich und von dort nach Breslau gegangen, von wo er 1858 nach Berlin berufen wurde. Seine „Römische Geschichte", die ab 1854 erschien, gilt bis heute als ein Meisterwerk der Geschichtsschreibung. Überhaupt hat er durch sein vielseitiges Wirken, darunter auf rechtshistorischem Gebiet, die altertumswissenschaftliche Forschung außerordentlich befruchtet. Um die Zusammenarbeit der Akademien der Wissenschaften auf nationaler und internationaler Basis hat er sich seit dem Ende des 19. Jahrhunderts große Verdienste erworben. 1902 erhielt Mommsen den Nobelpreis für Literatur.

Zu den Auswärtigen Mitgliedern, die zwischen 1850 und 1859 in die Preußische Akademie aufgenommen wurden, gehörten der Konservator der Handschriften in der Pariser Nationalbibliothek Benedikt Hase (1850), der Chemiker Friedrich Wöhler (1855) und die Präsidenten der Bayerischen Akademie der Wissenschaften in München, der klassische Philologe Friedrich Thiersch (1858) und der Chemiker Justus von Liebig (1855), die alle zuvor schon Korrespondierende Mitglieder gewesen waren. Außerdem wurden in diesem Zeitraum etwa 80 Korrespondierende Mitglieder hinzugewählt, wobei der territoriale Einzugsbereich ganz Europa erfaßte. In diesem Jahrzehnt wurden auf dem Gebiet der Zuwahlpolitik die Weichen für die herausragende Position gestellt, die die Preußische Akademie im europäischen Wissenschaftsgefüge in der Folgezeit einnahm.

Das fünfte wissenschaftliche Unternehmen der Preußischen Akademie der Wissenschaften, die Sammlung der lateinischen Inschriften, wurde 1853 nach langwierigen Beratungen ins Leben gerufen. Bereits bei der Begründung des griechischen Corpus 1815 trat sie ins Blickfeld. Die unmittelbare Vorgeschichte des Corpus Inscriptionum Latinarum beginnt in den dreißiger Jahren, und seit 1844 spielte Mommsen, der damals in Italien weilte, eine Rolle in den folgenden Überlegungen. Die Auseinandersetzungen innerhalb der Akademie, deren Verlauf im Einzelnen nicht dargestellt werden kann, drehten sich eigentlich um eine Grundproblem. Sollte sich die geplante Sammlung vorwiegend auf bereits verstreut veröffentlichte Inschriften beziehen, wie es maßgebende Akademiemitglieder zunächst wollten, oder sollten die Arbeiten schwerpunktmäßig an den Entstehungsorten der Inschriften, also vor allem in Italien, ansetzen, wie es entsprechend den Vorschlägen Mommsens in der Berliner Akademie Gerhard, aber auch Savigny, Lachmann und Lepsius anstrebten. Das letztere Konzept setzte sich durch, weswegen man den 1853 in Breslau lehrenden Mommsen, dem die Hauptredaktion übertragen wurde, zum Korrespondierenden Akademiemitglied wählte. Da sich sehr schnell zeigte, daß die Arbeiten nur am Sitz der Akademie mit Aussicht auf Erfolg durchgeführt werden konnten, wurde Mommsen 1858 nach Berlin berufen. Der erste Band des Corpus Inscriptionum Latinarum erschien 1862. Es wurde ein Jahrhundert-Unternehmen.

Das Jahrzehnt vor der Reichsgründung

Bereits die Ordentlichen Akademiemitglieder Johann Theodor Eller und Christian Andreas Cothenius hatten der Preußischen Akademie in ihren Testamenten 1760 und 1789 Legate vermacht, jeweils im Wert von etwa 1 000 Talern. Die Zinserträge sollten für Preise auf ökonomisch-naturwissenschaftlichem Gebiet verwendet werden, was auch geschah. Doch erst seit den sechziger Jahren des 19. Jahrhunderts erhielt die Akademie in größerer Zahl derartige Stiftungen. Die ersten vier sind mit den Namen herausragender Akademiemitglieder verknüpft. Dabei lassen sich wie in der späteren Zeit zwei unterschiedliche Formen der Stiftungsbegründung unterscheiden.

Der Mathematiker Jakob Steiner, der 1863 starb, vermachte der Akademie 8 000 Taler, deren Zinsen als Auszeichnungen für Arbeiten vergeben werden sollten, die das Arbeitsgebiet des Stifters betrafen. Der Archäologe Eduard Gerhard bestimmte in seinem Testament von 1865, zwei Jahre vor seinem Hinscheiden, daß ein Teil seines Vermögens nach dem Tode seiner Ehefrau, der 1892 eintrat, an die Akademie fallen sollte. Die Akademie hatte diese Stiftung 1865 akzeptiert, und die Zinserträge konnten daher ab 1893 als Reisestipendium für archäologische Forschungen vergeben werden.

Einen anderen Charakter hatte die Bopp-Stiftung von 1866. Der 50. Jahrestag der Publikation der ersten sprachwissenschaftlichen Publikation des zum Stiftungszeitpunkt noch lebenden Ordentlichen Akademiemitglieds Franz Bopp war Anlaß für eine Geldsammlung, deren Zinsertrag für die Förderung junger Wissenschaftler und für Preise aufgewendet werden sollte. Einen ähnlichen Charakter hatte die schon 1863 in Kraft getretene Savigny-Stiftung zur Erinnerung an den 1861 verstorbenen Rechtswissenschaftler, die jedoch nicht wie die Steiner-, die Gerhard- und die Bopp-Stiftung eine ausschließliche Akademieeinrichtung war. Die Akademie war lediglich durch zwei ihrer Mitglieder im Stiftungskuratorium vertreten.

Den größten Bekanntheits- und Wirkungsgrad erreichte die 1860 ins Leben getretene „Humboldt-Stiftung für Naturforschung und Reisen".

Die Initiative zu einer entsprechenden Geldsammlung hatten unmittelbar nach dem Tode Alexander von Humboldts im Jahre 1859 einige Akademiemitglieder ergriffen. Die Stiftung hat von 1863 bis 1921, als ihre Mittel während der Inflation entwertet wurden, etwa 50 Forschungsreisen und andere wissenschaftliche Vorhaben mit mehr oder weniger hohen Geldzahlungen unterstützt. Im ersten Jahrzehnt betraf das die Reise des Zoologen Reinhold Hensel, der von 1863 bis 1867 in Südamerika fossile Säugetierskelette untersuchte und darüber 1872 auch in den Veröffentlichungen der Akademie berichtete. Eine weitere Reise führte den Botaniker Georg Schweinfurth auf Kosten der Humboldt-Stiftung von 1868 bis 1871 in das östliche äquatoriale Afrika. Über diese sowie seine davor und danach durchgeführten Afrikaforschungen hat Schweinfurth eine Reihe von Publikationen vorgelegt.

Zur Aufnahme neuer wissenschaftlicher Unternehmen konnte sich die Akademie in diesem Jahrzehnt nicht entschließen. Die begonnenen wurden entsprechend den gegebenen Möglichkeiten weitergeführt, während gleichzeitig im begrenzten Maße Mittel für die Unterstützung einzelner kleinerer Vorhaben bereitgestellt wurden, wie es seit den zwanziger Jahren praktiziert wurde. Die detaillierte Untersuchung dieser Form der Forschungsförderung durch die Akademie steht noch aus.

Von 1860 bis 1871 hat die Preußische Akademie 14 neue Ordentliche Mitglieder gewählt, davon acht in der Philosophisch-historischen und sechs in der Physikalisch-mathematischen Klasse. Ehrenmitglieder der Akademie wurden unter anderem der Generalstabschef Helmut von Moltke (1860), der ehemalige Kultusminister August von Bethmann-Hollweg (1862) und der Leiter des Zentralbüros der europäischen Gradmessung in Potsdam Johann Jakob Baeyer (1865). Bedeutende Wissenschaftler, die in den allermeisten Fällen schon Korrespondenten waren, erhielten den Status eines Auswärtigen Mitglieds. Zu erwähnen sind hier der Anatom und Physiologe Karl Ernst von Baer in St. Petersburg (1861), der Chemiker Robert Bunsen in Heidelberg (1862), der Slawist Franz Miklosich in Wien (1862), der Botaniker Philipp von Martius in München (1864) und der Mathematiker Bernhard Riemann in Göttingen (1866). 1870 wurden die Physiker Robert Kirchhoff und Hermann Helmholtz, die später durch ihre Übersiedlung nach Berlin Ordentliche Mitglieder wurden, zu Auswärtigen Mitgliedern gewählt. Die Zahl der Korrespondierenden Mitglieder stieg von 1860 bis 1871 um etwa 90 Wissenschaftler.

Im Jahre 1860 wurde der klassische Philologe Adolf Kirchhoff Ordentliches Mitglied der Preußischen Akademie, in der er fast 50 Jahre wirkte. Noch als Lehrer am

Joachimsthalschen Gymnasium arbeitete er am Corpus Inscriptionum Graecarum der Akademie mit, das er später viele Jahre geleitet hat. 1865 wurde er Professor an der Universität. Seine Untersuchungen umfaßten das gesamte griechische und lateinische Altertum. Vergleichbar breit war das Arbeitsgebiet von Hermann Bonitz, der als Direktor des Berlinischen Gymnasiums zum Grauen Kloster 1867 Ordentliches Akademiemitglied wurde. Bonitz' Name war schon im Zusammenhang mit der Aristoteles-Ausgabe der Akademie genannt worden, die er 1870 mit dem „Index Aristotelicus" abschloß. Wissenschaftspolitisch war Bonitz seit 1849 in Wien und seit 1875 in Berlin auf dem Gebiet des höheren Bildungswesens in den jeweiligen Kultusministerien aktiv tätig.

Der Germanist Karl Müllenhoff, seit 1858 Professor an der Berliner Friedrich-Wilhelms-Universität, wurde 1864 Ordentliches Akademiemitglied. Er gehört zu den bedeutenden Persönlichkeiten der deutschen Philologie im 19. Jahrhundert. Seine vielseitigen Studien über Sprache und Literatur des deutschen Mittelalters gipfelten in seiner ab 1870 vorgelegten unvollendeten „Deutschen Altertumskunde".

Zahlreiche Gebiete der Geschichtswissenschaft bearbeitete Johann Gustav Droysen, der nach seinen Anfängen in Berlin zunächst Professor in Kiel und Jena war, bevor er 1859 in die Berliner Universität berufen wurde. Er war Abgeordneter der Frankfurter Nationalversammlung und wurde einer der führenden Vertreter der kleindeutschen historischen Schule. Zum Ordentlichen Mitglied der Akademie wurde er 1867 gewählt. Neben seinen Arbeiten zur alten Geschichte sind insbesondere seine „Geschichte der preußischen Politik" (1855–1881, 13 Bände) und sein „Grundriß der Historik" (1858 und öfter) erwähnenswert. Durch das von ihm angeregte Unternehmen der Akademie „Politische Korrespondenz Friedrich des Großen", das 1874 begann, hat er deren Arbeiten zur preußischen Geschichte nachhaltig befruchtet.

Die Physikalisch-mathematische Klasse wählte 1861 mit Leopold Kronecker einen der bedeutendsten Mathematiker des 19. Jahrhunderts zu ihrem Ordentlichen Mitglied. Erst 1883 übernahm der materiell unabhängige Gelehrte einen Lehrstuhl an der Friedrich-Wilhelms-Universität, an der er bis dahin als „lesendes Akademiemitglied" vortrug. Eines seiner Arbeitsgebiete war die Zahlentheorie. Seine Wahlvorschläge für Mathematiker zur Aufnahme in die Akademie gelten wie die von Weierstraß als bedeutende Leistungen in fachlicher und stilistischer Hinsicht.

Der Astronom Arthur Auwers war seit 1866 fast 50 Jahre hindurch Ordentliches Mitglied der Akademie und von 1878 bis 1912 als Nachfolger von Kummer Klassensekretar. Er kam von der Stellarastronomie her und stand der astrophysikalischen Richtung ungeachtet seiner Mitwirkung an der Einrichtung des Astrophysikalischen Instituts in Potsdam im Jahre 1874 distanziert gegenüber. Aktiv beteiligte er sich an den deutschen Expeditionen zur Beobachtung der Venusdurchgänge 1874 und 1882, und zwar sowohl bei der Vorbereitung als auch bei der wissenschaftlichen Auswertung, die in einer umfangreichen Publikation erfolgte. In der Akademie, in der er wissenschaftsorganisatorisch rege war, initiierte Auwers 1900 das wissenschaftliche Unternehmen „Geschichte des Fixsternhimmels".

Im Jahre 1865 übernahm der wohl berühmteste Liebig-Schüler August Wilhelm Hofmann das Chemie-Ordinariat der Berliner Friedrich-Wilhelms-Universität und wurde in demselben Jahr Ordentliches Akademiemitglied. Das war bereits seine zweite Wahl, denn bereits 1863, als seine Übersiedlung aus England bevorstand, war er in die Akademie aufgenommen worden, deren Korrespondent er bereits seit 1853 war.

Die Royal Society hatte ihn schon 1851 gewählt, seit 1859 gehörte er der Académie des Sciences in Paris als Correspondant an. Mit Hofmann gewann Berlin einen der bedeutendsten Chemiker, unter dessen Leitung von 1845 bis 1865 das Forschungslaboratorium des Royal College of Chemistry in London Weltruf errungen hatte. Dort begann Hofmann seine grundlegenden Arbeiten über Teerfarbstoffe, die er in Berlin fortführte und durch die er zum Wegbereiter eines ganzen Industriezweiges wurde. In Berlin, wo er bei seiner Berufung an die Universität den Bau eines modernen chemischen Forschungsinstituts durchsetzte, wurde er 1867 zum Begründer der „Deutschen Chemischen Gesellschaft". Berlin wurde unter Hofmann zu einem Zentrum der chemischen Wissenschaft.

Von keineswegs geringerer Bedeutung, jedoch für die Physik, war 1871 die Berufung von Hermann Helmholtz an die Berliner Universität. Da er schon seit 1857 Korrespondierendes und seit 1870 Auswärtiges Mitglied war, begann mit seiner Übersiedlung nach Berlin zugleich seine Ordentliche Mitgliedschaft in der Akademie. Helmholtz, der zuvor als Physiologe und Physiker in Königsberg, Bonn und Heidelberg gelehrt hatte, war durch die erste mathematische Formulierung des Gesetzes von der Erhaltung der Energie 1847 und durch den von ihm 1850 erfundenen Augenspiegel bereits weltbekannt, wie nicht zuletzt seine 1870 erfolgte Wahl zum Correspondant der Académie des Sciences in Paris zeigt. Nicht weniger als elf Akademiemitglieder in Berlin nannten Helmholtz 1870 in ihrem Antrag für die Wahl zum Auswärtigen Mitglied eine „in der Geschichte der Wissenschaft vielleicht einzig dastehende Erscheinung" und würdigten „seinen Ruhm als eines der ersten lebenden Forscher".[45] Die Berliner Jahrzehnte sind der Höhepunkt im vielseitigen Schaffen von Helmholtz, dem noch zu Lebzeiten die Ehre zuteil wurde, daß die 1891 gestiftete und 1892 erstmals verliehene höchste Auszeichnung der Preußischen Akademie, die Helmholtz-Medaille, seinen Namen trägt. Er gehört zu den herausragendsten Naturwissenschaftlern nicht nur seiner Zeit. Für Emil du Bois-Reymond, einen der vier ersten Träger der Helmholtz-Medaille, war deren Namensgeber, wie er 1895 in seiner Gedächtnisrede in der Akademie ausführte, „der vollkommenste und höchste Typus des theoretischen Naturforschers".[46] Seit 1888 war Helmholtz der erste Präsident der damals gegründeten Physikalisch-Technischen Reichsanstalt. Von dem Ruf, den Helmholtz genoß, zeugt der ihm zugesprochene Ehrentitel „Reichskanzler der Physik".

Das Akademiegebäude an der traditionellen Stelle Unter den Linden in Berlin im 19. Jahrhundert vor dem Abriß im Jahre 1902.

Alexander von Humboldt (1769–1859).

Jakob Grimm (1785–1863).

Wilhelm Grimm (1786–1859).

6. Die königliche Akademie im Kaiserreich

„Jeder weiß, daß, wenn es sich um irgend eine geistige Bewegung handelt, *London* für *England* und *Paris* für *Frankreich* einsteht. In unserem Vaterlande liegen die Dinge anders. Wie groß immer die Bedeutung, welche die preußische Hauptstadt in Folge der politischen Ereignisse der letzten Jahre genommen hat, *Berlin* bedeutet nicht Deutschland und wird es niemals bedeuten, Berlin ist nicht mehr und nicht weniger als einer der vielen Mittelpunkte geistigen Lebens, welche unser Vaterland glücklicher Weise besitzt."[1] Diese Worte des Chemikers und Ordentlichen Akademiemitglieds A. W. von Hofmann, 1872 in einer Diskussion zu der Frage geäußert, ob die von ihm 1867 begründete Vereinigung „Berliner" oder „Deutsche Chemische Gesellschaft" heißen sollte, tangieren wohl eher unbeabsichtigt ein Grundproblem deutscher Wissenschaftsgeschichte der folgenden hundert Jahre. Es betrifft, abgeleitet aus der politischen Struktur des Kaiserreichs, auch die Stellung der Königlich Preußischen Akademie der Wissenschaften zu Berlin.

Noch vor dem Ende des deutsch-französischen Krieges wurde 1871 in Versailles das Deutsche Reich gegründet, nachdem 1866 zunächst der Norddeutsche Bund an die Stelle des Deutschen Bundes getreten war. Der Übermacht Preußens beugten sich mehr oder weniger freiwillig fast alle Staaten des ehemaligen Deutschen Bundes, die entweder bereits preußische Provinzen geworden waren, wie etwa Hannover, Hessen und Schleswig-Holstein, oder die – wie etwa die Königreiche Bayern, Sachsen und Württemberg – Teile ihrer Souveränität in das größere Ganze einbrachten. Österreich, Teilstaat der 1867 nach dem sogenannten Ausgleich geschaffenen Doppelmonarchie der Habsburger, blieb außerhalb des neuen Reiches. In Mitteleuropa war damit unter Preußens Führung ein Staat entstanden, dessen europäische und Weltpolitik ihre Spuren bis in die Gegenwart gezogen hat. Die innere Konstruktion des Deutschen Reiches von 1871, das als deutscher Nationalstaat begriffen wurde, konnte angesichts der historischen Entwicklung der deutschen Länder und des gegebenen Kräfteverhältnisses nur ein Kompromiß sein. Das zeigte sich symptomatisch bereits in der Wahl der Bezeichnung des Staatsoberhaupts. Der König von Preußen wurde nicht Kaiser von Deutschland oder Kaiser des Deutschen Reiches, sondern Deutscher Kaiser. Das Reich war kein Einheitsstaat, sondern ein Bundesstaat. Reichspolitik und Politik der Bundesglieder wurden gleichzeitig betrieben, auch wenn Preußen in vielen Fragen dominierte oder dominieren wollte.

Existenzbedingungen

Für die Wissenschaftsentwicklung in Deutschland erwies es sich als besonders folgenreich, daß die Kultur- und damit die Wissenschaftshoheit der Länder auch nach 1871 weitgehend unangetastet blieb. Es gab keine einheitliche Kultusverwaltung des Kaiserreichs, in dem nur die unabdingbaren Erfordernisse innerer und äußerer Kulturpolitik von den Kultusministerien oder -verwaltungen der Bundesstaaten mit den entsprechenden Reichsämtern des Innern und des Äußern abgestimmt werden konnten. Nicht nur die Universitäten, um nur diese wichtigen Stätten der Ausbildung und der Forschung zu nennen, sondern auch die deutschen Akademien der Wissenschaften blieben Länderangelegenheiten. Dem preußischen Ministerium für geistliche, Unterrichts- und Medizinalangelegenheiten waren die Akademien in Berlin und Göttingen zugeordnet, während für die Bayerische und die Sächsische Akademie der Wissenschaften die entsprechenden Kultusministerien in München und Dresden zuständig blieben. Reichseinheitliche Regelungen auf dem Gebiet der Wissenschaft mußten, soweit sie sich als erforderlich erwiesen, gegen teilweise heftige Widerstände einzelner Länder und Institutionen durchgesetzt werden. Wenn dabei das preußische Kultusministerium in bestimmten Fällen einen großen Einfluß ausübte, so basierte das weniger auf rechtlichen Voraussetzungen, sondern war eine Folge des Übergewichts Preußens im Reich.

Die politischen Ereignisse in Deutschland von 1866 bis 1871 fanden in der preußischen Akademie ein vielfältiges Echo. Insbesondere die Ansprachen der Sekretare auf den öffentlichen Veranstaltungen des Leibniz- und des Friedrichstages sowie anläßlich der Geburtstage des regierenden Königs demonstrierten die Anteilnahme der Wissenschaftler am Einigungsprozeß unter Preußens Führung, der durchweg begrüßt wurde. Auf dem Leibniztag 1866, unmittelbar nach der preußisch-österreichischen Schlacht bei Königgrätz, beschwor Haupt „die Übermacht einer gewaltigen Gegenwart, in der Preußens und Deutschlands Geschicke auf blutigen Feldern der Entscheidung entgegenrollen".[2] Und auf dem Friedrichstag 1871, wenige Tage nach der Reichsgründung, sprach du Bois-Reymond von „Tagen gewaltiger Entscheidung", rief aber zugleich die enge Verflechtung der Geschichte der Berliner Akademie mit Frankreich in Erinnerung, wenn er über die Gelehrten im belagerten Paris sagte: „Mit den jederzeit dort versammelten edeln und mächtigen Geistern fühlten wir uns als Eine zu demselben Cultus sich bekennende Gemeinde. Denn es giebt nur Eine Wissenschaft, wenn auch die Art ihr zu huldigen bei verschiedenen Völkern verschieden sein kann."[3]

Wenngleich Darstellungen der deutschen Geschichte gewollt oder ungewollt gelegentlich den Eindruck erwecken, als hätte es eine wie auch immer geartete Identität zwischen Preußen und Deutschland gegeben, so gilt es gerade für die Kulturgeschichte und die Wissenschaftsgeschichte als deren Teil, die unterschiedliche Vielfalt der Ansätze und Ergebnisse herauszustellen. Insbesondere in der deutschen Akademiegeschichte war, um den Gedanken von Hofmann aufzunehmen, Berlin niemals Deutschland, sondern „einer der vielen Mittelpunkte geistigen Lebens". Daß gerade dieser „Mittelpunkt" von der Tatsache „Reichshauptstadt" nicht unbeeinflußt bleiben konnte, dürfte unbestritten sein. Beide Versuche deutscher Diktaturen im 20. Jahrhundert, im Rahmen zentralstaatlicher Konzepte die Berliner Akademie umzufunktionieren und sie aus den Bindungen an die Region ihrer Entstehung und Entwicklung – also Berlin-Brandenburg im engeren und Preußen im weiteren Sinne – zu lösen, sind aus unterschiedlichen Gründen gescheitert. Sie blieben Episoden in der dreihundertjährigen

Geschichte der Akademie. Deshalb ist es wichtig, deren Einbindung in föderale Strukturen als dominierend deutlich herauszustellen, ohne darauf zu verzichten, ihre spezifische Stellung im deutschen Wissenschaftsgefüge im Vergleich zu anderen deutschen Akademien zu verdeutlichen.

Als eine Akademie unter anderen im deutschen Kaiserreich von 1871 bis 1918 veränderte sich die Königlich Preußische weniger in ihrer Zielstellung und ihrer inneren Struktur, als vielmehr hinsichtlich der Funktion ihrer Mitglieder, unter denen die hervorragendsten Wissenschaftler des damaligen Deutschlands waren, hinsichtlich der von ihr betreuten und der mit ihr verbundenen wissenschaftlichen Unternehmen, deren Zahl und Arbeitsintensität beträchtlich wuchsen, und hinsichtlich der Position, die sie als Institution des größten Bundesstaates in dem vielfältiger werdenden Forschungsgefüge des Reiches einnahm. Einerseits wuchs der Stellenwert der Preußischen Akademie in Abhängigkeit von der Funktion ihres Trägerstaates während der Kaiserzeit, andererseits relativierte er sich angesichts der sich vergrößernden Pluralität und Zahl der Wissenschaftsinstitutionen im Reich und in dessen anderen Ländern. Schließlich zwang sie das Ende des deutschen Kaiserstaates und des Königreichs Preußen, über ihre Aufgaben neu nachzudenken.

Die Preußische Akademie gehörte in den Kompetenzbereich der preußischen Kultusminister, die mehrfach wechselten und von denen keiner unauslöschliche Spuren in der Akademiegeschichte dieser Zeit hinterlassen hat. Es erübrigt sich daher, sie hier als Wissenschaftspolitiker vorzustellen, obwohl die meisten von ihnen Ehrenmitglieder der Akademie wurden. Einen größeren Einfluß hatten dagegen schon die Ambitionen Kaiser Wilhelms II., der als preußischer König 30 Jahre hindurch von 1888 bis 1918 der letzte Protektor der Akademie war und der deren Entwicklung daher recht aufmerksam im Auge behielt. Der eigentliche Partner der Akademie auf Seiten des Staates war hingegen lange Zeit hindurch Friedrich Althoff, der in seiner Zeit wohl bekannteste und einflußreichste deutsche Wissenschaftspolitiker. Das „System Althoff" ist bis heute ein Begriff in der Wissenschaftsgeschichte. Der Rechtswissenschaftler und Verwaltungsfachmann Althoff gab 1882 seine Professur an der Reichsuniversität Straßburg zugunsten einer nur scheinbar untergeordneten Funktion im preußischen Kultusministerium auf, in dem er bis 1906 eine einflußreiche Stellung unter mehreren Ministern einnahm. Nahezu alle Berliner wissenschaftspolitischen Aktivitäten dieses Vierteljahrhunderts einschließlich ihrer preußischen und deutschen Auswirkungen sind mit seinem Namen verknüpft. In seinem Mitarbeiter Friedrich Schmidt-Ott fand er einen Partner, der manche seiner Pläne weiter verfolgte und der 1917 der letzte königlich-preußische Kultusminister wurde. Althoff und Schmidt-Ott waren seit 1900 und seit 1914 Ehrenmitglieder der Preußischen Akademie der Wissenschaften.

Akademiemitglieder der siebziger Jahre und wissenschaftliche Arbeiten

Von 1872 bis 1880 wurden 21 Ordentliche Mitglieder in die Akademie aufgenommen, davon zwei Drittel in die Philosophisch-historische und ein Drittel in die Physikalisch-mathematische Klasse. Von den zwölf neuen Auswärtigen Mitgliedern sollen hier nur der Romanist Friedrich Diez in Bonn (1872), der Naturforscher Charles Darwin in Großbritannien (1878) und der französische Chemiker Jean Baptiste Dumas (1880) genannt werden, die alle bereits Korrespondenten waren. Der letztere scheint deshalb besonders erwähnenswert zu sein, da er seit 1868 einer der ständigen Sekretare der Académie des Sciences in Paris war. Die Zahl der Korrespondierenden Mitglieder wuchs in diesem Zeitraum um weit über 50 Persönlichkeiten, von denen später mehrere noch Auswärtige oder Ordentliche Mitglieder geworden sind.

Die Philosophisch-historische Klasse gewann 1873 und 1875 mit den Historikern Max Duncker und Heinrich von Sybel, die nacheinander Direktoren der Preußischen Staatsarchive waren, sowie Georg Waitz, der 1875 gleichzeitig mit seiner Wahl Vorsitzender der Zentraldirektion der Monumenta Germaniae Historica wurde, drei bedeutende Wissenschaftler, die die Entwicklung ihrer Disziplin maßgeblich bestimmten. Sybel war 1859 der einflußreiche Begründer der „Historischen Zeitschrift". Die Erforschung der vergleichenden Sprachwissenschaft förderte nachhaltig Adalbert Kuhn, der als Direktor des Köllnischen Gymnasiums in Berlin 1872 Ordentliches Akademiemitglied wurde. Als Philosophiehistoriker machte sich der 1872 gewählte Eduard Zeller einen Namen, ebenso wie der Assyriologe Eberhard Schrader, den die Akademie 1875 aufnahm, auf seinem Fachgebiet.

Der klassische Philologe Johannes Vahlen, der vor allem als Latinist arbeitete, wurde 1874 Ordentliches Akademiemitglied. Als Sekretar von 1893 bis 1911 in der Nachfolge von Ernst Curtius und durch seine Arbeit in den wissenschaftlichen Unternehmen hat er nachhaltigen Einfluß auf die Akademie genommen. Dieser gehörte der 1872 gewählte Direktor des Münzkabinetts Julius Friedländer aus gesundheitlichen Gründen nur wenig mehr als ein Jahr an. Fast 40 Jahre wirkte dagegen in der Akademie der bedeutende Archäologe Alexander Conze, der 1877 Ordentliches Akademiemitglied wurde. Er war Direktor der Antikensammlung der Berliner Museen und von 1887 bis 1905 Generalsekretär des Deutschen Archäologischen Instituts, über dessen Tätigkeit er regelmäßig auch vor der Akademie berichtete. Er förderte Ausgrabungen in Griechenland und Kleinasien und war seit 1878 führend an denjenigen von Pergamon beteiligt.

Wenngleich an Zahl geringer, so sprechen doch allein die Namen der in die Physikalisch-mathematische Klasse eingetretenen Ordentlichen Mitglieder für sich. Unter ihnen waren der Anatom und Pathologe Rudolf Virchow 1873, der Botaniker Simon Schwendener 1879, der Physiologe Hermann Munk 1880, der Physiker Rudolf Kirchhoff 1875 und Werner von Siemens 1873.

Virchow war als Mitarbeiter der Charité in Berlin bereits während der Revolution 1848/49 gesundheitspolitisch aktiv und wurde 1849 Professor in Würzburg, von wo er aber schon 1856 an die Friedrich-Wilhelms-Universität in Berlin berufen wurde. Seine bedeutendste wissenschaftliche Leistung als Mediziner war die Zellularpathologie, worüber er von 1858 bis 1867 ein vierbändiges Werk veröffentlichte. Seit den siebziger Jahren wandte er sich verstärkt anthropologischen Untersuchungen zu. Als Mitglied des Reichstags, des Preußischen Abgeordnetenhauses und der Berliner Stadtverordnetenversammlung betätigte er sich als liberaler Politiker. Berlin verdankt nicht zuletzt ihm den Bau seiner Kanalisation. Virchow leitete gemeinsam mit dem Chemiker A. W. von Hofmann die 1886 in Berlin durchgeführte 59. Versammlung Deutscher Naturforscher und Ärzte, die durch ihr Programm und die Zahl ihrer Teilnehmer aus dem In- und Ausland die Ansprüche des werdenden Wissenschaftszentrums Berlin unterstrich. Zum zweiten Mal nach 58 Jahren spielte diese Versammlung, unter nun völlig veränderten Bedingungen, eine Rolle in der Entwicklung der Stadt an der Spree. Mußte damals Humboldt die Behörden des Staates und der Stadt für das Vorhaben noch durch seinen Einfluß erst gewinnen, so ließen sich diese es dieses Mal angelegen sein, Berlin als Wissenschaftsstandort durch Publikationen und Veranstaltungen wirksam zu präsentieren.

Im Jahre 1875 übernahm der bis dahin in Heidelberg wirkende Kirchhoff, der seit 1861 Korrespondierendes und seit 1870 Auswärtiges Mitglied der Preußischen Akademie war, dank des Einsatzes von Helmholtz die Professur für theoretische Physik an der Friedrich-Wilhelms-Universität in Berlin, die damit hier als Disziplin institutionalisiert wurde. Kirchhoff, der über Elastizitätstheorie, Probleme der Optik, der Thermodynamik und der Strahlungstheorie arbeitete, hatte gemeinsam mit Bunsen 1859/60 die Spektralanalyse entwickelt. Mit seiner Übersiedlung nach Berlin wurde er automatisch Ordentliches Mitglied der Akademie, in der er aktiv mitwirkte.

Helmholtz war 1873 der Verfasser des Wahlvorschlags für Werner von Siemens, der von den Ordentlichen Akademiemitgliedern Hagen, Rieß, Poggendorff und du Bois-Reymond mitunterzeichnet wurde. Mit Recht wurde darin seine folgenreichste Leistung, die Entdeckung des dynamoelektrischen Prinzips – über die er 1867 gleichzeitig in Poggendorffs Annalen und in den Monatsberichten der Akademie berichtet hatte –, herausgestellt. Als Wissenschaftler und Unternehmer war Siemens eine Persönlichkeit, die ein neues Element in die Mitgliedschaft der Akademie brachte, was von ihm selbst in seiner Antrittsrede und von du Bois-Reymond in seiner Erwiderung als Sekretar auch so empfunden wurde. In einem der Plenarvorträge der erwähnten 59. Versammlung Deutscher Naturforscher und Ärzte in Berlin zum Thema „Das naturwissenschaftliche Zeitalter" bekannte sich Siemens 1886 zur „Fortdauer des progressiven Aufschwunges der naturwissenschaftlichen Entwickelung", die „durch kulturfeindliche Handlungen" allenfalls „zeitweilige Unterbrechungen"[4] erfahren könnte. Solche Gedanken leiteten ihn auch bei seinen langwierigen wissenschaftsorganisatorischen Planungen, die schließlich 1887 in die Gründung der Physikalisch-Technischen Reichsanstalt (PTR) mündeten. Die Akademie der Wissenschaften, die von Siemens in seine Überlegungen einbezogen wurde, war nicht nur direkt, sondern auch indirekt betroffen, da die Präsidenten der PTR seit Helmholtz gleichzeitig Akademiemitglieder waren. Durch die Verbindung von Wissenschaft, Technik und Industrie, wie sie an der hier detaillierter nicht zu behandelnden PTR praktiziert wurde, entstand ein neues Element der Wissenschaftsentwicklung, dessen Bedeutung schwer zu überschätzen ist. Das gilt gleichermaßen für die Tatsache, daß mit der PTR in Berlin eine wissenschaftliche Reichsinstitution außerhalb des traditionell föderalen Wissenschaftsgefüges gebildet wurde. Insbesondere durch Siemens und Helmholtz war die Geschichte der Physikalisch-Technischen Reichsanstalt von Anfang an mit der Akademie verbunden.

Die Akademie selbst initiierte in den siebziger Jahren einige neue Unternehmen auf geisteswissenschaftlichem Gebiet. Aus dem Corpus Inscriptionum Latinarum erwuchs 1874 als selbständiges Unternehmen die Prosopographie der römischen Kaiserzeit, dessen Arbeitsergebnisse ab 1897 vorgelegt werden konnten. Ebenfalls 1874 regten die Ordentlichen Akademiemitglieder Droysen und Duncker an, in Weiterführung der Werkausgabe Friedrichs II. zwei wissenschaftliche Unternehmen zu schaffen. So entstanden die Vorhaben „Politische Korrespondenz Friedrichs des Großen" und „Preußische Staatsschriften aus der Regierungszeit König Friedrichs II.". Die Forschungen zur preußischen Geschichte wurden somit immer stärker zu einem Arbeitsgebiet der Akademie.

Diese setzte auch die finanzielle Unterstützung von Forschungsreisen fort, insbesondere durch die Humboldt-Stiftung. Als neue Stiftungen bei der Akademie entstanden 1874 die Charlotten-Stiftung für Philologie, deren Mittel aus dem testamentarischen Vermächtnis der Charlotte Stiepel, geb. Freiin von Hopffgarten, stammten, und 1880 die Diez-Stiftung für romanistische Forschungen aus einer Sammlung zu Ehren des 1876 verstorbenen Auswärtigen Mitglieds der Preußischen Akademie Friedrich Diez. Wie stets durften bei beiden allein die Zinserträge als Fördermittel ausgegeben werden.

Bereits im Juni 1869 hatte die Akademie beim preußischen Kultusministerium beantragt, Mittel für die Beobachtung der für 1874 und 1882 bevorstehenden Venusdurchgänge, die für die Bestimmung der Entfernung der Erde von der Sonne wichtig sind, bereitzustellen. Sie folgte damit einem Vorschlag der Sächsischen Gesellschaft der Wissenschaften in Leipzig, die bereits im März 1869 einen entsprechenden Antrag an den Bundesrat des Norddeutschen Bundes gestellt hatte. Interessant an der Argumentation der Berliner Akademie ist der Hinweis auf die vorhergehenden Venusdurchgänge von 1761 und 1769, für die allein England, Frankreich und Rußland Expeditionen ausgerüstet hätten, dieselben Länder, deren „hervorragende Betheiligung" auch 1874 bereits als „gesichert erscheint". Es dürfte nicht die Situation von 1761 und 1769 erneut eintreten, denn: „Von Seiten deutscher Regierungen geschah nichts."[5] Die 1871 vollzogenen staatsrechtlichen Veränderungen in Deutschland hatten zur Folge, daß die Beobachtung der Venusdurchgänge 1874 und 1882 zu einer Reichsangelegenheit wurde. Einer ihrer führenden wissenschaftlichen Köpfe war der Berliner Akademieastronom Arthur Auwers, der von 1887 bis 1898 den sechsbändigen wissenschaftlichen Bericht über die Vorbereitung der Expeditionen und über die von den deutschen Astronomen ermittelten Ergebnisse herausgegeben hat.

Die Verbindungen der Preußischen Akademie zu wissenschaftlichen Einrichtungen Preußens und des Deutschen Reiches wurden in den siebziger Jahren des 19. Jahrhunderts enger gestaltet. Bereits 1871 wurde das seit 1829 in Rom bestehende Archäologische Institut zu einer preußischen und 1874 zu einer Reichsanstalt umgebildet. Die Zentraldirektion mit elf Mitgliedern, davon laut Statut vier Ordentliche Mitglieder der Preußischen Akademie, hatte ihren Sitz in Berlin und wählte den Generalsekretär, der seinen Wohnsitz in Berlin haben mußte. Eine vergleichbare Regelung wurde 1875 nach längeren Auseinandersetzungen für die seit 1819 bestehenden Monumenta Germaniae Historica getroffen, in deren Zentraldirektion von neun Mitgliedern die Akademien der Wissenschaften in Berlin, München und Wien mit jeweils zwei Wissenschaftlern vertreten sein mußten. Das Statut sah vor, daß die Zentraldirektion den Vorsitzenden wählt und sie „in Verbindung mit der Königlich Preußischen Akademie der Wissenschaften zu Berlin steht".[6] Ab 1887 wurde der Vorsitzende, für den die Direktion mindestens zwei Kandidaten vorschlagen konnte, vom Kaiser ernannt. Die Jahresberichte des Archäologischen Instituts und der Monumenta wurden in den Veröffentlichungen der Berliner Akademie publiziert.

Wissenschaftliche und personelle Kontakte der Akademie bestanden auch zu staatlichen wissenschaftlichen Einrichtungen Preußens, die seit den siebziger Jahren gegründet wurden. Das galt beispielsweise für das Geodätische Institut (1870) und für das Astrophysikalische Observatorium (1874), aber auch für das ältere Meteorologische Institut ab 1887 und ab 1888 für das damals gegründete Preußische Historische Institut in Rom.

Das Akademiestatut von 1881

Im Jahre 1874, als die finanziellen Mittel der Preußischen Akademie beträchtlich vergrößert wurden, ist entschieden worden, deren Statut zu überarbeiten. Eine Kommission, der die vier Sekretare und fünf weitere Ordentliche Mitglieder angehörten, nahm die Arbeit auf, die insbesondere der Mathematiker Leopold Kronecker nachhaltig beeinflußte. Fast vier Jahre dauerten die Vorbereitungen für den 1878 dem preußischen Kultusministerium vorgelegten Entwurf, der im März 1881 vom König bestätigt wurde. Dieses Statut von 1881, das bis 1939 in Kraft blieb, unterschied sich zwar nicht grundlegend von dem seit 1838 geltenden, brachte jedoch einige wesentliche Neuerungen.

Die Bestimmung der Akademie als „Gesellschaft von Gelehrten . . . zur Förderung und Erweiterung der allgemeinen Wissenschaften, ohne einen bestimmten Lehrzweck“[7] wurde wörtlich aus dem Statut von 1838 übernommen. Dieser Paragraph 1 wurde im Paragraphen 40 gegenüber der Festlegung von 1838 präzisiert: „Die Akademie hat ihrer im § 1 abgegebenen Bestimmung zufolge wissenschaftliche Unternehmungen ihrer Mitglieder oder anderer Gelehrter zu fördern, insonderheit solche, für welche die gemeinsame Thätigkeit verschiedener Gelehrter nöthig erscheint, sowie solche, welche durch ihren Umfang, ihre Dauer oder ihre Kostspieligkeit das Eintreten der Akademie erfordern.“[8]

Auf eine Intensivierung der akademischen Arbeit entsprechend der weiteren Differenzierung der Wissenschaften und auf eine schnellere Information der wissenschaftlichen Öffentlichkeit zielten die Festlegungen, wöchentlich abwechselnd Gesamtsitzungen und Klassensitzungen durchzuführen und die „Monatsberichte“ durch wöchentliche „Sitzungsberichte“ zu ersetzen, was ab 1882 erfolgte. Auf diese Weise wurde die Zahl der Gesamtsitzungen halbiert und die der Klassensitzungen verdoppelt. Weitere Veränderungen betrafen die Mitglieder. Deren Zahl wurde in jeder Klasse von 25 auf 27, insgesamt also 54, erhöht. Die neuen Stellen wurden in der Physikalisch-mathematischen Klasse den freien Stellen zugeschlagen, in der Philosophisch-historischen Klasse verlor das Fach Philosophie und deren Geschichte eine Fachstelle, während die deutsche und andere neuere Philologie zwei und die orientalische Philologie eine dazugewannen.

Die Gehälter der Ordentlichen Mitglieder wurden auf 900 Mark, die der Sekretare auf 1 800 Mark im Jahr gesteigert. Für jeweils zwei Ordentliche Mitglieder jeder Klasse, „einen Botaniker und einen Chemiker“ und zwei, „welche Philologen oder Historiker sein müssen, sind neben den gewöhnlichen Jahresgehalten besondere Gehalte ausgeworfen“. Diese Gehälter waren an „die Verwaltung eines besonderen Amts, namentlich einer Lehrstelle oder der Direction eines wissenschaftlichen Instituts, als freiwilliger Zuschuß zu den wissenschaftlichen Staatszwecken auf völlig freien Beschluß der Akademie“ gebunden.[9] Damit war die Institution der sogenannten hauptamtlichen Akademiemitglieder geschaffen.

Die Zahl der Auswärtigen Mitglieder wurde 1881 von 32 auf 20 reduziert.

Ungeachtet einer parallel mit der Erarbeitung des Statuts geführten Diskussion blieb es bei der Einteilung der Akademie in zwei gleichberechtigte Klassen, die Physikalisch-mathematische und die Philosophisch-historische, und vier Klassensekretaren. Bereits 1861 hatte sich Moriz Haupt in einer Festansprache über Leibniz und die Entwicklung der deutschen Sprache und Literatur, in der er auch auf Hertzbergs

Deutsche Deputation von 1792 einging, gegen die Einrichtung einer speziellen deutschen Sprach- und Literaturklasse gewandt. Wie sehr diese Frage die Gelehrten unentwegt interessierte, zeigt die Festansprache des Sekretars du Bois-Reymond am Geburtstag des Königs im März 1874 über die Gründung einer Kaiserlichen Akademie der deutschen Sprache in der „Reichshauptstadt“ als „eine an das Reich sich anlehnende Schöpfung, durch welche dieses, der verkörperte Wille der Nation, laut ausspräche, daß die Pflege der deutschen Sprache ihm am Herzen liegt“. Sehr wahrscheinlich wäre, wie der Redner ausführte, der „Beistand der Reichs- und preußischen Behörden“ für ein solches Vorhaben „gewiß“ gewesen, aber ob auch, wie er glaubte, „die Behörden der anderen Einzelstaaten“ einem solchen preußisch dominierten Projekt „den ihrigen kaum versagen“ würden, muß doch gefragt werden. Du Bois-Reymond verwahrte sich gleichzeitig dagegen, er wolle damit die Literatur „mit willkürlichen Regeln gängeln, durch falschen Geschmack mißleiten“, „weil es Sitte ist, der Académie française Ähnliches nachzureden“. Das erschien ihm „in dem Maaße weniger gerechtfertigt, in welchem die Académie française an dem, dessen man sie anklagt, meines Erachtens weniger schuldig ist“.[10]

Trotz dieser Einstellung beugte sich du Bois-Reymond als Sekretar dem Mehrheitsvotum der Akademie, die sich 1878 gegen die Einrichtung einer vom Kultusminister erwogenen „neuen Klasse für deutsche Sprache und Litteratur neben den jetzigen beiden Klassen, wenn auch mit geringerer Mitgliederzahl als diese“, wandte. Im Vorfeld des gerade fertigzustellenden Statutenentwurfs verteidigte die Akademie in ihrer Stellungnahme ihre Bemühungen um Forschungen auf dem in Rede stehenden Gebiet. „Es würde damit in der That geschaffen, was schon besteht.“ Im übrigen zeigte sie sich bereit, wie es im Statutenentwurf dann auch geschah, die entsprechenden Fachstellen zu erhöhen. Entscheidend war für die Akademiemitglieder jedoch die „akademische Organisation“, da nur zwei gleichstarke Klassen die Voraussetzungen für eine effektive Zusammenarbeit böten. Die Problematik, die darin lag, war aber offensichtlich durchaus bewußt, da festgestellt wurde, „daß der Grundstein unserer akademischen Einrichtungen, den wir auch bei der Revision der Statuten trotz mancher schwerwiegenden Bedenken festgehalten haben und ohne den eine Akademie der Wissenschaften mit deutscher Organisation uns in der That undenkbar scheint, die der Norm nach gleiche Mitgliederzahl der Classen ist“.[11] An dieser Forderung nach gleichstarker Parität von nur zwei Klassen hat die Akademie auch in den folgenden Jahrzehnten festgehalten und alle Reformversuche für eine mögliche Neuordnung der Klassen abgewiesen.

Die achtziger und neunziger Jahre

Wenn man in Rechnung stellt, daß der Preußischen Akademie seit 1881 insgesamt 54 Ordentliche Mitglieder angehören konnten und von 1881 bis 1900 insgesamt 50 hinzugewählt wurden, so kann man bei Berücksichtigung der Tatsache, daß ein Teil der vor 1881 Gewählten weiterhin in der Akademie wirkte und einige der ab 1881 Gewählten noch in dem hier zu behandelnden Zeitraum starben, von einer fast vollständigen Erneuerung des Mitgliederbestandes sprechen. Sie betraf mit 27 Zuwahlen in der Philosophisch-historischen Klasse und 23 Zuwahlen in der Physikalisch-mathematischen Klasse fast gleichmäßig beide Klassen, war innerhalb der Fachdisziplinen jedoch unterschiedlich. Da es sich bei diesen 50 Persönlichkeiten zu einem beachtlichen Teil um Wissenschaftler handelt, die über ihr Fachgebiet hinaus bekannt wurden und da viele in anderen Zusammenhängen in der vorliegenden Darstellung wegen ihres Wirkens innerhalb der Akademie oder wegen ihres Anteils an der Wissenschaftsgeschichte schlechthin noch genannt werden müssen, kann hier nicht viel mehr als eine auswählende Namenaufzählung geboten werden. Dazu zwingt auch der zur Verfügung stehende Raum. Als Gliederungsprinzip bietet sich die Fachstellenaufstellung der Akademie an, der jedoch nicht sklavisch gefolgt wird.

Als Chemiker gewann die Akademie Hans Landolt (1881) und den bei seiner Wahl 1896 bereits prominenten Vertreter der physikalischen Chemie Jacobus Hendricus van 't Hoff, der hauptamtliches Ordentliches Akademiemitglied wurde. Der Nachfolger A. W. von Hofmanns an der Friedrich-Wilhelms-Universität und in der Preußischen Akademie wurde 1893 Emil Fischer, der bedeutende Erforscher des Eiweißes, des Zuckers und der Gerbstoffe. Van 't Hoff und Fischer, die 1901 und 1902 den Nobelpreis erhielten, wurden 1910 und 1909 mit der Helmholtz-Medaille der Akademie geehrt. Fischer erwarb sich zudem Verdienste um die Wissenschaftsorganisation in Deutschland.

Unter den im weiten Sinne auf physikalischem Gebiet Tätigen, die sich alle durch unterschiedlich bedeutende Leistungen hervorgetan haben und die deshalb Ordentliche Mitglieder der Akademie wurden, sollen entsprechend der interinstitutionellen Verflechtung der Akademie die Institutsdirektoren hervorgehoben werden. Der Meteorologe Wilhelm von Bezold (1886) leitete das Meteorologische Institut, Hermann Karl Vogel (1892) war Direktor des Astrophysikalischen Observatoriums und Robert Helmert (1900), der 1892 bei einem ersten Wahlversuch nicht die erforderliche Stimmenzahl erreicht hatte, war Chef des Geodätischen Instituts. Die Physiker Friedrich Kohlrausch (1895) und Emil Warburg (1895) waren nacheinander nach Helmholtz von 1895 bis 1922 Präsidenten der Physikalisch-Technischen Reichsanstalt.

Der Wiener Physiker Ludwig Boltzmann, dessen Forschungsgebiet vor allem die kinetische Wärmetheorie war und der auch in dem seit 1879 bestehenden Physikalischen Institut der Friedrich-Wilhelms-Universität in Berlin unter Helmholtz gearbeitet hatte, wurde 1888 zum Ordentlichen Mitglied gewählt. Da er jedoch nicht nach Berlin übersiedelte, erhielt er den Status eines Ehrenmitglieds. Während Boltzmann die Professur für theoretische Physik an der Universität übernehmen sollte, war August Kundt aus Straßburg als Vertreter der Experimentalphysik vorgesehen. Er kam nach Berlin und wurde Ordentliches Akademiemitglied. Die Akademie war auf Wunsch des Kultusministeriums und nach Absprache mit Althoff bereit, „die Berufung dieser beiden ausgezeichneten Forscher durch entsprechende Verfügung über die am Ende dieses Jahres frei werdenden außerordentlichen Gehalte zu unterstützen“[12], wie es im Wahlantrag von Helmholtz für beide Physiker 1888 hieß.

Im Jahre 1894 wählte die Akademie den theoretischen Physiker Max Planck, den Nachfolger Robert Kirchhoffs an der Friedrich-Wilhelms-Universität, zum Ordentlichen Mitglied. Durch die Entdeckung einer der wichtigsten Naturkonstanten, des nach ihm benannten Wirkungsquantums (1900), hat er die Entwicklung der Physik im 20. Jahrhundert auf das nachhaltigste beeinflußt. Von 1912 bis 1938 war Planck als Nachfolger von Auwers Sekretar der Akademie, seit 1930 außerdem Präsident der Kaiser-Wilhelm-Gesellschaft als Nachfolger Harnacks. Planck erhielt 1914 die Helmholtz-Medaille der Akademie und 1918 den Nobelpreis für Physik. Er gehört zu den bedeutendsten Mitgliedern der Akademie, der er bis zu seinem Tode 1947 mehr als 50 Jahre angehörte und deren innere Entwicklung er viele Jahrzehnte unter schwierigen Bedingungen nachhaltig bestimmte.

Der Botaniker Adolf Engler (1890) sowie die Zoologen Franz Eilhard Schulze (1884) und Karl August Möbius (1888), letzterer zugleich Direktor des Museums für Naturkunde der Universität, haben sich als Systematiker und Pflanzengeograph, durch Arbeiten über Meeresschwämme sowie als Erforscher der Meeresökologie ihre Verdienste erworben. Engler und Schulze waren die Initiatoren und langjährigen Leiter der akademischen Unternehmen „Das Pflanzenreich" und „Das Tierreich", die 1900 ihre Arbeit an der Akademie begannen.

Zu den bedeutenden Anatomen gehört Wilhelm von Waldeyer-Hartz, der 1883 aus Straßburg an die Friedrich-Wilhelms-Universität in Berlin berufen und 1884 Ordentliches Akademiemitglied wurde. Er hat insbesondere auf dem Gebiet der Gynäkologie, aber auch der Anatomie des Nervensystems und der Geschwulstlehre, geforscht und war zugleich auch als Wissenschaftsorganisator aktiv. Als Sekretar der Akademie von 1896 bis 1919 als Nachfolger von du Bois-Reymond hat er deren Geschicke maßgeblich beeinflußt. Sein Fachkollege war der Haeckel-Schüler Oskar Hertwig (1893), der 1875 die Befruchtung am Seeigelei entdeckt hatte und der sich als Direktor der 1892 gegründeten und seit 1897 als Anatomisch-biologisches Institut bezeichneten Forschungseinrichtung der Friedrich-Wilhelms-Universität vor allem Verdienste um die Entwicklungsgeschichte des Menschen und der Wirbeltiere erwarb. Sein Bruder, der bedeutende Münchener Zoologe Richard Hertwig, wurde 1898 Korrespondierendes Mitglied der Preußischen Akademie und erhielt von ihr 1916 die Helmholtz-Medaille.

Der Forschungsreisende und Geologe Ferdinand Freiherr von Richthofen, seit 1881 schon Korrespondent, wurde, nachdem er bereits 1886 Professor an der Friedrich-Wilhelms-Universität geworden war, wo er dann 1901 Gründer und Direktor des Instituts für Meereskunde wurde, 1899 zum Ordentlichen Akademiemitglied gewählt, wodurch zugleich seine Stellung als Leiter des 1899 in Berlin durchgeführten internationalen Geographenkongresses unterstrichen wurde. Richthofen hatte wichtige Forschungsarbeiten zur Geographie Ostasiens, insbesondere zur Geologie Chinas, vorgelegt.

Zu den bedeutenden Philosophen des ausgehenden 19. Jahrhunderts gehörte Wilhelm Dilthey, der als der Begründer der Lebensphilosophie gilt. Er hatte 1883 sein bekanntes Werk „Einleitung in die Geisteswissenschaften" vorgelegt und wurde 1887 Ordentliches Akademiemitglied. Sein Hauptwerk „Der Aufbau der geschichtlichen Welt in den Geisteswissenschaften" (1910) sichert ihm zusammen mit seinen anderen Arbeiten einen festen Platz in der Geschichtsphilosophie. Er erörterte in hoher Darstellungskunst die Spezifik der Geschichts- und ihr Verhältnis zur naturwissenschaftlichen Erkenntnis, das Verhältnis von Geschichte und Philosophie, das Problem kulturgeschichtlicher Werte und die Möglichkeit einer objektiven Wissenschaft auf der Grundlage umfassender Kenntnisse und großer Materialfülle. Der nachwirkende Einfluß Diltheys äußerte sich in dem Entschluß der Preußischen Akademie, nach seinem Tode eine Gesamtausgabe seiner Schriften zu veranstalten.

Die Altertumswissenschaften nahmen in der Akademie unverändert einen wichtigen Platz ein. 1881 gewann sie den klassischen Philologen Hermann Diels, dessen Hauptarbeitsgebiete die antike Philosophie sowie die Geschichte der Naturwissenschaften und der Technik waren. Seinen Namen als bedeutender Wissenschaftler erwarb er sich durch die Aristoteles-Kommentare (1882–1909, 23 Bände), als Erforscher der vorsokratischen Philosophie und als Begründer des Corpus Medicorum Graecorum. Er war von 1895 bis 1920 als Nachfolger Mommsens Sekretar der Akademie und trat auch sonst als Wissenschaftsorganisator verdienstvoll hervor. Otto Hirschfeld (1885) und Ulrich Köhler (1888, Korrespondent schon 1870) konzentrierten sich auf Arbeiten an den Corpora der lateinischen und der griechischen Inschriften. Auf dem Gebiet der antiken Archäologie und Kunstgeschichte arbeitete Heinrich Kekulé von Stradonitz, der 1898, 28 Jahre nach seiner Berufung nach Berlin, Ordentliches Akademiemitglied wurde.

Ulrich von Wilamowitz-Moellendorff, der seit 1891 Korrespondent war, wurde 1899 Ordentliches Akademiemitglied, nachdem er 1897 als Professor für klassische Philologie an die Friedrich-Wilhelms-Universität berufen worden war. Der Graezist galt als der bedeutendste Philologe seiner Zeit, und er hat durch die Einbeziehung der hellenistischen Zeit in die Antikeforschung die übliche Beschränkung auf die Klassik durchbrochen. Durch die Zusammenführung von Philologie, Philosophie und Geschichte erstrebte er eine universelle griechische Altertumskunde, die er durch grundlegende wissenschaftliche Werke und zahlreiche Textausgaben sehr förderte. Die graezistischen Arbeiten der Akademie – insbesondere die Inscriptiones Graecae, wie das griechische Inschriftencorpus seit seiner Zeit genannt wurde – sind untrennbar mit seinem Namen verbunden, wodurch er nach seinem Schwiegervater Mommsen einer der hervorragendsten Organisatoren der altertumswissenschaftlichen Forschung in der Akademie wurde.

Verhältnismäßig groß war mit zehn Zugewählten zwischen 1881 und 1899 die Zahl der Historiker. Ihr Einfluß auf die Entwicklung der Akademie war recht unterschiedlich. Einige, wie Max Lehmann (1886), Julius Weizsäcker (1887), Heinrich von Treitschke (1895) und Paul Scheffer-Boichorst (1899) gehörten ihr nur kurze Zeit an, weil sie Berlin verließen oder bald nach der Wahl starben. Die Mediävisten Wilhelm Wattenbach (1881) und Ernst Dümmler (1888, Korrespondierendes Mitglied seit 1882) wurden wohl vor allem wegen ihrer Mitwirkung an den Monumenta Germaniae Historica gewählt, deren Zentraldirektion sie nach Waitz leiteten. Reinhold Koser, der nach dem Abschluß seiner Studien bereits an den Unternehmen der Akademie zur preußischen Geschichte mitgearbeitet hatte, wurde 1896 Direktor der Preußischen Staatsarchive und gleichzeitig Mitglied der Akademie, nach Dümmler ab 1905 auch Vorsitzender der Zentraldirektion der Monumenta. Der Neuzeithistoriker Max Lenz, der Erforscher und Darsteller der Geschichte der Berliner Universität, wurde 1896 Ordentliches Akademiemitglied, ging aber 1914 an die neugegründete Universität in Hamburg.

Obwohl sie ihrer Ausbildung nach keine Historiker waren, müssen an dieser Stelle Gustav Schmoller und Adolf Harnack genannt werden, die 1887 und 1890 Ordentliche Akademiemitglieder wurden. Schmoller kam aus dem Kreis des von den sogenannten Kathedersozialisten 1872 gegründeten Vereins für Sozialpolitik und machte sich einen Namen als Erforscher der Volkswirtschaftslehre und der Wirtschaftsgeschichte. In der Akademie betrieb er vor allem Forschungen zur preußischen Geschichte im 18. Jahrhundert. Harnack war Theologe und Kirchenhistoriker. Er wirkte seit 1876 in Leipzig, Gießen und Marburg, bevor er 1888 an die Friedrich-Wilhelms-Universität in Berlin berufen wurde. Er war zugleich aktiv an kirchenpolitischen Auseinandersetzungen jener Jahre beteiligt. Seine Wahl erfolgte nicht zuletzt im Umfeld von Überlegungen über ein geplantes großes Unternehmen der Akademie. Als deren Geschichtsschreiber, durch seine religionshistorischen Untersuchungen, als Generaldirektor der Königlichen Bibliothek in Berlin von 1906 bis 1921 sowie durch seine Mitwirkung an der Gründung der Kaiser-Wilhelm-Gesellschaft und als deren erster Präsident von 1911 bis 1930 war er eine der führenden Persönlichkeiten der deutschen Wissenschaft in den 40 Jahren seiner Akademiemitgliedschaft.

Adolf Tobler, der sich mit dem Altfranzösischen beschäftigte, war 1881 der erste Romanist als Ordentliches Mitglied der Akademie. Als Germanisten wurden 1884 Wilhelm Scherer (Korrespondent 1875), 1889 Karl Weinhold und 1895 Erich Schmidt gewählt. Scherer und Schmidt waren wichtige Vertreter der damaligen positivistischen Literaturgeschichtsschreibung und haben durch ihre Arbeiten zur neueren Literatur bis zu Goethe diese in den Rang eines akademischen Forschungsgegenstandes gehoben. Ihre Wahl war nicht zuletzt ein Echo auf die Diskussionen, die auch im Umfeld der Akademie über deutsche Sprache und Literatur geführt wurden. Weinhold, der ein vielseitiges germanistisches Lebenswerk geschaffen hat, wandte sich während seines letzten Lebensjahrzehnts in Berlin insbesondere volkskundlichen Problemen zu.

Vergleichender Sprachwissenschaftler war Johannes Schmidt, der 1884 als Ordentliches Mitglied in die Akademie aufgenommen wurde. Sein Hauptarbeitsgebiet war die Indoeuropäistik in all ihren vielseitigen Verästelungen. Der Sinologe Hans Georg Conon von der Gabelentz gehörte der Akademie seit 1889 nur vier Jahre bis zu seinem Tode an. 1887 und 1895 wurden mit Eduard Sachau und Adolf Erman zwei Gelehrte in die Akademie gewählt, deren Wirken für die Wissenschaftsentwicklung am Ende des 19. und in den ersten Jahrzehnten des 20. Jahrhunderts bedeutsam wurde. Der Orientalist Sachau war 1887 Begründer und später Direktor des bekannten Seminars für orientalische Sprachen in Berlin, das auf direkte Veranlassung des Reichskanzlers als landeskundlich-geschichtliche Ausbildungsstätte für künftige diplomatische, außenwirtschaftliche und militärische Vertreter des Deutschen Reiches in den deutschen Kolonien und in anderen Ländern Afrikas und Asiens gegründet wurde und das sein Ausbildungsgebiet schließlich auch auf Osteuropa ausdehnte. In der Akademie hat Sachau auch ein Editionsunternehmen inauguriert. Erman, der Schöpfer des „Wörterbuchs der ägyptischen Sprache“, ist maßgeblich an der Ausgestaltung der Ägyptologie zur ägyptischen Altertumskunde beteiligt gewesen, was sich auch in seinen der Akademie vorgelegten Abhandlungen philologischen und historischen Inhalts widerspiegelt.

Im Jahre 1884 wählte die Akademie zwei Rechtshistoriker zu Ordentlichen Mitgliedern: Alfred Pernice, einen Vertreter des römischen Rechts, und Heinrich Brunner, dessen Arbeitsgebiet vor allem die Geschichte des deutschen Rechts war, für die er als führende Autorität galt, insbesondere dank seiner von 1887 bis 1892 erschienenen zweibändigen „Deutschen Rechtsgeschichte“. In der Akademie initiierte er das Unternehmen „Wörterbuch der älteren deutschen Rechtssprache“.

In den beiden Jahrzehnten vor der Jahrhundertwende wurden außer wenigen Auswärtigen Mitgliedern – unter ihnen der St. Petersburger Sanskritist Otto von Boehtlingk (1885), der bereits 30 Jahre Korrespondent war, und der Münchener Hygieniker und von 1890 bis 1899 Präsident der Bayerischen Akademie der Wissenschaften Max von Pettenkofer (1898) – annähernd 150 Wissenschaftler aus dem In- und Ausland als Korrespondierende Mitglieder aufgenommen, davon fast zwei Drittel in die Physikalisch-mathematische Klasse. Ein Teil von ihnen erhielt später den Status eines Auswärtigen oder eines Ordentlichen Mitglieds.

In den neunziger Jahren begann die Akademie mit einer neuen Form wissenschaftlicher Unternehmen, der Betreuung von Werkausgaben bedeutender Akademiemitglieder. Im Jahre 1893 legte Wilhelm Dilthey einen Plan für die Edition der Werke von Immanuel Kant vor, der 1786 Auswärtiges Mitglied der Preußischen Akademie geworden war. 1896 wurde eine Kommission eingesetzt, die unter der Leitung von Dilthey stand. Obwohl im Umfeld der Herausbildung des Neukantianismus begonnen, verstand sich das Unternehmen nicht als das einer bestimmten Schule. Die kritische Kant-Ausgabe der Preußischen Akademie, die erst in den fünfziger Jahren des 20. Jahrhunderts abgeschlossen wurde, wurde zu einem Standardwerk der Philosophiegeschichte. Für die Weiterführung der Werkausgabe des Mathematikers Weierstraß, von der bis zu seinem Tode 1897 zwei Bände erschienen waren (1894, 1895), setzte die Akademie 1897 eine Kommission unter der Leitung von Auwers ein, die zwei weitere Bände edierte (1902, 1903).

Alle anderen Unternehmen, die in den achtziger und neunziger Jahren begonnen wurden, bewegten sich im Bereich der Geisteswissenschaften. Einige entstanden im Umfeld der griechischen und lateinischen Corpora-Unternehmen, beispielsweise das Münzwerk (1888) und die Herausgabe des Codex Theodosianus (1898). Neue Arbeitsbereiche erschlossen ab 1897 Erman und Sachau. Erman regte die Erarbeitung des ägyptischen Wörterbuchs an, die von den Akademien in Göttingen, Leipzig und München unterstützt wurde. Das erste Vierteljahrhundert diente ausschließlich der Materialsammlung. Aus dem Projekt entwickelte sich ein Langzeitunternehmen der Akademie. Das gilt auch für die von Sachau initiierte Ausgabe des unvollendeten Werkes des im Jahre 845 gestorbenen arabischen Historikers Ibn Saad, das eine wichtige Quelle für die Frühgeschichte des Islam ist.

Ein vergleichbares, allerdings weit umfassenderes Unternehmen für die Frühgeschichte des Christentums begann die Akademie 1891 auf Initiative Mommsens. Dieser apostrophierte, als er 1890 das neue Akademiemitglied Harnack in der Akademie begrüßte, nicht zufällig dessen „Gabe jüngere Genossen zu fruchtbarer Arbeitsgemeinschaft zu gewinnen und bei derjenigen Organisation, welche die heutige Wissenschaft vor allem bedarf, als Führer aufzutreten". Für Mommsen war „die Großwissenschaft, die nicht von Einem geleistet, aber von Einem geleitet wird, ein nothwendiges Element unserer Culturentwicklung, und deren echte Träger sind die Akademien oder sollten es sein". Ohne diese Großwissenschaft wäre „die Akademie eben ornamental und müssen wir es uns gefallen lassen von dem Publicum als Decoration angesehen und als überflüssig betrachtet zu werden".[13]

Die sogenannte Kirchenväter-Ausgabe der Akademie, die Edition der griechischen christlichen Schriftsteller für die Zeit von etwa 100 bis 325, war eigentlich das Werk Harnacks, der damit wesentliche Quellen und Untersuchungen zur Geschichte der ersten christlichen Jahrhunderte vorlegte. Die Grundlage der Arbeit bildete das von Harnack 1893 publizierte Werk „Die Überlieferung und der Bestand der altchristlichen Literatur". Der erste Band der Ausgabe konnte bereits 1897 erscheinen. Die Kommission veröffentlichte ihre Arbeitsergebnisse in zwei Reihen: „Die griechischen christlichen Schriftsteller der ersten drei Jahrhunderte" und „Texte und Untersuchungen zur Geschichte der altchristlichen Literatur". Diese Arbeiten werden bis in die Gegenwart fortgesetzt.

Im Unterschied zu der 1896 auf Vorschlag Brunners begonnenen Erarbeitung des „Wörterbuchs der älteren deutschen Rechtssprache", das in das Grenzgebiet von Geschichte und Sprachwissenschaft gehört und das mehrere Jahrzehnte über die wichtige Materialsammlung nicht hinauskam, konnten zur preußischen Geschichte wichtige Ergebnisse vorgelegt werden. 1887 regte Schmoller an, das Unternehmen „Acta Borussica" zu begründen, in dessen Rahmen die Verwaltungs- und Wirtschaftsgeschichte Preußens im 18. Jahrhundert quellenmäßig erschlossen werden sollte. Bis zur Jahrhundertwende konnten die ersten Bände erscheinen, danach folgte eine Intensivierung der Arbeiten. Seit 1898 unterstützte die Akademie finanziell auch die Reihe „Forschungen zur brandenburgischen und preußischen Geschichte".

Zusätzliche finanzielle Mittel für ihre Arbeiten gewann die Akademie weiterhin aus Stiftungen. Ähnlich wie bei der bereits erwähnten Helmholtz-Stiftung (1892) war 1897 anläßlich des 80. Geburtstages von Mommsen eine Geldsammlung veranstaltet worden, deren Zinsen von diesem zur Förderung altertumswissenschaftlicher Arbeiten verwandt und deren Mittel nach seinem Tode ab 1904 in die Mommsen-Stiftung der Akademie eingebracht wurden. Eine weitere Form der Wissenschaftsförderung blieben Stiftungen von Mäzenen. So hat der in den USA lebende französische Graf Joseph Florimond Loubat 1889 Mittel für die nach ihm benannte Loubat-Stiftung zur Förderung amerikanistischer Studien bereitgestellt.

Reiche Forschungsmittel erhielt die Preußische Akademie 1894 mit der „Hermann und Elise geborene Heckmann Wentzel-Stiftung" mit einem Stiftungskapital von 1,5 Millionen Mark. Die Stifterin war die Witwe eines Berliner Baumeisters und Architekten; sie wurde 1900 zum Ehrenmitglied der Akademie gewählt, was in keinem vergleichbaren Fall geschah. Die Zinsen standen im Unterschied zu anderen Stiftungen für Arbeiten beider Klassen der Akademie zur Verfügung, waren also nicht an bestimmte Fachprojekte gebunden. Gefördert wurden von der Stiftung zunächst insbesondere die Arbeiten Harnacks über das Frühchristentum, das „Wörterbuch der älteren deutschen Rechtssprache" und die Publikation der Ergebnisse von Forschungsreisen, darunter diejenigen einer zoologisch-ethnographischen Expedition nach Mikronesien von 1878 bis 1882, die die Akademie unterstützt hatte und die später in ein eigenes Forschungsunternehmen der Akademie mündete.

Interakademische Beziehungen und Akademiejubiläum 1900

Am Vorabend des 200. Jahrestages ihrer Gründung hatte sich die Preußische Akademie der Wissenschaften national und international eine geachtete Stellung erworben. Sie war in vielfacher Hinsicht ein unverzichtbarer Bestandteil und aktiver Teilnehmer der Wissenschaftsentwicklung sowohl auf geistes- als auch auf naturwissenschaftlichem Gebiet. Als Berliner Institution profitierte sie von der Herausbildung der Reichshauptstadt zu einem führenden deutschen Wissenschaftszentrum und beeinflußte diese zugleich in vielfältiger Hinsicht, was insbesondere für das Werden der Friedrich-Wilhelms-Universität zur bedeutendsten deutschen Hochschule galt. In den Jahren um die Jahrhundertwende entstanden als sichtbarer Ausdruck für diesen Aufschwung die zahlreichen Bauten für Lehr- und Forschungszwecke. Dazu gehörten beispielsweise Physikalische und Chemische Institute, das Naturkundemuseum und weitere botanische und zoologische Bildungsstätten, einschließlich der Neuanlage des Botanischen Gartens, die Neugestaltung der Charité im Allgemeinen und ihrer Kliniken im Besonderen sowie der Ausbau der Museumsinsel. Zu nennen ist auch der 1903 begonnene

Neubau der Staats- und Universitätsbibliothek Unter den Linden. Die Akademie mußte damit bald nach ihrem Jubiläum vorübergehend für etwa ein Jahrzehnt ihren seit 200 Jahren traditionellen Arbeitsort verlassen, an den sie 1914 zurückkehrte, bei welcher Gelegenheit der Sekretar Diels im Widerspruch zur historischen Wahrheit Kaiser Wilhelm II. als dritten Gründer der Akademie nach Leibniz und Friedrich dem Großen feierte.

Den 200. Jahrestag ihrer Gründung bereitete die Akademie langfristig vor. Am 16. April 1896 beauftragte sie ihr Ordentliches Mitglied Harnack mit der Erarbeitung einer Darstellung der Geschichte der Akademie. Dieser gehörte zu diesem Zeitpunkt kein Wissenschaftler an, der für diese Aufgabe geeigneter gewesen wäre. Für Harnack sprachen vor allem seine große Kenntnis der Geschichte der geistigen Kultur, seine ausgezeichneten schriftstellerischen Fähigkeiten und nicht zuletzt sein ausgeprägtes Interesse für die Organisation der wissenschaftlichen Forschung, aber auch seine direkten Kontakte zum Herrscherhaus. Bereits im Juni 1896 legte er der Akademie ein „Promemoria“ vor. Darin schlug er vor, die Akademiegeschichte des 19. Jahrhunderts von 12 bis 15 Fachleuten für die einzelnen Fachdisziplinen abfassen oder diese beratend an seiner Arbeit als Autor mitwirken zu lassen. Die Jubiläumskommission entschied sich für den zweiten Weg. Harnack wurde so zum Verfasser der etwa tausendseitigen Akademiegeschichte, in die er von Fall zu Fall jeweils ausgewiesene Texte einfügte, die ihm andere Mitglieder der Akademie zur Verfügung stellten. Als Ergänzung publizierte Harnack einen umfangreichen Quellenband und eine von dem Archivar der Akademie, Otto Köhnke, erarbeitete Bibliographie der Akademiepublikationen von 1700 bis 1900. Das Werk, eine bis heute achtungswürdige Leistung, die Harnack neben seinen sonstigen Arbeiten als Lehrer und Forscher vollbrachte, lag termingemäß zum Jubiläum vor.

Die Bedeutung dieses Berliner Akademiejubiläums resultierte nicht nur aus der Stellung, die die Akademie als älteste interdisziplinäre neben den älteren Akademien wie der Leopoldina, der Royal Society und der Académie des Sciences auf naturwissenschaftlichem oder der Académie Française auf sprachlich-literarischem Gebiet genoß. Das Jubiläum von 1900 in Berlin fiel auch in die Jahrzehnte, in denen Deutschland zum führenden Wissenschaftsland wurde und in denen die nationale und die internationale zwischenakademische Zusammenarbeit einen Aufschwung nahm. Letztere knüpfte unter veränderten Bedingungen an Vorstellungen an, die schon Leibniz gehegt hatte, die sich aber damals und in der Folgezeit nur partiell verwirklichen ließen. Nun war es die Wissenschaftsentwicklung selbst, die auf organisierte Kommunikation drängte, die natürlich auch wissenschaftspolitische Aspekte hatte.

Nachdem Mommsen schon 1891 eine engere Zusammenarbeit der deutschen Akademien der Wissenschaften angeregt hatte, wurde 1893 der „Verband der wissenschaftlichen Körperschaften“ gegründet. Dieser als „Kartell“ in die Wissenschaftsgeschichte eingegangenen Vereinigung schlossen sich die Akademien der Wissenschaften in Göttingen, Leipzig, München und Wien an. Das Hauptziel neben Abstimmungen zu wissenschaftlichen und wissenschaftspolitischen Fragen, die auf den regelmäßig durchgeführten Kartelltagungen eine große Rolle spielten, war die Durchführung von Arbeiten, die über das Vermögen einer einzelnen Akademie hinausgingen. Solche Vorhaben waren unter anderem die Herausgabe der sechsbändigen „Enzyklopädie der mathematischen Wissenschaften“ (1895–1934) und der „Thesaurus linguae latinae“, in dem der gesamte lateinische Wortschatz bis zum 7. Jahrhundert erfaßt werden sollte. An dem letzteren Unternehmen arbeitete die Berliner Akademie von Anfang an intensiv mit, obwohl sie erst 1906 dem Kartell offiziell beitrat. Dieser Vorgang stand im engen Zusammenhang mit der Entwicklung, die die internationale akademische Kooperation inzwischen genommen hatte.

Im Jahre 1898 hatten sich die Akademien in Göttingen, Leipzig, London, München und Wien entschlossen, unter Einbeziehung der Akademien in Berlin, Paris, St. Petersburg und Rom eine internationale Organisation vorzubereiten. Von überall her, sogar aus Washington, wurde Zustimmung signalisiert, außer aus Berlin, wo man offensichtlich noch mehr auf die eigene Kraft vertraute oder vielleicht eine Majorisierung befürchtete. Den Umschwung brachte die Kartelltagung der Akademien in München Ende Mai 1899. Die Preußische Akademie wurde dazu als Gast eingeladen und als älteste deutsche Akademie beauftragt, eine internationale Konferenz der Akademien für Oktober 1899 nach Wiesbaden einzuberufen, auf der die Internationale Assoziation der Akademien (IAA) gegründet werden sollte. Innerhalb der Berliner Akademie war nur eine knappe Mehrheit für eine solche Institution, wie sich insbesondere bei der Ausarbeitung des Statutenentwurfs zeigte. Es trat daher der seltene Fall ein, daß das Plenum der Akademie am 27. Juli 1899 Sonderregelungen beschloß, nach denen zur Behandlung von Assoziationsfragen gesondert einzuladen war und wichtige Vorlagen vorher gedruckt mitzuteilen waren. Dieser Beschluß wurde erst 1908, nach dem Beitritt der Preußischen Akademie zum Kartell, aufgehoben, als die Assoziation, wie es hieß, „seit längerem schon keinen Zankapfel mehr in der Akademie" bildete.[14]

Die Gründung der Internationalen Assoziation der Akademien erfolgte auf der Grundlage eines Berliner Statutenentwurfs wie vorgesehen im Oktober 1899 in Wiesbaden durch die zehn Akademien, die in Berlin, Göttingen, Leipzig, London (Royal Society), München, Paris (Académie des Sciences), St. Petersburg, Rom (Accademia dei Lincei), Washington und Wien bestanden. Neun weitere Akademien wurden von der Gründungsversammlung zur Teilnahme an der Assoziation eingeladen und traten ihr bei. Es handelte sich um die Akademien in Amsterdam, Brüssel, Budapest, Christiania (Oslo), Kopenhagen, Madrid, Paris (Académie des Inscriptions et Belles-Lettres und Académie des Sciences morales et politiques) und Stockholm. Später folgten noch die British Academy in London (1904), die 1901 zur Pflege von Philosophie, Geschichte, Philologie und anderen Geisteswissenschaften gegründet worden war – nicht zuletzt auch, um eine Vertretung dieser Disziplinen durch Großbritannien in der Assoziation zu ermöglichen –, die Akademie in Tokio (1907), die Société Helvétique des Sciences Naturelles in Bern (1910), die Royal Society in Edinburgh (1913) und die Societas Scientiarum Fennicae in Helsingfors (Helsinki, 1913). Diese Vereinigung der Akademien mußte während des ersten Weltkrieges ihre Tätigkeit einstellen und wurde nicht wieder belebt.

Die erste Versammlung der Assoziation tagte 1901 in Paris und von da an alle drei Jahre, und zwar in London (1904), in Wien (1907), in Rom (1910) und in St. Petersburg (1913). Die für 1916 in Berlin vorgesehene Beratung fand nicht mehr statt. Als Aufgabe stellte sich die Assoziation, die in einer geistes- und einer naturwissenschaftlichen Sektion arbeitete, „wissenschaftliche Unternehmen von allgemeinem Interesse, welche von einer der vereinigten Akademien vorgeschlagen werden, vorzubereiten und zu fördern, und sich über Einrichtungen zur Erleichterung des wissenschaftlichen Verkehrs zu verständigen".[15] Außer der interdisziplinären Ausgabe der Werke und Briefe von Leibniz wurden in der Folgezeit insgesamt 19 natur- und elf geisteswissenschaftliche Unternehmen betrieben oder unterstützt. Nur ein einziges konnte von der Assoziation zu Ende gebracht werden. Die Berliner Akademie beteiligte sich an einzelnen Vorhaben in unterschiedlichem Maße, an anderen gar nicht. Zu denen, die ihr besonderes Interesse fanden, gehörten natürlicherweise die Leibniz-Ausgabe sowie das Corpus Medicorum Graecorum, die kritische Ausgabe des indischen Heldenepos Mahabharata, die magnetische Messung eines Breitenkreises zur Überprüfung der Gauß'schen Theorie des Erdmagnetismus, die Organisation der seismischen Beobachtungen, die Messung auf dem 30. Meridian von Südafrika bis Kairo, die internationale Organisation der Hirnforschung und die Vulkanforschung.

In das Jahr zwischen der Gründung der Internationalen Assoziation der Akademien in Wiesbaden (1899) und ihres ersten Kongresses in Paris (1901) fiel das Akademiejubiläum in Berlin, das selbst den Charakter eines internationalen Kongresses trug. Die 200. Wiederkehr des Gründungstages der Preußischen Akademie wurde am 19. März 1900 mit der Niederlegung eines Kranzes am Denkmal Friedrichs des Großen und durch einen Festakt im königlichen Schloß in Anwesenheit des Königs und Kaisers und am folgenden Tag mit einer Festsitzung gefeiert, auf der Harnack die Ergebnisse seiner akademiegeschichtlichen Forschung verallgemeinerte. Für den Märztermin, der an die kurfürstliche Entscheidung über die Sozietätsgründung im März 1700 anknüpfte, und nicht für einen Termin im Juli, als 1700 das Gründungsdokument der Sozietät unterzeichnet und Leibniz zum Präsidenten ernannt wurde, entschied man sich in Rücksicht auf die Zeitplanung des Kaisers, der persönlich an den Jubiläumsfeierlichkeiten teilnehmen wollte. Zu ihnen waren Vertreter sehr vieler wissenschaftlicher Institutionen des In- und Auslands nach Berlin gekommen. Sie wurden in einer noch 1900 erschienenen Publikation umfassend dokumentiert.

In der Vorbereitungsphase des Akademiejubiläums wurde der Mitgliederbestand ergänzt. 1899/1900 wurden acht Ehrenmitglieder, 14 Auswärtige Mitglieder und 53 Korrespondierende Mitglieder gewählt. Neben der damit verbundenen Ehrung für die Gewählten wurde damit zugleich die Möglichkeit genutzt, den als unbefriedigend empfundenen Zustand zu überwinden, daß 1899 von den 200 Korrespondentenstellen nur 137 besetzt waren. In der Diskussion über die Zuwahlen betonte Dümmler ausdrücklich: „Das Recht der Wahl, welches wir haben, schließt auch eine Pflicht in sich, die nicht nach Laune und Zufall geübt werden darf."[16] Durch einen Erlaß des Kaisers wurde 1900 die Zahl der Ordentlichen Mitglieder um drei in jeder Klasse auf insgesamt 60 erhöht. Zum gleichen Zeitpunkt wurden an der Akademie vier Stellen für wissenschaftliche Beamte geschaffen, wodurch die Arbeit in den Unternehmen auf eine festere Grundlage gestellt wurde. Berlin stiftete der Akademie zum Jahrestag 100 000 Mark als „Akademische Jubiläumsstiftung der Stadt Berlin". Die Zinsen sollten „insbesondere zur Förderung der Naturwissenschaft Verwendung finden".[17]

Noch im Jahre 1900 kam es zur Gründung von vier neuen wissenschaftlichen Unternehmen der Akademie, die in den folgenden Jahrzehnten mit großer Intensität betrieben wurden. Zunächst wurde der seit 1898 erwogene Plan verwirklicht, eine Ausgabe der Werke Wilhelm von Humboldts zu veranstalten. Interesse an einem solchen Vorhaben bekundete auch Kaiser Wilhelm II. Mit den „Gesammelten Schriften Wilhelm von Humboldts", die ab 1903 zu erscheinen begannen, wandte sich die Akademie wissenschaftlichen und wissenschaftsorganisatorischen Problemen der Zeit der preußischen Reformen zu, die auch für ihr eigenes Schicksal und Selbstverständnis von weittragender Bedeutung waren.

Hervorhebenswert ist, daß jetzt auch die Arbeit der Akademie auf naturwissenschaftlichem Gebiet intensiviert wurde, wobei entsprechend deren Möglichkeiten vor allem systematisierende Sammlungsarbeiten in Frage kamen. Auwers nahm 1900 den insbesondere von Mommsen vertretenen Gedanken vom Großbetrieb der Wissenschaft auf, worunter er Gemeinschaftsarbeiten der Akademie als deren „wichtigste Aufgabe" verstand, die „für absehbare Zeit die Berechtigung und Notwendigkeit ihrer selbständigen und fundierten Existenz" bildeten. Auwers wies besonders darauf hin, daß sich auch die Physikalisch-mathematische Klasse zu diesem Großbetrieb bekennte, „den sie nach einem nicht in jeder Beziehung gelungenen Versuch innerhalb der Akademie lange gänzlich der philosophisch-historischen Klasse überlassen hat".[18] Auwers regte daher an, einen „Thesaurus positionum stellarum affixarum" zu erarbeiten, was noch 1900 zur Gründung des Unternehmens Geschichte des Fixsternhimmels führte. Das Ziel war die systematische Erfassung und vergleichende Berechnung aller von 1750 bis 1900 erzielten Ergebnisse von Fixsternbeobachtungen als Grundlage für weitere Forschungsarbeiten.

Im Jahre 1892 hatte die Deutsche Zoologische Gesellschaft die systematische Bearbeitung aller rezenten Formen der Tiere angeregt. Die Arbeiten begannen 1896 unter der Leitung des Zoologen Franz Eilhard Schulze, der „Das Tierreich" auch leitete, nachdem es 1900 von der Akademie übernommen wurde. In Verbindung mit diesem Unternehmen stand der 1912 als selbständiges Vorhaben gegründete „Nomenclator animalium generum et subgenerum", dessen Ziel ein alphabetisches Verzeichnis aller Gattungs- und Untergattungsnamen war. Unter der Leitung von Adolf Engler stand „Das Pflanzenreich", an dem die Arbeiten 1900 begonnen wurden. Dieses akademische Unternehmen entwickelte sich zu einer Sammlung von Monographien über einzelne Pflanzen, wobei auf deren Verwandtschaftsverhältnis und ihre geographische Verbreitung besonderer Wert gelegt wurde. Eng verbunden mit diesem Vorhaben war die ebenfalls von Engler betreute wissenschaftliche Bearbeitung der Flora von Papuasien und Mikronesien, die ab 1911 durch die Wentzel-Heckmann-Stiftung finanziert wurde.

Aus dem Selbstverständnis der Preußischen Akademie und aus der internationalen Kooperation wurde die Ausgabe der Schriften und Briefe von Gottfried Wilhelm Leibniz geboren, die sich zu einem der größten Langzeitvorhaben entwickelte. Bereits im 19. Jahrhundert hatte die Akademie die Leibniz-Forschung gefördert, so beispielsweise die Werkausgabe von Carl Immanuel Gerhardt, die 1849 zu erscheinen begann. Gerhardt wurde 1861 auch Korrespondierendes Mitglied der Akademie. Die 1901 gegründete Leibniz-Kommission der Akademie stand nacheinander unter der Leitung von Diels und Lenz, ihre Aufgabenstellung entsprach dem Beschluß der Internationalen Assoziation der Akademien. Die Auffassungen zwischen Berlin und Paris über die gemeinsame Ausgabe gingen allerdings zum Teil weit auseinander. In Paris legte man das Schwergewicht auf möglichst schnelle Ergebnisse, in Berlin mehr auf die erschöpfende Sammlung des Materials und eine historisch-kritische Gesamtausgabe. Erst 1908 war die erste Phase der vorbereitenden Arbeiten abgeschlossen, und der erste Band erschien erst nach dem Ende des ersten Weltkriegs, als die Preußische Akademie die alleinige Verantwortung für die Ausgabe übernommen hatte.

Eine unmittelbare Auswirkung des Akademiejubiläums war im Sommer 1903 die Gründung der Deutschen Kommission der Preußischen Akademie. 1900 wurde die Zahl der Ordentlichen Mitglieder in jeder Klasse um drei erhöht, wobei die neuen

Stellen in der Philosophisch-historischen Klasse der deutschen Sprachforschung vorbehalten waren. 1902 und 1903 wurden mit Konrad Burdach und Gustav Roethe zwei bedeutende Germanisten zu Ordentlichen Mitgliedern der Akademie gewählt. Beide haben in deren Geschichte eine bedeutende Rolle gespielt, denn Burdach arbeitete an ihr mehrere Jahrzehnte hauptamtlich, Roethe wurde 1911 als Nachfolger Vahlens Sekretar. Ebenfalls 1900 hatte die Akademie in einer Eingabe an die Regierung und den Kaiser die Einrichtung eines „Instituts für deutsche Sprache" vorgeschlagen. Damit wurden Gedanken aufgegriffen, die bereits seit den siebziger Jahren geäußert worden waren. Schließlich blieb es bei der akademiespezifischen Organisationsform einer Kommission, die in diesem Falle mehrere wissenschaftliche Unternehmen betreute. Als Aufgabe stellte sich die Deutsche Kommission, wie es 1904 in einer Eingabe hieß, die „Entwicklung des sprachlich-literarischen Lebens in Deutschland seit dem Abwelken der mittelalterlichen Kultur sichtbar zu machen und begreifen".[19] Die Leitung übernahmen die germanistischen Ordentlichen Mitglieder Burdach, Roethe und E. Schmidt.

Dank der Mitarbeit zahlreicher Germanisten, Historiker, Bibliothekare, Archivare und anderer Wissenschaftler konnte die Kommission im Bereich „Inventarisierung der literarischen Handschriften deutscher Sprache bis ins 16. Jahrhundert" unter der Leitung von Burdach und Roethe schnell beachtliche Erfolge erzielen. Ähnliches gilt für die „Deutschen Texte des Mittelalters" unter der Leitung von Roethe, mit denen durch die Edition wichtiger Quellen des 12. bis 15. Jahrhunderts Grundlagen für mittelhochdeutsche Studien gelegt werden sollten. Unter der Leitung von E. Schmidt wurde eine Ausgabe der Werke von Christoph Martin Wieland in Angriff genommen, der 1786 Auswärtiges Mitglied der Akademie geworden, aber 1812 bei der Neueinteilung der Klassen nicht mehr berücksichtigt worden war. Von weiteren geplanten Vorhaben wurden nur die Mundarten-Lexica begonnen, während der Thesaurus Linguae Germanicae und die Geschichte der neuhochdeutschen Schriftsprache in der ursprünglich geplanten Form zurückgestellt werden mußten. Es wurden zunächst drei Mundarten-Lexica bearbeitet: das Rheinische, das Hessen-Nassauische und das Preußische Wörterbuch. In engster Verbindung mit der Deutschen Kommission standen die von Burdach durchgeführten „Forschungen zur Geschichte der neuhochdeutschen Schriftsprache". Diese zunächst recht breit angelegte Forschungsarbeit, die schon seit dem ausgehenden 19. Jahrhundert von der Akademie finanziell unterstützt wurde, und die eigentlich die Entwicklung der Sprache vom 14. bis zum 19. Jahrhundert zum Gegenstand hatte, reduzierte sich schnell auf deren Anfänge im 14. Jahrhundert.

Im Jahre 1908 übernahm die Akademie im Rahmen der Deutschen Kommission die Erarbeitung des Wörterbuchs der Brüder Grimm. Schon 1901 war sie vom preußischen Kultusministerium aufgefordert worden, sich in einem Gutachten über eine möglichst schnelle Fertigstellung des Werkes zu äußern, dessen erster Band 1854 erschienen war. Eine Kommission schlug daraufhin vor, eine Zentralstelle einzurichten, deren Leiter wissenschaftliche Mitarbeiter erhalten müßte. Die direkte Frage, ob die Akademie das Wörterbuch übernehmen würde, wurde 1902 noch verneint, jedoch die Bereitschaft ausgedrückt, beratend mitzuwirken. Die Übernahme – im Verein mit Göttingen – fand dann doch entsprechend einer Anregung durch die Philologentagung in Hamburg im Jahre 1905 statt. Sie erfolgte – wie die Akademie erklärte – „in dem Bewußtsein, daß es eine Ehrenpflicht der Akademie sei, das Deutsche Wörterbuch der Brüder Grimm zu würdigem Ende zu bringen, ehe sie den neuen Plan des großen akademischen deutschen Thesaurus in Angriff nehme".[20] Die Reorganisation der Arbeit am „Grimm" begann 1908 mit der Einrichtung einer Zentralsammelstelle in Göttingen durch Edward Schröder, der 1912 auch Korrespondierendes Mitglied der Berliner Akademie wurde. Damit wurde der Gedanke von 1901 aufgegriffen. Mit der Arbeit am Grimmschen Wörterbuch bekannte sich die Akademie zu einer gesamtdeutschen kulturpolitischen Aufgabe, deren Bedeutung weit über die Sprachwissenschaft hinausging, und an der ganze Generationen von Germanisten bis in die Gegenwart gearbeitet haben, darunter auch an der Berliner Akademie der Wissenschaften. Der geplante Thesaurus Linguae Germanicae ist niemals Wirklichkeit geworden.

Zuwahlen bis 1918: Gesamtakademie und Physikalisch-mathematische Klasse

Von 1901 bis 1918 wurden annähernd 60 neue Ordentliche Mitglieder in die Preußische Akademie gewählt. Diese Zuwahlen waren nicht nur möglich, weil – meist durch das Erreichen der Altersgrenze oder durch den Tod von Wissenschaftlern – entsprechende Stellen verfügbar wurden. Auch die Zahl der Mitglieder der Akademie wurde seit 1881 von 54 bis 1913 auf 70 erhöht, wobei prinzipiell am Paritätsprinzip der Klassen festgehalten wurde. Die Physikalisch-mathematische Klasse erhielt 1900, 1906 und 1911 insgesamt acht (drei, zwei und drei) zusätzliche Stellen, wobei sich die Erhöhung von 1911 aus der Gründung der Kaiser-Wilhelm-Gesellschaft ergab, auf deren Entstehung im folgenden Abschnitt noch einzugehen sein wird. Ebenfalls acht neue Stellen erhielt die Philosophisch-historische Klasse 1900, 1906 und 1913 (drei, zwei und drei), darunter im Jahre 1913 zur Verstärkung der historischen und staatswissenschaftlichen Fächer. Am Vorabend des ersten Weltkrieges konnten der Akademie damit insgesamt 70 Ordentliche Mitglieder angehören. Da eine angemessene Würdigung der wissenschaftlichen Leistungen jeder einzelnen dieser zahlreichen Persönlichkeiten einen Abriß der Wissenschaftsgeschichte in den beiden letzten Jahrzehnten des Kaiserreichs erforderte, können auch in diesem Fall im wesentlichen nur Namen aufgezählt werden, wobei weitgehend der Fachstellenaufteilung gefolgt und auf den unterschiedlichen Anteil der einzelnen Mitglieder an den Arbeiten der Akademie Rücksicht genommen wird.

Nachdem zum Jubiläum 1900 allein 14 Auswärtige Mitglieder aus mehreren Ländern gewählt worden waren, erhöhte sich diese Zahl bis 1912 nochmals um zehn, die fast alle bereits Korrespondenten waren. Unter ihnen waren der Direktor der Bibliothèque Nationale in Paris, Leopold Delisle (1902), der Chemiker Adolf von Baeyer (1905) in München, der Slawist Vatroslav Jagić (1908) in Wien, der klassische Philologe Henri Weil (1908) in Paris und der Physiker John William Rayleigh (1910) in London. Ehrenmitglied wurde unter anderem 1910 der ehemalige Reichskanzler Bernhard Fürst von Bülow. Hinzukamen in diesem Zeitraum weit über 100 neue Korrespondierende Mitglieder, die sich bei einem leichten Übergewicht der Geisteswissenschaftler etwa gleichstark auf beide Klassen verteilten.

Mit den beiden Direktoren von Kaiser-Wilhelm-Instituten, Ernst Beckmann (1912) und Fritz Haber (1914), sowie mit Richard Willstätter (1914), der nur zwei Jahre in Berlin blieb, gewann die Akademie drei bedeutende Chemiker als Ordentliche Mitglieder. Haber, der zunächst in der Akademie nicht mitwirkte, war durch die Hochdrucksynthese von Ammoniak aus Stickstoff und Wasserstoff, der Grundlage des

Haber-Bosch-Verfahrens, bekannt geworden, das sich als wichtig für die deutsche Rüstungsproduktion erwies. Durch sein Eintreten für den Gaskrieg schadete er seinem Ruf und dem der deutschen Wissenschaft. 1919 erhielt er den Nobelpreis, und später erwies er sich als aktiver Wissenschaftspolitiker, bevor er nach der Errichtung der nationalsozialistischen Gewaltherrschaft seine Ämter niederlegte und emigrierte. Vor allem wegen seiner Chlorophyllstudien, für die er 1915 den Nobelpreis erhielt, wurde Willstätter in die Akademie gewählt.

Da die Akademie 1900 für das Gebiet der Technik drei Stellen für Ordentliche Mitglieder und zehn für Korrespondenten erhalten hatte, wäre die Möglichkeit gegeben gewesen, in dieser Fachrichtung stärker aktiv zu werden. Doch hat sie diese der Technikwissenschaft gebotene Chance, durch die der modernen Wissenschaftsentwicklung Rechnung getragen wurde, ganz unzureichend genutzt, so daß diese Zuwahlen hier unberücksichtigt bleiben können.

Das gilt nicht für die Physik. Nach einer nur kurzen Mitgliedschaft des Experimentalphysikers Paul Drude (1905, Selbstmord 1906) trat Heinrich Rubens 1907 an seine Stelle, der vor allem durch seine experimentellen Untersuchungen langwelliger Strahlungen, insbesondere der ultraroten Wärmestrahlen, bekannt wurde. Mit Walther Nernst als Ordentlichem Mitglied hielt 1905 die physikalische Chemie endgültig ihren Einzug in die Akademie. Er formulierte 1906 den sogenannten dritten Hauptsatz der Thermodynamik, wofür er 1920 den Nobelpreis erhielt. Nernst war von 1922 bis 1924 als Nachfolger des Ordentlichen Akademiemitglieds Warburg Präsident der Physikalisch-Technischen Reichsanstalt.

Um die Jahreswende 1911/12 zeichnete sich für die Akademie dank des Einsatzes von Warburg die Aussicht ab, Wilhelm Conrad Röntgen, der seit 1896 Korrespondent war, als Ordentliches Mitglied zu gewinnen. Dazu war freilich erforderlich, daß diesem ermöglicht wurde, „unabhängig von Amtspflichten lediglich der wissenschaftlichen Forschung sich zu widmen“[21], wie es in dem von Warburg entworfenen und von Planck, Nernst und Rubens mitunterzeichneten Wahlantrag vom 26. November 1911 hieß. Die Verhandlungen waren schon so weit gediehen, daß die Akademie wegen des Gehalts und der notwendigen Laboratoriumsräume mit dem Kultusministerium verhandeln wollte. Der Plan zerschlug sich jedoch, da Röntgen sich schließlich für den Verbleib in München entschied. Er erhielt 1901 als erster den Nobelpreis für Physik, 1911 den Orden Pour le Mérite, 1918 die Helmholtz-Medaille der Preußischen Akademie und wurde 1920 deren Auswärtiges Mitglied.

Auf Vorschlag von Planck wurde im Jahre 1913 Albert Einstein als Ordentliches Mitglied in die Akademie aufgenommen. Der große Gelehrte und Begründer der Speziellen und der Allgemeinen Relativitätstheorie, die das Weltbild der Physik grundlegend beeinflußte, wurde hauptamtliches Mitglied der Akademie mit einem Jahresgehalt von 12 000 Mark. Der Entscheidung gingen längere Verhandlungen voraus, da von einigen Akademiemitgliedern Vorbehalte gegen die Inanspruchnahme der privaten Stiftung von Leopold Koppel für die Bezahlung Einsteins geäußert wurden. Nernst, der diese Stiftung vermittelt hatte, gebührt neben Planck das größte Verdienst daran, Einstein für Berlin gewonnen zu haben. Einstein, dessen Weltbedeutung heute unumstritten ist, wurde nach seiner Übersiedlung in Berlin Mitglied des Kuratoriums der Physikalisch-Technischen Reichsanstalt und 1917 Direktor des Kaiser-Wilhelm-Instituts für Physik. Während des Weltkrieges als dessen Gegner, in den geistigen Auseinandersetzungen in den Jahren der Weimarer Republik und durch den Verzicht auf seine Akademiemitgliedschaft im Jahre 1933 erwies sich Einstein überzeugend als ein der Demokratie verpflichteter Wissenschaftler. Mit seinem Austritt aus der Akademie kam er dem geplanten Ausschluß zuvor. Er verstand ihn als Protest gegen den Nationalsozialismus und vollzog als einziges Akademiemitglied diesen Schritt.

Der Meteorologe Gustav Hellmann, der von 1879 bis 1922, davon zeitweilig an leitender Stelle, im Preußischen Meteorologischen Institut arbeitete, wurde 1911 Ordentliches Akademiemitglied. Er galt als Vertreter der klimatologischen Richtung der Meteorologie. Da Helmert als Direktor des Preußischen Geodätischen Instituts seit 1900 und Vogel als Direktor des Astrophysikalischen Observatoriums seit 1892 Ordentliche Akademiemitglieder waren und der bedeutende Astrophysiker Karl Schwarzschild, seit 1909 Direktor des Astrophysikalischen Instituts, 1912 Ordentliches Akademiemitglied wurde, waren damals alle preußischen Forschungsinstitute in der Akademie durch ihre leitenden Persönlichkeiten vertreten. Auf Schwarzschild, der ein Opfer des Weltkrieges wurde, hat Einstein 1916 seine einzige Gedenkrede auf ein Mitglied in der Akademie gehalten: „Das frühe Hinscheiden dieses hochbegabten und vielseitigen Forschers bedeutet nicht nur für unsere Körperschaft, sondern für alle Freunde der astronomischen und physikalischen Wissenschaft einen herben Verlust."[22]

Ordentliches Mitglied der Akademie war seit 1904 der Astronom Karl Hermann Struve, unter dessen Direktorat für die einst unter der maßgeblichen Mitwirkung von A. von Humboldt und Encke in Berlin erbaute Sternwarte wegen der sich verschlechternden Beobachtungsbedingungen in der Großstadt von 1911 bis 1913 in Babelsberg bei Potsdam ein Neubau errichtet wurde. Die Akademie war an den Vorbereitungen für den nunmehr dritten Standort der Sternwarte, deren Gründung einst gleichzeitig mit der der Sozietät erfolgt war, beteiligt.

Der 1917 an die Universität berufene Mathematiker Erhard Schmidt, zu dessen Hauptarbeitsgebiet die Theorie der Integralgleichungen gehörte, wurde 1918 Ordentliches Akademiemitglied.

Im botanisch-zoologischen Bereich der Physikalisch-mathematischen Klasse ergaben sich keine hier nennenswerten Veränderungen durch Zuwahlen, außer durch die Wahl von Gottlieb Haberlandt im Jahre 1911 (Korrespondent schon 1899), der pflanzenanatomische und entwicklungsgeschichtliche Studien mit funktionell-physiologischen Fragestellungen verband, und von Carl Correns, seit 1914 Direktor des Instituts für Biologie der Kaiser-Wilhelm-Gesellschaft, der 1915 Ordentliches Akademiemitglied wurde. Er gehörte zu denjenigen, die 1900 unabhängig voneinander die schon von Gregor Mendel 1865 gefundenen Gesetzmäßigkeiten bei der Vererbung wieder entdeckten, weshalb ihm ein Platz in der Geschichte der Genetik gebührt.

Auf dem Gebiet der Medizin war 1904 die Wahl von Robert Koch, der 1905 den Nobelpreis erhielt, zum Ordentlichen Akademiemitglied eine verspätete Ehrung. Seine bedeutenden Leistungen – vor allem 1882 und 1884 die Entdeckung des Tuberkelbazillus und des Cholera-Erregers – hatte er als Mitarbeiter im Reichsgesundheitsamt und als Direktor des Instituts für Infektionskrankheiten von 1891 bis 1904 längst erbracht. Ordentliche Mitglieder wurden 1906 der Anatom Johannes Orth und der Physiologe Max Rubner, der sich durch seine Arbeiten über stoffwechsel-physiologische Probleme im Wärmehaushalt des Menschen einen Namen machte. Rubner war 1913 Begründer und erster Direktor des Kaiser-Wilhelm-Instituts für Arbeitsphysiologie und seit 1919 in der Nachfolge von Waldeyer-Hartz Sekretar der Physikalisch-mathematischen Klasse der Preußischen Akademie.

Der Geograph Albrecht Penck wurde 1906, aus Wien als Nachfolger Richthofens berufen, gleichzeitig Professor der Geographie an der Friedrich-Wilhelms-Universität und Ordentliches Mitglied der Akademie. Er hatte sich durch grundlegende Forschungen über die Alpen im Eiszeitalter ausgewiesen und hat die Geomorphologie entscheidend gefördert, nicht zuletzt durch seine jahrzehntelange Mitarbeit in der Akademie. Mit Richthofen und Penck wechselte die Geographie aus der Philosophisch-historischen in die Physikalisch-mathematische Klasse. Die Umwandlung dieser Disziplin in eine naturwissenschaftliche fand damit auch in der Akademie ihren Ausdruck.

Zuwahlen bis 1918: Philosophisch-historische Klasse

Nicht zuletzt im Hinblick auf die philosophiehistorischen Unternehmen – Kant und Leibniz – wurde 1903 der natur- und geisteswissenschaftlich gut vorgebildete Benno Erdmann, der insbesondere über die Erkenntnistheorie gearbeitet hatte, zum Korrespondierenden und 1911 zum Ordentlichen Mitglied gewählt, nachdem seine Wahl 1910 zunächst gescheitert war.

Auf dem Gebiet der Altertumswissenschaft gewann die Akademie 1903 den Althistoriker Eduard Meyer und 1912 den Latinisten Eduard Norden als Ordentliche Mitglieder. Meyer hatte in fünf Bänden von 1884 bis 1902 seine monumentale „Geschichte des Altertums" publiziert; seine Arbeiten, in denen er die sozialökonomische Entwicklung stärker als andere berücksichtigte, basierten auf der Idee von der Einheit der alten Welt. Meyer wurde auch wissenschaftspolitisch aktiv. Nordens Untersuchungen über die Antike und ihre Nachwirkungen haben ihre Bedeutung teilweise bis heute erhalten. Er mußte 1938 auf Grund der nationalsozialistischen Rassengesetze aus der Akademie ausscheiden. Hinzugewählt wurden der Numismatiker Heinrich Dressel (1902) als Direktor der Antikensammlung des Berliner Münzkabinetts, der Erforscher der antiken Kunstgeschichte Georg Loeschke (1913) und – vor allem hervorhebenswert – der Archäologe Hans Dragendorff (1916), seit 1911 Generalsekretär des Deutschen Archäologischen Instituts in Rom.

Beachtlich war mit insgesamt sieben Zuwahlen von 1903 bis 1918 die Zahl der Historiker, die auf dem Gebiet der mittelalterlichen und der neueren Geschichte tätig waren. Sie vertraten zudem verschiedene Richtungen innerhalb der Geschichtswissenschaft. Carl Schuchhardt, der Direktor des Museums für Vor- und Frühgeschichte in Berlin, wurde 1912 Ordentliches Mitglied. Er hatte sich bemüht, die Methoden der klassischen Archäologie auf Ausgrabungen in Nordwestdeutschland und bei Potsdam (Römerschanze) anzuwenden und erhielt für seine Arbeiten zur germanisch-slawischen Altertumskunde finanzielle Unterstützung der Akademie. Der Harnack-Schüler Karl Holl, der seit zwanzig Jahren in der Kirchenväterkommission mitgearbeitet hatte, wurde 1915 Ordentliches Akademiemitglied. Seine Luther-Studien machten ihn zum Begründer der sogenannten Luther-Renaissance.

Auf dem Gebiet der mittelalterlichen Geschichte arbeiteten Paul Fridolin Kehr und Michael Tangl, die 1918 Ordentliche Akademiemitglieder wurden. Der Name Tangls, der schon bald nach seiner Wahl starb, ist vor allem mit den Monumenta Germaniae Historica verbunden, deren Zentraldirektion seit 1919 Kehr leitete. Dieser, dessen Forschungsarbeiten sich vor allem um die Germania Sacra, die Erschließung kirchlicher, insbesondere römischer, Quellen für die mittelalterliche deutsche Geschichte gruppierten, war in seinen teils gleichzeitig, teils nacheinander ausgeübten Funktionen als Direktor des Preußischen Historischen Instituts in Rom, Generaldirektor der Preußischen Staatsarchive und Direktor des Kaiser-Wilhelm-Instituts für deutsche Geschichte während mehrerer Jahrzehnte einer der einflußreichen Organisatoren der historischen Forschung, die er maßgeblich förderte.

Auf dem Gebiet der neueren Geschichte arbeiteten Dietrich Schäfer, Otto Hintze und Friedrich Meinecke, die 1903, 1914 und 1915 als Ordentliche Mitglieder in die Akademie aufgenommen wurden. Während Schäfer in seinen Arbeiten zur politischen Geschichte nationalistischen Vorstellungen folgte und auch sonst dem Alldeutschtum nahestand, was in seinem Verhalten in der Akademie ebenfalls seinen Ausdruck fand, repräsentierte Meinecke die geistesgeschichtliche Tendenz in der Historiographie. Er war von 1895 bis 1935 Herausgeber der einflußreichen „Historischen Zeitschrift". 1908 hatte er sein grundlegendes Werk „Weltbürgertum und Nationalstaat" vorgelegt, dessen ideengeschichtliche Konzeption er in der Monographie „Die Idee der Staatsräson in der Geschichte" (1915 und öfter) weiterführte. Meinecke, der 1948 zu den wichtigen Mitbegründern der Freien Universität in Berlin als deren erster Rektor gehörte, verzichtete 1950 als einer der wenigen Wissenschaftler auf seine Akademiemitgliedschaft. Hintze war bei seiner Wahl bereits langjähriger Mitarbeiter der historischen Unternehmen der Akademie zur preußischen Geschichte. Er suchte politische und Wirtschaftsgeschichte miteinander zu verbinden und gilt als einer der Vorläufer sozialgeschichtlicher Forschungen. Zum 500. Jahrestag der Herrschaft der Hohenzollern in Brandenburg publizierte er 1915 die weit verbreitete Darstellung „Die Hohenzollern und ihr Werk". 1938 wurde Hintze auf Grund der nationalsozialistischen Rassengesetze aus der Mitgliederliste der Preußischen Akademie gestrichen.

Die Kunstgeschichte vertraten nacheinander Heinrich Wölfflin, der 1910 Ordentliches Mitglied wurde, aber schon 1912 nach München ging, und Adolf Goldschmidt, Ordentliches Mitglied seit 1914. Mit den Wahlen dieser beiden Wissenschaftler, die über die mittelalterliche und die neuere Kunst forschten, wurde die bereits 1900 erwogene Vorstellung verwirklicht, die Begrenzung der Akademie auf die Kunst der Antike zu überwinden. Goldschmidt mußte 1938 infolge der nationalsozialistischen Rassengesetze auf seine Akademiemitgliedschaft verzichten.

Mit den Zuwahlen von Heinrich Zimmer (1902) und Kuno Meyer (1911) wurden die Keltologie und mit der Aufnahme von Alois Brandl (1904) die Anglistik zu Arbeitsgegenständen der Akademie. Die Fachstelle des Romanisten Tobler übernahm 1910 Heinrich Morf. Die Germanisten Konrad Burdach (1902), Gustav Roethe (1903) und Andreas Heusler (1907) fanden in der Deutschen Kommission der Preußischen Akademien ihr Hauptbetätigungsfeld. Diese Forschungen blieben für viele Jahrzehnte eines der quantitativ ausgedehntesten akademischen Unternehmen, dessen Leistungen die Stellung der Akademie maßgeblich bestimmten.

Wilhelm Schulze, der Vertreter der vergleichenden Sprachwissenschaft an der Friedrich-Wilhelms-Universität seit 1902, wurde 1903 Ordentliches Akademiemitglied. Als klassischer Philologe beschäftigte er sich mit der Geschichte der lateinischen Eigennamen; er erwies den bedeutenden Einfluß des Etruskischen auf die lateinische Namensgebung und gab damit Anstöße für neue Erkenntnisse über Auftreten und Rolle der Etrusker in Italien. Sein Wirken in der Akademie in drei Jahrzehnten spiegelt unter anderem seinen aktiven Einsatz für die Entwicklung der Indoeuropäistik wider.

Durch die Wahl des holländischen Sinologen Johann Jacob Maria de Groot im Jahre 1912 förderte die Akademie die Ausbildung einer umfassenden Chinakunde, für deren Entwicklung de Groot der Akademie 1917 eine Stiftung machte. Die Wahl von Eduard Seler zum Ordentlichen Mitglied 1908 erschloß der Akademie mit dem mexikanisch-mittelamerikanischen Kulturkreis vor der europäischen Eroberung ein ganz neues Arbeitsgebiet. Seler hatte Verdienste um die Enträtselung von Bilderschriften und die Entschlüsselung des verwickelten Kalendersystems der Maya.

Die Indologie vertraten in der Akademie nacheinander Richard Pischel (1902) und Heinrich Lüders (1909) als Ordentliche Mitglieder. Beide arbeiteten an der von der Internationalen Assoziation der Akademien inaugurierten Mahabharata-Ausgabe mit; der vielseitige Lüders war von 1920 bis 1938 als Nachfolger von Diels einer der Sekretare der Akademie. Die Namen von Pischel und Lüders, vor allem aber von Friedrich Wilhelm Karl Müller, der 1906 zum Ordentlichen Mitglied gewählt wurde, sind mit der Sammlung, Sichtung und Auswertung von Handschriften verbunden, die seit dem ausgehenden 19. Jahrhundert von Wissenschaftlern aus mehreren Ländern im ostturkestanischen Turfangebiet ermittelt wurden. Viele dieser Handschriften gelangten nach Deutschland, wo die Preußische Akademie ein Zentrum der Turfanforschung wurde. In der Wahlbegründung für Müller, der ein vielseitiger Sprachforscher und Direktor der Ostasiatischen Abteilung des Museums für Völkerkunde in Berlin war, wird als seine größte Leistung die „Entzifferung der in Ostturkestan gefundenen in syrischer Schrift geschriebenen und in mittelpersischer Sprache abgefaßten Literatur-Bruchstücke manichäischen Ursprungs" bezeichnet. Damit wäre ein „völlig neues Kapitel der asiatischen Altertumskunde"[23] eingeleitet worden. Die Arbeiten wurden dann ab 1912 Bestandteil der damals gegründeten Orientalischen Kommission der Akademie.

Als Professor des römischen Rechts an der Universität wurde Emil Seckel, der auch an den Monumenta Germaniae Historica mitgearbeitet hatte, 1912 Ordentliches Mitglied der Akademie. Ulrich Stutz dagegen, der 1918 Ordentliches Mitglied wurde, vertrat die deutsche Rechtsgeschichte und das Kirchenrecht; er war Herausgeber der „Zeitschrift für Rechtsgeschichte". Für die Akademie wichtiger war die ebenfalls 1918 vollzogene Wahl von Ernst Heymann, eines Zivilrechtlers und Rechtshistorikers, der später juristischer Berater der Akademie wurde. Von 1926 bis 1938 war er als Nachfolger Roethes Klassensekretar, danach bis 1942 Vizepräsident der Akademie. Zugleich wirkte Heymann aktiv in der Kaiser-Wilhelm-Gesellschaft, so von 1929 bis 1932 als erster Vorsitzender der neu gegründeten geisteswissenschaftlichen Sektion und von 1937 bis 1946 als Direktor des seit 1926 tätigen Instituts für ausländisches und internationales Privatrecht, das seit 1935 zur KWG gehörte.

Die von Schmoller bereits 1911 und erneut 1913 beklagte, aus seiner Sicht unzureichende Beachtung der Staats- und Rechtswissenschaften in der Akademie, und die 1913 erfolgte Erhöhung der Mitgliederstellen in der Philosophisch-historischen Klasse führten im Umfeld einer innerakademischen Diskussion 1914 zur Zuwahl von Max Sering als Ordentliches Mitglied. Der Nationalökonom Sering war vor allem auf agrarrechtlichem Gebiet tätig; seit 1903 gab er Schmollers Zeitschrift „Staats- und Sozialwissenschaftliche Forschungen" mit heraus. In den Jahren der Weimarer Republik setzte er sich besonders für das landwirtschaftliche Siedlungswesen ein. Auf der Grundlage der nationalsozialistischen Rassengesetzgebung war er 1938 zur Niederlegung seiner Akademiemitgliedschaft gezwungen.

Forschungsarbeiten, Finanzen, Auszeichnungen

Die regelmäßigen Vorträge der Akademiemitglieder in den Klassen und in der Gesamtakademie blieben unverändert ein wesentlicher Bestandteil der akademischen Arbeit. Zahlreiche der vorgetragenen Forschungsergebnisse, oft im Rahmen größerer Projekte erzielt, fanden in den wöchentlich erscheinenden „Sitzungsberichten" und in den „Abhandlungen" der Akademie ihren Niederschlag. Diese Beiträge sind bibliographisch gut erschlossen und können in ihrer Vielfalt hier nicht rezipiert werden. Sie spiegeln einen Teil der Leistungen wider, die die Akademiemitglieder, die – wie angedeutet werden konnte – fast alle in die Strukturen des damaligen Wissenschaftsgefüges eingebunden waren, insgesamt erbracht haben. Da die Akademie in wissenschaftlichen Fragen auch als gutachtende Behörde des Preußischen Kultusministeriums tätig wurde, ergaben sich weitere Möglichkeiten für ihre Mitglieder, Entscheidungen zu beeinflussen. Als Forschungsinstitution im eigentlichen Sinne erwies sich die Akademie unverändert durch die von ihr betreuten Unternehmen, unter denen die geisteswissenschaftlichen nach wie vor überwogen.

Für ihre Arbeit standen der Akademie staatliche Mittel und Zinsen aus Stiftungen zur Verfügung. Aus dem Etat des Kultusministeriums erhielt sie 1918 für Sach- und Personalausgaben rund 350 000 Mark, nur wenig mehr als 1913, aber bedeutend mehr als die etwa 200 000 Mark am Ende des 19. Jahrhunderts. Als Eigenkapital der Akademie waren 1918 etwa 4,7 Millionen Mark vorhanden, davon etwa vier Millionen aus Stiftungsmitteln und etwa 700 000 Mark als sogenannter Hauptfonds, von denen die Zinsen verwendet werden konnten. Die größte Stiftung war noch immer mit annähernd zwei Millionen Mark die Wentzel-Heckmann-Stiftung. Weitere Stiftungen wurden in den ersten beiden Jahrzehnten des 20. Jahrhunderts gewährt, so die Albert-Samson-Stiftung (1903, 1914), die Hermann-Vogel-Stiftung (1908), die Harnack-Stiftung (1913) und der Ernest-Solvay-Fonds (1913). Aus den Stiftungsmitteln hat die Akademie einen Teil ihrer wissenschaftlichen Unternehmen vollständig oder partiell finanziert und teilweise auch außerakademische Vorhaben gefördert.

Die bereits genannten und einige weitere kleinere Unternehmen der Akademie wurden auch in diesem Zeitraum weitergeführt. Es handelt sich dabei neben Werkausgaben bedeutender Akademiemitglieder wie die von Kant, Leibniz und Dilthey um Forschungen auf verschiedenen Gebieten der Naturwissenschaften, der griechisch-römischen Altertumskunde und der Orientalistik, der mittelalterlichen und neueren Geschichte sowie der deutschen Sprach- und Literaturgeschichte. Die in den einzelnen Unternehmen erzielten Ergebnisse, die sicherlich unter dem Gesichtspunkt der gesamtwissenschaftlichen Entwicklung von unterschiedlichem Wert waren, können hier nicht dargestellt werden. Über sie wurde jährlich auf dem Friedrichstag der Akademie berichtet und anschließend in den „Sitzungsberichten" Mitteilung gemacht. Von Zeit zu Zeit erschienen dort auch zusammenfassende Übersichten über die Tätigkeit einzelner Unternehmen.

Eine wichtige Veränderung vollzog sich in dem hier behandelten Zeitraum auf dem Gebiet der Orientalistik durch die 1912 vollzogene Gründung der Orientalistischen Kommission der Preußischen Akademie. Den Antrag hatten die Ordentlichen Akademiemitglieder E. Sachau, A. Erman, E. Meyer, W. Schulze, F. W. K. Müller und H. Lüders gemeinsam mit dem Assyriologen Friedrich Delitzsch gestellt. Darin wurde der Kultusminister gebeten, er solle „eine dauernde Kommission ernennen, die zunächst etwa aus je einem Vertreter der Ägyptologie, der Assyriologie, der semitischen Sprachen der vorislamischen Periode, der Indologie und der ostasiatischen Philologie bestände“. Aufgabe der Kommission wäre es, die „orientalischen Schriftdenkmäler herauszugeben und in jeder Weise wissenschaftlich zu verarbeiten“.[24] In dem Antrag wurde die Einstellung hauptamtlicher wissenschaftlicher Mitarbeiter beantragt und auf die bedeutsamen Ergebnisse der Grabungen und Forschungsreisen im Orient hingewiesen, deren Auswertung ohne einen wissenschaftlichen Apparat nicht gewährleistet wäre.

Die Akademie, die zu den nun einsetzenden Beratungen hinzugezogen wurde, setzte eine Kommission aus den sechs Antragstellern, die Akademiemitglieder waren, sowie Harnack, Diels und Wilamowitz-Moellendorff ein. Diese wiederum beauftragte Harnack mit der Abfassung eines Gutachtens, das er am 17. Januar 1911 erstattete und in dem er die Verbindung der neuen Einrichtung mit der Akademie vorschlug. Da der Staat durch die Gründung der Kaiser-Wilhelm-Gesellschaft finanziell entlastet wäre, hielt Harnack sogar ein „Orientalisches Forschungsinstitut“ für möglich. Die Akademie übermittelte dem Minister am 11. Februar 1911 eine entsprechende Stellungnahme. Die Arbeiten sollten sich danach zunächst auf drei Gebiete beschränken, „die die weitaus überwiegende Menge an alten Schriftdenkmälern geliefert haben, auf Assyrien, Babylonien und die anderen Keilschriften schreibenden Völker, auf Ägypten und auf Zentralasien“.[25]

Nach weiteren Verhandlungen mit der vorgesetzten Behörde gründete die Akademie am 2. Mai 1912 die „Orientalische Kommission“, deren Vorsitz E. Meyer übernahm. Angesichts der geringen zur Verfügung stehenden Mittel – statt der geforderten 60 400 Mark wurden nur 20 000 Mark bewilligt – und da die beantragten Mittel für festangestellte Wissenschaftler nicht alle zugestanden wurden, mußte sich die Kommission zunächst auf „die Zusammenstellung und Bearbeitung der Texte und die Vorbereitung der Herausgabe“[26] beschränken. Immerhin war aber ein vielversprechender Anfang gelungen.

Für die Stellung der Akademie war es nicht ohne Bedeutung, daß sie durch die Verleihung von Auszeichnungen die Möglichkeit hatte, herausragende einzelne Wissenschaftler sichtbar und offiziell zu würdigen. Seit 1892 verlieh sie die schon erwähnte Helmholtz-Medaille auf der Grundlage der entsprechenden Stiftung. Sie konnten „Forscher aller Länder“ erhalten, „welche die in der physikalisch-mathematischen Classe der Akademie vertretenen Wissenschaften oder die Erkenntnißlehre durch hervorragende Leistungen gefördert haben“.[27] Sie wurde bis 1918 – danach standen die Stiftungsmittel nicht mehr zu Verfügung, und erst 1959 wurde die Tradition wieder aufgenommen – an insgesamt 14 Persönlichkeiten verliehen, von denen sieben Ordentliche Akademiemitglieder waren: du Bois-Reymond (1892), Weierstraß (1892), Virchow (1898), Emil Fischer (1909), van 't Hoff (1910), Schwendener (1912) und Planck (1914). Weitere sechs Helmholtz-Medaillen-Träger waren Korrespondierende beziehungsweise Auswärtige Mitglieder: Robert Bunsen (1892), Sir William Thomson/Lord Kelvin (1892), Sir George Gabriel Stockes (1900), Antoine Henri Becquerel (1906), Richard Hertwig (1916) und Wilhelm Conrad Röntgen (1918). Nicht als Mitglied in die Akademie aufgenommen wurde Santiago Ramón y Cajal (1904). Bemerkenswert ist, daß außer dem Franzosen Becquerel alle genannten Ausgezeichneten auch Mitglieder des Ordens Pour le mérite für Wissenschaften und Künste waren.

Als zusätzliche Form der Anerkennung stiftete die Akademie 1906 die Leibniz-Medaille, die ab 1907 jährlich einmal in Gold und in der Regel dreimal in Silber für wissenschaftliche Leistungen verliehen werden konnte, die unabhängig von der Akademie erbracht wurden, die diese aber durch eine Wahl zum Mitglied nicht anerkennen wollte oder konnte. Ein weiteres Ziel bestand darin, den Spendern größerer finanzieller Mittel für Forschungen und Forschungsinstitute in Preußen eine sichtbare Ehrung zukommen zu lassen. Solche Persönlichkeiten erhielten die goldene Leibniz-Medaille, die bis 1918 neunmal vergeben wurde. Von 1907 bis 1915 bekamen 28 Persönlichkeiten die silberne Leibniz-Medaille. Unter ihnen war 1910 das spätere Ordentliche Akademiemitglied Johannes Bolte (1922) und 1914 der Präsident der Irischen Akademie der Wissenschaften in Dublin von 1943 bis 1946, Richard Irvine Best.

Die Akademie und neue Organisationsformen der Wissenschaft

Im Jahre 1901 begann ein enzyklopädisches Werk zu erscheinen, das den Titel „Die Kultur der Gegenwart" trug und in dem monographisch alle Wissenschaftsgebiete behandelt werden sollten. Die Leitung des Unternehmens, das vom Preußischen Kultusministerium und besonders Althoff gefördert wurde, lag bei Paul Hinneberg, dem Herausgeber der „Deutschen Literaturzeitung". In diesem Werk behandelte das Ordentliche Akademiemitglied Diels das Thema „Die Organisation der Wissenschaft" (1906, unverändert 1912), wobei er auch auf die Akademie einging und zu dem Ergebnis kam, daß diese ihre Möglichkeiten auf dem Gebiet der Forschung nicht hinreichend wahrnehmen konnte. Das war nur ein Symptom für die Diskussionen, die innerhalb und außerhalb der Akademie über die Forschungsorganisation in Deutschland geführt wurden. Auch die Erörterungen über die nationale und die internationale Zusammenarbeit der Akademien gehören in diesen Komplex.

So sprach sich die Preußische Akademie im Zusammenhang mit der von der Internationalen Assoziation der Akademien 1901 auf Antrag der Sächsischen Gesellschaft der Wissenschaften zu Leipzig beschlossenen zwischenstaatlichen Organisation der Hirnforschung im Jahre 1905 in einer Eingabe an die Regierung unter Berufung auf das Vorbild der Physikalisch-Technischen Reichsanstalt für die Gründung eines Zentralen Instituts für die Erforschung des Zentralnervensystems, insbesondere des Gehirns, aus, das spezielle Abteilungen für normale und vergleichende Hirnanatomie, Hirnentwicklung und für Hirnpathologie haben sollte. Dem Zentralinstitut sollten ein Museum mit Präparaten und Belegstücken, eine Abteilung für Technik der Untersuchungsmethoden (Experimentiertechnik) und eine Bibliothek angeschlossen sein. Der Plan wurde wenig später noch durch den Vorschlag ergänzt, das Institut mit einer neurologischen oder einer psychiatrischen Klinik in Verbindung zu setzen. Für ein solches deutsches Zentralinstitut sprach sich auch die Göttinger Akademie aus.

An mehreren Stellen wurden in jenen Jahren Initiativen ergriffen, um die Forschung zu fördern, insbesondere durch die verstärkte Heranziehung kapitalkräftiger Geldgeber, auch um den Staat zu entlasten. Im Jahre 1909 wurde die Heidelberger Akademie der Wissenschaften gegründet. Seit 1898 arbeitete unter der Leitung von Felix Klein in Göttingen die Vereinigung zur Förderung der angewandten Physik und Mathematik. In Leipzig entstand auf Initiative von Karl Lamprecht die König-Friedrich-Stiftung für wissenschaftliche Forschung, durch die bis 1914 in Verbindung mit Leipziger Universitätsinstituten zahlreiche geisteswissenschaftliche Forschungsinstitute eingerichtet wurden.

Walter Rathenau schrieb 1909 vom „Weltbetrieb der Wissenschaften"[28] und formulierte 1910 ein „Promemoria betreffend die Gründung einer königlich preußischen Gesellschaft", die er nach dem Vorbild der Royal Society und des Institut de France konzipierte. Sie sollte – wie Rathenau formulierte – ein „Mittelglied zwischen einer staatlichen Institution und einem Verein bilden", sie sollte „fördern und unterstützen, nicht forschen, entwerfen, ausführen", sie sollte, „auf dem Boden der Selbstverwaltung aufgebaut, bei der Erfüllung weittragender Aufgaben in Wissenschaft und Kunst dem Staate sich zur Seite stellen und dem Monarchen eine Handhabe zur Förderung des kulturellen Lebens der Nation bieten".[29] Rathenau wollte keine Reichsinstitution schaffen, sondern eine preußische.

Inzwischen waren seit dem Ende des 19. Jahrhunderts allmählich, insbesondere auch dank des Einsatzes von Althoff, im Kultusministerium eine Denkschrift ausgearbeitet und die Planungen vorangetrieben worden, die schließlich 1911 zur Gründung der Kaiser-Wilhelm-Gesellschaft führten. Sie sind in allen ihren Verästelungen unter Heranziehung aller Quellen eingehend erforscht und dargestellt worden, vor allem von Bernhard vom Brocke 1990 in dem Werk über die Geschichte der KWG unter dem Aspekt „Forschung im Spannungsfeld von Politik und Gesellschaft". Es genügt daher im vorliegenden Zusammenhang, allein die die Preußischen Akademie direkt betreffenden Fragen, die sich aus dieser Gründung ergaben, anzuschneiden.

Am 21. November 1909 legte Harnack dem Kaiser eine Denkschrift über die Schaffung einer Forschungsgemeinschaft vor. Darin betonte er den Rückstand der deutschen naturwissenschaftlichen Forschung und Forschungsorganisation gegenüber Frankreich, England und den USA und verlangte die Einrichtung von Forschungsinstituten, die zwischen der Akademie und der Universität stehen, wobei er an Wilhelm von Humboldts Gedanken von „Hülfsinstituten" anknüpfte. Schmidt-Ott bemerkte dazu nicht unrichtig: „Indem er den Gedanken großer selbständiger Forschungsinstitute in etwas kühner Auslegung auf Wilhelm von Humboldt selbst aufbaute, ward er auch dem bevorstehenden Universitätsjubiläum gerecht."[30] Tatsächlich verkündete Kaiser Wilhelm II. die Gründung der neuen Gesellschaft anläßlich der Berliner Universitätsfeier im Herbst 1910, wobei er mitteilen konnte, daß private Stifter neun bis zehn Millionen Mark bereits zur Verfügung gestellt hätten. Am 11. Januar 1911 wurde die Gründung der Kaiser-Wilhelm-Gesellschaft zur Förderung der Wissenschaften in Berlin vollzogen. Friedrich Glum, später langjähriger Geschäftsführer des Verwaltungsausschusses der KWG, kam seinerseits zu dem Schluß, „daß Harnack eigentlich nichts anderes getan hat, als das Aide-mémoire des Kultusministeriums und die Denkschrift Rathenaus zu vereinigen, allerdings in einer besonders glücklichen und eleganten Form".[31] In der Tat war es das Hauptproblem gewesen, die Interessen der Wissenschaft, des Staates und der Geldgeber in eine solche Übereinstimmung zu bringen, daß alle Seiten ihren Anspruch gewahrt sahen. Das ist Harnack in einer Art gelungen, die künftig eine außerordentliche Effektivität der wissenschaftlichen Forschung in Deutschland ermöglichte.

Die erwähnte Denkschrift des Kultusministeriums, die von Schmidt-Ott auf der Grundlage von Überlegungen Althoffs gestaltet worden war und die die mögliche Gründung von Forschungsinstituten in Dahlem bei Berlin behandelte, hatte die Akademie „streng vertraulich" im Frühjahr 1909 erhalten. Von beiden Klassen wurden daraufhin bis zum November 1909 in intensiven Verhandlungen Vorschläge ausgearbeitet.

In der Physikalisch-mathematischen Klasse verlangten vor allem E. Fischer, F. E. Schulze, Munk und Penck, „daß man ein Protektorat der Akademie über die etwa zur Errichtung kommenden Institute, soweit diese in den Bereich der Akademie fallen würden, beantragen solle. Von einer Bezeichnung solcher Institute als ‚Reichsinstitute' möge abgesehen werden". Während weiterer Verhandlungen setzten sich van 't Hoff und Waldeyer „für Institute nach Art der Nobelinstitute in Stockholm und für Hirnforschung" ein.[32] Schließlich regte die Klasse an, folgende Institute für die Akademie vorzusehen: ein physikalisch-chemisches Institut nach dem Vorbild desjenigen von Arrhenius in Stockholm, für das van 't Hoff eintrat; ein Institut für Radioaktivität und Elektronik forderten Warburg und Nernst, der ferner noch Institute für Serumforschung, für Mineralchemie und für physikalische Chemie gegründet sehen wollte; Munk und Waldeyer sprachen sich dafür aus, ein Institut für Hirnforschung zu schaffen, und F. E. Schulze regte ein Institut für Photographie zu wissenschaftlichen Zwekken an, da diese Wiedergabetechnik für die natur- und geisteswissenschaftliche Forschung unentbehrlich wäre. Die Klasse glaubte, daß für die von ihr vorgeschlagenen Institute etwa sechs Hektar Fläche erforderlich wären.

Auch in der Philosophisch-historischen Klasse wurden die Pläne für Institutsgründungen „lebhaft ventiliert". Harnack wurde beauftragt, die „Wünsche der Klasse, die zunächst auf 1. Errichtung eines Schatzhauses der Abklatsche (ägyptische, griechische, lateinische), 2. auf Reproduzierung der früher von der Akademie eingereichten Pläne betr. ‚Deutsches Institut' und ‚Historisches Institut' gehen, zusammenfassen".[33] Für das Magazingebäude und die beiden Institute wurde ein Areal von 7 000 Quadratmetern beantragt.

Die inhaltlichen Vorschläge beider Klassen wurden am 13. November 1909 zu einem Bericht an den Minister zusammengefaßt, wobei besonders darauf verwiesen wurde, daß die Bedürfnisse der Wissenschaft für die nächsten zehn bis zwanzig Jahre bei den Überlegungen der Akademie berücksichtigt worden wären. Die Vorschläge wurden jedoch entweder nicht oder nur im Bereich der Naturwissenschaften – teilweise ohne Mitwirkung der Akademie – realisiert.

Im Januar 1911, also bereits nach der Ankündigung des Kaisers, machten einige Akademiemitglieder, darunter der Physiologe Munk und der Zoologe Schulze, noch einmal einen Vorstoß und suchten von der Akademieleitung zu erfahren, „1. ob und wie die Akademie bei den Vorverhandlungen über die wissenschaftlichen Institute vertreten gewesen sei; 2. ob und wie in dem Statut der Kaiser-Wilhelm-Stiftung die Beziehungen der Institute zur Akademie geregelt sind". Eine Antwort auf diese als wichtig anerkannten Fragen zu geben, sah sich „das Sekretariat außer Stande". Nachdem das Problem anschließend in der Physikalisch-mathematischen Klasse beraten worden war, kamen Klasse und Sekretariat zu dem Ergebnis, „die Angelegenheit einstweilen auf sich beruhen zu lassen".[34]

Inzwischen hatte Harnack in einer Rede zum Friedrichstag der Akademie im Januar 1910 einige Grundgedanken seiner Denkschrift andeutungsweise anklingen lassen, ohne allerdings Genaueres über die damals schon in Gang befindlichen Planungen zu sagen. Seine Ausführungen über die Notwendigkeit einer intensiveren Wissenschaftsförderung waren eingebettet in einen historischen Rückblick auf die Forschungsorganisation in der Akademie. Seine wichtigste Schlußfolgerung lautete: „Die Wissenschaft ist würdig, in derselben Weise als Sache der ganzen Nation betrachtet und behandelt zu werden wie die Wehrkraft, und es müssen alle Kräfte, auch die materiellen, angespannt werden, um sie zu fördern."[35] Das war sozusagen die akademische Formulierung, die Harnack für dieselbe Problematik in seiner Denkschrift gefunden hatte: „Die Wehrkraft und die Wissenschaft sind die beiden starken Pfeiler der Größe Deutschlands."[36]

Nachdem die Kaiser-Wilhelm-Gesellschaft bereits konstituiert war, kam es noch einmal zu einer „Besprechung über das Verhältnis zwischen der Akademie der Wissenschaften und der Kaiser-Wilhelm-Gesellschaft beziehungsweise deren Instituten am 25. November 1911 im Kultusministerium" – so die Überschrift des Protokolls darüber. In Anwesenheit der Vertreter des Ministeriums, Schmidt-Ott und Hugo Andres Krüss, berieten die Ordentlichen Akademiemitglieder Harnack und Fischer namens der KWG und die Ordentlichen Akademiemitglieder Auwers, Waldeyer, Diels, E. Meyer, Wilamowitz-Moellendorff und Nernst als Vertreter der Akademie. Den Anlaß bildete die Einrichtung der drei neuen Mitgliederstellen in der Physikalisch-mathematischen Klasse für Direktoren der Kaiser-Wilhelm-Institute, die ohne Anhörung der Akademie getroffen wurde und worin diese eine Bevormundung erblickte. Schmidt-Ott ging hinsichtlich des Verhältnisses beider Institutionen davon aus, „daß es der Natur der Sache nach nicht angängig sei, bei wesentlich privaten Instituten der Akademie von vornherein entscheidenden Einfluß zu geben"; die Akademie solle sich „wohlwollend" zu den neuen Kaiser-Wilhelm-Instituten verhalten.[37] Vermittelnd schlug Fischer vor, die entsprechende Klasse der Akademie als Gutachter bei Berufungen von Institutsdirektoren der KWG zu hören. Dieses Angebot wurde von Diels begrüßt, von Schmidt-Ott und Harnack aber abgelehnt. Tatsächlich haben sich die Beziehungen zwischen der Akademie und der Kaiser-Wilhelm-Gesellschaft eingespielt, wie die genannten und spätere Zuwahlen von Ordentlichen Akademiemitgliedern zeigen. Dennoch ist auch immer wieder die Frage aufgeworfen worden, wie beide Einrichtungen kooperieren sollten. Dabei wurde in der Regel nicht beachtet, daß nicht nur die unterschiedliche rechtliche Stellung beider Organisationen, sondern auch die gesamtstaatliche Organisation der Kaiser-Wilhelm-Gesellschaft als Reichsinstitution und der Berliner Akademie als einer Einrichtung des Bundesstaates Preußen einer Gleichsetzung entgegenstanden.

Die mit der Gründung der KWG gefundene Form der Forschungsorganisation war nicht nur effektiv, sie entsprach auch den in Deutschland gegebenen Möglichkeiten. Aber selbst der KWG-Präsident Harnack, der ja fortdauernd auch aktives Akademiemitglied war und der auf die Bildung der KWG großen Einfluß genommen hatte, war sich bewußt, daß damit vor der Akademie stehende Aufgaben ungelöst blieben. Er setzte sich 1912 in einem Brief an den Akademiesekretar Diels ausführlich mit dem Verhältnis zwischen der Akademie und der KWG auseinander und schrieb über die Akademie: „Auf der einen Seite steht die Akademie mit den großen geistigen Kräften. Aber gemessen an den Aufgaben der Gegenwart sind ihre Mittel kläglich gering und ihre Organisation ist m. E. in mehr als einer Hinsicht zu schwerfällig und veraltet. Das erstere braucht nicht nachgewiesen zu werden, das letztere ergibt sich aus der ganz anderen Stellung, welche die Wissenschaft im öffentlichen Leben und als angewandte Wissenschaft gewonnen hat. Die Organisation der Akademie stammt aus der Zeit, da Wissenschaft lediglich Sache der Gelehrten war und in gewisser Weise ein Arcanum. Die Akademie – will sie in lebendiger Fühlung mit der neuen Stellung der Wissenschaft bleiben und die Führerrolle behaupten – muß sich erweitern. Andernfalls droht ihr, daß sie auf die Rolle sich selbst beschränkt, die der Senat in der späteren Kaiserzeit hatte." Die Kaiser-Wilhelm-Gesellschaft dagegen „hat die nötigen Kapitalien", aber „sie muß sich sozusagen für die Kuratorien die Gelehrten leihen – vor allem von der Akademie der Wissenschaften". Der Weg wäre die enge Kooperation. „Ist das Ziel, zu dem die Schiffe kommen sollen, oben richtig angegeben, so ist die erste Voraussetzung dafür, daß es erreicht wird, die, daß die beiden Gesellschaften in Frieden nebeneinander stehen und zusammenarbeiten. Die Bedingungen sind m. E., nachdem die Akademie anfangs begreifliche Sorge hatte, durchaus gegeben."[38] Alles in allem hat Harnack mit seiner Voraussage Recht behalten.

Die Akademiemitglieder und der Krieg

Der Ausbruch des Ersten Weltkrieges stellte nicht nur die internationale wissenschaftliche Zusammenarbeit in Frage, er reflektierte sich auch unmittelbar im Verhalten einzelner Wissenschaftler in allen Ländern. Auf der letzten Versammlung der Internationalen Assoziation der Akademien 1913 in St. Petersburg hatte die Preußische Akademie die Geschäftsführung übernommen, da die folgende Konferenz für 1916 in Berlin geplant war. Nun wurde 1914 erwogen, den Vorsitz an die Akademie der neutralen Niederlande abzugeben, weswegen sich Diels als offizieller Vertreter der Preußischen Akademie an den Astronomen Hendrikus Gerardus van de Sande Bakhuyzen wandte. Dieser stimmte zu, wollte aber zunächst die Vorstellungen der Akademien in Paris, London und St. Petersburg erkunden. London signalisierte Zustimmung, Paris Ablehnung, womit der Plan gescheitert war. Am 22. Dezember 1914 zog der niederländische Astronom in einem Brief an Diels ein Fazit: „das Gehirn mancher sonst vernünftiger Leute ist durch den Krieg ganz in Unordnung geraten".[39]

In der Tat hat es die große Mehrheit der Wissenschaftler in allen kriegführenden Ländern für angemessen gehalten, sich mehr oder weniger bedingungslos hinter die Politik ihrer jeweiligen Regierungen zu stellen. Der Krieg der Waffen war von Anfang an begleitet von einem Kampf der Geister, der oft sehr einseitig geführt wurde, freilich auch differierende Meinungen erkennen ließ. Am Verhalten der Preußischen Akademie und ihrer Mitglieder lassen sich Grundtendenzen der Einstellung deutscher Wissenschaftler zum Krieg nachzeichnen, die selbstverständlich nicht auf diese ausgewählte Gruppe der Intelligenz beschränkt waren.

Bereits Anfang Oktober 1914 erschien in Berlin der Aufruf „An die Kulturwelt", der von 93 Wissenschaftlern und Künstlern unterzeichnet war. Zu ihnen gehörten 33 Wissenschaftler, die damals bereits Mitglieder der Preußischen Akademie waren oder es später wurden. Verfaßt war er vor allem von Wilamowitz-Moellendorff, für seine Verbreitung sorgte besonders Schäfer, der nach eigener Angabe etwa 4 000 Unterschriften deutscher Hochschullehrer zusammenbrachte. In dem Aufruf wurde Deutschland als Verteidiger der Kultur dargestellt und das Vorgehen der Regierung gebilligt, was internationale Ablehnung hervorrief. Die im Frühjahr 1915 vorgelegte Kriegszieldenkschrift der deutschen Wirtschaftsverbände mit ihrer expansionistischen Zielsetzung wurde durch die sogenannte Professoreneingabe vom 8. Juli 1915 ergänzt. Von deren 1 347 Unterzeichnern stellten die Professoren mit 352 Persönlichkeiten die stärkste Berufsgruppe. 46 von ihnen waren damals oder später Akademiemitglieder, allerdings unterschrieben von den seinerzeit 61 Ordentlichen Mitgliedern nur 17, während es beim Aufruf „An die Kulturwelt" noch 24 gewesen waren. Das Professorenkomitee, das die Denkschrift ausgearbeitet hatte, konstituierte sich 1916 als „Unabhängiger Ausschuß für einen deutschen Frieden".

Eine flexiblere Haltung zum Krieg nahm die im Februar 1915 gegründete „Freie Vaterländische Vereinigung" ein, die am 9. Juli 1915 eine Denkschrift mit 141 Unterschriften vorlegte, in der im Unterschied zur Professoreneingabe vom Vortag mit ihren alldeutsch-expansionistischen Aussagen eher ein Kompromiß, besonders mit England, angestrebt wurde. 14 damalige oder spätere Akademiemitglieder, davon sieben, die 1915 Ordentliche Mitglieder waren, gehörten zu den Unterzeichnern, darunter Harnack, Planck, Rubner und Schmoller, deren Namen auch unter dem Aufruf „An die Kulturwelt" gestanden hatten. Die Denkschrift unterzeichnete auch Einstein, der sich dem im Herbst 1914 gegründeten pazifistischen Bund „Neues Vaterland" und nach dessen Verbot im Frühjahr 1916 der Nachfolgeorganisation „Vereinigung Gleichgesinnter" angeschlossen hatte. Einstein wurde bereits im März 1916 „als neutraler Ausländer" von der Berliner Kommandantur überwacht, da er ohne die erforderlichen Ab- und Anmeldungen „wiederholt auf Reisen gegangen" wäre; im Januar 1918 wurde er in einer offiziellen Liste unter 31 *„namhaften* Pazifisten" aufgeführt, die „wie die radikale Sozialdemokratie" und „ausländische Sozialisten" „bemüht" sind, „die bestehende Gärung für ihre politischen Ideen und Sonderziele auszunutzen".[40]

Besonders zu Beginn des Krieges wurden in Akademievorträgen, so von Roethe und Burdach, ausgesprochen nationalistische Töne angeschlagen, aber auch versöhnlichere, wie von Planck, der am 1. Juli 1915 auf dem Leibniztag das Problem der internationalen Zusammenarbeit der Wissenschaftler aufwarf: „Wer an der Bejahung dieser Frage auch nur zweifeln wollte, würde sich an dem Geist der Wissenschaft versündigen."[41] Im gewissen Sinne war das eine Antwort auf Austritte französischer Korrespondierender Mitglieder der Preußischen Akademie, die damit auf den Aufruf „An die Kulturwelt" reagierten, und auf Artikel des englischen Chemikers und Nobelpreisträgers William Ramsay, seit 1896 Korrespondierendes Mitglied der Preußischen Akademie, in der englischen Presse. In der Öffentlichkeit wurde das Verhalten der Preußischen Akademie aufmerksam verfolgt, wie ein Zirkular des Bundes „Neues Vaterland" vom 29. Januar 1915 zeigt: „Die Berliner Akademie der Wissenschaften hat nach Mitteilungen der Tagespresse den auswärtigen Gelehrten gegenüber die ruhige und besonnene Haltung eingenommen, die allein einer wissenschaftlichen Körperschaft angemessen ist. Man erfährt, daß unter ihren Mitgliedern in der neu herausgegebenen Mitgliederliste wieder wie früher eine ganze Reihe französischer, englischer und russischer Gelehrter verzeichnet sind."[42]

Soweit die Quellen eine Aussage zulassen, sind im März und im Mai 1915 jeweils zwei französische Korrespondierende Mitglieder und im April 1916 ein weiteres auf eigenen Wunsch aus der Preußischen Akademie ausgeschieden. Es handelte sich um den klassischen Archäologen Edmond Pottier (Korrespondent 1908) und den Indologen Emile Senart (Korrespondent 1900), die klassischen Archäologen Léon Heuzey (Korrespondent 1900) und Théophile Homolle (Korrespondent 1887) sowie den Mathematiker Emile Picard (Korrespondent 1898).

Da die Bayerische Akademie der Wissenschaften am 19. März 1915 über ihre Absicht informierte, Ramsay, der seit 1908 auch Korrespondent in München war, auszuschließen, waren auch die anderen im Kartell vereinigten Akademien gefordert. In Berlin waren die Meinungen geteilt. Roethe forderte die Streichung Ramsays, Meyer die aller französischen Korrespondierenden Mitglieder der Preußischen Akademie, die Mitglieder des Institut de France waren, während Diels, Meinecke und Erman, aber auch Wilamowitz-Moellendorff, mit unterschiedlicher Ausprägung für Zurückhaltung eintraten. Alles in allem ließen sich drei Richtungen ausmachen: für entschiedene Maßnahmen, für ein indirektes Vorgehen durch eine allgemeine Erklärung gegen die Haltung der französischen Akademien, für Vertagung der Angelegenheit bis nach dem Krieg. Für den letzteren Weg entschied sich auch die Kartelltagung der Akademien Pfingsten 1915 in Leipzig, zu der wegen der Wichtigkeit des zu beratenden Tagesordnungspunktes auf Antrag von Planck alle vier Berliner Sekretare fuhren, außer ihm selbst also auch Waldeyer-Hartz, Diels und Roethe.

Weil Meyer jedoch unverändert auf seinem Antrag bestand, Ramsay und die französischen Mitglieder auszuschließen, wurde am 22. Juli 1915 eine gut vorbereitete Gesamtsitzung der Preußischen Akademie durchgeführt, der acht Anträge vorlagen. Mit der großen Mehrheit von 35:19 Stimmen wurde dort der Antrag von Planck und Erman angenommen, die vorschlugen, „alle etwaigen Schritte gegen Akademien feindlicher Länder bis nach Beendigung des Krieges zu vertagen".[43] Dieser Vorschlag ging weiter als der von Fischer und 17 anderen Mitgliedern der Physikalisch-mathematischen Klasse gestellte und mit 27:27 Stimmen abgelehnte Antrag, demzufolge allein der Ausschluß Korrespondierender Mitglieder vertagt werden sollte. Der angenommene Antrag war der einzige, der ausführlich schriftlich begründet worden war. Diese Begründung stammte von Planck.

Die Antragsteller unterschieden zunächst deutlich zwischen Maßregeln gegen Akademien, die viel nachhaltiger wären, und gegen einzelne Korrespondierende Mitglieder. Die Gegner hätten bisher in keinem Fall etwas gegen Akademien, sondern nur gegen einzelne deutsche Gelehrte unternommen. Es wäre daher, insbesondere im Hinblick auf die Nachkriegsentwicklung, allseitig zu prüfen, ob der faktische Bruch der interakademischen Beziehungen infolge des Krieges „durch eine formelle Erklärung unserer Akademie ausdrücklich als ein endgültiger bezeichnet werden soll". Die Akademie würde den Kampf damit auf ein bisher unberührtes Gebiet tragen, obwohl – wie der Kartelltag am 21. Mai 1915 gezeigt hätte – „die Stimmung bei den übrigen Akademien, soweit sich die beurteilen läßt, mit Entschiedenheit sich gegen jeden Schritt in der angegebenen Richtung wendet". Um selbst nationalistischen Mitgliedern der Akademie die Möglichkeit zu geben, für den Antrag zu stimmen, bezogen sich die Antragsteller in der Begründung auf „das schöne und bei uns allgemein anerkannte Wort" aus dem Aufruf „An die Kulturwelt", daß die deutschen Truppen „nicht nur für materielle Güter, sondern zugleich auch für unsere Kultur und unsere Wissenschaft kämpfen". Diese Verteidigung durch Waffen wäre „eine Weise, mit der die Akademie sich wohl zufrieden geben kann".[44]

An ihrer Einstellung ließen Planck und Erman keinen Zweifel, wenn sie feststellten, sie würden es „für einen schweren Fehler halten, wenn die Berliner Akademie das ihr von anderer Seite wohl gern überlassene Odium auf sich nehmen wollte, den ersten Schritt auf einem Wege zu tun, der möglicherweise nicht nur für ihre eigene Entwicklung, sondern auch für die Institution der Akademien überhaupt von verhängnisvoller Bedeutung werden könnte". Für sie würde es daher „zur dringenden Pflicht, gegen eine bei der gegenwärtigen Stimmung sehr wohl begreifliche, aber dennoch ihres Erachtens im Grunde kurzsichtige Maßregel den schärfsten Einspruch zu erheben".[45]

Die Verhandlungen des Plenums der Akademie am 22. Juli 1915, die von der Wirkung eines Appells an das Gewissen der Wissenschaftler zeugen, waren, soweit das dokumentarisch erfaßt ist, die wohl eingehendste politische Auseinandersetzung innerhalb der Akademie während des Krieges. Sie endeten mit einem Sieg der gemäßigten Kräfte, insbesondere der Naturwissenschaftler, über die Scharfmacher, die vor allem in der Philosophisch-historischen Klasse saßen. Der Wunsch des Vorsitzenden Sekretars Diels zum Abschluß der Verhandlungen, „daß die Eintracht der Akademie und namentlich das Verhältnis der beiden Klassen durch diese Beschlußfassung nicht getrübt werden möge“[46], war daher vollauf verständlich.

Das einzige Mitglied, das sich offiziell gegen den Beschluß der Akademie verwahrte, war E. Meyer, der am 16. Oktober 1916, nachdem Ramsay am 23. Juli 1916 gestorben war, in das Protokoll aufnehmen ließ: „Erklärung. Ich fühle mich verpflichtet auszusprechen, daß ich es auf das tiefste bedaure und peinlich empfinde, daß eine schwere Beleidigung des deutschen Volkes und der deutschen Wissenschaft durch einen Korrespondenten der Akademie nunmehr dauernd ungesühnt bleibt, und daß die Akademie jetzt in der Zwangslage ist, den Tod Sir William Ramsays als Korrespondierenden Mitglieds in ihren Veröffentlichungen aufzuführen, weil sie sich nicht hat entschließen können, rechtzeitig die durch sein Verhalten gebotenen Maßnahmen zu ergreifen.“[47] Mit diesem Nachspiel fanden die Diskussionen vom Frühjahr und Sommer 1915 ihren Abschluß.

In den folgenden Jahren spiegelten sich die Auseinandersetzungen um den Krieg in der Akademie nicht mehr so ausdrücklich wider. Auf dem Friedrichstag 1916 suchte Diels durch Zahlenangaben über die Verleihung von Nobelpreisen an deutsche Wissenschaftler und über deren Mitgliedschaften in Akademien der Kriegsgegner die Bedeutung der deutschen Wissenschaft zu unterstreichen, während Meinecke in seinem auch veröffentlichten Festvortrag „Germanischer und romanischer Geist im Wandel der deutschen Geschichtsauffassung“ eher die kulturelle Gemeinschaft der Völker in den Vordergrund rückte. Später erinnerte er sich: „Hinterher merkte ich, daß meine starke Betonung der auch im erbittertsten Kriege hochzuhaltenden Kulturgemeinschaft mit unseren Feinden manchem zu weit gegangen sei: Da war es der Chemiker Emil Fischer, der an mich herantrat und mir besonders warm gerade dafür dankte.“[48]

Im Januar 1917 verteidigte Planck zwar die Kriegsanstrengungen Deutschlands, zeigte sich insgesamt aber eher resigniert, ganz im Gegensatz zu Roethe, der auf dem Leibniztag 1917 erneut scharfe Worte gegen England und Frankreich fand. Am selben Tage beschwor Schäfer den „Geist von 1914“, indem er sich ausdrücklich auf die Erklärung „An die Kulturwelt“, „angeregt von einem Mitgliede dieser Körperschaft“, berief und gegen das „Wutgeschrei der Tobenden“ die offizielle deutsche Haltung verteidigte. Der Haß Schäfers richtete sich vor allem gegen die „unerhörten Auslassungen des amerikanischen Professor-Präsidenten, die richtig zu kennzeichnen hier nicht möglich ist, weil es nur in Worten geschehen könnte, die in diesen Räumen nicht gehört werden dürfen“.[49] Auch Waldeyer, der im Januar 1918 den Rückblick auf die politische Entwicklung im Jahre 1917 gab, fehlte ein „akademisch geziemender Ausdruck“ für die Wilsonschen Friedensvorschläge. Waldeyer, der 1905 das erstrebte deutsch-amerikanische Bündnis und 1901 die deutsche Kolonialpolitik vor der Akademie verteidigt hatte, fühlte sich jetzt berufen, sich gegen den englischen, französischen und italienischen Kolonialismus sowie gegen die USA zu wenden, die „unter einem völlig nichtigen Vorwande“ Kuba und die Philippinen erobert und die zentralamerikanischen Staaten unterdrückt hätten. Über Elsaß-Lothringen lehnte er jede Verhandlung ab. Seine Hauptsorge galt freilich zu diesem Zeitpunkt schon mehr der Beschwichtigung der politischen Gegensätze in Deutschland selbst mit dem „Wunsch nach vollster Einigkeit im ganzen deutschen Volke und nach möglichster Zurückdrängung aller parteipolitischen Sonderbestrebungen", denn: „Nicht in Hast und Eile sollen die innerpolitischen Fragen gelöst werden."[50]

Auf die Friedensresolution des Reichstags vom 19. Juli 1917 reagierten die Akademiemitglieder also unterschiedlich. Waldeyer wollte durch die Mahnung zur Einheit „beruhigen", Nernst und Meinecke forderten „politische Rechte" für das Volk, etwa „das gleiche Wahlrecht in Preußen", weswegen sie die Akademie im Sommer 1917 über die Sekretare veranlassen wollten, den Kaiser um die „Beschleunigung der inneren Reformen" zu bitten. Der Versuch fand freilich „teils nur Widerspruch wie bei Roethe, teils achselzuckende Inkompetenzbedenken wie bei Planck und Diels".[51] Die Meinung des vierten Sekretars Waldeyer erwähnt Meinecke nicht.

Dennoch verstärkten sich mehr und mehr die Tendenzen nach einer Reform des Staates, denn, wie Meinecke 1917 schrieb: „Der nicht Wollende wird, wie wir das eben in Rußland erlebt haben, mit elementarer Gewalt aus dem Wege gerissen."[52] Ähnlich dachte Harnack, der am 30. Oktober 1917 eine Reform des Wahlrechts verlangte, um der Sozialdemokratie zu helfen, die drohende Revolution abzuwenden, denn deren „Führer, denen man tiefen Patriotismus nicht absprechen kann, und die selbst in der Tiefe ihr preußisch-monarchistisches Herz entdeckt haben, können die Massen nicht bei sich halten, wenn nicht geschieht, was geschehen muß".[53] Auf diese Einstellung Harnacks wird die von Schmidt-Ott veranlaßte Beratung am 10. Oktober 1917 nicht ohne Einfluß geblieben sein, die Vertreter verschiedener politischer Richtungen – von der Sozialdemokratie bis zur Vaterlandspartei – „in der Königlichen Bibliothek unter dem Vorsitz des Generaldirektors", also Harnacks, zusammenführte und über die Schäfer berichtet, der im übrigen im Hinblick auf die Kriegszieldiskussionen von den „politischen Irrgängen"[54] Harnacks spricht.

Seine Ausführungen auf dem Leibniztag 1918 stellte Diels unter den Leitgedanken „Leibniz als Vorkämpfer für das Deutsche Reich und die deutsche Sprache" und erinnerte darin unter anderem an die Internationale Assoziation der Akademien als Symbol friedlicher wissenschaftlicher Kooperation. Damit orientierte er bereits auf eine künftige Entwicklung, die dann Planck, nach dem Sturz der Monarchie, am 14. November 1918, in einer Ansprache umriß. Er konstatierte für die Preußische Akademie „eine der ernstesten Krisen ihrer Geschichte" und forderte die Besinnung auf die „idealen Güter der Gedankenwelt": „Sofern die Akademie an der sorgsamen Pflege des ihr aus diesem Schatz anvertrauten Pfandes festhält, handelt sie nicht nur rückschauend treu dem Geiste ihres Stifters Leibniz, sondern auch in kluger Voraussicht auf die Zukunft."[55]

Für die Preußische Akademie der Wissenschaften zu Berlin begannen nach dem Heiligen Römischen Reich deutscher Nation, dem Deutschen Bund und dem Kaiserreich die Zeiten der Republik und der Diktatur.

Die letzte Sitzung der Mitglieder der Preußischen Akademie der Wissenschaften im alten Akademiegebäude Unter den Linden vor dem Abriß 1902. Nach einem Gemälde von William Pape.

Hermann von Helmholtz (1821–1894).

Emil du Bois-Reymond (1818–1896).

Theodor Mommsen (1817–1903).
Denkmal vor dem Gebäude der Humboldt-Universität Berlin.

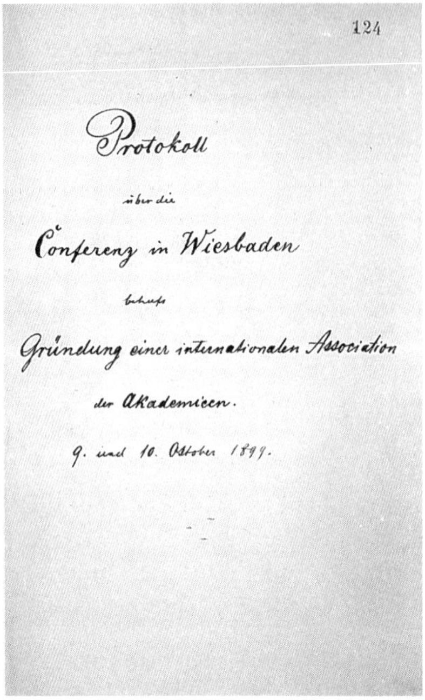

124

Protokoll

über die

Conferenz in Wiesbaden

behufs

Gründung einer internationalen Association

der Akademieen.

9. und 10. Oktober 1899.

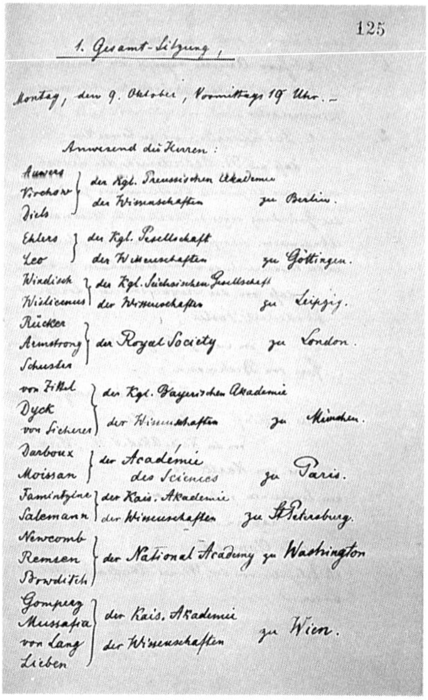

125

1. Gesamt-Sitzung.

Montag, den 9. Oktober, Vormittags 10 Uhr. –

Anwesend die Herren:

Auwers, Virchow, Diels – der Kgl. Preussischen Akademie der Wissenschaften zu Berlin.

Ehlers, Leo – der Kgl. Gesellschaft der Wissenschaften zu Göttingen.

Windisch, Wislicenus – der Kgl. Sächsischen Gesellschaft der Wissenschaften zu Leipzig.

Rücker, Armstrong, Schuster – der Royal Society zu London.

von Zittel, Dyck, von Seeliger – der Kgl. Bayerischen Akademie der Wissenschaften zu München.

Darboux, Moissan – der Académie des Sciences zu Paris.

Famintzyne, Salemann – der Kais. Akademie der Wissenschaften zu St. Petersburg.

Newcomb, Remsen, Bowditch – der National Academy zu Washington

Gomperz, Mussafia, von Lang, Lieben – der Kais. Akademie der Wissenschaften zu Wien.

Titelblatt und erste Seite des Protokolls über die Gründung der Internationalen Assoziation der Akademien (IAA) in Wiesbaden 1899.

7. Die Preußische Akademie zwischen Schwarz-Weiß-Rot und Schwarz-Rot-Gold

In dem Vierteljahrhundert von der Revolution Ende 1918 bis zur Niederlage Deutschlands im Frühjahr 1945 blieb die Preußische Akademie eine durch ihre traditionelle, seit dem 19. Jahrhundert ausgeprägte Arbeitsweise bestimmte wissenschaftliche Körperschaft. Gleichwohl veränderten sich in diesem Zeitraum die Bedingungen für ihr Wirken. Aus dem Kaiserreich wurde die demokratische Republik von Weimar mit der beibehaltenen offiziellen Staatsbezeichnung Deutsches Reich, das weiterhin ein Bundesstaat war. Sein größter Gliedstaat war auch nach dem Sturz der Monarchie der nunmehrige Freistaat Preußen. Die Errichtung der nationalsozialistischen Herrschaft im Reich und in den Ländern im Jahre 1933 berührte sofort auch die Akademie in ihrer geistig-kulturellen Existenz, weniger allerdings zunächst in ihrer organisatorischen Stellung im Wissenschaftsgefüge. Als Deutschland 1945 bedingungslos kapitulierte und seine Souveränität verlor, war das Land in materieller und geistiger Hinsicht ein Trümmerfeld. Trotzdem hat die Preußische Akademie noch im Mai 1945 unter außerordentlich bedrückenden Umständen erste Schritte zur Wiederaufnahme ihrer Arbeit getan. Und als ihr Trägerstaat Preußen, dessen Provinzen westlich von Oder und Neiße zu Ländern umgewandelt wurden, im Februar 1947 durch Gesetz des Alliierten Kontrollrats formell aufgelöst wurde, hatte sich die Akademie in Berlin bereits als Deutsche Akademie der Wissenschaften neukonstituiert.

Das nationale und internationale Arbeitsumfeld der Akademie

Die vorgeordnete staatliche Behörde der Akademie war auch nach 1918 das Preußische Kultusministerium, das jetzt die Bezeichnung Ministerium für Wissenschaft, Kunst und Volksbildung trug. Als Staatssekretär und langjähriger Minister wirkte hier der Orientalist Carl Heinrich Becker, der bereits 1919 in der Schrift „Kulturpolitische Aufgaben des Reiches“ sein Programm dargelegt hatte und der zu den aktivsten Kulturpolitikern der Weimarer Republik gehörte. Das Verhältnis zwischen Preußen und dem Reich auf wissenschaftlichem Gebiet tangierte mehr denn je auch die Akademie. Das war insbesondere ab 1934 der Fall, als unter Bernhard Rust im Zuge zentralistischer Tendenzen der Nationalsozialisten das Reichs- und Preußische Ministerium für Wissenschaft, Erziehung und Volksbildung gebildet wurde, das sich später nur noch Reichsministerium nannte. Innerhalb der Kompetenzansprüche nationalsozialistischer Partei- und Staatsinstanzen auf wissenschaftlichem Gebiet wurden die Einflußmöglichkeiten des Rustministeriums allerdings zunehmend eingeschränkt, was sich auch auf die Preußische Akademie auswirkte.

Die Zusammenarbeit der Akademien der Wissenschaften in Deutschland und Österreich – in Berlin, Göttingen, Heidelberg, Leipzig, München und Wien – wurde im

Rahmen des seit 1893 bestehenden sogenannten Kartells fortgesetzt. Dessen regelmäßige Zusammenkünfte erhielten sogar, insbesondere im Hinblick auf wissenschaftspolitische Absprachen, einen höheren Stellenwert. Die ministerielle Übertragung des ständigen Vorsitzes im Kartell, das 1939/40 die Bezeichnung Reichsverband der deutschen Akademien der Wissenschaften erhielt, an die Preußische Akademie war wirkungsgeschichtlich wenig folgenreich. Die Entscheidung, 1940/41 eine Reichsakademie mit vier Klassen – für Mathematik/Physik, Biologie/Medizin, Geisteswissenschaften, Technik – zu gründen und den Präsidenten der Preußischen Akademie zu deren kommissarischen Präsidenten zu ernennen, wurde nicht realisiert. Sie war eher eine Widerspiegelung von Bestrebungen der damals Verantwortlichen, denen es jedoch nicht gelang, eine gesamtstaatliche zentralistische Akademiestruktur im Reich durchzusetzen.

Mit der Kaiser-Wilhelm-Gesellschaft (KWG), die als wichtige Forschungsorganisation trotz finanzieller Schwierigkeiten, die die gesamte Wissenschaft in Deutschland betrafen, ausgebaut und in hohem Maße durch Staatsmittel finanziert wurde, blieb die Preußische Akademie durch gleichzeitige Mitgliedschaften von Institutsdirektoren und leitenden Mitarbeitern verbunden. 1944 gehörten zur KWG 40 inländische und fünf ausländische Institute. Zu den 13 am Ende des Ersten Weltkriegs bestehenden Instituten waren in den Jahren der Weimarer Republik 22 Institute hinzugekommen, die entweder gegründet oder übernommen wurden. Die Entwicklung der KWG kann im Detail nicht verfolgt werden. Insbesondere ist hier nicht auf die Frage einzugehen, inwieweit bei ihrer Ausgestaltung gezielte konzeptionelle Vorstellungen verwirklicht wurden oder auch der Zufall eine Rolle spielte. Es muß daher auf die erschöpfende Darstellung von 1990 verwiesen werden, die R. Vierhaus und B. vom Brocke anläßlich des 75jährigen Bestehens der KWG/Max-Planck-Gesellschaft unter dem Titel „Forschung im Spannungsfeld“ herausgegeben haben. Präsident der KWG war nach dem Tode Harnacks ab 1930 Max Planck bis zum Jahre 1936. Er blieb gleichzeitig einer der Akademiesekretare, wodurch beide Institutionen in diesem Zeitraum besonders nahe zueinanderrückten. Plancks Nachfolger waren von 1937 bis 1940 der Nobelpreisträger für Chemie von 1931 Carl Bosch, der 1936 Ehrenmitglied der Preußischen Akademie geworden war, und von 1941 bis 1945 Albert Vögler, der 1940 deren Goldene Leibniz-Medaille erhalten hatte. Bosch und Vögler bekleideten leitende Stellungen in der Industrie, der eine in der Chemie-, der andere in der Stahlbranche.

Auch die Beziehungen der Preußischen Akademie zur Physikalisch-Technischen Reichsanstalt (PTR) haben sich zunächst im Wesentlichen in den Bahnen entwickelt, die von Anfang an vorgezeichnet waren. Ihre Präsidenten waren die Ordentlichen Akademiemitglieder E. Warburg bis 1922, W. Nernst bis 1924 und Friedrich Paschen bis 1933. Danach übernahm der Nobelpreisträger von 1919, Johannes Stark, der einer der führenden Vertreter der sogenannten Deutschen Physik war, die Präsidentschaft bis 1939. Der erfolglose Versuch im Jahre 1933, Stark zum Ordentlichen Mitglied der Preußischen Akademie der Wissenschaften zu wählen, führte unter den Mitgliedern zu Auseinandersetzungen. Starks Nachfolger als Präsident der PTR von 1939 bis 1945, Abraham Esau, wurde 1942 zum Ordentlichen Mitglied der Preußischen Akademie gewählt. Inzwischen hatten die nationalsozialistischen Behörden mit der Durchsetzung des Statuts von 1939 einen begrenzten Erfolg bei der Gleichschaltung der Akademie erzielt.

Eine zentrale Rolle im Wissenschaftsgefüge spielte die im Oktober 1920 gegründete Notgemeinschaft der Deutschen Wissenschaft, die später bis 1945 die Bezeichnung

Deutsche Forschungsgemeinschaft annahm. Ihre Entstehung ist aufs engste mit der Preußischen Akademie verbunden. Unter dem Einfluß von Harnack hatte diese im Februar 1920 das Kartell der Akademien veranlaßt, sich um Mittel für die Forschung zu bemühen. Da ein Ergebnis nicht erzielt werden konnte, ergriff Ende März 1920 Fritz Haber die Initiative, indem er Eduard Meyer als Rektor der Friedrich-Wilhelms-Universität zu Berlin und Max Planck als Vorsitzenden Sekretar der Preußischen Akademie für die Gründung einer Förderorganisation gewann. Planck wandte sich an den ehemaligen preußischen Kultusminister Friedrich Schmidt-Ott, der die Leitung eines vorbereitenden Ausschusses übernahm und dann auch erster Präsident der Notgemeinschaft wurde. Er war gleichzeitig von 1920 bis 1937 einer der Vizepräsidenten der Kaiser-Wilhelm-Gesellschaft. Beteiligt an der Gründung der Notgemeinschaft waren alle fünf deutschen Akademien der Wissenschaften, die Kaiser-Wilhelm-Gesellschaft, die Universitäten und Technischen Hochschulen über ihren ebenfalls 1920 entstandenen Verband der deutschen Hochschulen (VDH), der Deutsche Verband naturwissenschaftlich-technischer Vereine und die Gesellschaft Deutscher Naturforscher und Ärzte. In den Leitungsgremien und den verschiedenen Ausschüssen der Notgemeinschaft war die Preußische Akademie ebenso wie die anderen Akademien repräsentativ vertreten. Ihre Finanzmittel erhielt die Notgemeinschaft aus dem Etat des Reichsinnenministeriums, vom preußischen Staat und vom Stifterverband der Notgemeinschaft der deutschen Wissenschaft als einem eingetragenen Verein, der im Dezember 1920 gegründet wurde. Dieser Stifterverband förderte zugleich die ebenfalls 1920 geschaffene Helmholtz-Gesellschaft zur Förderung der physikalisch-technischen Forschung.

Die Notgemeinschaft unterstützte Forschungsvorhaben einzelner Gelehrter auf deren Anträge durch Reisebeihilfen und Forschungsstipendien, durch die Gewährung von Unterstützungen bei Publikationen und Experimentalforschungen, sie förderte die Komplettierung wissenschaftlicher Bibliotheken. Sie vergab ihre Mittel also vorwiegend personen- und themengebunden. Für die von der Preußischen Akademie betriebenen Forschungen boten die Mittel der Notgemeinschaft die Möglichkeit zusätzlicher Finanzierung. Zugleich war die Notgemeinschaft an der internationalen wissenschaftlichen Zusammenarbeit beteiligt.

Auf Anweisung von Kultusminister Rust wurde im Juni 1934 Stark als Präsident der Notgemeinschaft berufen, der damit Schmidt-Ott ablöste. Die ursprüngliche Ablehnung dieses Schrittes durch die Akademien zu Berlin, Göttingen, Leipzig und München blieb ebenso ohne Folgen wie der Auftrag der Preußischen Akademie an Lüders, auf der Tagung der kartellierten Akademien in Göttingen im Oktober 1934 diese für eine Distanzierung von der Notgemeinschaft unter der neuen Leitung zu gewinnen. Nachfolger Starks als Präsident wurde Ende 1936 Rudolf Mentzel, einflußreicher Mitarbeiter des Kultusministeriums, der ab 1941 auch einer der Vizepräsidenten der Kaiser-Wilhelm-Gesellschaft war.

Die Auslandsbeziehungen der Preußischen Akademie, die in der Internationalen Assoziation der Akademien bis 1914 eine führende Rolle gespielt hatte, unterlagen nach dem Ende des Ersten Weltkrieges dem Wissenschaftsboykott der Siegerstaaten und dem sogenannten deutschen Gegen-Boykott. Im Juli 1919 waren nach längeren Vorbereitungen in Brüssel von den Entente- und von neutralen Staaten der „Internationale Forschungsrat“ (International Research Council, IRC; ab 1931: International Council of Scientific Unions, ISCU) und die „Internationale Union der Akademien“

(Union Académique Internationale, UAI) gegründet worden, in die Wissenschaftler aus den Staaten, die im Weltkrieg die Gruppierung der Mittelmächte gebildet hatten, und aus Sowjetrußland aus unterschiedlichen Gründen nicht aufgenommen wurden. Der IRC/ICSU war für die internationale Zusammenarbeit auf dem Gebiet der natur-, die UAI für die auf dem der geisteswissenschaftlichen Forschung zuständig. Die mit beiden Organisationen verbundenen Fragestellungen beschäftigten die deutschen Akademien der Wissenschaften ziemlich regelmäßig, zumal davon das Schicksal der Internationalen Assoziation der Akademien, die in Deutschland – ebenso wie in Sowjetrußland – als fortbestehend betrachtet wurde, und deren Unternehmen betroffen waren. Bereits im Oktober 1919 gaben die kartellierten Akademien, zu denen nach wie vor auch Wien zählte, den Wissenschaftlern der Siegerstaaten die Alleinschuld am Abbruch der wissenschaftlichen Kontakte, zeigten sich aber bereit, Gemeinschaftsunternehmen wie die Leibniz-Ausgabe und das Corpus Medicorum Graecorum, an denen sie besonders interessiert waren, weiterzuführen. Auf späteren Kartelltagungen, so 1924 in Berlin und 1926 in München, wurden die internationalen Beziehungen der Akademien ebenfalls erörtert, doch Änderungen in ihrer Haltung ergaben sich auch nicht, als 1926 der gegen die ehemaligen Mittelmächte gerichtete Ausschlußparagraph im Statut des IRC gestrichen wurde. So wurden in einer von der Kartelltagung in Leipzig 1927 beschlossenen Denkschrift Einwände gegen die organisatorische Trennung von Natur- und Geisteswissenschaften in der internationalen Arbeit erhoben, die Zulassung weiterer Verhandlungssprachen außer dem Französischen und regelmäßige Wechsel des Tagungsortes, der stets Brüssel war, gefordert. Die Teilnahme deutscher Wissenschaftler an internationalen Tagungen außerhalb der beiden Vereinigungen war zu diesem Zeitpunkt bereits wieder möglich.

Im Unterschied zu den Westbeziehungen der deutschen Wissenschaft wirkte sich auf deren Ostbeziehungen die spezifische Situation Sowjetrußlands und der UdSSR aus, deren Wissenschaftler den Folgen der Isolierung ihres Staates ausgesetzt waren und die daher ebenfalls nicht in den neugeschaffenen internationalen Organisationen mitarbeiteten, die zudem offiziell der Mißachtung der Gleichberechtigung beschuldigt wurden. Aus ganz unterschiedlichen Gründen ergaben sich so Ansatzpunkte für eine Annäherung zwischen Deutschland und Sowjetrußland auf dem Gebiet der wissenschaftlichen Zusammenarbeit als Pendant zu den politisch-ökonomischen Beziehungen zwischen beiden Ländern. Bereits Anfang der zwanziger Jahre nahm die Preußische Akademie ihren Schriftentausch mit der Akademie der Wissenschaften in St. Petersburg/Petrograd/Leningrad wieder auf, der eine lange Tradition hatte. An den Feierlichkeiten zum 200. Jahrestag der Gründung der russischen Akademie, die 1925 von der inzwischen in Akademie der Wissenschaften der UdSSR umbenannten Einrichtung begangen wurden, nahmen zahlreiche deutsche Wissenschaftler offiziell teil, darunter Planck und Lüders als Sekretare der Preußischen Akademie. Deren von Planck verfaßte Grußadresse erinnerte unter anderem an Leibniz und Euler und deren Bedeutung für beide Akademien. Im Umfeld des Jubiläums wurde unter maßgeblicher Mitwirkung von Schmidt-Ott als Präsidenten der Notgemeinschaft die weitere deutsch-sowjetische wissenschaftliche Zusammenarbeit vorbereitet, an der die Preußische Akademie durch mehrere ihrer Mitglieder aktiv beteiligt war. Als Beispiele gemeinsamer Veranstaltungen seien genannt die deutsch-sowjetische Naturforscherwoche 1927, die Alai-Pamir-Expedition 1928, die deutsch-sowjetische Historiker-Woche 1928 und die Zusammenarbeit auf altertumswissenschaftlichem Gebiet. Außer

Planck und Lüders sind aus der Vielzahl beteiligter Ordentlicher Akademiemitglieder Albert Einstein, Heinrich von Ficker, Eduard Meyer und Gerhard Rodenwaldt besonders zu erwähnen. In den dreißiger Jahren kam es zu zunehmenden Beschränkungen der deutsch-sowjetischen Wissenschaftsbeziehungen, worauf die politischen Veränderungen in beiden Ländern, in denen die Wissenschaft mit unterschiedlicher Zielstellung und Konsequenz diktatorischen Bestrebungen untergeordnet wurde, gleichermaßen Einfluß hatten.

Der Beitritt der deutschen Akademien zum IRC/ICSU und zur UAI kam trotz wachsender Bereitschaft zu deren Aufnahme im Ausland und obwohl sich die Stimmen deutscher Gelehrter für die Wiederaufnahme der geordneten Zusammenarbeit ebenfalls mehrten, auch nach der Statuten- und Namensänderung des IRC in ICSU 1931 und nach partiellem Entgegenkommen der UAI vorerst nicht zustande. Schließlich wurden die deutschen Akademien der Wissenschaften 1935 Mitglieder der UAI, an deren Unternehmen sie sich beteiligten. 1937 nahmen erstmals deutsche Gelehrte als Beobachter an einer Generalversammlung des ICSU teil. Zu einem Beitritt kam es in der hier behandelten Zeit nicht.

Bestimmend für die Stellung der Preußischen Akademie blieben deren wissenschaftliche Arbeiten in der Gesamtversammlung, in den Klassen und in den Unternehmen. Deren Hauptträger waren weiterhin die Akademiemitglieder und die insgesamt geringe Zahl der wissenschaftlichen Beamten und der dauernd oder befristet angestellten Wissenschaftler. Die innerhalb der Akademie vorherrschende konservative Grundhaltung der meisten Akademiemitglieder behinderte einerseits deren volles Einverständnis mit den republikanischen Verhältnissen nach 1918, die eher als gegeben akzeptiert wurden. Das Wort von den „Vernunftrepublikanern", die „Herzensmonarchisten" blieben, charakterisiert die Situation recht anschaulich. Andererseits war es gerade auch diese vorherrschende konservative Einstellung, die die Mehrheit der Akademiemitglieder nach 1933 davon abhielt, sich über die Hinnahme der Veränderungen hinaus aktiv im nationalsozialistischen Sinne zu betätigen. Die nationale Phraseologie der neuen Machthaber und die traditionelle Staatstreue der nicht als Akademiemitglieder, doch in ihren anderen Stellungen überwiegend beamteten Wissenschaftler gegenüber der legal durch Wahlen an die Regierung gekommenen NSDAP führten freilich zu manchen Zugeständnissen, die – auch wenn sie vielfach nur zeitweilig gemacht wurden oder einzelne Sachentscheidungen betrafen – die Akademie als Institution schließlich nicht vor ihrer Einordnung in das System bewahrten. Als Vorteil für die Akademie erwies sich, daß sie im Unterschied etwa zu den Universitäten trotz einiger Beeinflussungsversuche bis unmittelbar vor Beginn des Zweiten Weltkrieges auch wegen ihrer Randstellung im Wissenschaftsgefüge nicht im Zentrum nationalsozialistischer Wissenschaftspolitik stand und sie zudem in einzelnen Fällen auch davon profitierte, daß die Kompetenzen von Staat und Partei nicht immer klar voneinander abgegrenzt waren. Nachdem erst im Umfeld der Vorbereitung und Durchsetzung des Statuts von 1939 mit Theodor Vahlen als Präsident eine nationalsozialistische Leitung installiert worden war, schien vorübergehend der Weg für eine vollständige Gleichschaltung der Akademie frei zu sein. Doch wurden durch den Krieg sehr schnell auch in der Wissenschaft Prioritäten gesetzt, die allenfalls partiell mit dem Forschungsprofil der Akademie vereinbar waren. Außerdem konnte sich der Präsident in der Akademie nicht durchsetzen; er resignierte 1943. Eine Neuwahl erfolgte bis 1945 nicht. Auch die vorgesetzte Behörde der Akademie, das Reichsministerium für Wissenschaft, Erziehung und Volksbildung unter Rust, erwies sich im widersprüchlichen Gerangel von Parteiinstanzen und Staatsbehörden als immer weniger durchsetzungsfähig, was wiederum Rückwirkungen auf die Akademie hatte. Deren Arbeiten, die in ihrer Mehrheit trotz des sogenannten Kriegseinsatzes der Geisteswissenschaften nicht als kriegswichtig angesehen wurden, litten zunehmend unter den Folgen der Einberufung von Wissenschaftlern zum Kriegsdienst sowie des Weggangs von Akademiemitgliedern und der Verlagerung von Forschungsmaterialien der Unternehmen aus dem immer stärker von Bombenangriffen betroffenen Berlin und kamen schließlich fast völlig zum Erliegen.

Die Preußische Akademie betrachtete sich gleichwohl auch nach der bedingungslosen Kapitulation Deutschlands am 8. Mai 1945 als existierend, wie deren seit 1939 amtierender Direktor Helmuth Scheel am 25. Mai 1945 an den Berliner Magistrat schrieb: „Ich bitte deshalb, die Betreuung der Akademie von seiten der Stadtverwaltung zu übernehmen, bis wieder eine ordnungsmäßig zuständige Zentralverwaltung gegründet ist.“[1] Am 21. Juni 1945 wurden die Ordentlichen Akademiemitglieder Johannes Stroux zum Präsidenten sowie Ludwig Diels und Fritz Hartung als Nachfolger von Bieberbach und Grapow zu neuen Klassensekretaren der Preußischen Akademie der Wissenschaften zu Berlin gewählt.

Zuwahlen von Mitgliedern 1919 bis 1932

In den Jahren der Weimarer Republik, also von 1919 bis 1932, wählte die Physikalisch-mathematische Klasse der Preußischen Akademie 23 neue Ordentliche und 75 Korrespondierende Mitglieder. In die Philosophisch-historische Klasse wurden 19 Ordentliche und 54 Korrespondierende Mitglieder aufgenommen. Ehrenmitglieder wurden der Leiter der Staatlichen Berliner Museen, Wilhelm von Bode (1925), der Gründer des Deutschen Museums in München, Oskar von Miller (1929), und der Botschafter der USA in Deutschland, J. G. Schurman (1929). Mit der Wahl Albert Schweitzers zum Ehrenmitglied (1929) bekannte sich die Akademie zu dem bedeutenden Lebenswerk dieses Humanisten.

In der Leitung der Akademie traten durch die Neuwahl von Sekretaren mehrfach Veränderungen ein. Nachfolger von Waldeyer-Hartz wurde 1919 Max Rubner, während Planck Sekretar der Physikalisch-mathematischen Klasse blieb. In der Philosophisch-historischen Klasse wurde nach Hermann Diels 1920 Heinrich Lüders Sekretar und auf Roethe folgte 1926 Ernst Heymann.

Ihre international angesehene Stellung als ein Zentrum der Physik konnte die Akademie vor allem durch die Wahlen von Max von Laue (1920) und Erwin Schrödinger (1929) zu Ordentlichen Mitgliedern behaupten. Der eine erhielt 1914, der andere 1933 den Nobelpreis. Schrödinger, der 1933 Berlin verließ, verlor 1940 auf der Grundlage der nationalsozialistischen Rassengesetze seine Akademiemitgliedschaft, die 1950 wiederhergestellt wurde. Ebenfalls unter die Ordentlichen Mitglieder aufgenommen wurde der Präsident der Physikalisch-Technischen Reichsanstalt, Friedrich Paschen (1925). Nicht zuletzt befestigte die Akademie ihr Ansehen durch die Zuwahl einer großen Zahl bedeutender Physiker als Korrespondierender Mitglieder. Unter ihnen waren: P. Debye (1920), A. Sommerfeld (1920), N. Bohr (1922), H. Kamerlingh Onnes (1922), P. Zeeman (1922), E. Rutherford (1928), A. F. Joffe (1928), M. Born

(1929) und J. Franck (1929). W. C. Röntgen, seit 1896 bereits Korrespondent, wurde 1920 zum Auswärtigen Mitglied gewählt.

Für den 1916 gestorbenen Schwarzschild waren seine Nachfolger als Direktoren des Astrophysikalischen Observatoriums in Potsdam, Gustav Müller und Hans Ludendorff, die 1918 und 1922 zu Ordentlichen Mitgliedern gewählt wurden, keine gleichwertigen Nachfolger. Die Leitung der astronomischen Arbeiten der Akademie übernahm in dieser Zeit Paul Guthnick, der 1923 Ordentliches Mitglied wurde. Als Korrespondierende Mitglieder wurden unter anderem J. C. Kapteyn (1922), M. Wolf (1925) und der Erfinder des Schmidt-Spiegels, A. Schmidt (1929), in die Akademie aufgenommen.

Auf dem Gebiet der Mathematik konnte die Akademie durch einige Zuwahlen ihr Ansehen vergrößern. Ordentliche Mitglieder wurden Issai Schur (1921) und Konstantin Carathéodory (1919), der allerdings nur ein Jahr an der Akademie wirkte und dann nach München ging. Schur wurde wie andere gezwungen, 1938 auf seine Mitgliedschaft zu verzichten. Im Jahre 1924 wurde Ludwig Bieberbach zum Ordentlichen Mitglied gewählt. Dieser bedeutende Mathematiker hat durch seine Propagierung der sogenannten Deutschen Mathematik und durch seine aktive Mitwirkung an der nationalsozialistischen Wissenschaftspolitik, insbesondere als Sekretar von 1939 bis 1945, der Akademie Schaden zugefügt und wurde bei deren Neukonstituierung 1946 aus der Mitgliederliste gestrichen. Die Zahl der Namen bedeutender Mathematiker unter den hinzugewählten Korrespondierenden Mitgliedern war recht beachtlich: A. Kneser (1923), E. Landau (1924), P. Koebe (1925), W. Wirtinger (1925), L. E. J. Brouwer (1929), G. H. Hardy (1929), T. Levi-Cività (1929) und P. Furtwängler (1931).

Die enge Verbindung zwischen Physik und Chemie verkörperte in der Akademie vor allem Otto Hahn, der 1924 Ordentliches Mitglied wurde. Zugleich war er seit 1912 wissenschaftliches Mitglied und seit 1928 Direktor des Kaiser-Wilhelm-Instituts für Chemie. Er erhielt 1944 den Nobelpreis für die 1938 entdeckte Uranspaltung und war seit 1946 Präsident der Kaiser-Wilhelm-/Max-Planck-Gesellschaft. Drei Chemiker, die in den zwanziger Jahren Ordentliche Akademiemitglieder wurden, waren an der Friedrich-Wilhelms-Universität und an der Technischen Hochschule in Berlin tätig. Die organische Chemie vertrat in der Akademie seit 1922 Wilhelm Schlenk, die physikalische Chemie seit 1925 Max Bodenstein und die anorganische ebenfalls seit 1925 Karl Andreas Hofmann von der TH. Als Korrespondierende Mitglieder wurden neben anderen G. Tammann (1919) und W. H. Bragg (1929) gewählt. Bei der Aufnahme des Chemikers Carl Duisberg als Korrespondierendes Mitglied im Jahre 1921 spielten im Unterschied zu anderen Wahlen nicht zuerst dessen wissenschaftliche Leistungen, sondern wissenschaftspolitische Gründe eine entscheidende Rolle. Als Generaldirektor der Farbenfabriken vorm. Friedrich Bayer und Co., als Vorsitzender des Aufsichtsrates der IG Farbenindustrie AG, als Vorsitzender des Reichsverbandes der deutschen Industrie (1925–1931) und durch seine aktive Mitwirkung in der Kaiser-Wilhelm-Gesellschaft war Duisberg einer der maßgeblichen Gestalter der Wissenschaftspolitik in der Weimarer Republik.

Ordentliche Mitglieder wurden in den zwanziger Jahren der Paläontologe Joseph Pompeckj (1920) und der Mineraloge Arrien Johnson (1922). Einer langjährigen Tradition entsprechend war der Direktor des Preußischen Meteorologischen Instituts in Potsdam, Heinrich von Ficker, seit 1926 Ordentliches Mitglied. Von 1932 bis 1937 war er als Nachfolger von Rubner einer der Berliner Akademiesekretare. Er ging dann nach Wien, wo er 1946 Präsident der Österreichischen Akademie der Wissenschaften wurde.

Geringe Aufmerksamkeit wandte die Akademie auch in den zwanziger Jahren der Technik zu. So hat sie 1922 die Begründung einer Technischen Klasse, die schon 1919 von den Technischen Hochschulen Preußens und 1921 erneut vom Reichsbund Deutscher Technik angeregt wurde, mit dem Argument abgelehnt, das Zusammenwirken der beiden Klassen der Akademie würde durch „die Gemeinschaft und Einheit des Strebens nach der reinen wissenschaftlichen Erkenntnis“[2] gewährleistet, mit der Einrichtung einer Technischen Klasse dagegen die bisherige Einheitlichkeit der Arbeit gesprengt. Angesichts der wachsenden Bedeutung der Technik, die sonst durchaus anerkannt wurde, zeigt sich gerade hier erneut ein zunehmender Anachronismus in der Entwicklung der Akademie. Zu Ordentlichen Mitgliedern wurden gewählt der Präsident des Telegraphentechnischen Reichsamtes, Karl Willy Wagner (1925), und Johannes Stumpf (1926), der Professor für Kraftmaschinen an der Technischen Hochschule war. Als Korrespondierendes Mitglied wurde neben anderen der Erfinder und Industrielle H. Junkers (1929) aufgenommen.

Unter den Biologen, die in dieser Zeit Ordentliche Mitglieder wurden, waren zwei Zoologen: Richard Hesse (1926) und Willy Kükenthal (1919), der freilich der Akademie nur drei Jahre angehörte. Der Botaniker Ludwig Diels wurde 1931 zum Ordentlichen Mitglied gewählt und war ab Juni 1945 während der wenigen Monate bis zu seinem Tode Klassensekretar. Korrespondierende Mitglieder für das Fach Botanik wurden neben anderen R. Wettstein (1921) und H. Spemann (1929).

Die Medizin blieb in ihrem klinischen Bereich in der Akademie auch in dieser Zeit unberücksichtigt. Zu Ordentlichen Mitgliedern gewählt wurden die Physiologen Wilhelm Trendelenburg (1931) und Franz Bruno Hofmann (1926), der allerdings schon zwei Monate nach seiner Wahl starb, sowie der Anatom Franz Keibel (1923).

Als Fazit der Wahlpolitik auf den zur Physikalisch-mathematischen Klasse gehörenden Fachgebieten in den zwanziger Jahren läßt sich feststellen, daß die Mitglieder der Akademie in den durch die Stellung der Institution gegebenen Grenzen erfolgreich versucht haben, deren wissenschaftliches Ansehen nicht nur zu erhalten, sondern zu mehren. Dabei gilt es zu bedenken, daß weiterhin solche bedeutenden Wissenschaftler in der Akademie wirkten wie die noch im Kaiserreich gewählten Mitglieder A. Engler, M. Planck, W. Nernst, A. Penck, G. Haberlandt, A. Einstein, F. Haber, C. Correns und E. Schmidt.

Auch in der Philosophisch-historischen Klasse setzten früher gewählte Ordentliche Mitglieder ihre Arbeiten nach 1918 fort. Dazu gehörten unter anderem A. Harnack, U. von Wilamowitz-Moellendorff, K. Burdach, E. Meyer, W. Schulze, H. Lüders, E. Norden, O. Hintze, F. Meinecke und P. F. Kehr.

Die Philosophie und ihre Geschichte vertraten in der Akademie als Ordentliche Mitglieder seit 1922 Heinrich Maier und seit 1925 Eduard Spranger, der sich durch seine philosophisch-pädagogischen Forschungen einen Namen gemacht hat. Die Wahl von Ernst Troeltsch (1923), der schon wenige Wochen darauf starb, blieb wirkungsgeschichtlich für die Akademie ohne Bedeutung. Als Korrespondierendes Mitglied wurde neben anderen schon 1925 B. Croce gewählt.

Auf dem Gebiet der Geschichte wurden im Jahre 1922 der Neuzeithistoriker Erich Marcks und 1925 der vor allem als Mediävist tätige Albert Brackmann, der 1929 als Nachfolger Kehrs Generaldirektor der Preußischen Staatsarchive wurde, als Ordentliche Mitglieder in die Akademie aufgenommen. Der 1922 zum Korrespondenten und 1932 zum Ordentlichen Mitglied gewählte Hermann Oncken vertrat die liberale Richtung der Ranke-Nachfolge. Marcks und Oncken waren maßgeblich an den Arbeiten der Preußischen Kommission der Akademie beteiligt. Korrespondierende Mitglieder wurden unter anderem die Historiker G. von Below (1922), H. Finke (1922), K. Hampe (1925) und E. Brandenburg (1925).

Auf den Gebieten der klassischen Philologie, der alten Geschichte und der Archäologie wurden fünf Wissenschaftler als Ordentliche Mitglieder hinzugewählt: der hervorragende Kenner der antiken Philosophie Werner Jaeger (1924); der Begründer der Papyrusforschung, Ulrich Wilcken (1921); der Archäologe und seit 1932 Präsident des Deutschen Archäologischen Instituts, Theodor Wiegand (1922), der maßgeblich am Aufbau des Pergamonaltars in Berlin beteiligt war; der Kirchenhistoriker Hans Lietzmann (1927), der vor allem Anteil an der Weiterführung der von Harnack begonnenen Kirchenväterausgabe hatte; der Archäologe Gerhart Rodenwaldt (1932), seit 1922 Generalsekretär und von 1929 bis 1932 vor Wiegand Präsident des Deutschen Archäologischen Instituts.

Im Bereich der Orientalistik wurden der Sinologe Otto Franke (1923), der Assyriologe Bruno Meissner (1930) und der Ägyptologe Kurt Sethe (1930) als Ordentliche Mitglieder hinzugewählt. Korrespondierendes Mitglied wurde 1927 der Orientalist und Ständige Sekretär der Akademie der Wissenschaften der UdSSR, S. F. Oldenburg.

Von den beiden 1922 zu Ordentlichen Mitgliedern gewählten Germanisten war Johannes Bolte einer der führenden Vertreter der deutschen Volkskunde; Julius Petersen, ein Schüler von Erich Schmidt, hatte insbesondere über die klassische deutsche Literatur gearbeitet. 1932 wurde Arthur Hübner, ein Schüler G. Roethes, Ordentliches Mitglied der Akademie, mit der er durch seine Mitarbeit in der Deutschen Kommission schon länger verbunden war. Seit dem Tode von H. Morf gehörte der Akademie kein Ordentliches Mitglied für das Fach Romanistik an. Mit Max Vasmer, einem herausragenden Philologen, wurde 1931 zum ersten Mal in der Geschichte der Akademie ein Slawist Ordentliches Mitglied.

Wenn man die Namen der Wissenschaftler, die bereits vor 1918 Mitglieder der Preußischen Akademie waren oder die es bis 1932 geworden sind, betrachtet, so ist man zu der Feststellung berechtigt, daß diese allein durch die regelmäßige Zusammenführung dieser Gelehrten, die alle mehr oder weniger stark durch ihre amtlichen Stellungen oder durch Wahlfunktionen in das Wissenschaftsgefüge Deutschlands integriert waren, einen nicht zu vernachlässigenden Wert für die Wissenschaftsentwicklung darstellte. Die wissenschaftlichen Vorträge der Mitglieder in der Gesamtakademie und in den Klassen, die zum großen Teil in den „Sitzungsberichten" und in den „Abhandlungen" der Preußischen Akademie publiziert wurden und die bibliographisch erschlossen sind, behandeln zwar vielfach Spezialprobleme, sind aber in der Regel aus den von den jeweiligen Wissenschaftlern bearbeiteten Forschungsgebieten erwachsen und damit unverzichtbare Bestandteile von deren Gesamtwerk. Zugleich war die Akademie ein Ort der Meinungsbildung und der Entscheidungsfindung in zahlreichen, die Existenzbedingungen der Wissenschaft in nationaler und internationaler Hinsicht betreffenden Fragen. Es war nicht allein der quantitative Beitrag der Akademie und ihrer Mitglieder zur Entwicklung der Wissenschaft, sondern in gleichem Maße die eher in ihren Auswirkungen faßbare wissenschaftliche und wissenschaftspolitische Kommunikationsfunktion, durch die die Stellung der Akademie bestimmt wurde. Wissenschaftsgeschichte in ihrer Dreiheit von Wissenschaftlerbiographik, Disziplinentwicklung und Organisationsgeschichte der Forschung kann, wie die Ausführungen über die Zuwahlen andeutend gezeigt haben, gerade durch Untersuchungen über einzelne Akademien exemplarisch veranschaulicht werden, wenn man deren spezifische Funktion im Koordinatensystem von Forschung und Kenntnisvermittlung in Rechnung stellt. Die Frage, wie die Akademie das geistige Potential ihrer Mitglieder und weiterer Wissenschaftler für die Forschung einsetzte oder für diese nutzbar zu machen sich bemühte, bedarf zusätzlich der aufmerksamen Beachtung.

Die Akademie als Forschungsinstitution

Forschungsarbeiten, wenn sie Ergebnisse erzielen sollen, bedürfen eines überzeugenden Konzepts, angemessener Organisationsstrukturen und eines unabdingbaren Minimums finanzieller Mittel. Was die Preußische Akademie der Wissenschaften in der Weimarer Republik betrifft, so mußte auch sie den genannten Voraussetzungen im Rahmen ihrer Möglichkeiten gerecht zu werden suchen. Ein bestimmender Gesichtspunkt war die Kontinuität, die aus dem weiterhin geltenden Statut von 1881 resultierte. Es wurden folglich fast ausschließlich Themen editorischen und systematisierenden Charakters bearbeitet, die wegen ihres Umfangs und ihrer Dauer ausgewählt und die an anderen Stellen nicht behandelt wurden. Sie betrafen weiterhin schwerpunktmäßig die Geisteswissenschaften, auch in den Fällen, in denen neue Unternehmen begonnen wurden. Es bedarf der ausdrücklichen Feststellung, daß nicht nur die Preußische Akademie derartige Vorhaben betrieben hat, sondern andere Akademien und weitere Wissenschaftseinrichtungen ebenfalls. Auch insofern war die Berliner Akademie nur Teil und in einzelnen Fällen Partner in einem größeren Forschungsgefüge. In organisatorischer Hinsicht erreichte die Preußische Akademie einerseits eine gewisse Neustrukturierung ihrer Unternehmen, die dadurch effektiver werden konnten, während andererseits Bemühungen um die Einrichtung von Forschungsinstituten ohne Erfolg blieben. Außer während eines begrenzten Zeitraums in der Mitte der zwanziger Jahre, als sich die Schwierigkeiten vorübergehend verminderten, hatte die Akademie ebenso wie andere Wissenschaftseinrichtungen ständig mit großen finanziellen Problemen für ihre Forschungsarbeiten zu ringen. Da die staatlichen Etatmittel selten ausreichend waren und die Stiftungen der Akademie während der Inflation ihren Wert verloren hatten, mußten andere Wege der Zusatzfinanzierung gefunden werden. Hier ist vor allem die Notgemeinschaft zu nennen, die in manchen Fällen helfend eingreifen konnte.

Die Arbeitsgebiete der akademischen Unternehmen erstreckten sich wie schon vor 1918 weiterhin auf die Edition von Werkausgaben, auf naturwissenschaftliche Probleme, auf die Altertumswissenschaft und die Orientalistik, auf Forschungen zur mittelalterlichen und neueren deutschen und preußischen Geschichte sowie auf philologisch-literaturwissenschaftliche Untersuchungen.

Die Organisation der Arbeiten blieb weitgehend einheitlich, indem die Leitung jeweils bei einer Kommission von Ordentlichen Akademiemitgliedern (in einigen Fällen gab es auch außerakademische Mitglieder der Kommissionen) lag, die teilweise selbst an den Vorhaben mitarbeiteten, während die Hauptlast jeweils beamtete Mitarbeiter oder befristet beziehungsweise ständig für bestimmte Projekte eingestellte Wissenschaftler trugen; möglich war auch die nebenamtliche Beschäftigung von Forschern, die außerhalb der Akademie angestellt waren.

Die im Rahmen der Internationalen Assoziation der Akademien initiierte Leibniz-Ausgabe, über die bereits Ende 1919 auf dem Berliner Kartelltag der Akademien gesprochen wurde, führte die Preußische Akademie ab 1920 allein fort. Statt der bis dahin vorgesehenen 60 Bände in zwei Abteilungen wurden nun 40 Bände in sieben Abteilungen geplant. 1923 konnte der erste Band vorgelegt werden, doch schritt die Ausgabe außerordentlich langsam voran; bis 1932 erschienen fünf Bände, weitere waren zum Druck vorbereitet. Von der Kant-Ausgabe wurden die Abteilungen „Werke" und „Briefwechsel" bis 1924 abgeschlossen. An der Druckvorbereitung des handschriftlichen Nachlasses, dessen Edition wissenschaftlich besonders ertragreich war und von dem bis 1928 fünf Bände erschienen waren – der sechste folgte erst 1934 –, wurde weiter gearbeitet. Bis 1918 hatte die Akademie 14 Bände der Werke Wilhelm von Humboldts publiziert, denen 1919 der 15. folgte. Mit zwei weiteren Bänden konnte die Ausgabe 1935/36 vorläufig abgeschlossen werden. An den Werkausgaben von Weierstraß und Wieland wurde weitergearbeitet. Von der Dilthey-Ausgabe erschienen mehrere Bände, darunter die „Einleitung in die Geisteswissenschaften" (1923) und „Der Aufbau der geschichtlichen Welt in den Geisteswissenschaften" (1926).

Auf naturwissenschaftlichem Gebiet wurden die Arbeiten an der Geschichte des Fixsternhimmels, dem Pflanzenreich und dem Tierreich sowie den mit ihnen verbundenen Unternehmen fortgeführt. Zusätzlich übernahm die Akademie ab 1928 die Fortsetzung des Jahrbuchs über die Fortschritte der Mathematik. 1931 nahm die Kommission für die Klimakunde von Deutschland ihre Tätigkeit auf. Die 1930 gegründete Kommission für ozeanographische Forschungen widmete sich gemeinsam mit anderen Einrichtungen insbesondere der Edition der wissenschaftlichen Ergebnisse, die von 1925 bis 1927 von der atlantischen Expedition des Forschungs- und Vermessungsschiffes „Meteor" erzielt wurden.

Die Arbeiten zur alten Geschichte wurden 1922 zur Kommission für griechisch-römische Altertumskunde zusammengefaßt. Die Leitung übernahm Wilcken. Daneben blieben selbständig die Kirchenväterausgabe unter Harnack und Lietzmann sowie das Corpus Medicorum Graecorum, dessen Leitung nach Diels von Jaeger übernommen wurde. Die Orientalische Kommission setzte ihre Arbeiten fort, wobei sie sich nach dem Kriege verstärkt auch der Turfan-Forschung zuwandte. Vom Ägyptischen Wörterbuch wurde 1931 der fünfte Band vorgelegt, so daß danach mit der Publikation der Belegstellen begonnen werden konnte.

Ähnlich wie auf dem Gebiet der Altertumswissenschaft wurden 1923 die Arbeiten zur preußisch-deutschen Geschichte im 18. Jahrhundert in der Preußischen Kommission zusammengefaßt. Die Leitung übernahm E. Marcks. Historisch ausgerichtet waren auch die nur allmählich in Gang gekommenen Arbeiten der Spanischen Kommission, die 1927 unter dem Vorsitz von P. F. Kehr gegründet wurde. Die während des Ersten Weltkrieges eingeleitete „Erforschung der Geschichte unserer Nationalitätsgrenze (Germanisation des Ostens)" – ab 1925 „Forschungen zum Deutschtum der Ostmarken" – wurden weitergeführt.

Auf philologisch-literaturwissenschaftlichem Gebiet wurden die Forschungen der Deutschen Kommission fortgesetzt. Eine Intensivierung der Arbeiten am Deutschen Wörterbuch der Brüder Grimm erfolgte um 1930, insbesondere unter dem Einfluß von

A. Hübner. Als neue Einrichtung konnte 1932 die Slawische Kommission ihre Arbeit unter M. Vasmer aufnehmen. Der Plan sah die Erarbeitung eines Wendischen Sprachatlasses und eines sorbischen Wörterbuchs vor.

Eine neue Arbeitsaufgabe war der Berliner Akademie 1923 zugewachsen, als sie im Auftrage des Kartells der Akademien die Herausgabe der angesehenen „Deutschen Literaturzeitung" übernahm, dic ab 1880 erschien. Die Schriftleitung lag weiter bei Hinneberg, von 1934 bis 1942 bei Friedrich-Wilhelm Wentzlaff-Eggebert. Danach übernahm sie der Direktor der Akademie Helmuth Scheel.

Eine 1929 an der Göttinger Akademie verfaßte, aber nicht ganz vollständige Zusammenstellung nennt drei natur- und sechs geisteswissenschaftliche Unternehmen, die zu diesem Zeitpunkt vom Kartell betreut wurden. Von den kartellierten Akademien betrieb die Preußische mit 35 einzelnen selbständigen Unternehmen die mit Abstand größte Zahl, die sich im folgenden Jahrzehnt noch etwas vergrößerte.

In das Umfeld der in jenen Jahren um die Forschungsorganisation in Deutschland geführten Diskussionen gehört die 1930 vorgelegte „Denkschrift der Preußischen Akademie der Wissenschaften über die Erweiterung ihrer Tätigkeit", die recht weitgehende Vorschläge für eine Reorganisation enthielt. Auf diesen seit Anfang 1929 vorbereiteten Plan verwies öffentlich bereits der Sekretar Lüders in seiner Ansprache auf dem Friedrichstag im Januar 1930. Auf dem Leibniztag desselben Jahres sagte der Sekretar Planck, dessen Wahl zum KWG-Präsidenten unmittelbar bevorstand, über die Forschungsarbeiten der Akademie: „So würde für die erfolgreiche Durchführung mehrerer ihrer wissenschaftlichen Unternehmungen die Schaffung besonderer Forschungsinstitute von hoher Bedeutung sein, und für deren ersprießliches Gedeihen wäre es der Akademie ganz besonders wertvoll, wenn sie die Möglichkeit erhielte, zur Leitung ihrer Institute auch Gelehrte berufen zu können, die ihren Wohnsitz außerhalb der Reichshauptstadt haben. Damit wäre zugleich ein verheißungsvoller Anfang gemacht auf dem als notwendig erkannten Wege einer Weiterentwicklung im Sinne ihres Schöpfers."[3]

In der „Denkschrift" ging die Akademie 1930 davon aus, sie könne sich „nicht auf die Durchführung ihrer bisherigen Unternehmungen beschränken, wenn sie sich die Stellung, die sie bis jetzt in der deutschen Wissenschaft eingenommen hat, bewahren will. Der Fortschritt der Forschung bringt beständig neue Ziele."[4] Hier wurde unausgesprochen an Überlegungen angeknüpft, die bereits etwa zwei Jahrzehnte früher angestellt wurden, als es um die Gründung der Kaiser-Wilhelm-Gesellschaft ging. Neben Arbeiten, „deren Ziele fest begrenzt sind und die daher in absehbarer Zeit gelöst werden können", gäbe es solche, „deren Vollendung aber sofort die Fortsetzung der Arbeit in erweitertem Umfange bedingt" oder „die überhaupt fortlaufend sind". „Die Akademie ist der Ansicht, daß an der Organisation durch die Kommissionen festgehalten werden muß für solche Unternehmungen, die beschränkteren Umfanges sind oder die voraussichtlich in einer bestimmten Zeit zum Abschluß gelangen. Dagegen hält sie es für richtig, für dauernde umfassende Unternehmungen die Form des Instituts zu wählen, an dessen Spitze ein von der Akademie aus ihren Mitgliedern gewählter Direktor steht. Ein ebenfalls von der Akademie aus ihren Mitgliedern oder außerhalb der Akademie stehenden Gelehrten gebildeter Ausschuß sollte ihm als wissenschaftlicher Beirat zur Seite stehen."[5] Daher sollten einige Kommissionen/Unternehmen in Institute umgewandelt und einige andere neue Institute bei der Akademie eingerichtet werden.

Die Preußische Akademie regte 1930 die Gründung von sechs Instituten an und begründete sehr ausführlich deren Arbeitsaufgaben. Es handelte sich um Institute für griechisch-römische Epigraphik, für Geschichte der Wissenschaften im Altertum, für Patristik, für buddhistische Forschung und für theoretische Physik sowie um ein Deutsches Institut. Das Astrophysikalische Observatorium und das Meteorologische Institut, beide in Potsdam, sollten der Akademie angegliedert werden. Angeregt wurde zugleich der Anschluß des Geodätischen Instituts in Potsdam und der Biologischen Anstalt auf der Insel Helgoland. Parallel dazu wurde die Genehmigung von zwölf neuen Stellen für Ordentliche Mitglieder in paritätischer Aufteilung auf die beiden Klassen erbeten, für die zugleich auf deren Residenzpflicht in Berlin verzichtet werden sollte. Für wissenschaftliche Beamte und angestellte Mitarbeiter verlangte die Akademie die Zuweisung weiterer Stellen. Die Bezeichnung „Sekretare", die „dem modernen Sprachempfinden nach nicht mehr der Stellung entspricht, die den geschäftlichen Leitern der Akademie zukommt" und die „im Ausland . . . meist gänzlich mißverstanden" wird, sollte durch „Präsident" ersetzt werden, wobei „dem vorsitzenden Sekretar der Gesamtakademie für die Zeit seiner Amtsführung die Bezeichnung ‚Erster Präsident' zu verleihen" wäre. Insgesamt bedürfte es zwar keiner Neuorganisation. „Wohl aber wird es die Pflicht der Akademie sein, beständig das Bestehende zu prüfen und, wenn nötig, mit vorsichtiger Hand den veränderten Bedingungen anzupassen, um Katastrophen, wie sie zweimal in ihrer Geschichte eingetreten sind, zu vermeiden. Die Akademie ist überzeugt, daß der Preußische Staat ihr dabei trotz aller Schwierigkeiten seine Hilfe heute so wenig versagen wird wie in der Vergangenheit, eingedenk der Tatsache, daß die reine Forschung, der die Akademie dient, ein Quell ist, der unerschöpflich das gesamte geistige Leben und in mancher Hinsicht sogar die materielle Kultur der Nation befruchtet."[6]

Ihre Bemühungen, die im Reformplan von 1930 ihren Ausdruck gefunden haben, hat die Akademie auch in den folgenden Jahren erfolglos fortgesetzt. So mahnte sie beim Preußischen Kultusministerium im September 1932 die Angliederung der Potsdamer Institute an und erinnerte sie dieses im April 1933 an die Erhöhung der Stellenzahl für Ordentliche Mitglieder. Obwohl die Wünsche der Preußischen Akademie für eine Reorganisation nicht verwirklicht wurden, verdienen sie als Ausdruck ihres Nachdenkens über die Erweiterung ihrer Forschungstätigkeit Beachtung, zumal vergleichbare Vorstellungen bei ihrer Neukonstituierung 1946 erneut ins Blickfeld rückten.

Einstein und die jüdischen Deutschen in der Akademie

Der Rücktritt Albert Einsteins von seiner seit 1913 wahrgenommenen Akademiemitgliedschaft am 28. März 1933, mit dem er unaufgefordert dem Auftrag des Kultusministers an die Akademie vom 29. März 1933 zur Einleitung eines Disziplinarverfahrens gegen ihn zuvorkam, gehört in den Komplex der Judenverfolgungen im ersten Jahr der nationalsozialistischen Diktatur. Das Vorgehen begann am 18. März 1933 mit der Bitte der Akademieleitung an den im Ausland weilenden Einstein, sich zu Pressebehauptungen über seine Einstellung zu den Veränderungen in Deutschland zu äußern. Es endete am 11. Mai 1933 mit einer Plenarsitzung der Preußischen Akademie, in der Max Planck unter anderem sagte: „Ich glaube im Sinne meiner akademischen Fachkollegen sowie auch der überwältigenden Mehrheit aller deutschen Physiker zu sprechen, wenn ich sage: Herr Einstein ist nicht nur einer unter vielen hervorragenden Physikern, sondern Herr Einstein ist der Physiker, durch dessen in unserer Akademie veröffentlichte Arbeiten die physikalische Erkenntnis in unserem Jahrhundert eine Vertiefung erfahren hat, deren Bedeutung nur an den Leistungen Johannes Keplers und Isaac Newtons gemessen werden kann."[7]

Planck erwies sich auch in anderen Fällen als Verteidiger humanistischer Wissenschaftstraditionen. Als der Ägyptologe Adolf Erman, dessen Großvater und dessen Urgroßvater der Akademie bereits als Ordentliche Mitglieder angehört hatten und der selbst seit 1895 diesen Status hatte, trotz seiner schon 1923 erfolgten Emeritierung wegen seiner jüdischen Verwandtschaft 1934 aus der Friedrich-Wilhelms-Universität ausgeschlossen wurde, schrieb ihm Planck am 7. Juni 1934: „Ich drücke Ihnen in tiefem Mitgefühl die Hand und fühle mich mit Ihnen wie bisher verbunden, was ja eigentlich selbstverständlich ist. Lassen Sie uns auf die Zukunft und deren Gerechtigkeit vertrauen."[8] Diese Grundhaltung spiegelt auch der Brief wider, den Planck Erman im Oktober 1934 zu dessen 80. Geburtstag sandte. Darin sprach er vom „Supremat der großen Fragen der reinen Wissenschaft über kurzlebige Personen- und Tagesinteressen" und verwies auf „die Schwierigkeiten und Leiden, welche diese bewegte Zeit auch über Sie verhängt hat".[9] Nur der Tod im Juni 1937 bewahrte Erman vor dem Ausschluß aus der Akademie, der 1938 mehrere andere Wissenschaftler getroffen hat.

Die strikte Durchsetzung der Rassenpolitik gegenüber den Mitgliedern und Mitarbeitern der Berliner Akademie konnte, wie übrigens auch in anderen deutschen Akademien, auf der Grundlage des „Gesetzes zur Wiederherstellung des Berufsbeamtentums" vom 7. April 1933, das die scheinbar legale Handhabe für die Entlassung jüdischer Staatsdiener bot, zunächst nicht erfolgen, da die Akademiemitgliedschaft an sich kein Beamtenverhältnis begründete. Im Unterschied zur Kaiser-Wilhelm-Gesellschaft, in der 55 von 1 052 festen Mitarbeitern unter dieses Gesetz fielen, von denen noch 1933 insgesamt 28 entlassen wurden, blieb die Preußische Akademie davon zunächst verschont. Dennoch stand sie schon zu dieser Zeit nicht außerhalb antisemitischer Bestrebungen, die bereits nicht wieder gut zu machende Lücken in den Personalbestand der Lehr- und Forschungseinrichtungen Deutschlands gerissen hatten.

Davon war auch das Ordentliche Akademiemitglied Fritz Haber betroffen. Obwohl er 1933 sein Amt als Direktor des Kaiser-Wilhelm-Instituts für physikalische Chemie und Elektrochemie noch hätte behalten können, stellte er es am 30. April 1933 zur Verfügung und emigrierte. Er starb im Januar 1934 in Basel. Wie andere Akademiemitglieder, die ihre Professuren zwar verloren, aber zunächst nicht die Akademiemitgliedschaft, hätte Haber im Unterschied zu Einstein in der Akademie weiter mitarbeiten können. Die Auswanderung und der Tod enthoben die Akademie einer Entscheidung, wenn man nicht die vor ihr am 28. Juni 1934 von Max Bodenstein gehaltene Gedächtnisrede als eine solche betrachten will. Der Redner nannte Haber „einen der Unseren, der Großes für Wissenschaft und Wirtschaft geleistet hat", und zwar „ganz im Sinne der Forderung, die Leibniz bei der Begründung unserer Akademie aufstellte". Noch war es möglich, unter Hinweis auf Habers jüdische Herkunft ausdrücklich dessen „Konflikt mit dem nationalsozialistischen Staat" zu benennen.[10] Als die KWG anläßlich des ersten Todestages 1935 gemeinsam mit der Deutschen Chemischen und der Deutschen Physikalischen Gesellschaft eine Gedächtnisveranstaltung für Haber durchführte, untersagte Rust bereits allen Universitätsangehörigen die Teilnahme. Planck selbst leitete die Vorbereitungen, sprach als Präsident „Einleitende

Worte“ und endete: „Haber hat uns die Treue gehalten, wir werden ihm die Treue halten.“[11] Trotz des Verbots war die Feier im Saal des Harnack-Hauses gut besucht.

Wenige Wochen nach dem Austritt Einsteins wurde die Preußische Akademie noch 1933 mit der Anordnung konfrontiert, Johannes Stark zum Ordentlichen Mitglied zu wählen. Stark, Nobelpreisträger für Physik von 1919 für die Entdeckung der Aufspaltung von Spektrallinien im elektrischen Feld im Jahre 1913, hatte sich seit den zwanziger Jahren neben seinen Forschungen im Bereich der von ihm einseitig hervorgehobenen angewandten Physik ebenso wie der Physik-Nobelpreisträger Ph. Lenard vor allem auf den Kampf gegen die moderne theoretische Physik, besonders die Relativitätstheorie Einsteins und die Quantentheorie, konzentriert. Als Präsident der Physikalisch-Technischen Reichsanstalt und der Notgemeinschaft hat er unter den Nationalsozialisten Funktionen erhalten, die bis dahin mit der Mitgliedschaft in der Preußischen Akademie verbunden waren. Die vom Kultusministerium geforderte Wahl Starks brachte den Geschäftsführenden Sekretar der Physikalisch-mathematischen Klasse von Ficker und die Physiker, vor allem Planck, Paschen und von Laue, in eine komplizierte Situation.

Ein Brief Paschens an von Ficker vom 10. November 1933 kennzeichnet die Lage höchst anschaulich: „Nach reiflicher Überlegung“, schrieb Paschen, „der für die Akademie bestehenden schwierigen Zwangslage erkläre ich mich bereit, den Antrag auf Wahl des Hrn. J. Stark zum ordentlichen Mitglied unserer Akademie zu stellen, *sobald die Regierung dies erneut fordert*. Es gibt nach meiner Überzeugung nur diesen Weg, und es wäre taktisch falsch und sogar gefährlich, wollte man sich sträuben. Für mich bedeutet es ein ziemliches Opfer, da Hr. Stark sich meinen bisherigen Mitarbeitern und anderen Fachgenossen gegenüber sehr abfällig über die Arbeiten auf unserem Fachgebiet geäußert hat. Er hat alle solche Arbeiten als ‚Mist‘ bezeichnet.“[12]

Tatsächlich hat Paschen gemeinsam mit Planck und Wagner am 30. November 1933 einen Wahlantrag für Stark gestellt, über den am 14. Dezember 1933 beraten wurde. An der Diskussion beteiligten sich von Laue, Hahn, Nernst, Schlenk, Paschen, Haberlandt, Wagner, Planck, Bieberbach und Penck, insgesamt also zehn Ordentliche Mitglieder. Eine solche Aktivität war ungewöhnlich, sie spiegelte die ungewöhnliche Situation wider. Das Ergebnis war eine Vertagung der Wahl auf den 11. Januar 1934. An diesem Tage wurde der Wahlantrag für Stark zurückgezogen; die Angelegenheit war für die Akademie damit erledigt.

Das Hauptverdienst an der Verschiebung der vorgesehenen Wahl Starks gebührt zweifellos von Laue, der seine Meinung so begründete: „Starks Wahl in die Akademie bedeutete in den Augen aller eine Zustimmung zu solchen Plänen [Unterbindung von Forschungen zur Relativitäts- und Quantentheorie – C. G.] und würde sicher von ihm selbst in diesem Sinne ausgenutzt. Im Namen der Freiheit der Forschung bitte ich daher die Akademiemitglieder, ihn nicht zu wählen.“[13] Zur Ablehnung dürften Berichte von Schlenk vom 16. und 21. Dezember 1933 an den Sekretar von Ficker über einen Vortrag von Stark vor Chemikern der Friedrich-Wilhelms-Universität am 23. November 1933 beigetragen haben. Stark hätte darin Schrödinger und Heisenberg, Einstein und Haber, Planck und von Laue, aber auch Schmidt-Ott beschimpft. Das hätte sogar Studenten, die „nationalsozialistisch eingestellt“ waren, unangenehm berührt. Stark hatte verkündet: „Arisches Forschen ist Bereicherung der Erkenntnisse durch tatsächliche Feststellungen, nichtarisches Forschen dagegen spekulatives Arbeiten.“[14] Schlenk wurde übrigens 1935 aus Berlin nach Tübingen zwangsversetzt.

Von Ficker mußte als Geschäftsführender Sekretar die Arbeit der Akademie bei einer Wahl Starks insgesamt als gefährdet ansehen. Das ergibt sich nicht zuletzt aus einem Brief an ihn vom 2. Januar 1934, den offensichtlich einer seiner Freunde geschrieben hat: „Ich glaube, ein großer Teil der Physiker, besonders der emigrierten deutschen, würde sich über seine Wahl in die Berliner Akademie skandalieren und diese dadurch im Ansehen des Auslandes schädigen, wie das ja schon durch den Ausschluß (sic!) Einsteins geschehen ist; die Emigranten und Juden würden das ihrige dazu tun, es als eine Liebedienerei gegenüber dem neuen Regime zu brandmarken.“[15] Schaden im Ausland konnten die Akademie und die nationalsozialistische Regierung zu diesem Zeitpunkt am wenigsten gebrauchen.

Wie berechtigt die Ablehnung der Wahl Starks war, zeigt dessen Kommentar, der ausdrücklich angefordert worden war, zu dem Artikel „‚Weiße Juden‘ in der Wissenschaft“ in der SS-Zeitung „Das schwarze Korps“ vom 15. Juli 1937: „Nun mußten zwar die rassejüdischen Dozenten und Assistenten im Jahre 1933 aus ihren Stellungen ausscheiden; auch werden gegenwärtig die arischen Professoren, die mit Jüdinnen verheiratet sind, abgebaut; aber die große Zahl der arischen Judengenossen und Judenzöglinge, welche früher offen oder versteckt die jüdische Macht in der deutschen Wissenschaft stützten, sind in ihren Stellungen geblieben und halten den Einfluß des jüdischen Geistes an den deutschen Universitäten aufrecht.“[16]

Ähnlich wie der „Deutsche Physiker“ Stark hatte ein „Deutscher Mathematiker“, das Ordentliche Akademiemitglied Bieberbach, bereits 1934 in einem Vortrag vor der Akademie auf der Grundlage einer rassistischen Typologie formuliert, „daß der Streit um die Grundlagen der Mathematik rassisch bedingt ist“. Dabei stellte er dem Typ, „der nur das wertet, was dem Geiste entspringt, was der Geist in die Wirklichkeit hineinsieht“, denjenigen gegenüber, „der mit allen Sinnen und psychischen Funktionen der Wirklichkeit offen ist, dem so Anschauung und Denken zur harmonischen Einheit verschmelzen“ und den er durch „die rassische Eigenart unserer großen Deutschen Mathematiker bestätigt“ sah. Es gälte daher, „die Deutsche Eigenart in der Mathematik zu erkennen und zu stärken. Dazu gehört für uns vor allem auch die klare Abgrenzung von der fremden Art.“[17] Welche Folgen solche Verlautbarungen sogar im Ausland hatten, bestätigen die Feststellungen des dänischen Ägyptologen Hans Ostenfeldt Lange, der seit 1927 Korrespondierendes Mitglied der Preußischen Akademie war und der sich „ganz empört“ zeigte, im Jahre 1934 gegenüber Erman: „Dieser Wahnsinn mit dem reinen Blut ist ja geradezu eine neue Religion, und welche!?!“ Und: „Es ist schlimm für die internationale Wissenschaft.“ Und: „Ein Nazi-Mathematiker hat proklamiert, daß jetzt auch die Mathematik verdeutscht werden muß! Horribile dictu.“[18]

Ab 1936, vor allem 1937/38, erreichte das Vorgehen der Behörden gegen die Akademie seinen Höhepunkt. Seit Mitte der dreißiger Jahre mußten alle Mitglieder und Mitarbeiter, die nach damaliger Terminologie nichtarisch waren, aus der Akademie ausscheiden. Der Abschluß war mit dem Akademiestatut von 1939 erreicht, in dem die Mitgliedschaft in der Preußischen Akademie für die Ordentlichen, die Hälfte der Korrespondierenden und für die Ehrenmitglieder an die Reichsbürgerschaft gebunden wurde, die ihrerseits „arisch“ definiert war. Dem Vorsitzenden Sekretar Planck fiel schon nach einer Weisung des Ministeriums vom 8. Oktober 1938 die Aufgabe zu, die Trennung von den betroffenen Mitgliedern zu veranlassen. Rust forderte: „In diesem Zusammenhang lege ich Wert darauf, daß die ordentlichen Mitglieder der

Akademie soweit sie Nichtarier sind, aus der Akademie ausscheiden. ... Hinsichtlich der übrigen Mitgliederkategorien will ich von einer ähnlichen Forderung zunächst absehen."[19] Planck berichtete darüber am 13. Oktober 1938 auf einer außerordentlichen Plenartagung der Akademie und teilte zugleich mit, daß er die fünf in Frage kommenden Mitglieder informiert hatte und diese ihre Mitgliedschaft niedergelegt hätten. Das Protokoll hält ausdrücklich fest: „Der Vorsitzende erbittet und erhält die Genehmigung, den ausgeschiedenen Mitgliedern die Anerkennung und den Dank der Akademie für ihre langjährige wertvolle Mitarbeit zum Ausdruck zu bringen."[20] Solche Dankschreiben hat Planck geschrieben.

Ihre Ordentliche Mitgliedschaft verloren 1938 die folgenden fünf Wissenschaftler: Der Kunsthistoriker Adolf Goldschmidt, der Historiker Otto Hintze, der klassische Philologe Eduard Norden, der Mathematiker Issai Schur und der Nationalökonom Max Sering. Obwohl die direkte Teilnahme Korrespondierender und Auswärtiger Mitglieder an den Arbeiten der Akademie in der Regel gering war, verdient doch Erwähnung, daß nach dem gegenwärtigen Forschungsstand neun von ihnen damals und in den folgenden Jahren ihre Mitgliedschaft in der Preußischen Akademie verloren. Außerdem mußten mindestens acht wissenschaftliche Mitarbeiter ihre Tätigkeit in den Unternehmen der Preußischen Akademie einstellen. Welches Maß menschlichen Leides und welcher Schaden aus diesen Entscheidungen resultierte, ließe sich allenfalls durch eine hier nicht mögliche detaillierte Darstellung aufzeigen, in der den Schicksalen der Betroffenen nachzugehen wäre.

Zuwahlen von 1933 bis 1944

Jede Analyse der Mitgliederwahlen in der Akademie während eines bestimmten Zeitraums muß sich der Frage stellen, ob sich aus der Vielzahl der Einzelentscheidungen über Persönlichkeiten unterschiedlichster Ausprägung Tendenzen herausfinden lassen, die für die gegebene Situation charakteristisch sind. Da die Preußische Akademie bis zur Errichtung der nationalsozialistischen Gewaltherrschaft niemals in ihrer Geschichte mit den Ansprüchen eines autoritären Staates auf wissenschaftlichem und wissenschaftspolitischem Gebiet konfrontiert gewesen war, stand sie nach 1933 auch im Bereich der Zuwahlen vor völlig neuen Problemen. Einen deutlichen Einschnitt markieren in dieser Hinsicht die Jahre 1938/39, nachdem die Trennung von den Ordentlichen Mitgliedern, die der Akademie nicht mehr angehören durften, abgeschlossen und im Zusammenhang mit der Verkündung des Statuts vom 8. Juni 1939 die Einsetzung der neuen Leitung vollzogen war. Diese letzteren Vorgänge sollen in einem folgenden Abschnitt zusammenhängend behandelt werden.

Insgesamt hat die Akademie in dem hier betrachteten Zeitraum 65 Ordentliche und 106 Korrespondierende sowie sieben Ehrenmitglieder aufgenommen. Auch in diesem Falle ist es notwendig, die Wahl der Ordentlichen Mitglieder als der Träger der akademischen Arbeiten besonders ins Blickfeld zu rücken. Mit 32 in der Physikalisch-mathematischen beziehungsweise seit 1939 Mathematisch-naturwissenschaftlichen und 33 in der Philosophisch-historischen Klasse verteilten sie sich fast gleichmäßig. Auffällig ist, daß von diesen 65 Wahlen allein 35 in die Jahre 1937 bis 1939 fallen, davon 16 in die zuerst genannte und 19 in die andere Klasse. Während die Wahlen 1937 und 1938 nach der traditionellen Methode individueller Vorschläge und folglich zu verschiedenen Zeitpunkten dieser Jahre erfolgten, wurden von den 14 neuen Mitgliedern des Jahres 1939 insgesamt 13 unmittelbar vor der Verkündigung des im Entwurf bereits vorliegenden Statuts auf der Grundlage einer Liste im März gewählt und im April bestätigt. Diese Entscheidung fiel in die Zeit, in der die Akademie nach dem Rücktritt der vier Sekretare – Planck, Stille, Lüders und Heymann – im Dezember 1938 und vor der offiziellen Bestätigung der neuen Akademieleitung – Präsident Vahlen, Vizepräsident Heymann, Klassensekretare Bieberbach und Grapow – auf der Grundlage des neuen Statuts am 24. Juni 1939 kommissarisch geleitet wurde, und zwar bereits von den vier zuletzt genannten Personen.

Die Federführung bei den Wahlen von 1939 dürfte bei Bieberbach, dem kommissarischen Sekretar der Physikalisch-mathematischen Klasse, gelegen haben. Bereits am 19. Januar 1939, wenige Tage nach seiner Einsetzung, hatte er in der Klasse hinsichtlich der künftigen Wahlpolitik gefordert, „auch einen besonders hohen Maßstab hinsichtlich der politischen Erwünschtheit anzulegen, also nicht nur politische Unbedenklichkeit, sondern eine besondere politische Qualifikation". Darüber hätten weder er noch der kommissarische Präsident zu befinden, „sondern die zuständige politische Stelle". Bieberbach hat seine Initiative, die er „nach Fühlung mit allen zuständigen Stellen"[21] ergriffen hätte, gegen nicht näher begründete Einwände von Mitgliedern verteidigt, die sich jedoch offensichtlich auf die fachlichen Voraussetzungen künftiger Wahlkandidaten bezogen. Nach der Mitteilung von Bieberbach wären bei den abschließenden Wahlplanungen diejenigen Wissenschaftler unberücksichtigt geblieben, gegen die die Fachvertreter Bedenken gehabt hätten. Er erkannte schließlich die wissenschaftliche Leistung als Wahlvoraussetzung an, die durch die politische Qualifikation ergänzt werden müßte, aber nicht ersetzt werden könnte. Der Politisierung der Akademie waren mit dieser Einsicht gewisse Grenzen gesetzt, obwohl sie natürlich angesichts der damals bestehenden Verhältnisse nicht vermieden werden konnte.

Die Spezifik der Akademientwicklung in der nationalsozialistischen Zeit läßt es angeraten erscheinen, die einzelnen Zuwahlen Ordentlicher Mitglieder nicht nach Fachgebieten zu betrachten, sondern sie für die drei Zeitabschnitte von 1933 bis 1936, von 1937 bis 1939 und von 1940 bis 1944 zu untersuchen.

Unter den 15 bis 1936 gewählten Ordentlichen Mitgliedern waren vier der Philosophisch-historischen Klasse. Die Wahlen entsprachen der akademischen Tradition, waren aber bei dem Militärhistoriker Hans von Haeften als Präsident des Reichsarchivs in Potsdam und dem Nationalökonomen Werner Sombart, einem seit Jahrzehnten bekannten Kritiker des Marxismus, die beide 1933 gewählt wurden, von zeitgemäßen Erwägungen wohl mitbestimmt. Die Aufnahme des vom Neukantianismus herkommenden Philosophen Nicolai Hartmann (1934), des Begründers der kritischen Ontologie mit dem Ziel der Überwindung des Idealismus und des Materialismus, und des Romanisten Ernst Gamillscheg (1936), der 1926/29 ein anerkanntes „Etymologisches Wörterbuch der französischen Sprache" und 1934/36 sein dreibändiges Hauptwerk „Romania Germanica" herausgegeben hatte, entsprach dem Vorgehen der Akademie, maßgebliche Fachvertreter der Friedrich-Wilhelms-Universität in Berlin in die Preußische Akademie zu wählen.

Unter diesem Gesichtspunkt fielen von 1933 bis 1936 auch die Entscheidungen für sieben Universitätsprofessoren auf naturwissenschaftlichem Gebiet, die – wenn auch in unterschiedlichem Grade – allgemein anerkannte Wissenschaftler waren. Es handelte sich um den Astronomen August Kopff (1936), der zugleich Direktor des Astronomischen Rechenzentrums war, den Geologen Hans Stille (1933), den Geophysiker und Ozeanographen Albert Defant (1935), den Mineralogen Paul Ramdohr (1936), den Geographen Norbert Krebs (1934), den Biochemiker Adolf Windaus (1936) und den Pathologen Robert Rössle (1934). Aus der Kaiser-Wilhelm-Gesellschaft kamen die Biologen Max Hartmann (1934) und Friedrich Wettstein Ritter von Westersheim (1935), Mitarbeiter und Direktor des Instituts für Biologie. An der Technischen Hochschule in Berlin lehrte der Heerestechniker Karl Becker, der 1935 Ordentliches Akademiemitglied und 1937 Präsident des damals gegründeten Reichsforschungsrates wurde. Sein Selbstmord am 8. April 1940 wurde durch ein Staatsbegräbnis verschleiert. Max Volmer, Professor für physikalische und Elektrochemie an der Technischen Hochschule, wurde 1934 zum Ordentlichen Akademiemitglied gewählt, seine Wahl jedoch vom Kultusminister damals nicht bestätigt. Volmer konnte seine Mitgliedschaft ab 1946 wahrnehmen und war von 1956 bis 1958 Präsident der Akademie.

Im Jahre 1935 war die Mitgliederzahl der Akademie durch jeweils drei neue Stellen für Auswärtige Ordentliche Mitglieder in jeder Klasse erhöht worden. In diese Stellen wurden 1937 der Dresdner Technikwissenschaftler Adolf Nägel und 1938 der Althistoriker Matthias Gelzer in Frankfurt am Main gewählt. Der Mitbegründer der modernen Aerodynamik und Hydrodynamik und Direktor des Kaiser-Wilhelm-Instituts für Strömungsforschung in Göttingen, Ludwig Prandtl, wurde 1937 zum Ordentlichen Mitglied gewählt. Er lehnte die Wahl ab und wollte auch nicht Auswärtiges Ordentliches Mitglied werden. Deshalb erhielt er den Status eines Auswärtigen Mitglieds. Die Wahl des Volkskundlers Adolf Spamer (1938) zum Ordentlichen Mitglied wurde vom Kultusministerium nicht bestätigt. Er konnte wie Volmer seine Mitgliedschaft erst nach 1945 wahrnehmen.

Von den weiteren 17 in den Jahren 1937/38 gewählten Ordentlichen Mitgliedern entfielen neun auf die Philosophisch-historische und acht auf die Physikalisch-mathematische Klasse. Die meisten Geisteswissenschaftler wirkten an der Universität: die klassischen Philologen Johannes Stroux (1937) und Ludwig Deubner (1938); der Ägyptologe Hermann Grapow (1938), der zugleich wissenschaftlicher Beamter der Akademie war; der Rechtshistoriker Paul Koschaker (1937); der vergleichende Sprachwissenschaftler Eduard Schwyzer (1937); der Afrikanist Diedrich Westermann (1938); der Kirchenhistoriker Alfred Bertholet (1938) und der Kunsthistoriker Wilhelm Pinder (1938). Direktor der Antikenabteilung der Staatlichen Museen in Berlin war Robert Zahn (1938).

Unter den acht zugewählten Mitgliedern der Physikalisch-mathematischen Klasse waren zwei Professoren der Friedrich-Wilhelms-Universität, der bedeutende und berühmte Chirurg Ferdinand Sauerbruch (1937) und der Mathematiker Theodor Vahlen (1937). Auf letzteren wird wegen seiner Rolle in der nationalsozialistischen Wissenschaftspolitik in anderem Zusammenhang zurückzukommen sein. Ebenfalls an der Universität lehrten der Physiker Peter Debye (1937, Korrespondent 1920) als Direktor des Kaiser-Wilhelm-Instituts für Physik und Nobelpreisträger für Chemie von 1936, der Anthropologe und Rassenforscher Eugen Fischer (1937) als Direktor des Kaiser-Wilhelm-Instituts für Anthropologie, menschliche Erblehre und Eugenik und der Biologe Alfred Kühn (1938) als Mitarbeiter des Kaiser-Wilhelm-Instituts für Biologie. Der Physiker Hans Geiger (1937) und der Mathematiker Georg Hamel (1938) waren Professoren an der Technischen Hochschule, an der der Techniker Ernest Anton Kraft (1937), Direktor der Turbinenfabrik der AEG, als Honorarprofessor tätig war.

Von den bis 1937 als Ordentliche Mitglieder in die Preußische Akademie gewählten Wissenschaftlern wurden Bieberbach (1924), Gamillscheg (1936), Fischer (1937), Kraft (1937) und Vahlen (1937) bei der Neukonstituierung der Akademien 1946 aus der Mitgliederliste gestrichen, weil sie nach Ansicht der damaligen Entscheidungsträger, ohne daß der Ausschluß im Einzelfall begründet wurde, durch ihr Verhalten in der NS-Zeit in unterschiedlichem Grunde schuldig geworden waren. In der Tat haben Bieberbach als Sekretar von 1939 bis 1945 und Vahlen – der, wie damals nicht bekannt war, bereits im Frühjahr 1945 in Prag verstorben war – als Präsident von 1939 bis 1943 wesentlich zu dem Versuch beigetragen, das nationalsozialistische Akademiekonzept durchzusetzen. Das gilt kaum weniger jedoch auch für Heymann als Vizepräsidenten von 1939 bis 1942 und vor allem für Grapow als Sekretar von 1939 bis 1945 und als Vizepräsidenten von 1943 bis 1945, der nach Vahlen als Präsident amtierte. Sie sind als Mitglieder nach 1945 nicht gestrichen worden.

Dagegen wurden von den von 1939 bis 1944 gewählten 29 Ordentlichen Mitgliedern zehn ab 1946 aus politischen Gründen, die im Einzelfall ebenfalls nicht ausgewiesen sind, nicht mehr in den Mitgliederlisten geführt, davon sechs aus der Naturwissenschaftlich-mathematischen und vier aus der Philosophisch-historischen Klasse. Es handelte sich um den Agrarwissenschaftler Konrad Meyer (1939), den Direktor der Deutschen Versuchsanstalt für Luftfahrt, Friedrich Seewald (1939), den Direktor des Kaiser-Wilhelm-Instituts für physikalische Chemie und Elektrochemie, Peter Adolf Thießen (1939), den Präsidenten der Physikalisch-Technischen Reichsanstalt, Abraham Esau (1942), den Direktor des Kaiser-Wilhelm-Instituts für Silikatforschung, Wilhelm Eitel (1942), sowie den Erbbiologen und Rassenhygieniker Otmar Freiherr von Verschuer (1943). Betroffen waren weiterhin der Rechtsphilosoph Carl August Emge (1939), der Germanist Franz Koch (1939) sowie die Historiker Friedrich Stieve (1942) und Theodor Maier (1944), der Präsident des „Reichsinstituts für ältere deutsche Geschichtskunde (Monumenta Germaniae Historica)" war. Für alle diese zehn Streichungen, von denen nur die Thießens nach seiner Rückkehr aus der UdSSR 1956 rückgängig gemacht wurde, sind besondere nationalsozialistische Bindungen als Begründungen angeführt worden, die allerdings sehr differenziert gesehen werden müssen.

Es ist ausdrücklich festzuhalten, daß einerseits nicht alle Ausgeschlossenen NSDAP-Mitglieder waren und andererseits nicht alle Mitglieder der NSDAP aus der Akademie ausgeschlossen wurden, wobei durchaus auch einige Ordentliche Mitglieder, die nicht in der Partei waren, bis 1945 durch ihr Wirken und ihre Publikationen nationalsozialistisches Gedankengut innerhalb und außerhalb der Akademie verbreitet haben. Obwohl erst weitere Detailforschungen über die Akademie in der Umbruchszeit vielleicht abschließend Klarheit in dieser Frage schaffen können, sollte darauf hingewiesen werden, daß sich 1946 in der Phase der Neukonstituierung der Preußischen Akademie keiner der aus der Mitgliederliste gestrichenen Wissenschaftler in Berlin befand. Die Nichtpräsenz galt aber auch für eine größere Zahl anderer Ordentlicher Mitglieder, die wie die überwiegende Zahl aller Akademiemitglieder auch nach dem Zusammenbruch ihren Status behielten. Nachdem 1949 in Mainz die Akademie der Wissenschaften und der Literatur gegründet worden war, sind eine Reihe von Berliner Ordentlichen Akademiemitgliedern fortan zugleich dort Akademiemitglieder gewesen, wenngleich sich die Mainzer Akademie nicht als Nachfolgeorganisation der Preußischen Akademie verstand und versteht. Von den in Berlin nicht mehr geführten

Mitgliedern wurden in Mainz Emge, Gamillscheg, Kraft, Seewald und von Verschuer aufgenommen. Erster Mainzer Akademiepräsident war bis 1953 Karl Willy Wagner, was ebenso wie sein gesamtes wissenschaftliches Wirken und seine Mitgliedschaft in der Preußischen Akademie von 1925 bis zu seinem Tode 1953 in einem Nachruf im „Jahrbuch der Deutschen Akademie der Wissenschaften zu Berlin 1954" gewürdigt wurde.

Die bisherigen Ausführungen haben bereits deutlich gemacht, daß von den Wissenschaftlern, die 1939 durch die sogenannte Listenwahl und später von 1942 bis 1944 Ordentliche Mitglieder der Preußischen Akademie wurden, der größere Teil den traditionellen Wahlkriterien entsprach, wenn auch in einzelnen Fällen nur in der von Bieberbach im Januar 1939 modifizierten Form der wissenschaftlichen Leistung als Wahl*voraussetzung*, die durch eine genehme politische Haltung *ergänzt*, aber *nicht ersetzt* werden sollte.

Von den 19 Ordentlichen Mitgliedern, die von 1939 bis 1944 außer den bereits genannten zehn zugewählt wurden, sind drei noch vor 1945 verstorben, so daß sich nach dem Zusammenbruch die Frage ihrer Mitgliedschaft nicht mehr stellte. Es handelte sich um den klassischen Philologen Christian Jensen (1939), den Rechtswissenschaftler Herbert Meyer (1939, Korrespondent 1930) und den Romanisten Emil Winkler (1939). Von den damit noch verbleibenden 16 Zugewählten jener Jahre wurden fünf Ordentliche Mitglieder in die Mathematisch-naturwissenschaftliche und elf in die Philosophisch-historische Klasse aufgenommen, von denen allerdings infolge der damaligen Umstände nur wenige vor und nach 1945 aktiv in der Akademie wirkten.

Der Direktor des Geophysikalischen Instituts in Potsdam, Julius Bartels (1939), lehrte ab 1945 in Göttingen, während der Chemiker Adolf Butenandt (1939), der im Jahr seiner Wahl in die Preußische Akademie auch den Nobelpreis für Chemie erhielt, als Direktor des Kaiser-Wilhelm-Instituts für Biochemie mit diesem nach Tübingen ging. An der Technischen Hochschule in Berlin-Charlottenburg lehrten der Wasserbautechniker Adolf Ludin (1939) und der Eisenbahntechniker Hans Nordmann (1942), der von 1949 bis 1951 nach der Umwandlung der zwei in sechs Akademieklassen einer der Sekretare der Akademie war, jedoch 1952 seine Mitgliedschaft niederlegte. Der Nobelpreisträger für Physik von 1932, Werner Heisenberg, war 1941 an die Friedrich-Wilhelms-Universität in Berlin und 1942 zum Direktor am Kaiser-Wilhelm-Institut für Physik berufen worden, das am Ende des Krieges aus Berlin verlagert und in Göttingen neu aufgebaut wurde, wo Heisenberg auch Präsident der Akademie der Wissenschaften wurde. Nachdem Heisenberg 1938 Korrespondierendes Mitglied geworden war, wählte ihn die Preußische Akademie 1943 zum Ordentlichen Mitglied. Er stand im Zentrum des Kampfes um die theoretische Physik in der NS-Zeit, der insbesondere von Vertretern der sogenannten Deutschen Physik vom Zaune gebrochen wurde, gegen die seine Berufung aus Leipzig nach Berlin nur in langen Auseinandersetzungen durchgesetzt werden konnte.

Die erwähnten elf der von 1939 bis 1944 als Ordentliche Mitglieder zugewählten Geisteswissenschaftler wirkten vor ihrer Aufnahme in die Preußische Akademie mehr oder weniger lange als Professoren an der Friedrich-Wilhelms-Universität. Gegen Ende des Krieges oder in den ersten Nachkriegsjahren verließen die meisten von ihnen Berlin und setzten ihre wissenschaftliche Laufbahn an westdeutschen Universitäten fort, wahrten jedoch bis auf eine Ausnahme bis zu ihrem Tode ihre Mitgliedschaft in der Berliner Akademie.

Als Erforscher der griechischen Literatur und Geschichtsschreibung sowie ihres Fortwirkens war der klassische Philologe Wolfgang Schadewaldt (1942) tätig. Die Arabistik mit dem Schwerpunkt der Islamkunde vertrat Richard Hartmann (1939), der 1947 Gründer und erster Direktor des Instituts für Orientforschung der Akademie in Berlin wurde und bis ins hohe Alter in ihr wirkte. Der Sinologe Erich Haenisch (1942) hat sich einen Namen durch seine Forschungen zur Geschichte der Mongolenzeit und des chinesischen Kolonialreiches im Mittelalter gemacht. Seine Mitgliedschaft in der Akademie, in der er zunächst auch nach 1945 noch mitarbeitete, legte er 1966 kurz vor seinem Tode nieder. Das Arbeitsgebiet des Kirchenrechtlers Siegfried Reicke (1942), der später Präsident der Heidelberger Akademie wurde, war vor allem die mittelalterliche kirchliche Wohlfahrtspflege.

Von 1939 bis 1944 wurden vier Philologen als Ordentliche Mitglieder gewählt, die alle Berlin später verließen. Es handelte sich um den vor allem über die mittelalterliche Dichtung forschenden Julius Schwietering (1939), der aktiv in der Deutschen Kommission der Akademie tätig war. Die nordische Philologie vertrat Hans Kuhn (1943), der ebenfalls noch kurze Zeit in der Deutschen Kommission mitwirkte. Der Indoeuropäist Franz Specht (1944) war bereits seit 1941 Korrespondierendes Mitglied; er galt als einer der bedeutendsten Erforscher der indogermanischen Deklination. Die anglistische Fachstelle erhielt 1943 Walter Schirmer, der sich insbesondere durch seine Forschungen zur englischen Literaturgeschichte des Mittelalters und der Renaissance ausgewiesen hatte.

In den Jahren 1939, 1942 und 1944 hat die Preußische Akademie den Neuzeithistoriker Fritz Hartung sowie die Mediävisten Fritz Rörig und Friedrich Baethgen als Ordentliche Mitglieder gewählt. Hartung wirkte von 1945 bis 1952 als Sekretar der Akademie; er trat freilich zunehmend als Kritiker auf, insbesondere angesichts der Entwicklung, die die Akademie nach 1949 nahm. Seine Mitgliedschaft hat er bis zu seinem Tode in gesamtdeutschem Interesse aufrechterhalten. Das tat auch Baethgen, der nach 1945 als Präsident der Monumenta Germaniae Historica und als Präsident der Bayerischen Akademie der Wissenschaften in München wirkte. An der Neukonstituierung der Akademie in Berlin war er 1946 noch beteiligt und auch danach hat er sich im Rahmen des Möglichen für gesamtdeutsche akademische Beziehungen eingesetzt.

Daß die Preußische Akademie trotz des äußeren Druckes selbst nach der Einsetzung der neuen Akademieleitung im Jahre 1939 als nicht völlig gleichgeschaltet betrachtet werden darf, erweisen exemplarisch die Vorgänge um die versuchte Wahl des Rektors der Friedrich-Wilhelms-Universität, Willy Hoppe, im Jahre 1941. Auf Antrag von Grapow, Kehr und Heymann war er in der Philosophisch-historischen Klasse mit absoluter Mehrheit gewählt worden. Im Plenum wurde die Wahl besonders von Vahlen unter Hinweis auf einen „Wunsch" des Kultusministeriums unterstützt und vor allem darauf hingewiesen, daß das Ministerium bei einer Ablehnung Hoppes die Änderung des erst zwei Jahre zuvor verordneten Statuts verlangen könnte mit dem Ziel, daß der Minister Mitglieder „ernennen" würde. Im Plenum stimmten jedoch 33 Mitglieder gegen Hoppe und ein Mitglied enthielt sich der Stimme, so daß die Wahl abgelehnt war. Soweit die Protokolle aussagekräftig sind, haben die Ordentlichen Mitglieder Brackmann, Deubner, Hartung, Koschaker, Krebs, Kühn, Oncken und Stille – eine recht heterogen zusammengesetzte Gruppe – mehr oder weniger entschieden vor allem unter Hinweis auf die ungenügende wissenschaftliche Leistung gegen Hoppe votiert. Die Akademiemitglieder wären eher bereit gewesen, eine ministerielle

Ernennung Hoppes hinzunehmen und damit zwei verschiedene Mitgliederkategorien – gewählte und ernannte – zu akzeptieren, um ihrem wissenschaftlichen Gewissen zu folgen.

Unter den Ordentlichen Mitgliedern der Preußischen Akademie war außer Einstein kein Wissenschaftler, der sich dem Nationalsozialismus durch Verzicht auf die Mitgliedschaft offen widersetzt hat. Wohl aber ist darauf hinzuweisen, daß viele von ihnen sich distanzierten und einige zu einem Kreis gehörten, dem ein wichtiger Platz in den Bestrebungen um die Wahrung der geistigen Unabhängigkeit zukam und aus dem aktive Teilnehmer des Versuches hervorgingen, die nationalsozialistische Gewaltherrschaft am 20. Juli 1944 zu beenden. Gemeint ist die Mittwochsgesellschaft, die 1863 im Hause des ehemaligen Preußischen Kultusministers und Ehrenmitglieds der Preußischen Akademie, von Bethmann-Hollweg, gegründet worden war und der jeweils 16 Mitglieder angehören konnten. Diese „Freie Gesellschaft für wissenschaftliche Unterhaltung" widmete sich – wie deren Statut ausweist – „dem weiten Kreis der Naturwissenschaften oder der Geschichte und Philologie, der Theologie und Philosophie oder der Jurisprudenz und Medizin, der Politik im weitesten Sinne des Wortes, also mit Einschluß der Statistik, Nationalökonomie und sozialen Fragen, oder der Kunstgeschichte oder endlich den Kriegswissenschaften".[22] Zur Mittwochsgesellschaft gehörte während der gesamten Zeit ihres Bestehens stets eine große Zahl herausragender Ordentlicher Mitglieder der Preußischen Akademie.

Von 1932 bis 1944, in der hier interessierenden Zeit, für die die Protokolle veröffentlicht sind, befanden sich unter den insgesamt 28 Mitgliedern der Mittwochsgesellschaft 17 Mitglieder der Akademie. Von ihnen haben acht noch im Jahre 1944, als sie wegen der Einbindung einiger ihrer Mitglieder in das Hitlerattentat mit der 1 056. Sitzung ihre Tätigkeit einstellte, an den Zusammenkünften teilgenommen. Diese acht Ordentlichen Mitglieder der Preußischen Akademie waren Baethgen, Diels, Heisenberg, Pinder, Sauerbruch, Schadewaldt, Spranger und Stroux. Der Gestapo galt die Gesellschaft als „ein besonderes Zentrum der Reaktion", „in dem sich Persönlichkeiten defaitistischer und dem Nationalsozialismus feindlicher Haltung zusammenfanden und sich gegenseitig in ihrer Haltung bestärkten".[23] Die Mitglieder der Mittwochsgesellschaft Ludwig Beck, Ulrich von Hassell, Jens Jessen und Johannes Popitz begingen 1944/45 Selbstmord oder wurden hingerichtet, Sauerbruch wurde 1944 zweimal vernommen und Spranger sieben Wochen in Moabit inhaftiert. Diels, Spranger und Stroux waren am 26. Juli 1944 als einzige Mitglieder der Preußischen Akademie unter den fünf Teilnehmern der letzten Sitzung der Mittwochsgesellschaft. Man wird es vielleicht als einen Zufall, aber dennoch als symptomatisch betrachten können, daß gerade sie nach dem Ende des Krieges 1945 in der Hoffnung auf einen demokratischen Neubeginn wichtige Funktionen im wiedererstehenden Berliner Wissenschaftsgefüge einnahmen: Stroux als Akademiepräsident und Universitätsrektor, Spranger als Universitätsdirektor, Diels als Klassensekretar der Akademie.

Entstehung und Durchsetzung des Akademiestatuts von 1939

Anfang 1937 erschien in der Zeitschrift „Volk im Werden" ein Artikel mit dem Titel „Unter den Linden. Eine zeitgemäße Frage an die Akademie". Der Verfasser „E. K." war der Pädagoge und Rektor der Heidelberger Universität Ernst Krieck, ein – wie es in „Meyers Lexikon" 1939 hieß – „Vorbild des politischen Wissenschaftlers im nationalsozialistischen Sinne". Krieck forderte die Neubesinnung der deutschen Akademien im Geist der neuen Zeit. Obwohl das Kultusministerium in Berlin die Besorgnisse der Akademien, die auf diesen Angriff hin artikuliert wurden, zu zerstreuen suchte, indem es diese Form des Vorgehens nicht guthieß, ließ es doch keinen Zweifel daran, daß in der Sache weitgehende Übereinstimmung herrschte. Vorbehalte gegen die Akademien wurden auch weiterhin öffentlich geäußert, was sich auch aus entsprechenden Informationen der Münchner und der Göttinger Akademie an die Berliner im Frühjahr 1938 ergibt. Neben der Frage nach dem Beitrag der Akademien zur Forschung spielte auch die Mitgliedschaft sogenannter nichtarischer Wissenschaftler dabei eine Rolle. In Berlin wurde im Frühjahr 1938 ausdrücklich festgelegt, daß der Vorsitzende Sekretar auf dem Leibniztag die wissenschaftlichen Leistungen der Akademie herausstellen sollte. Stille hat das am 30. Juni 1938 getan, wenn er, „auch entgegen Äußerungen von wenig unterrichteter Seite", auf die von der Preußischen Akademie – aber auch von anderen deutschen Akademien – geschaffene „Fülle bedeutender wissenschaftlicher Kompendien und Hilfsmittel" hinwies, „die aus dem Betrieb der deutschen Forschung, ja der Weltforschung, nicht mehr wegzudenken sind, und die weder nach innerem Gehalt noch nach Umfang einen Vergleich mit verwandten Großunternehmungen der außerdeutschen Akademien zu scheuen brauchen".[24]

Ob eine derartige richtige Betonung des internationalen Aspekts der Forschung den Vorstellungen der nationalsozialistischen Führung ebenso entsprach wie der von Stille wenige Monate nach dem „Anschluß" Österreichs verständlicherweise betonte großdeutsche Gesichtspunkt, darf bezweifelt werden. Auf alle Fälle konnte nicht verhindert werden, daß Reichsminister Rust die Preußische Akademie am 8. Oktober 1938 aufforderte, ihr Statut „entsprechend den Grundanschauungen, auf denen das staatliche und geistige Leben der deutschen Gegenwart beruht"[25], zu ändern. Das bezog sich insbesondere auf die Durchsetzung des Führerprinzips, die Reichsbürgerschaft der Ordentlichen Mitglieder, die Ausweitung des geographischen Einzugsbereichs für diese und die Bestätigung aller Mitgliederwahlen durch den Minister. Gleichzeitig wurde die Trennung der Akademie von ihren sogenannten nichtarischen Mitgliedern verlangt, worauf bereits eingegangen wurde.

Die Akademie bestätigte den Auftrag zur Statutenänderung und bestimmte den Sekretar Heymann, einen Entwurf vorzulegen. Dieser sollte dann zunächst von den vier Sekretaren besprochen und anschließend von einer Kommission beraten werden. Bereits deren Zusammensetzung und der Weg, wie es dazu kam, werfen ein kennzeichnendes Licht auf die damalige Situation. Als Mitglieder dieser Kommission wurden die vier Sekretare und jeweils zwei weitere Mitglieder aus jeder Klasse vorgesehen. Gewählt wurden Otto Franke und Hans Lietzmann für die Philosophisch-historische sowie Erhard Schmidt und Fritz von Wettstein für die Physikalisch-mathematische Klasse. Da schon vor dieser Entscheidung der Wunsch vorgetragen worden war, noch ein weiteres Mitglied aus jeder Klasse in die Kommission aufzunehmen, schlugen die Sekretare außerdem noch Bruno Meissner und Theodor Vahlen vor. Im Endeffekt wurde am 1. Dezember 1938 dem Antrag von Vahlen, Bieberbach, Grapow und Kraft stattgegeben, selbst Mitglieder der Kommission zu werden. Da Meissner verzichtete, trat Koschaker an seine Stelle. Damit waren – wie sich rückschauend feststellen läßt – alle Mitglieder der derzeitigen und der in Aussicht genommenen Akademieleitung in der Statutenkommission vertreten. Ein Zufall?

Durch einen Erlaß vom 22. November 1938 bestätigte, präzisierte und verschärfte Rust seine Anweisung vom 8. Oktober. Die Verschärfung betraf vor allem die Durchsetzung der sogenannten Rassengesetze:

„Mit der Aufnahme einer Satzungsbestimmung, daß ordentliche Mitglieder nur Reichsbürger sein können, wird gewährleistet, daß Juden im Sinne des Reichsbürgergesetzes in Zukunft nicht mehr gewählt werden können. Selbstverständlich ist dieser Grundsatz bei der Wahl der korrespondierenden Mitglieder oder Ehrenmitglieder entsprechend zu beachten. Ich werde meinerseits auch der Wahl eines ausländischen Mitglieds die Bestätigung versagen, wenn dieser Jude im Sinne des Reichsbürgergesetzes ist.

Für den bestehenden Mitgliedsbestand ist darauf hinzuwirken, daß entsprechend der Ausscheidung von Juden aus der Zahl der ordentlichen Mitglieder in gleicher Weise bei den korrespondierenden Mitgliedern und Ehrenmitgliedern verfahren wird, soweit diese Mitglieder Reichsangehörige sind.

Hinsichtlich der ausländischen korrespondierenden Mitglieder, die Juden im Sinne des Reichsbürgergesetzes sind, werde ich nach Anhörung des Auswärtigen Amtes weitere Anweisung ergehen lassen.

Den heutigen weltanschaulichen Grundsätzen entspricht es auch, daß Mischlinge und jüdisch versippte Mitglieder aus der Akademie ausscheiden. Ihnen gegenüber ist daher ebenso zu verfahren, wie gegenüber jüdischen Mitgliedern. Eine Ausnahme für einzelne von ihnen erscheint mir nicht angebracht. . . .

Sollten die jüdischen korrespondierenden oder Ehrenmitglieder, soweit sie Reichsangehörige sind, ebenso die Mischlinge und jüdisch versippten Mitglieder sich der Anregung gegenüber, ihre Mitgliedschaft von sich aus niederzulegen, ablehnend verhalten, so ersuche ich mir zu berichten, damit ich in diesen Fällen auf Grund des mir satzungsmäßig einzuräumenden Rechtes, die von mir erteilte Bestätigung zu widerrufen, die Mitgliedschaft widerrufen kann."

Der Minister erwartete jetzt auch die Prüfung, „ob der Name der Akademie zweckmäßig in ‚Berliner Akademie der Wissenschaften' abzuändern ist".[26]

Am 15. Dezember 1938 billigte die Plenarversammlung der Ordentlichen Akademiemitglieder den Statutenentwurf, in dem die wichtigsten Forderungen des Ministeriums berücksichtigt wurden. Unter Hinweis auf den traditionellen Namen Preußische Akademie wurde die verlangte Umbenennung nicht in den Statutenentwurf aufgenommen; zugleich wurde aber die Bereitschaft geäußert, die Bezeichnung „Reichsakademie" zu führen, wozu es bekanntlich nicht kam. Am 22. Dezember 1938 wurde der Statutenentwurf dem Ministerium übersandt. An demselben Tag traten auf Veranlassung Heymanns alle vier Sekretare zurück, also auch Planck, Lüders und Stille.

Die unmittelbar folgenden Ereignisse erweisen die gezielte Vorarbeit des Reichswissenschaftsministeriums bei der Umgestaltung der Akademie. Bereits am 24. Dezember wurden Vahlen und Heymann zum kommissarischen Präsidenten und zum kommissarischen Vizepräsidenten ab 1. Januar 1939 ernannt. Bieberbach und Grapow wurden am 10. Januar 1939 zu kommissarischen Sekretaren ernannt. Der bereits seit dem 1. Oktober 1938 mit der Wahrnehmung der Geschäfte des im April 1938 verstorbenen Bibliothekars und Archivars der Akademie, Eduard Sthamer, beauftragte Helmuth Scheel, der seit 1933 als Dozent für türkische Geschichte und Urkundenforschung an der Auslandshochschule und von 1926 bis 1938 im Ministerium tätig war, wurde ebenfalls am 24. Dezember 1938 zum kommissarischen Direktor bei der Akademie ernannt. Alle fünf Entscheidungen basierten auf dem noch nicht bestätigten Statutenentwurf, mißachteten aber das dort festgeschriebene Vorschlagsrecht der Akademie für Berufungen in diese Stellungen.

Der Mathematiker Theodor Vahlen, der damit, zunächst kommissarisch, als erster Präsident nach 1759 an die Spitze der Preußischen Akademie trat, war ein aktiver Vertreter der nationalsozialistischen Bewegung bereits in den zwanziger Jahren. Er wurde, nachdem er seine Professur in Greifswald wegen seiner antirepublikanischen Haltung ausgangs der zwanziger Jahre verloren hatte und vorübergehend nach Wien gegangen war, 1933 erneut Professor in Greifswald und 1934 an der Friedrich-Wilhelms-Universität in Berlin, er war 1934/35 Leiter des Amtes Wissenschaft im Rustministerium und von 1933 bis 1937 auch einer der Vizepräsidenten der Kaiser-Wilhelm-Gesellschaft. Seine Wahl zum Ordentlichen Akademiemitglied scheiterte im ersten Anlauf im April 1937. Auch bei seiner tatsächlichen Wahl im Juni 1937 stimmten noch sieben von 45 anwesenden Mitgliedern gegen ihn. Im Herbst 1937, als von Ficker Berlin verließ und ein neuer Sekretar der Physikalisch-mathematischen Klasse gewählt werden mußte, erhielt Vahlen eine Stimme der 24 anwesenden Klassenmitglieder, die Hans Stille wählten. Von 1936 bis 1944 war Vahlen Herausgeber der Zeitschrift „Deutsche Mathematik“. Bieberbach nannte Vahlen 1939 einen Wissenschaftler, „der schon 1923 klar und ausführlich die rassische Gebundenheit des mathematischen Schaffens herausgearbeitet hat“.[27] Bis 1943 hat Vahlen Einfluß auf die Entwicklung der Akademie gehabt, obwohl er von Anfang an nicht unumstritten war.

Die ministerielle Entscheidung über die kommissarische Leitung der Akademie wurde den Mitgliedern am 12. Januar 1939 offiziell mitgeteilt. Bereits in dieser Gesamtsitzung zeigte sich Widerspruch, wenn Franke kritisierte, daß der Rücktritt der Sekretare, die immerhin gewählt worden waren, ohne Mitwirkung des Plenums erfolgt wäre. Heymann nannte als Grund die Kürze der Zeit. Zwei Monate später beriefen sich Planck, Lüders und Stille am 14. März 1939 in einem Brief an Vahlen, den sie auch den Akademiemitgliedern mitteilten, auf Gerüchte, nach denen das Ministerium beabsichtigte, das Vorschlagsrecht der Mitglieder für die Leitung der Akademie aus dem Statutenentwurf zu streichen. Der kommissarische Präsident bestritt das zwar, sah sich aber doch veranlaßt, für den 22. März 1939 eine außerordentliche Plenarsitzung einzuberufen, auf der diese Frage behandelt wurde. Die Situation wird recht anschaulich durch einen Brief Grapows an Vahlen vom 15. März 1939 charakterisiert: „Wenn Herr Planck sich auch einbildet, daß nur 80jährige Nobelpreisträger in der Lage sind, die Belange der deutschen Wissenschaft im Ausland würdig zu vertreten, so darf er doch nicht vergessen, daß die Belange der deutschen Wissenschaft im Inland und soweit sie unsere Akademie betreffen, zur Zeit eben von Ihnen wahrgenommen werden.“[28]

Das Statut von 1939, „im siebenten Jahr des Dritten Reiches“, bestimmte im Paragraphen 1: „Die Akademie pflegt die Wissenschaft. Es ist ihre Aufgabe, im Bereich der Forschung dem Deutschen Volke zu dienen, deutsche Art und Überlieferung in der Wissenschaft zu wahren und die Weltgeltung der deutschen Forschung zu fördern. – Die Akademie erfüllt ihren Zweck in gemeinschaftlicher Arbeit ihrer Mitglieder, namentlich durch Anregung und Unterstützung von Leistungen zugehöriger und anderer Gelehrter, durch Betreuung größerer wissenschaftlicher Unternehmungen und durch Pflege der Beziehungen zu den wissenschaftlichen Körperschaften und Anstalten des Auslandes. Den obersten Reichs- und Landesbehörden erteilt sie auf Verlangen Gutachten in wissenschaftlichen Fragen.“[29]

Es bestanden weiterhin zwei gleichberechtigte Klassen, nunmehr als Mathematisch-naturwissenschaftliche und als Philosophisch-historische bezeichnet. Sie tagten abwechselnd mit dem Plenum wöchentlich. Die Zahl der Ordentlichen Mitglieder, die „Reichsbürger" sein mußten, wurde auf 76 erhöht, von denen „in jeder Klasse höchstens 12 ihren Wohnsitz außerhalb von Berlin und seiner Umgebung, jedoch nicht außerhalb des Deutschen Reiches haben" durften. Von den 100 Korrespondierenden Mitgliedern in jeder Klasse konnten „höchstens 50 Ausländer sein". Die Zahl der Ehrenmitglieder wurde auf zehn beschränkt. „In besonderen Fällen können auch Ausländer Ehrenmitglieder werden."[30] Alle Wahlen, auch die der Korrespondenten, bedurften der Bestätigung durch den Minister.

Der Präsident und der Vizepräsident, deren Amtsdauer auf fünf Jahre festgelegt wurde, und die beiden Sekretare, die sechs Jahre amtieren konnten, „werden aus der Zahl der in Berlin oder Umgebung wohnenden Ordentlichen Mitglieder auf Vorschlag der Akademie vom Reichsminister für Wissenschaft, Erziehung und Volksbildung ernannt". Die herausragende Stellung des Präsidenten „als Leiter der Akademie" wurde dadurch unterstrichen, daß der Vizepräsident, die Klassensekretare, die Klassen und das Plenum ihn bei den „wichtigeren Angelegenheiten" nur berieten. „Er trifft die Entscheidung. Entsprechend entscheidet der Klassensekretar nach Beratung mit der Klasse in deren Angelegenheiten." Allein dem Präsidenten und dem Minister war der auf „Vorschlag des Plenums der Akademie" ernannte „Direktor bei der Akademie und Professor" verantwortlich.[31]

Beibehalten wurden der Friedrichstag und der Leibniztag, ebenfalls das Recht der Ordentlichen Mitglieder zu Vorlesungen an der Berliner Universität und der Technischen Hochschule Berlin sowie die Verleihung der Leibniz-Medaillen. Dagegen wurden die Publikationsmöglichkeiten der Akademie durch den Wegfall der wöchentlichen „Sitzungsberichte" eingeschränkt. Fortgeführt wurden die „Abhandlungen", neu geschaffen das „Jahrbuch" der Akademie und die Möglichkeit zur Herausgabe von „Schriften und Schriftenreihen". Außer den „Einnahmen aus eigenem Vermögen" standen der Akademie „durch den Preußischen Staatshaushaltsplan Ausgabemittel" zur Verfügung, deren „Verwaltung . . . nach den Grundsätzen der Reichshaushaltsordnung" zu erfolgen hatte.[32] Als „Körperschaft des öffentlichen Rechts" konnte die Akademie „unmittelbar mit den Reichs- und Landesbehörden"[33] verkehren und die Ordentlichen Mitglieder durften „die der Wissenschaft und Kunst gewidmeten Institute des Reichs und der Länder sowie der deutschen öffentlichen Körperschaften . . . benutzen".[34] Wenn man dazu berücksichtigt, daß der Name „Preußische Akademie der Wissenschaften in Berlin" nur in der Präambel auftauchte – in denen 20 Paragraphen ist ausschließlich von der „Akademie" die Rede –, so wird man feststellen: Die Bindungen der Akademie an den formal noch bestehenden Staat Preußen reduzierten sich im wesentlichen auf ihren traditionellen Namen und soweit die staatliche Finanzierung betroffen war. Damit war der Weg in Richtung „Reichsakademie", die ganz offensichtlich von der neuen Akademieleitung sowie Staats- und Parteibehörden aus allerdings unterschiedlichen Gründen weiterhin angestrebt wurde, vorbereitet. Diesem Ziel diente auch der Erlaß Rusts vom 12. Mai 1939, durch den die Preußische Akademie „zum ständigen Vorort und Verwaltungssitz des Verbandes der deutschen Akademien"[35] bestimmt wurde. Die „Satzung des Reichsverbandes der Deutschen Akademien der Wissenschaften vom 21. August 1940" bestätigte „die Akademie der Wissenschaften in Berlin als ständigen Vorort"[36] und die Leitung durch den Berliner

Akademiepräsidenten. Mitglieder des Verbandes waren jetzt die Akademien in Berlin, Göttingen, Heidelberg, Leipzig, München, Prag und Wien, wo auch abwechselnd dessen jährliche Tagungen stattfinden sollten.

Das am 8. Juni 1939 vom Minister bestätigte Statut wurde den Mitgliedern am 15. Juni 1939 durch den kommissarischen Präsidenten Vahlen bekanntgegeben. Inzwischen war ungeachtet der Festlegung, in der Übergangszeit – von der Anweisung zur Ausarbeitung eines neuen Statuts im Oktober 1938 bis zu dessen Bestätigung – keine Zuwahlen einzuleiten, im März 1939 die erwähnte sogenannte Listenwahl durchgeführt worden, die 13 neue Ordentliche Mitglieder in die Akademie brachte. Auch die Einsetzung der kommissarischen Akademieleitung im Dezember 1938/Januar 1939 entsprach zumindest hinsichtlich des Vorschlagsrechts der Akademiemitglieder nicht den vorgesehenen Bestimmungen. Diese Linie setzte sich am 15. Juni 1939 fort. Während das Plenum an diesem Tage die Einsetzung des Direktors Scheel gleichsam nachträglich billigte, weigerte es sich auf Vorschlag Plancks, die vier anderen Leitungsmitglieder im Block zu bestätigen. Planck forderte, angesichts der eingreifenden Änderungen in der Leitungsstruktur – seit 1759 gab es keinen Akademie-Präsidenten – insbesondere die Wahl eines Präsidenten mit aller Sorgfalt durchzuführen. Er schlug Stille als Präsidenten vor. Vahlen mußte Einzelabstimmungen über alle Kandidaten zulassen, bei denen Heymann, Bieberbach und Grapow gewählt wurden. Bei der Präsidentenwahl ergab sich Stimmengleichheit für Stille und Vahlen, womit eigentlich beide nicht gewählt waren. Die ministerielle Bestätigung der Akademieleitung aus Vahlen, Heymann, Bieberbach, Grapow und Scheel erfolgte dennoch am 24. Juni 1939.

Durch die Rücktritte Heymanns zum 14. Dezember 1942 und Vahlens zum 30. Juni 1943 schrumpfte die Akademieleitung auf drei Personen. Die Geschäftsführung lag nunmehr bei dem am 19. Mai 1943 zum Vizepräsidenten ernannten Grapow, der auch Klassensekretar blieb. Mehrfache Versuche zur Präsidentenwahl bis zum Sommer 1944 führten zu keinem Ergebnis und wurden schließlich vom Minister verboten. Am 6. Juni 1945 gab Grapow seine beiden Ämter auf. Ein offizieller Rücktritt von Bieberbach erfolgte nicht, jedenfalls ist er nicht belegt. Am 21. Juni 1945 wurden Stroux als Präsident, Diels und Hartung als Sekretare der Klassen gewählt. Direktor blieb Scheel, dessen Befugnisse allerdings in der zweiten Jahreshälfte 1946 im Zusammenhang mit der Neukonstituierung der Akademie zunehmend eingeschränkt wurden. Er folgte 1947 einem Ruf als Professor für Islamkunde an die Universität Mainz, wo er 1949 Gründungsmitglied und Generalsekretär der Akademie der Wissenschaften und der Literatur wurde.

Die Unternehmen in den dreißiger und vierziger Jahren

Im Jahre 1943 wirkten an der Preußischen Akademie 37 Kommissionen, die insgesamt über 80 Unternehmen betreuten, davon 14 im naturwissenschaftlichen Bereich. Ihre Arbeiten verliefen, wenn man die formale Seite betrachtet, in den traditionellen Bahnen. So wenig es gelang, die Akademie über die Zuwahlpolitik durchgängig im nationalsozialistischen Sinne umzugestalten, so blieben auch in den Unternehmen die wissenschaftlichen Gesichtspunkte die vorherrschenden. Veränderungen erfolgten allmählich, verstärkt ab 1939, durch die Neuaufnahme einiger Vorhaben, durch die tendenzielle Schwerpunktverlagerung auf Unternehmen, mit denen sich die „deutsche Art und Überlieferung" – so im Statut von 1939 – betonen ließ, durch die ausschließlich politisch motivierte Trennung von vielfach fachlich nicht zu ersetzenden Mitarbeitern und schließlich durch kriegsbedingte Einschränkungen, die vor allem nach 1943 durch Bombenschäden, durch die Verlagerung von Forschungsunterlagen und Arbeitsstellen aus Berlin sowie durch den Wegzug von Akademiemitgliedern zum weitgehenden Erliegen der Forschungsarbeiten führten.

Mit im Einzelnen unterschiedlichen Ergebnissen wurden die Werkausgaben von Akademiemitgliedern fortgeführt. Das betraf Leibniz, Kant, W. von Humboldt, Dilthey und Weierstraß. Besondere Aufmerksamkeit wandte man ab 1939 der Leibniz-Ausgabe zu, was zwar nicht zu der beabsichtigten Beschleunigung der Edition, aber zu bemerkenswerten Fortschritten bei der Erfassung des Materials führte, insbesondere hinsichtlich der naturwissenschaftlich-mathematischen Problematik. Vahlen selbst übernahm als Präsident die Leitung der Kommission und fand in dem Mathematik-Historiker Josef Ehrenfried Hofmann, der 1957 Korrespondierendes Mitglied der Berliner Akademie wurde, einen aktiven Mitarbeiter. Der langjährige Bearbeiter der Leibniz-Edition Paul Ritter war 1937 pensioniert worden, arbeitete aber weiter auf vertraglicher Grundlage an einer Leibniz-Biographie im Hinblick auf den 300. Geburtstag des Akademiegründers im Jahre 1946.

Für die seit 1927 erwogene Schleiermacher-Ausgabe, für die dessen 100. Todestag 1934 den Anstoß gab, wurde eine Kommission eingesetzt, die sich 1930 für die Herausgabe einzelner Werke entschieden hatte, von denen jedoch nur ein Band 1942 erschien. Zu diesem Zeitpunkt löste sich die Kommission auf. Erwägungen von 1934/35, das Nietzsche-Archiv in Weimar und damit die kritische Ausgabe der Werke von Friedrich Wilhelm Nietzsche, der niemals Akademiemitglied war, zu übernehmen, führten zwar zur Bildung einer Kommission unter der Leitung Heymanns, nicht aber zu aktiver Tätigkeit, obwohl der Leiter der Ausgabe, Carl August Emge, 1939 Ordentliches Akademiemitglied wurde.

Von den der Physikalisch-mathematischen beziehungsweise Mathematisch-naturwissenschaftlichen Klasse zugeordneten Unternehmen wurden die Arbeiten zum Fixsternhimmel, zur Ozeanographie, zum Tierreich und zum Pflanzenreich, die beiden letzteren einschließlich ihrer Ergänzungsvorhaben, weitergeführt. Die Kommission für Klimakunde von Deutschland stellte 1934 ihre Arbeiten ein, da das Preußische Meteorologische Institut als Trägereinrichtung in das Reichsluftfahrtministerium eingegliedert wurde. Ohne Ergebnisse blieben die Arbeiten der Kommissionen für Evolutionsforschung (1939), für eine Werkausgabe von Nikolaus Kopernikus (1940) und für die Herausgabe eines Mathematischen Wörterbuchs (1941). Dagegen wurde das 1928 von der Akademie übernommene Jahrbuch über die Fortschritte der Mathematik fortgeführt, und zwar bis 1945 lückenlos im Druck bis zum Band 66 (1940) sowie partiell – teils gedruckt, teils im Manuskript – bis zum Band 71 (1945).

Als die Stiftungsmittel der Deutschen Solvay-Werke AG Bernburg, die der Akademie 1913 und 1930 zur Verfügung gestellt worden waren, 1938 ergänzt wurden, konnte die bis dahin bestehende Fachstelle jetzt in die Ernest-Solvay-Forschungsstelle der Preußischen Akademie der Wissenschaften umgewandelt werden, in der bestimmte Forschungsaufgaben bearbeitet werden sollten. Die Mittel erhielten Ende 1938 die Ordentlichen Akademiemitglieder Peter Debye und Hans Geiger für Untersuchungen auf den Gebieten Tieftemperatur- und Atomphysik. Nachdem Debye 1940 Deutschland verlassen hatte, setzte kurzzeitig noch Ludwig Bewilogua dessen Untersuchungen fort, die er nach 1945 im Rahmen der Berliner Akademie wieder aufnahm.

Bereits in der Denkschrift der Akademie von 1930 war vorgeschlagen worden, einen statistischen Atlas des deutschen Volkes in Mitteleuropa in Angriff zu nehmen, was damals aus finanziellen Gründen unterblieb. 1933 wurde der Gedanke, hinter dem Albrecht Penck und Norbert Krebs standen, wieder aufgenommen und eine Kommission aus Mitgliedern beider Klassen berufen, da es sich bei dem jetzt geplanten „Atlas des deutschen Lebensraums“ – 1937 begrenzt auf „in Mitteleuropa“ – um ein interdisziplinäres Vorhaben handelte. Von den sechs geplanten Lieferungen mit 45 Karten sind bis 1941 vier Lieferungen erschienen. Auf 20 Blättern mit 33 Karten wurden geographische, geologische, meteorologische und demographische Probleme behandelt sowie Übersichten über die Flora, die Fauna und den Eisenbahnverkehr geboten. An den Arbeiten waren mehrere Institutionen außerhalb der Akademie beteiligt. Ab 1942 gab es aus sicherheitspolitischen Gründen Einschränkungen bei der öffentlichen Verbreitung der Karten. Das wissenschaftliche Anliegen des Vorhabens war durch die Ausdehnung des Untersuchungsgegenstandes über die Grenzen Deutschlands hinaus von Anfang an mit politischen Zielstellungen gekoppelt.

Im Bereich der Altertumswissenschaft gehörten die bereits traditionellen akademischen Vorhaben zur 1922 gegründeten Kommission für griechisch-römische Altertumskunde, neben der die Kommission für die griechischen Kirchenväter weiterhin bestand, sich aber ab 1940 Kommission für spätantike Religionsgeschichte nannte. Selbständig blieben ebenfalls das Corpus Medicorum Graecorum als Unternehmen, das die Preußische Akademie gemeinsam mit der Sächsischen in Leipzig und der Dänischen in Kopenhagen betrieb, die Arbeiten am Vocabularium iurisprudentiae Romanae und das Kartellunternehmen der deutschen Akademien Thesaurus linguae latinae, dessen Arbeitsstelle sich in München befand. Über das Kartell war die Preußische Akademie nach dem Beitritt zur Union Académique Internationale (UAI) im Jahre 1935 an der Erarbeitung des Mittellateinischen Wörterbuchs und am Corpus Vasorum Antiquorum beteiligt. Beim Mittellateinischen Wörterbuch, dessen Arbeitsstelle ebenfalls in München angesiedelt war, ging es um eine völlige Neubearbeitung des zuerst 1678 in Paris in drei Bänden erschienenen Glossarium ad scriptores mediae et infimae latinitatis von Du Cange.

Arbeiten zur Orientalistik wurden im Rahmen der Orientalischen und der Ägyptologischen Kommission betrieben. Sie betrafen vor allem die Turksprachen und Turkliteraturen, die iranischen Sprachen und Literaturen, die Arbeiten am Wörterbuch der ägyptischen Sprache, die Assyriologie und die Turfan-Manuskripte. Neu begonnen wurde im Rahmen der UAI ab 1937 die Mitarbeit am Katalog der arabischen alchimistischen Handschriften. Im Bereich der aus der Orientalistik als besonderer Zweig hervorgegangenen Afrikanistik wurde 1941 die Kommission für die Erforschung Weißafrikas gegründet, die beiden Klassen zugeordnet war, aber kaum noch wirksam wurde.

Die Preußische Kommission führte die Politische Korrespondenz Friedrichs des Großen und die Acta Borussica fort, bevor die Entlassung einiger sogenannter nichtarischer Mitarbeiter und der Krieg diesen Arbeiten ein Ende setzten. Als neues Vorhaben initiierte das Kartell der Akademien 1934 auf Anregung der Heidelberger Akademie von 1933 die Sammlung der deutschen Inschriften des Mittelalters und der Neuzeit (bis 1650), gleichsam ein Pendant zu den griechisch-römischen Corpora. Die

Berliner Akademie nahm die Arbeiten 1938 auf, die unter der Leitung von Brackmann standen, aber zu keinen Ergebnissen führten. Das gilt auch für die ebenfalls 1938 gegründete Kommission für die Geschichte des Deutschtums im Ostraum. Als 1938 die Gesellschaft für deutsche Erziehungs- und Schulgeschichte aufgelöst wurde, gründete die Preußische Akademie unter dem Vorsitz Sprangers die Kommission für deutsche Erziehungs- und Schulgeschichte, in der vor allem an der Erschließung des handschriftlichen Nachlasses von Friedrich Fröbel gearbeitet wurde. Die seit 1927 bestehende Spanische Kommission wurde 1936 in eine Romanische Kommission umgewandelt, die im Rahmen ihrer Reihe Texte und Forschungen 1938 und 1942 noch zwei Bände veröffentlichen konnte.

Die Forschungen zur deutschen Sprach- und Literaturgeschichte waren unverändert in der Deutschen Kommission konzentriert, die insgesamt 18 Vorhaben betreute, die mit unterschiedlichem Erfolg weitergeführt werden konnten. Dazu gehörten die Sammlung und Katalogisierung der deutschen Handschriften des Mittelalters, die Edition der Deutschen Texte des Mittelalters mit den Bänden 38 bis 41 von 1934 bis 1938 und die Forschungen zur neuhochdeutschen Sprach- und Bildungsgeschichte, deren Ergebnisse – in starkem Maße auf den langjährigen Forschungsarbeiten des 1936 verstorbenen Burdach beruhend – weiterhin in der Reihe Vom Mittelalter zur Reformation erschienen. Einen Schwerpunkt der Deutschen Kommission bildete weiterhin die Arbeit an den Wörterbüchern. Das Deutsche Wörterbuch der Brüder Grimm machte gute Fortschritte; von 1930 bis 1943 erschienen 80 Lieferungen. Neu begonnen wurde 1936 ein Mittelhochdeutsches Wörterbuch und in demselben Jahr wurde das Wörterbuch der deutschen Pflanzennamen übernommen, von dem der erste Band von 1937 bis 1943 in neun Lieferungen erschien. Bearbeitet wurden sechs Mundartenwörterbücher, das Rheinische, das Hessen-Nassauische, das Frankfurter, das Westfälische, das Preußische und das Brandenburgisch-Berlinische. Es wurde viel Material zusammengetragen, aber verhältnismäßig wenig konnte publiziert werden. Vom Wörterbuch der deutschen Rechtssprache, das ein selbständiges Unternehmen war, konnten von 1933 bis 1942 kontinuierlich 27 Hefte erscheinen.

Bestandteil der Arbeiten der Deutschen Kommission waren die Werkausgaben von Christoph Martin Wieland, Johann Georg Hamann und Jean Paul, letztere gemeinsam mit der Jean-Paul-Gesellschaft in Bayreuth und der Deutschen Akademie in München. Von der Wielandausgabe konnten von 1935 bis 1940 noch sieben Bände vorgelegt werden, während die Hamann-Ausgabe kaum Fortschritte machte. Bearbeiter der Jean-Paul-Ausgabe war der jüdische Wissenschaftler Eduard Berend, den die Akademie gegen den Widerstand der Jean-Paul-Gesellschaft bis 1938 als Mitarbeiter halten konnte. Von 1934 bis 1938 hat er, der danach in die Schweiz zu emigrieren vermochte, noch acht Bände ediert. Nach 1945 hat er die Arbeiten im Auftrage der Akademie weitergeführt. Von Goedekes Grundriß zur Geschichte der deutschen Dichtung, für dessen Neue Folge für die Zeit von Goethes Tod bis zur Reichsgründung von 1871 die Akademie seit 1929 als Herausgeberin fungierte, konnte 1941 die erste und einzige Lieferung publiziert werden.

Die 1932 auf Antrag Vasmers gegründete Slavische Kommission betrieb mehrere Vorhaben zur Sorabistik. Als Beiträge zum sorbischen (wendischen) Sprachatlas konnten 1933 und 1936 zwei Bände erscheinen, die Bemühungen um das Wörterbuch der lebenden obersorbischen Sprache und um das Wörterbuch der älteren sorbischen Drucke kamen über Vorarbeiten nicht hinaus. Der Kommission zugeordnet waren ab

1933 das Kaschubische Wörterbuch, das bis zu seinem Tode 1937 Friedrich Lorentz in Zoppot bearbeitete, und das Russische Geographische Wörterbuch, dem sich insbesondere Vasmer selbst widmete.

Unter Verzicht auf die Behandlung inhaltlicher Fragen konnte es hier allein darauf ankommen, die thematische Vielfalt der Arbeiten anzudeuten, die die Mitglieder und die Mitarbeiter der Preußischen Akademie mit recht unterschiedlichen Resultaten zwischen 1933 und 1945 betrieben haben. Das wissenschaftliche Gewicht jedes einzelnen Unternehmens erschließt sich erst, wenn man die jeweiligen Zielstellungen und die vorgelegten Ergebnisse in den Zusammenhang mit der Geschichte jeder einzelnen Fachdisziplin stellt, was hier nicht geschehen kann. Neben der inhaltlichen Einbindung der Akademievorhaben in das Gesamtforschungsgefüge darf die personelle durch die Akademiemitglieder nicht übersehen werden, deren Tätigkeit in der Akademie, wenn auch in recht unterschiedlichen Grade, Bestandteil ihres Wirkens als Forscher in einer für viele schwierigen Zeit war.

Wie sich die Stellung der Preußischen Akademie in weniger als einem Jahrzehnt zugleich verändert und erhalten hat, ist exemplarisch aus den sehr persönlichen Reflexionen von drei Akademiemitgliedern zu erkennen, die alle in Distanz zum nationalsozialistischen Regime standen. Friedrich Meinecke schrieb am 5. Juli 1936 in einem Brief über die Akademie: „Wir führen auf unserer schmelzenden Eisscholle noch ein unbehelligtes Dasein.“[37] Am 29. Juni 1944 teilte Eduard Spranger mit: „Heute Nachmittag ist öffentliche Leibniz-Sitzung der Akademie in dem Drittel des Preußischen Finanzministeriums, das noch steht. Heisenberg redet und feiert zugleich die 50jährige Zugehörigkeit von Planck zur Akademie . . .“[38] Sein Vortrag „Das Plancksche Wirkungsquantum“ konnte in der Reihe Vorträge und Schriften der Preußischen Akademie 1945 noch publiziert werden. Ludwig Diels notierte am 13. Juli 1944 in sein Tagebuch: „Die letzte Akademiesitzung vor den Ferien mündet wieder in ein langes Gerede über die Präsidenten-Wahl aus. Schließlich kommt zur Sprache, ob nur ein Parteimitglied als Präsident bestätigt werden würde. Manche tun sehr erstaunt über diese Möglichkeit, ob aus Naivität oder aus Diplomatie, ist nicht zu entscheiden!“[39]

Vielleicht war es auch Hoffnungslosigkeit?

Von der Preußischen zur Deutschen Akademie der Wissenschaften

Die letzte Sitzung der noch in Berlin weilenden Mitglieder der Preußischen Akademie vor dem Zusammenbruch fand im März 1945 statt, die erste danach im Juni 1945. Das war die längste Unterbrechung der akademischen Arbeit während der zu jenem Zeitpunkt fast 250jährigen Geschichte. Von Normalität konnte allerdings in der Endphase des Krieges sowenig die Rede sein wie in den Monaten bis zur offiziellen Wiedereröffnung als Deutsche Akademie auf der Grundlage einer Entscheidung vom 1. Juli 1946, dem 300. Geburtstag von Gottfried Wilhelm Leibniz, als wissenschaftsorganisatorische Probleme die Arbeit dominierten. Die folgenden 45 Jahre der Akademieentwicklung in Berlin unterlagen viele Jahrzehnte und unterliegen noch gegenwärtig einem gewissen äußeren Bewertungszwang, der es, verstärkt durch den unzureichenden Forschungsstand, unmöglich macht, ihre Geschichte hier in der wünschenswerten Ausgewogenheit wenigstens in Umrissen nachzuzeichnen. Es soll daher darauf verzichtet werden, nicht dagegen auf die Hervorhebung einiger Aspekte, die vielleicht geeignet sind, die Problematik der Berliner Akademie im Umfeld der Entstehung und Entwicklung von zwei deutschen Staaten, von denen der östliche schließlich 1990 dem westlichen beitrat, ein wenig zu verdeutlichen. Der Ausgangspunkt derartiger Überlegungen muß aus der damaligen Situation heraus notwendigerweise ein politischer sein.

Die bedingungslose Kapitulation Deutschlands, die Besetzung aller Teile des Landes durch die Truppen der Siegermächte und deren Übernahme der administrativen Gewalt, die faktische Zerstörung der gesamten Infrastruktur des Landes und das alles überlagernde Ringen der Menschen um die bloße Existenz schufen 1945 Bedingungen, die es in dieser Form in der Neuzeit in Deutschland nicht gegeben hatte. Jede Aktivität, seien es erste Schritte zum Aufbau der Verwaltung, Bemühungen um die Versorgung mit dem Lebensnotwendigsten oder Sorgen um geistige Güter, war an die Initiative Einzelner gebunden, deren Verantwortungsbewußtsein in vielen Fällen bewirkte, daß noch vor der Einrichtung der Besatzungsverwaltung erste Schritte zur Sicherung des Überlebens getan wurden. Das betraf nicht nur, wenn auch überwiegend, die materielle Problematik, sondern auch die geistig-kulturelle. Wenn es nicht durch Quellen belegt wäre, könnte man es fast nicht glauben, daß Wissenschaftler in Universitäten, Forschungsinstituten und Akademien ungeachtet aller Not und Desorganisation bereits im Vor- und Frühsommer 1945, eigentlich sofort nach Beendigung der Kampfhandlungen, sich in allen Teilen Deutschlands um die Weiterführung ihrer Einrichtungen bemühten. Die Akademie der Wissenschaften in Berlin ist nur eines der Beispiele für diesen Prozeß, der in dieser Stadt mit ihrem Status der Viermächteverwaltung allerdings besonders kompliziert verlief. Während für alle anderen deutschen Akademien das Jahr 1945 im unterschiedlichen Maße einen geistigen, aber keinen organisatorischen Einschnitt markierte, war die Situation bei der Preußischen Akademie eine andere. Das folgte aus ihrem geographischen Standort und damit aus der Tatsache, daß ihre Geschicke als Institution fortan während mehrerer Jahrzehnte aufs engste mit dem Prozeß der Teilung und der Wiedervereinigung Deutschlands und Berlins verflochten waren. Seit der Herstellung der Einheit Deutschlands am 3. Oktober 1990 gibt es unter Wissenschaftlern und Politikern kein Einvernehmen darüber, in welchem rechtlichen Verhältnis die Deutsche Akademie der Wissenschaften zu Berlin, die 1946 offiziell eröffnet und 1972 in Akademie der Wissenschaften der DDR umbenannt wurde, zur Preußischen Akademie der Wissenschaften zu Berlin steht.

Die Preußische Akademie in Berlin ist ebenso wie andere deutsche Akademien 1945 nicht aufgelöst worden. Genauso unbestritten war bis 1989 sowohl nach dem Selbstverständnis der Deutschen Akademie der Wissenschaften zu Berlin/Akademie der Wissenschaften der DDR als auch bei Außenstehenden – resultierend vor allem aus dem Verhalten der anderen deutschen Akademien – die institutionelle Kontinuität zwischen der Preußischen und der Deutschen Akademie, was durch wissenschaftsgeschichtliche Publikationen – beispielsweise die Darstellung von Landrock – und wissenschaftspolitische Handlungen hinreichend belegt ist. Als Beispiel können genannt werden: Die Formulierungen aller Statuten der Berliner Akademie von 1946, 1954, 1963, 1969 und 1984; die gesamtdeutsche Zusammenarbeit der Akademien bis zur willkürlichen Abgrenzungspolitik der DDR, in der die Berliner Akademie unwidersprochen die Funktionen der Preußischen wahrnahm; das Glückwunschschreiben der Konferenz der Akademien der Wissenschaften in der Bundesrepublik Deutschland von 1975 an „die Akademie der Wissenschaften der Deutschen Demokratischen Republik zur 275-Jahr-Feier der Akademie, deren Überlieferung sie übernommen und unter neuen, umfassenden organisatorischen Voraussetzungen tatkräftig und fruchtbar weitergeführt hat"[40]; die Aufrechterhaltung aller Mitgliedschaften der Preußischen in der Deutschen Akademie mit Ausnahme der genannten Streichungen von 1945/46 und der Verzichtserklärungen weniger Wissenschaftler in den darauf folgenden Jahren; die Fortsetzung wissenschaftlicher Forschungsvorhaben der Preußischen durch die Deutsche Akademie und die Übernahme der materiellen Güter, soweit sie sich in der Sowjetischen Besatzungszone und im Sowjetischen Sektor Berlins befanden.

Im Einigungsvertrag von 1990 bleibt die Geschichte der Akademie in Berlin unbeachtet. Er bestimmt die Trennung der „Akademie der Wissenschaften der DDR als Gelehrtensozietät von den Forschungsinstituten und sonstigen Einrichtungen". „Die Entscheidung, wie die Gelehrtensozietät der Akademie der Wissenschaften der DDR fortgeführt werden soll, wird landesrechtlich getroffen."[41] Es ist daher erforderlich, über die Situation 1945/46 kurz zu berichten und die weitere Entwicklung der Akademie wenigstens anzudeuten.

Nachdem Scheel als Direktor der Preußischen Akademie am 25. Mai 1945 deren Betreuung durch den Berliner Magistrat erbeten hatte und am 6. Juni 1945 Stroux von den anwesenden Mitgliedern mit der Wahrnehmung der Geschäfte des Präsidenten beauftragt worden war, führten beide am 8. Juni 1945 ein Gespräch mit Vertretern des Magistrats. Daran nahm von der Akademie auch deren Personalvertreter, der Arabist Alfred Siggel, teil. Als ehemaliger sozialdemokratischer Kommunalpolitiker arbeitete er seit 1941 in der Akademie am Katalog der arabischen alchimistischen Handschriften, und auch nachdem er als Mitarbeiter der Akademie Ende der vierziger Jahre ausgeschieden war, hat Siggel als Professor in Mainz die Ergebnisse seiner Katalogisierungsarbeiten bis 1956 in den Berliner Akademiepublikationen veröffentlicht. In der Beratung am 8. Juni 1945 erbat Stroux „eine Erklärung der Behörde, daß die Akademie ihre Arbeiten wieder aufnehmen und fortsetzen kann und eine grundsätzliche Zusicherung, daß ihr ihre Existenz und ihre finanziellen Grundlagen auch für die Zukunft aufrecht erhalten werden". Obwohl der Magistrat zu diesem Zeitpunkt „bindende Zusagen nicht machen" konnte, betonte er doch „ein sehr wesentliches Interesse an der Akademie" und „daß die Stadtverwaltung die Aufrechterhaltung der Akademie für das deutsche Geistesleben für erforderlich halte".[42] Bei einer weiteren Beratung am 19. Juni 1945, auf der das Problem erörtert wurde, „ob die Akademie überhaupt noch bestehe, und nicht vielmehr neu gegründet werden müsse, erklärte Hr. Stroux, dieser Auffassung könne er sich nicht anschließen. Die Akademie sei eine Körperschaft, bestehe weiter, und es müsse ihr in Zukunft weitgehend Autonomie zugebilligt werden".[43] Der Akademie wurde vom Magistrat, der damals die einzige in Berlin bestehende deutsche Behörde war, an diesem Tage zugestanden, ihre Satzung abschließend zu beraten und das Präsidium zu wählen. Am 21. Juni 1945 wurde die Satzung beschlossen und fanden die Wahlen statt. Von den 15 anwesenden Mitgliedern – tatsächlich waren am 4. Juni 1945 bereits 19 Mitglieder in Berlin registriert – erhielt Stroux als Präsident 14, Diels und Hartung als Sekretare gewannen 11 und 12 Stimmen. „Hr. Spranger macht den in das Protokoll aufzunehmenden Vorbehalt, daß das Präsidium sich neu zur Wahl stellen solle, wenn normalere Verhältnisse eingetreten und die zur Zeit nicht in Berlin anwesenden Mitglieder zurückgekehrt sein werden. Die Akademie schließt sich diesem Standpunkt an."[44]

Weitere für das Schicksal der Preußischen Akademie wichtige Abstimmungen fanden am 20. Dezember 1945 statt. Auch an ihnen nahmen 15 damals in Berlin weilende

Mitglieder teil, obwohl sich bereits am 12. Juli 1945 nach einer Aufzeichnung 24 Ordentliche Mitglieder in Berlin befanden. Am 20. Dezember ging es um den Namen der Akademie – Verzicht auf die Bezeichnung „Preußische" – und um deren behördliche Zuordnung nach der Bildung deutscher Zentralverwaltungen unter alliierter Kontrolle. An der Aussprache beteiligten sich fast alle Anwesenden. Ausdrücklich genannt wird im Protokoll Rössle mit dem Hinweis auf die Abwesenheit des größten Teils der Mitglieder und der Erwägung, „die Beratung zu vertagen, um die Meinung der auswärts befindlichen Mitglieder kennenzulernen. – Der Präsident weist demgegenüber darauf hin, daß bei den gegenwärtigen Verkehrsverbindungen in absehbarer Zeit gar nicht mit Eingang von Antworten auf eine derartige Rundfrage gerechnet werden könne."[45] Für die Änderung des Namens in „Akademie der Wissenschaften zu Berlin", was dem Magistrat am 27. Dezember 1945 mitgeteilt wurde, stimmten elf Mitglieder; Spranger, Vasmer und Nordmann waren dagegen, Stille enthielt sich der Stimme. Der Vorschlag, daß sich die Akademie direkt der sowjetischen Militärverwaltung unterstellen sollte, wurde auf Antrag von Schadewaldt vertagt. Diese Anregung ging auf eine Erläuterung des Präsidenten zurück, „daß nach einer ihm gemachten Mitteilung ohnehin mit einem baldigen Übergang der Akademie von der bisherigen Betreuung durch den Magistrat an die Zentraldirektion für Volksbildung zu rechnen sei, womit die Akademie dann ohne weiteres der SMA unterstellt sein würde, nur nicht unmittelbar, sondern mittelbar".[46]

Bei einer Erörterung der wesentlichen Entscheidungen der Preußischen Akademie im Jahre 1945 – dem Beschluß über die „Vorläufige Satzung" und der Bestimmung der Leitung am 21. Juni sowie der Namensänderung am 20. Dezember – kann nicht darauf verzichtet werden, auf das Statut von 1939 hinzuweisen, obwohl berechtigte Zweifel angebracht sind, es als rechtmäßig noch geltend zu betrachten. In diesem Statut heißt es: „Änderungen dieser Satzung können von dem Plenum der Akademie bei Anwesenheit von Drei Vierteln der Ordentlichen Mitglieder und nur mit Dreiviertel-Mehrheit der Anwesenden beschlossen werden. Sind die Mitglieder nicht in der erforderlichen Mindestzahl anwesend, so entscheidet im nächstfolgenden Plenum die einfache Mehrheit der Anwesenden."[47] Selbst wenn man die Bedenken, wie sie beispielsweise von Spranger und Rössle hinsichtlich der geringen Zahl der Anwesenden geäußert haben, teilt, so ist doch zugleich an die Antwort von Stroux zu erinnern, deren Aussage sich rückschauend nur betätigen läßt. Die Akademiemitglieder standen letztlich allein vor der Entscheidung, überhaupt nichts zu tun oder wenigstens das Mögliche zu versuchen, um die Existenz der Akademie aufrechtzuerhalten. Selbst das Statut von 1939 ließ dessen Änderung unter bestimmten Bedingungen durch „die einfache Mehrheit der Anwesenden" zu. Insofern ist die „Vorläufige Satzung" vom 21. Juni 1945, die ausdrücklich nur „bis zur Vorlage eines endgültigen neuen Statuts"[48] gelten sollte, durch Mehrheitsbeschluß nach mehreren Beratungen der Mitglieder mit behördlicher Genehmigung zustandegekommen. Nur auf ihrer Grundlage konnten der Präsident und die Sekretare „gewählt" (Paragraph 8 von 1945), und nicht wie 1939 „ernannt" (Paragraph 7 von 1939) werden. Die „Vorläufige Satzung" sah nicht deren Veränderung, sondern allein deren Ablösung durch ein neues Statut vor. Da anderslautende Festlegungen fehlen, ist „die einfache Mehrheit der Anwesenden" die demokratischste Entscheidungsform gewesen, zumal wenn man berücksichtigt, daß es unter den damals gegebenen Bedingungen keinen absehbaren Zeitpunkt für eine deutliche Vermehrung der Zahl der anwesenden Akademiemitglieder gab.

Eine ganz andere Frage ist, ob die Akademiemitglieder gut beraten waren, auf die Bezeichnung „Preußische“ zu verzichten, auch wenn der Begriff „Preußen“ durch die politische Entwicklung damals extrem belastet war. Als der Berliner Oberbürgermeister Arthur Werner und das Akademiemitglied V. S. Kulebakin als Beauftragter der Akademie der Wissenschaften der UdSSR am 6. Dezember 1945 an der Gesamtsitzung der Akademie teilnahmen, haben beide in ihren Ansprachen den Akzent in starkem Maße auf die Akademie als preußische Institution gelegt. Werner sagte: „Wohl in keinem anderen Zusammenhang hat das Wort ‚Preußen‘ überall in der zivilisierten Welt so beifälliges Wohlwollen und Bewunderung erweckt wie in der Bezeichnung ‚Preußische Akademie der Wissenschaften‘. Hier – in diesem Zusammenhang – ist das Wort ‚Preußen‘ über sich selbst hinausgewachsen und hat sich aus der ihm sonst anhaftenden Atmosphäre des territorialstaatlichen Soldatentums in die Bezirke des weltweiten Geistes erhoben.“[49] Kulebakin unterstrich seine „Absicht, wissenschaftliche und arbeitsmäßige Verbindungen mit deutschen Gelehrten-Anstalten, insbesondere mit der Preußischen Akademie der Wissenschaften, aufzunehmen“.[50] Der Slawist Vasmer sprach auf dem Plenum, was den wissenschaftlichen Charakter der Zusammenkunft unterstreicht, über ein Thema aus der russischen Philologie.

Schließlich erwies sich, daß die Namensänderung vom 20. Dezember 1945, also der Verzicht auf das Wort „Preußische“, die Existenz der Akademie überhaupt nicht berührte, denn sie war und blieb ununterbrochen tätig. Bereits am 15. Oktober 1945 hatte der Präsident dem Magistrat einen Plan über den „Bestand der Unternehmungen und die Arbeitsbereiche der einzelnen Kommissionen“ übergeben, der nach „eingehenden Beratungen“ zustandegekommen war, und der als Ergänzung zu der bereits im Juni 1945 eingereichten „Leseliste (Programm) der wissenschaftlichen Vorträge“ gedacht war. Zugleich wies Stroux im Oktober darauf hin: „Ich halte es für geboten, daß die Akademie der Wissenschaften sobald als möglich in aller Form wieder eröffnet wird.“[51] Eine solche offizielle Bestätigung der Akademie erwies sich insbesondere im Hinblick auf Zuwahlen von Mitgliedern als unabdingbar. Im ersten Halbjahr 1946 wurden der Pharmakologe Wolfgang Heubner – er legte 1950 im Zusammenhang mit seiner Berufung an die Freie Universität in Berlin seine Mitgliedschaft nieder –, der Direktor des Astrophysikalischen Observatoriums Hans Kienle und der Rechtshistoriker Heinrich Mitteis – er wurde 1950 Präsident der Bayerischen Akademie – zu Ordentlichen und der Leipziger Philosoph Theodor Litt zum Korrespondierenden Mitglied gewählt. In jedem Falle wurde der vorläufige Charakter solcher Wahlen betont, „solange die Akademie noch nicht formell anerkannt“[52] war.

Da die gesamte Regierungsgewalt in Deutschland nach dem Zusammenbruch an die Alliierten Mächte übergegangen war, konnte die de facto existierende Preußische Akademie ihre de-jure-Anerkennung nur durch die Besatzungsmächte erhalten. Für die im Sowjetischen Sektor der unter Viermächteverwaltung stehenden Stadt Berlin gelegene Akademie betrachteten sich die Sowjetische Militäradministration (SMA) und als deren nachgeordnete Behörde die im September 1945 geschaffene Deutsche Zentralverwaltung für Volksbildung als zuständig. Dementsprechend wurde durch den Befehl Nr. 187 der SMA vom 1. Juli 1946, der den Charakter einer Regierungsentscheidung trug, unter Berufung auf den Wunsch „des Leiters der Deutschen Verwaltung für Volksbildung und des Präsidenten der ehemaligen Preußischen Akademie der Wissenschaften“ angeordnet, „auf der Grundlage der letzteren die Deutsche Akademie der Wissenschaften mit dem Sitz in Berlin zu eröffnen“.[53] So lautet der russische Text, der bisher stets in einer fehlerhaften deutschen Übersetzung gedruckt wurde, tatsächlich. Der Inhalt des Befehls selbst und alle Details seiner Verwirklichung belegen ebenso eindeutig wie die weitere Entwicklung, daß die Deutsche als die Nachfolgerin der Preußischen Akademie der Wissenschaften begriffen wurde. Am 11. Juli 1946 gab Stroux den Befehl im Plenum der Akademie bekannt, wobei er auf den Wunsch von Schadewaldt, der gegen den Namen Deutsche Akademie der Wissenschaften „Einspruch erhoben" hatte, diese nicht mehr zu ändernde Bezeichnung erläuterte, ohne daß das Protokoll die Details mitteilt. Zugleich bestätigte Stroux die unbezweifelbare Kontinuität: „Die im Erlaß verwandte ‚hochamtliche' Fassung des Titels könne nicht geändert werden, doch bestehen von russischer Seite keine Bedenken, im gewöhnlichen Geschäftsgang die Bezeichnung ‚Akademie der Wissenschaften' beizubehalten."[54] Die feierliche Eröffnung der Deutschen Akademie in Berlin verfolgte am 1. August 1946 entsprechend den inhaltlichen Planungen der Akademiemitglieder in Anwesenheit von Vertretern der alliierten Mächte sowie deutscher politischer und wissenschaftlicher Institutionen. Nach Ansicht von Stroux war damit „unsere Akademie unter neuem Namen zu einer neuen Periode ihres Daseins"[55] berufen. Und auch Kienle bezog sich in seiner Festansprache „Die Maßstäbe des Kosmos" auf den neuen Namen, „mit dem die alte Preußische Akademie jetzt eine neue Ära beginnt".[56]

Am 31. Oktober 1946 beschloß die Akademie nach eingehenden Beratungen ihre neue Satzung, die am 26. November 1946 bestätigt wurde. Deren Präambel beginnt mit den Worten: „Mit dem Beginn des Wiederaufbaus nach dem Zusammenbruch im Frühjahr 1945 hat die Deutsche Akademie der Wissenschaften zu Berlin, wie der Name der bisherigen Preußischen Akademie der Wissenschaften fortan lauten wird, mit dem 1. August 1946 ihre Arbeit auf neuer Grundlage und in erweiterter Form wieder aufgenommen. Im Bewußtsein ihrer Verantwortung setzt sie ihren Dienst an Wissenschaft und Forschung fort und tritt für die Entwicklung und Förderung aller schöpferischen Kräfte des wissenschaftlichen Lebens im Sinne ihrer friedlichen Verwendung ein. Sie ist bestrebt, überall zu helfen und voranzugehen, wo die Erneuerung des deutschen Geisteslebens durch die gelehrten Kräfte gefördert werden kann."[57]

Wie sich diese „Arbeit auf neuer Grundlage und in erweiterter Form" in den folgenden 45 Jahren vollzog, ist von den Ergebnissen her und auf Teilgebieten heute überschaubar, jedoch als Prozeß ganz unzureichend erforscht. Daher kann die Geschichte der Preußischen Akademie, nachdem sie ihren Namen verloren hatte, hier noch nicht nachgezeichnet werden. Nur an einige Aspekte muß zum besseren Verständnis abschließend erinnert werden.

Es wäre sicher unhistorisch, die 1945/46 einsetzende Entwicklung der Akademie, die das alte Problem des Verhältnisses von Mitgliedern und Mitarbeitern, also von Gelehrtengesellschaft und Forschungsstrukturen, neu aufwarf, unabhängig von der gleichzeitigen politisch-gesellschaftlichen Situation zu sehen. Die Akademiemitglieder in den Klassen blieben bis 1957 für die mathematischen, medizinischen und naturwissenschaftlich-technischen und bis 1963 für die geistes- und sozialwissenschaftlichen Institute, die der Akademie angegliedert oder die neu gegründet wurden, die zuständigen Leitungsgremien. Für akademische Unternehmen, die nicht in Institute integriert waren, galt das sogar bis zum Ende der sechziger Jahre, so auch zunächst noch für das jüngste derartige Unternehmen, die am 23. Juni 1966 gegründete interdisziplinäre Kommission für die Geschichte der Deutschen Akademie der Wissenschaften zu Berlin und deren seit 1967 bestehende Arbeitsstelle.

Die Gründungen der „Forschungsgemeinschaft" 1957 und der „Arbeitsgemeinschaft" 1963 als Struktureinheiten innerhalb der Deutschen Akademie der Wissenschaften zur Forschungsleitung waren Schritte auf dem Wege, der Ende der sechziger Jahre im Rahmen der Akademiereform mit der Bildung der „Forschungsbereiche" und der Zentralinstitute trotz gegenteiliger offizieller Erklärungen de facto zu einer Zweiteilung der Akademie in die Gelehrtengemeinschaft und den Komplex der Forschungsinstitute führte. Über die wissenschaftliche Leistungsfähigkeit beider Teile der Akademie ist damit allerdings noch nichts ausgesagt. In dieser Richtung sind noch differenzierende wissenschaftshistorische Untersuchungen erforderlich. Diejenige Akademie der Wissenschaften der DDR, die 1990 Gegenstand des Einigungsvertrages war, bestand in der Tat erst seit dem Beginn der siebziger Jahre. Es war nicht mehr die Akademie des Neubeginns nach 1945.

Die Zielvorstellungen der an der Wiedereröffnung der Preußischen als Deutsche Akademie beteiligten Personen differierten zweifellos. Einerseits ließen sich die Wissenschaftspolitiker der sowjetischen Besatzungsmacht und der KPD/SED vom Vorbild der Akademie der Wissenschaften der UdSSR leiten und setzten ihr Konzept schrittweise durch. Sicher greift man zu kurz, wenn man diesen Prozeß allein auf eine verhältnismäßig schnelle Sowjetisierung reduzieren würde. Andererseits konnten die Akademiemitglieder bis in die fünfziger Jahre davon ausgehen, mit der Verbindung von Gelehrtengemeinschaft und Forschungsinstituten einen Weg gefunden zu haben, der zwar ungewohnt, aber wissenschaftlichen Bedürfnissen nicht unangemessen war und der auch schon viel früher mehrmals erwogen wurde. Eine solche zeitweilige Kongruenz von Bestrebungen der Politiker und der Wissenschaftler bei gleichzeitiger langfristiger Divergenz der Ziele der Beteiligten kann es unter besonderen historischen Bedingungen durchaus geben. Über das Ergebnis der damit vorgegebenen Auseinandersetzungen entscheiden allerdings in der Regel nicht die besseren Argumente, sondern die Macht, sich durchzusetzen. Es bedarf noch eingehender Untersuchungen, von welchem Zeitpunkt an die Ende der sechziger Jahre einen Wendepunkt erreichende Entwicklung der Akademie unumkehrbar war, wie die Konzeption der Partei und des Staates durchgesetzt wurde, wer von den Akademiemitgliedern wann, auf welche Weise und mit welchen Folgen Haltesignale zu setzen versuchte, wie sich Mitglieder und Mitarbeiter der Akademie und aus welchen Gründen partiell, weitgehend oder vollständig in eine Wissenschaftspolitik einbinden ließen, die reiner Parteipolitik untergeordnet war und schließlich durchgesetzt wurde.

Die mit dem Einigungsvertrag vollzogene Trennung von Instituten und Gelehrtensozietät der Akademie orientierte sich an der deutschen Akademietradition, die diese Verbindung in der in Berlin entstandenen Form nicht kennt. Die Akademien der Wissenschaften in Deutschland wurden durch die Festlegung des Einigungsvertrages wieder kompatibel, wie sie es bis in die Jahre nach dem Zweiten Weltkrieg gewesen sind. Wenn man über den Akademiegedanken in Berlin nach 1945 spricht, sollte man jedoch nicht nur an die Entwicklungen denken, die jetzt korrigiert werden. Die Evaluation der Institute der Akademie der DDR durch den Wissenschaftsrat der Bundesrepublik Deutschland hat eine beachtliche Zahl von Leistungen ausmachen und zahlreiche Projekte zur Weiterführung empfehlen können. Diese Vorschläge wurden auf der Grundlage einer wissenschaftlichen Leistungsanalyse erarbeitet. Sie ließen die Frage außer acht oder betrachteten sie als untergeordnet, ob die ermittelten Leistungen trotz oder wegen der Einordnung der Institute in die Akademie erbracht worden sind.

Bei künftigen wissenschaftshistorischen Untersuchungen über die Berliner Akademie in den Jahrzehnten seit 1945, die nur auf der Grundlage der allseitig auszuwertenden Quellen erfolgen können, muß berücksichtigt werden, daß die im Westen Deutschlands weit gefächerte außeruniversitäre Forschung im Osten weitgehend als Akademieforschung etabliert war. Der Akademiegedanke, verstanden als Wechselverhältnis zwischen Gelehrtengemeinschaft gewählter Akademiemitglieder und Forschungseinrichtungen mit angestellten Akademiemitarbeitern, war damit in der DDR extrem belastet. Beide Seiten bedingten einander kaum noch, Gelehrtengemeinschaft und Forschungsinstitute der Akademie der DDR existierten de facto unabhängig voneinander. Es war ein Prozeß und kein einmaliger Akt, der in vierzig Jahren auf zum Teil äußerst widersprüchliche Weise zu diesem Ergebnis geführt hat. Erst wenn dieser Prozeß unter Beachtung der institutionellen Gestaltung der Akademie, der Geschichte einzelner Fachdisziplinen, der Wissenschaftlerbiographik und der Wissenschaftspolitik erforscht sein wird, kann die Entwicklung seit 1945/46 als Teil in die 300jährige Berliner Akademiegeschichte eingeordnet werden. Diese reicht von der Brandenburgischen Sozietät des Jahres 1700 bis zur Berlin-Brandenburgischen Akademie der Wissenschaften des Jahres 1992, und ein herausragender Platz in ihr gebührt der Preußischen Akademie der Wissenschaften zu Berlin.

Adolf von Harnack (1851–1930, geadelt 1914).

Max Planck (1858–1947).

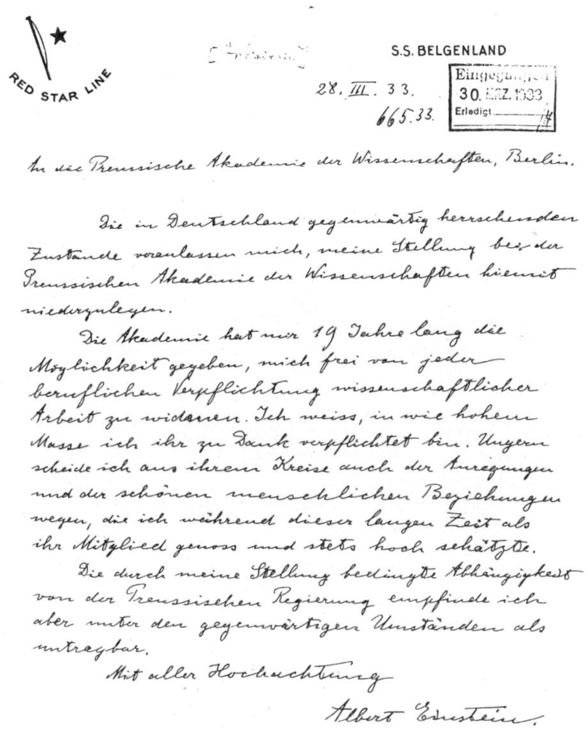

RED STAR LINE

S.S. BELGENLAND

28. III. 33.

665.33.

Eingegangen 30. MRZ. 1933 Erledigt

An die Preussische Akademie der Wissenschaften, Berlin.

Die in Deutschland gegenwärtig herrschenden Zustände veranlassen mich, meine Stellung bei der Preussischen Akademie der Wissenschaften hiermit niederzulegen.

Die Akademie hat mir 19 Jahre lang die Möglichkeit gegeben, mich frei von jeder beruflichen Verpflichtung wissenschaftlicher Arbeit zu widmen. Ich weiss, in wie hohem Masse ich ihr zu Dank verpflichtet bin. Ungern scheide ich aus ihrem Kreise auch der Anregungen und der schönen menschlichen Beziehungen wegen, die ich während dieser langen Zeit als ihr Mitglied genoss und stets hoch schätzte.

Die durch meine Stellung bedingte Abhängigkeit von der Preussischen Regierung empfinde ich aber unter den gegenwärtigen Umständen als untragbar.

Mit aller Hochachtung

Albert Einstein.

Austrittserklärung Einsteins aus der Akademie.

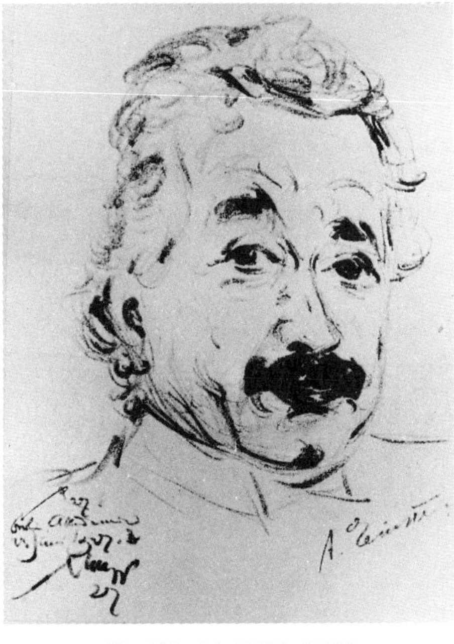

Albert Einstein (1879–1955).

Das 1914 eingeweihte Gebäude der Preußischen Staatsbibliothek in Berlin, Unter den Linden. Im rechten Flügel, dem traditionellen Standort seit 1700, hatte die Preußische Akademie der Wissenschaften ihren Sitz. Die Akademiebibliothek und weitere Einrichtungen befinden sich bis in die Gegenwart in diesem Gebäude.

Zitatennachweise

Kapitel 1

1 Bacon, S. 4.
2 Bacon, S. 57.
3 Bacon, S. 87.
4 Artelt, S. 11f.
5 Harnack, Bd. 2, S. 22f.
6 Staatsbibliothek Preußischer Kulturbesitz Berlin. Handschriftenabteilung, Ms. Boruss. Quart. 230, fol. 37.
7 Roden, S. 100.
8 Tautz, S. 120.
9 Tautz, S. 121.
10 Tautz, S. 131.
11 Tautz, S. 91.
12 Harnack, Bd. 2, S. 4.
13 Arnheim, S. 93
14 Stürzbecher, S. 28.
15 Heubaum, S. 118f.
16 Festschrift zum 300jährigen Jubiläum, S. 263f.
17 Stürzbecher, S. 9.
18 Stürzbecher, S. 15f.
19 Stürzbecher, S. 38.
20 Schneppen, S. 113.
21 Müller, Die Königliche Akademie der Künste, S. 8.

Kapitel 2

1 Harnack, Bd. 2, S. 42.
2 Die Zweihundertjahrfeier, S. 28.
3 Harnack, Bd. 1, S. 69.
4 Harnack, Bd. 1, S. 5.
5 Harnack, Bd. 1, S. 40.
6 Harnack, Bd. 1, S. 43.
7 Harnack, Bd. 1, S. 43.
8 Harnack, Bd. 1, S. 44.
9 Othmer, S. 39.
10 Othmer, S. 36.
11 Harnack, Bd. 1, S. 43.
12 Harnack, Bd. 1, S. 42.
13 Harnack, Bd. 1, S. 45.
14 Harnack, Bd. 1, S. 46.
15 Harnack, Bd. 1, S. 49.
16 Harnack, Bd. 1, S. 48.
17 Harnack, Bd. 2, S. 44.
18 Harnack, Bd. 2, S. 45 (französisch).
19 Harnack, Bd. 1, S. 47f, Bd. 2, S. 49–51.
20 Harnack, Bd. 1, S. 57.
21 Harnack, Bd. 2, S. 49f.
22 Harnack, Bd. 1, S. 49.
23 Harnack, Bd. 2, S. 57.
24 Harnack, Bd. 2, S. 58.
25 Harnack, Bd. 2, S. 58.
26 Gerhardt, S. 505.
27 Harnack, Bd. 2, S. 68.
28 Harnack, Bd. 2, S. 58.
29 Harnack, Bd. 2, S. 59.
30 Harnack, Bd. 2, S. 61, 66.
31 Harnack, Bd. 2, S. 66.
32 Harnack, Bd. 2, S. 60.
33 Harnack, Bd. 2, S. 60f.
34 Harnack, Bd. 2, S. 61.
35 Harnack, Berichte des Secretars, S. 17.
36 Harnack, Bd. 2, S. 61.
37 Hartkopf/Wangermann, S. 222.
38 Harnack, Bd. 2, S. 90.
39 Harnack, Bd. 2, S. 209.
40 Hartkopf/Wangermann, S. 229.
41 Harnack, Bd. 1, S. 166.
42 Harnack, Bd. 1, S. 190.
43 Harnack, Bd. 1, S. 191.
44 Harnack, Bd. 1, S. 192.
45 Harnack, Bd. 1, S. 192.
46 Lehmann, S. 12.
47 Harnack, Bd. 2, S. 236.
48 Harnack, Bd. 1, S. 220 (französisch).
49 Harnack, Bd. 1, S. 219.
50 Harnack, Bd. 1, S. 198.

Kapitel 3

1 Hartkopf/Wangermann, S. 236f.
2 Hartkopf/Wangermann, S. 237.
3 Harnack, Bd. 2, S. 249.
4 Harnack, Bd. 1, S. 254 (französisch).
5 Die Registres, S. 23.
6 Die Berliner und die Petersburger Akademie, S. 48.
7 Harnack, Bd. 2, S. 259.
8 Hartkopf/Wangermann, S. 238.
9 Hartkopf/Wangermann, S. 84.
10 Harnack, Bd. 1, S. 288.
11 Harnack, Bd. 2, S. 270.
12 Hartkopf/Wangermann, S. 89.
13 Hartkopf/Wangermann, S. 90.
14 Hartkopf/Wangermann, S. 91.
15 Hartkopf/Wangermann, S. 85.
16 Die Berliner und die Petersburger Akademie, S. 175.
17 Neigebaur, S. 316; Grau, Der Arzt J. K. W. Moehsen, S. 20.

18 Voltaire, Sämtliche Romane und Erzählungen in zwei Bänden, Bd. 1, Leipzig 1982, S. XCIII.
19 Die Registres, S. 264 (französisch).
20 Harnack, Bd. 1, S. 357.
21 Harnack, Bd. 1, S. 359f.
22 Die Registres, S. 294; Hartkopf/Wangermann, S. 243.
23 Harnack, Bd. 1, S. 358.
24 Die Registres, S. 307.
25 Herder, Briefe, Bd. 4, Weimar 1979, S. 123.
26 Kraus, S. 61.
27 Der Akademiegedanke im 17. und 18. Jahrhundert, S. 64.
28 Grau, Herder, S. 107.
29 Berlinische Monatsschrift, S. 363.

Kapitel 4

1 Preuß, S. 182.
2 Kraus, S. 235.
3 Harnack, Bd. 1, S. 497.
4 Harnack, Bd. 2, S. 323.
5 Harnack, Bd. 2, S. 322 (französisch).
6 Harnack, Bd. 2, S. 324f (französisch).
7 Grau, Die revolutionären Ereignisse, S. 94.
8 Grau, J. R. Forster, S. 57 (französisch).
9 Grau, Die revolutionären Ereignisse, S. 89.
10 Grau, Die revolutionären Ereignisse, S. 90, 95.
11 Grau, Die revolutionären Ereignisse, S. 90.
12 Grau, Die revolutionären Ereignisse, S. 92.
13 Müller, Akademie und Wirtschaft, S. 101.
14 Harnack, Bd. 2, S. 313.
15 Harnack, Bd. 2, S. 314.
16 Hartkopf/Wangermann, S. 244.
17 Hartkopf/Wangermann, S. 245.
18 Biermann, Beglückende Ermunterung, S. 99, 101.
19 Harnack, Bd. 2, S. 334f.
20 Harnack, Bd. 2, S. 336f.
21 Hartkopf/Wangermann, S. 254.
22 Hartkopf/Wangermann, S. 257.
23 Hartkopf/Wangermann, S. 255.
24 Hartkopf/Wangermann, S. 247.
25 Harnack, Bd. 1, S. 577.
26 Harnack, Bd. 1, S. 580.
27 Hartkopf/Wangermann, S. 251.
28 Hartkopf/Wangermann, S. 253.
29 Harnack, Bd. 1, S. 589f.
30 Hartkopf/Wangermann, S. 94.
31 Hartkopf/Wangermann, S. 98.
32 Hartkopf/Wangermann, S. 95.
33 Hartkopf/Wangermann, S. 94.
34 Hartkopf/Wangermann, S. 103.
35 Hartkopf/Wangermann, S. 98.
36 Hartkopf/Wangermann, S. 102.
37 Hartkopf/Wangermann, S. 103.
38 Hartkopf/Wangermann, S. 255.

Kapitel 5

1 Hartkopf/Wangermann, S. 94.
2 Harnack, Bd. 2, S. 375.
3 Harnack, Bd. 2, S. 376.
4 Harnack, Bd. 2, S. 377.
5 Harnack, Bd. 2, S. 377f.
6 Harnack, Bd. 1, S. 1032.
7 Briefwechsel Humboldt/Gauß, S. 30f.
8 Biermann, Miscellanea Humboldtiana, S. 170f.
9 Biermann, Humboldt, S. 70.
10 Harnack, Bd. 2, S. 424.
11 Hartkopf/Wangermann, S. 105.
12 Hartkopf/Wangermann, S. 105.
13 Hartkopf/Wangermann, S. 106.
14 Hartkopf/Wangermann, S. 115f.
15 Hartkopf/Wangermann, S. 120.
16 Hartkopf/Wangermann, S. 119.
17 Briefwechsel Humboldt/Gauß, S. 65.
18 Grau, Die „Berufung", S. 28f.
19 Grau, Die Berliner Akademie um 1840, S. 128.
20 Grau, Die „Berufung", S. 29.
21 Grau, Die Berliner Akademie um 1840, S. 128.
22 Grau, Die „Berufung", S. 31.
23 Grau, Die Berliner Akademie um 1840, S. 127.
24 Grau, Die Berliner Akademie um 1840, S. 130.
25 Orden Pour le mérite, Bd. 1, S. X.
26 Briefwechsel Humboldt/Gauß, S. 86.
27 Humboldt, Vier Jahrzehnte, S. 12.
28 Humboldt, Vier Jahrzehnte, S. 105.
29 Grau, Akademien und Gelehrtengemeinschaften, S. 19f.
30 Grau, Akademien und Gelehrtengemeinschaften, S. 20.
31 Grau, Akademien und Gelehrtengemeinschaften, S. 23.
32 Wissenschafts- und Universitätsgeschichte in Sachsen, S. 202.
33 Wissenschafts- und Universitätsgeschichte in Sachsen, S. 204f.
34 Grau, Berühmte Wissenschaftsakademien, S. 201.
35 Grau, Berühmte Wissenschaftsakademien, S. 201.
36 Grau, Berühmte Wissenschaftsakademien, S. 202.
37 Grau, Berühmte Wissenschaftsakademien, S. 205.
38 Grau, Geist und Macht, S. 280f.
39 Grau, Geist und Macht, S. 281.
40 Hartkopf/Dunken, S. 32.
41 Grau, Geist und Macht, S. 283.
42 Hartkopf/Dunken, S. 33.
43 Harnack, Bd. 1, S. 947.
44 Harnack, Bd. 1, S. 948f.
45 Physiker über Physiker I, S. 63.
46 Physiker über Physiker II, S. 68.

Kapitel 6

1 Wissenschaft in Berlin, S. 248.
2 Harnack, Bd. 1, S. 992.
3 Harnack, Bd. 1, S. 993.
4 Wissenschaft in Berlin, S. 200f.
5 Harnack, Bd. 2, S. 643f.
6 Harnack, Bd. 2, S. 597.
7 Hartkopf/Wangermann, S. 128.
8 Hartkopf/Wangermann, S. 138.
9 Hartkopf/Wangermann, S. 131.
10 Harnack, Bd. 1, S. 999.
11 Harnack, Bd. 1, S. 1000; Bd. 2, S. 601f.
12 Physiker über Physiker I, S. 107.
13 Sitzungsberichte 1890, S. 792f.
14 Grau, Die Berliner Akademie der Wissenschaften, S. 99 (Archiv der Akademie).
15 Grau, Berühmte Wissenschaftsakademien, S. 280.
16 Grau, Die Berliner Akademie der Wissenschaften, S. 19 (Archiv der Akademie).
17 Hartkopf/Wangermann, S. 360.
18 Sitzungsberichte 1900, S. 668f.
19 Sitzungsberichte 1905, S. 702.
20 Sitzungsberichte 1909, S. 146.
21 Grau, Die Berliner Akademie der Wissenschaften, S. 229 (Archiv der Akademie).
22 Physiker über Physiker II, S. 243.
23 Grau, Die Berliner Akademie der Wissenschaften, S. 148 (Archiv der Akademie).
24 Grau, Die Berliner Akademie der Wissenschaften, S. 256.
25 Grau, Die Berliner Akademie der Wissenschaften, S. 157.
26 Grau, Die Berliner Akademie der Wissenschaften, S. 257.
27 Hartkopf/Wangermann, S. 342.
28 W. Rathenau, Gesammelte Schriften in fünf Bänden, Berlin 1918, Bd. I, S. 69.
29 Grau, Die Berliner Akademie der Wissenschaften, S. 212.
30 Schmidt-Ott, S. 118.
31 Glum, S. 202.
32 Grau, Die Berliner Akademie der Wissenschaften, S. 217 (Archiv der Akademie).
33 Grau, Die Berliner Akademie der Wissenschaften, S. 217 (Archiv der Akademie).
34 Grau, Die Berliner Akademie der Wissenschaften, S. 217f (Archiv der Akademie).
35 Sitzungsberichte 1910, S. 62.
36 Grau, Die Berliner Akademie der Wissenschaften, S. 215 („Denkschrift" Harnacks vom 21. November 1909).
37 Wendel, S. 319.
38 Tätigkeitsbericht der Forschungs gemeinschaft der naturwissenschaftlichen, technischen und medizinischen Institute der Deutschen Akademie der Wissenschaften zu Berlin 1957/58, Berlin 1959, S. 26f
39 Grau, Die Petersburger Akademie der Wissenschaften, S. 68 (Archiv der Akademie).
40 Einstein in Berlin I, S. 198f.
41 Sitzungsberichte 1915, S. 484.
42 P. Grappin, Le Bund „Neues Vaterland" (1914–1916). Ses rapports avec Romain Rolland, Lyon/Paris 1952, S. 78.
43 Grau, Die Berliner Akademie der Wissenschaften, S. 185 (Archiv der Akademie).
44 Grau, Die Berliner Akademie der Wissenschaften, S. 185f (Archiv der Akademie).
45 Grau, Die Berliner Akademie der Wissenschaften, S. 186 (Archiv der Akademie).
46 Grau, Die Berliner Akademie der Wissenschaften, S. 187 (Archiv der Akademie).
47 Grau, Die Berliner Akademie der Wissenschaften, S. 187 (Archiv der Akademie).
48 Meinecke, Straßburg, S. 188.
49 Sitzungsberichte 1917, S. 451f, 468.
50 Sitzungsberichte 1918, S. 8–10.
51 Meinecke, Straßburg, S. 186.
52 Meinecke, Politische Schriften, S. 175.
53 Zahn-Harnack, S. 457.
54 Schäfer, S. 223, 226f.
55 Sitzungsberichte 1918, S. 993.

Kapitel 7

1 Grau, Der Akademiegedanke, S. 133 (Archiv der Akademie).
2 Schlicker, S. 114 (nach Archivalien).
3 Sitzungsberichte 1930, S. LXXXII.
4 Hartkopf/Wangermann, S. 302.
5 Hartkopf/Wangermann, S. 302f.
6 Hartkopf/Wangermann, S. 310.
7 Einstein in Berlin I, S. 267.
8 Der Nachlaß Adolf Erman, S. 50.
9 Der Nachlaß Adolf Erman, S. 50.
10 Sitzungsberichte 1934, S. CXXIX.
11 Forschung im Spannungsfeld, S. 374.
12 Grau/Schlicker/Zeil, S. 173 (Archiv der Akademie).
13 Grau/Schlicker/Zeil, S. 174 (Physikalische Blätter 3/1947).
14 Grau/Schlicker/Zeil, S. 174 (Archiv der Akademie).
15 Grau/Schlicker/Zeil, S. 175 (Archiv der Akademie).
16 Engelmann, S. 437.
17 Grau/Schlicker/Zeil, S. 163f (Sitzungsberichte).
18 Der Nachlaß Erman, S. 51f.
19 Hartkopf/Wangermann, S. 439.
20 Grau/Schlicker/Zeil, S. 67 (Archiv der Akademie).

21 Grau/Schlicker/Zeil, S. 153f (Archiv der Akademie).
22 Die Mittwochsgesellschaft, S. 12.
23 Die Mittwochsgesellschaft, S. 42f.
24 Sitzungsberichte 1938, S. XCI
25 Hartkopf/Wangermann, S. 438.
26 Hartkopf/Wangermann, S. 441.
27 Grau/Schlicker/Zeil, S. 164 (Sitzungsberichte der Heidelberger Akademie).
28 Grau/Schlicker/Zeil, S. 70 (Archiv der Akademie).
29 Hartkopf/Wangermann, S. 144.
30 Hartkopf/Wangermann, S. 146.
31 Hartkopf/Wangermann, S. 147.
32 Hartkopf/Wangermann, S. 149.
33 Hartkopf/Wangermann, S. 144.
34 Hartkopf/Wangermann, S. 148.
35 Grau/Schlicker/Zeil, S. 71 (Archiv der Akademie).
36 Hartkopf/Wangermann, S. 449.
37 Meinecke, Ausgewählter Briefwechsel, S. 168.
38 Die Mittwochsgesellschaft, S. 347f.
39 Die Mittwochsgesellschaft, S. 348.
40 Grau, Der Akademiegedanke, S. 142 (Archiv der Akademie).
41 Bundesgesetzblatt, Teil II, 1990, Nr. 35 (28. September 1990), S. 902.
42 Hartkopf/Wangermann, S. 455.
43 Hartkopf/Wangermann, S. 456.
44 Hartkopf/Wangermann, S. 457.
45 Hartkopf/Wangermann, S. 463.
46 Hartkopf/Wangermann, S. 463.
47 Hartkopf/Wangermann, S. 150.
48 Landrock, S. 506.
49 Hartkopf/Wangermann, S. 461.
50 Hartkopf/Wandermann, S. 462.
51 Hartkopf/Wangermann, S. 459f.
52 Grau, Der Akademiegedanke, S. 138.
53 Hartkopf/Wangermann, S. 470f. (Faksimile des russischen Befehls); Grau, Der Akademiegedanke, S. 135f.
54 Grau, Der Akademiegedanke, S. 138.
55 Hartkopf/Wangermann, S. 473.
56 Deutsche Akademie der Wissenschaften zu Berlin, S. 27.
57 Hartkopf/Wangermann, S. 150.

Serienpublikationen der Preußischen Akademie

Miscellanea Berolinensia ad incrementum scientiarum, ex scriptis Societati Regiae Scientiarum exhibitis edita, 1710–1743.

Histoire de l'Académie Royale des Sciences et Belles-Lettres. Année 1745–1769.

Nouveaux Mémoires de l'Académie Royale des Sciences et Belles-Lettres. Année 1770 –1786. Avec l'histoire pour les mêmes années.

Mémoires de l'Académie Royale des Sciences et Belles-Lettres depuis l'avènement de Frédéric Guillaume II au thrône. 1786–1797. Avec l'histoire pour le même temps.

Mémoires de l'Académie Royale des Sciences et Belles-Lettres depuis l'avènement de Frédéric Guillaume III au thrône. 1798–1804. Avec l'histoire pour le même temps.

Sammlung der deutschen Abhandlungen, welche in der Königlichen Akademie der Wissenschaften zu Berlin vorgelesen worden in den Jahren 1788 bis 1803.

Abhandlungen der Königlichen Akademie der Wissenschaften zu Berlin. 1804–1944 (ab 1907 nach Klassen unterteilt).

Bericht über die zur Bekanntmachung geeigneten Verhandlungen der Königlich Preußischen Akademie der Wissenschaften zu Berlin. 1836–1855.

Monatsbericht der Königlich Preußischen Akademie der Wissenschaften zu Berlin. 1856–1881.

Sitzungsberichte der Königlich Preußischen Akademie der Wissenschaften zu Berlin. 1882–1938 (ab 1899 nach Klassen unterteilt).

Jahrbuch der Preußischen Akademie der Wissenschaften. 1939–1943.

Vorträge und Schriften. 1940–1945 (22 Hefte).

Fortsetzungen der Serienpublikationen nach 1945:

Abhandlungen . . ., ab 1947 (unterteilt nach den jeweiligen Klassen).

Sitzungsberichte . . ., ab 1948 (unterteilt nach den jeweiligen Klassen).

Jahrbuch . . ., ab 1950 (für die Zeit ab 1945/46).

Bibliographie zur Geschichte der Preußischen Akademie der Wissenschaften (Auswahl)

Der Akademiegedanke im 17. und 18. Jahrhundert. Hrsg. v. F. Hartmann u. R. Vierhaus, Bremen/Wolfenbüttel 1977 (= Wolfenbütteler Forschungen 3).

Albert Einstein in Berlin 1913–1933, Teil I, II, Berlin 1979 (= Studien zur Geschichte der Akademie der Wissenschaften der DDR 6, 7).

Die Altertumswissenschaften an der Berliner Akademie. Wahlvorschläge zur Aufnahme von Mitgliedern von F. A. Wolf bis zu G. Rodenwaldt (1799–1932), Berlin 1985 (= Studien zur Geschichte der Akademie der Wissenschaften der DDR 5).

Amburger, E. (Hrsg.), Die Mitglieder der Deutschen Akademie der Wissenschaften zu Berlin 1700–1950, Berlin 1950.

Arnheim, F., Freiherr Benedikt Skytte (1614–1683), der Urheber des Planes einer brandenburgischen „Universal-Universität der Völker, Wissenschaften und Künste", in: Festschrift zu Gustav Schmollers 70. Geburtstag. Beiträge zur brandenburgischen und preußischen Geschichte, Leipzig 1908, S. 65–99.

Artelt, W., Vom Akademiegedanken im 17. Jahrhundert, in: Numquam otiosus. Beiträge zur Geschichte der Präsidenten der Deutschen Akademie der Naturforscher Leopoldina, Leipzig 1970.

Bacon, F., Das neue Organon (Novum Organon). Hrsg. v. M. Buhr, Berlin 1962.

Die Berliner und die Petersburger Akademie der Wissenschaften im Briefwechsel Leonhard Eulers. Teil I. Hrsg. u. eingel. v. A. P. Juškevič u. E. Winter unt. Mitw. v. P. Hoffmann, Berlin 1959 (= Quellen und Studien zur Geschichte Osteuropas III/I).

Berlinische Monatsschrift (1783–1796). Herausgegeben von Friedrich Gedike und Johann Erich Biester. Auswahl, Leipzig 1986.

Biermann, K.-R., Alexander von Humboldt, 3., erw. Aufl., Leipzig 1983 (= Biographien hervorragender Naturwissenschaftler, Techniker und Mediziner 47).

Biermann, K.-R., Beglückende Ermunterung durch die akademische Gemeinschaft. Alexander von Humboldt als Mitglied der Berliner Akademie der Wissenschaften, Berlin 1992 (= Beiträge zur Alexander-von-Humboldt-Forschung 17).

Biermann, K.-R., Miscellanea Humboldtiana, Berlin 1990 (= Beiträge zur Alexander-von-Humboldt-Forschung 15).

Biermann, K.-R., Vorschläge zur Wahl von Mathematikern in die Berliner Akademie. Ein Beitrag zur Gelehrten- und Mathematikgeschichte des 19. Jahrhunderts, Berlin 1960 (= Abhandlungen der Deutschen Akademie der Wissenschaften zu Berlin. Kl. f. Math., Physik u. Technik 1960/3).

Boehm, L./Müller, R. A. (Hrsg.), Universitäten und Hochschulen in Deutschland, Österreich und der Schweiz. Eine Universitätsgeschichte in Einzeldarstellungen, Düsseldorf 1983.

Briefwechsel zwischen Alexander von Humboldt und Carl Friedrich Gauss. Hrsg. v. K.-R. Biermann, Berlin 1977 (= Beiträge zur Alexander-von-Humboldt-Forschung 4).

Chemiker über Chemiker. Wahlvorschläge zur Aufnahme von Chemikern in die Berliner Akademie 1822–1925 von Eilhard Mitscherlich bis Max Bodenstein, Berlin 1986 (= Studien zur Geschichte der Akademie der Wissenschaften der DDR 12).

Deutsche Akademie der Naturforscher Leopoldina. Struktur und Mitgliederbestand. Stand vom 1. Januar 1987. Mit einem alphabetischen Mitgliederverzeichnis 1652–1986, Halle (Saale) 1987.

Deutsche Akademie der Wissenschaften zu Berlin 1946–1956, Berlin 1956.

Deutsche Staatsbibliothek 1661–1961, Bd. I, Leipzig 1961.

Diels, H./Usener, H./Zeller, E., Briefwechsel, Bd. 1.2. Hrsg. v. D. Ehlers, Berlin 1992.

Dokumente einer Freundschaft. Briefwechsel zwischen Hermann von Helmholtz und Emil du Bois-Reymond, Berlin 1986 (= Studien zur Geschichte der Akademie der Wissenschaften der DDR 9).

Eichler, E., Die slawistischen Studien des Johann Leonhard Frisch, Berlin 1967.

Engelmann, B., Deutschland ohne Juden. Eine Bilanz, Berlin 1988.

Erbe, Vermächtnis und Verpflichtung. Zur sprachwissenschaftlichen Forschung in der Geschichte der Akademie der Wissenschaften der DDR. Eingel. u. hrsg. v. J. Schildt, Berlin 1977.

Europäische Sozietätsbewegung und demokratische Tradition. Hrsg. v. K. Garber u. H. Wismann, Tübingen: Niemeyer (in Vorbereitung).

Festschrift zum 300jährigen Jubiläum des Königlichen Joachimsthalschen Gymnasiums am 24. August 1907. Teil 1: E. Wetzel, Die Geschichte des Königlichen Joachimsthalschen Gymnasiums 1607–1907, Halle 1907.

Feyl, O., Die Universität Frankfurt (Oder) in der Bildungsgeschichte des östlichen Europas, Frankfurt (Oder) 1980 (= Frankfurter Beiträge zur Geschichte 8).

Fläschendräger, W., Rezensenten und Autoren der Nova Acta Eruditorum im Zeitraum 1732 bis 1735, in: Jahrbuch für Regionalgeschichte, Bd. 8, Weimar 1981, S. 222–228.

Forschung im Spannungsfeld von Politik und Gesellschaft. Geschichte und Struktur der Kaiser-Wilhelm-/Max-Planck-Gesellschaft. Aus Anlaß ihres 75jährigen Bestehens hrsg. v. R. Vierhaus u. B. vom Brocke, Stuttgart 1990.

Gerhardt, C. J., Der Briefwechsel von G. W. Leibniz mit Mathematikern, Bd. I, Berlin 1899.

Gesamtregister der Abhandlungen, Sitzungsberichte, Jahrbücher, Vorträge und Schriften der Preußischen Akademie der Wissenschaften 1900–1945, Berlin 1966.

Gesamtverzeichnis der Mitglieder der Bayerischen Akademie der Wissenschaften in den beiden ersten Jahrhunderten ihres Bestehens 1759–1959. Bearb. v. U. Thürauf, München 1963.

Geschichte der Martin-Luther-Universität Halle-Wittenberg 1502–1977. Abriß, Halle (Saale) 1977.

Glum, F., Zwischen Wissenschaft und Politik. Erlebtes und Erdachtes in vier Reichen, Bonn 1964.

Grau, C., Die Berliner Akademie der Wissenschaften in der Zeit des Imperialismus. Teil I: Von den neunziger Jahren des 19. Jahrhunderts bis zur Großen Sozialistischen Oktoberrevolution, Berlin 1975 (= Studien zur Geschichte der Akademie der Wissenschaften der DDR 2/I).

Grau, C., Berühmte Wissenschaftsakademien. Von ihrem Entstehen und ihrem weltweiten Erfolg, Leipzig 1988; Thun u. Frankfurt/Main 1988.

Grau, C., Franz Carl Achard als Mitglied der Preußischen Akademie der Wissenschaften zu Berlin, in: Schriften aus dem Zucker-Museum Berlin, Bd. 28, Berlin 1991, S. 67–107.

Grau, C., Der Akademiegedanke in Berlin nach 1945 aus wissenschaftshistorischer Sicht, in: Zeitschrift für Geschichtswissenschaft 40 (1992), S. 131–149.

Grau, C., Akademien und Gelehrtengemeinschaften in der Zeit des Deutschen Bundes (1815–1866) – Aspekte territorialstaatlicher Wissenschaftsorganisation im 19. Jahrhundert, in: Wissenschaft und Staat, Berlin 1989, S. 15–36 (= Akademie der Wissenschaften der DDR. Institut für Theorie, Geschichte und Organisation der Wissenschaft. Kolloquien 68).

Grau, C., Der Arzt J. W. K. Moehsen (1722–1795) und die Anfänge der brandenburgischen Wissenschaftsgeschichtsschreibung, in: Frankfurter Beiträge zur Geschichte 13, Frankfurt (Oder) 1984, S. 14–28.

Grau, C., Die Berliner Akademie der Wissenschaften und die Hugenotten, in: Hugenotten in Berlin, Berlin 1988, S. 327–362.

Grau, C., Die Berliner Akademie der Wissenschaften um 1840, in: Jacob und Wilhelm Grimm als Sprachwissenschaftler. Geschichtlichkeit und Aktualität ihres Wirkens, Berlin 1985, S. 120–135 (= Linguistische Studien. Reihe A. Arbeitsberichte 130).

Grau, C., Die „Berufung" von Jacob und Wilhelm Grimm nach Berlin im Umfeld der preußischen Wissenschaftspolitik, in: Jacob und Wilhelm Grimm, Berlin 1986, S. 26–32 (= Sitzungsberichte der Akademie der Wissenschaften der DDR, 1985, Nr. 6/G).

Grau, C., Bild der natürlichen Welt. Der „Kosmos" Alexander von Humboldts, in: Unzeit des Biedermeiers, Leipzig/Jena/Berlin 1985, S. 256–262.

Grau, C., Die deutschen Universitäten und die 200-Jahr-Feier der Akademie der Wissenschaften der UdSSR 1925, in: Deutschland – Sowjetunion. Aus fünf Jahrzehnten kultureller Zusammenarbeit, Berlin 1966, S. 172–178.

Grau, C., Leonhard Euler und die Berliner Akademie der Wissenschaften, in: Festakt und Wissenschaftliche Konferenz aus Anlaß des 200. Todestages von Leonhard Euler, Berlin 1985, S. 139–149 (= Abhandlungen der Akademie der Wissenschaften der DDR, N 1, 1985).

Grau, C., Leonhard Eulers Bücherkäufe 1748. Bemerkungen zu seinen philosophischen Interessen, in: Zeitschrift für Geschichtswissenschaft 31 (1983), S. 709–719.

Grau, C., Forschungskonzeption und Organisationsformen europäischer Akademien der Wissenschaften im 17./18. Jahrhundert, in: Beiträge zur Wissenschaftsgeschichte. Naturwissenschaftliche Revolution im 17. Jahrhundert, Berlin 1989, S. 65–73.

Grau, C., J. R. Forster (1729–1798) und G. Forster (1754–1794). Ihre Wahl zu Mitgliedern der Preußischen Akademie der Wissenschaften, in: Demokratie, Antifaschismus und Sozialismus in der deutschen Geschichte, Berlin 1988, S. 49–59.

Grau, C., Geist und Macht. Akademiestreit signalisiert die Krise, in: Unzeit des Biedermeiers, Leipzig/Jena/Berlin 1985, S. 277–283.

Grau, C., Zur Geschichte des Leibniz-Tages der Akademie der Wissenschaften in Berlin – Rezeption und Würdigung des Leibnizschen Werkes, in: Leibniz, Werk und Wirkung, Hannover 1983, S. 886–893.

Grau, C., Herder, die Wissenschaft und die Akademien seiner Zeit. Hinweise auf ein interdisziplinäres Forschungsthema, in: Jahrbuch für Geschichte, Bd. 19, Berlin 1979, S. 89–114.

Grau, C., Hugenotten in der Wissenschaft Brandenburg-Preußens Ende des 17. Jahrhunderts und im 18. Jahrhundert., in: Zeitschrift für Geschichtswissenschaft 34 (1986) S. 508–522.
Grau, C., Paul Ernst Jablonski und die Ägyptenkunde an der Frankfurter Universität im 18. Jahrhundert. Ein Beitrag zur europäischen Wissenschaftskommunikation, in: Die wissenschaftlichen Größen der Viadrina, Frankfurt (Oder) 1992, S. 99–113 (= Europa-Universität Viadrina Frankfurt (Oder). Universitätsschriften 2).
Grau, C., Georg Heinrich Pertz (1795–1876) als Wissenschaftsorganisator. Dokumente über den Alltag und zur Professionalisierung der Geschichtswissenschaft, in: Jahrbuch für Geschichte, Bd. 37, Berlin 1988, S. 177–204.
Grau, C., Die Petersburger Akademie der Wissenschaften in den interakademischen Beziehungen 1899 bis 1915, in: Jahrbuch für Geschichte der sozialistischen Länder Europas, Bd. 25/2, Berlin 1982, S. 51–68.
Grau, C., Die revolutionären Ereignisse in Paris 1789 bis 1794 und die Akademie in Berlin, in: Die Französische Revolution von 1789 und ihre weltgeschichtliche Bedeutung, Berlin 1990, S. 86–96 (= Sitzungsberichte der Akademie der Wissenschaften der DDR, 1990, Nr. 3/G).
Grau, C., Carl Ritter und Rußland, in: Carl Ritter – Werk und Wirkungen, Gotha 1983, S. 115–123 (= Wissenschaftliche Abhandlungen der Geographischen Gesellschaft der DDR 16).
Grau, C., Karl Schwarzschild und die Berliner Akademie der Wissenschaften, in: Astronomie in der Schule 11 (1974), S. 33–36.
Grau, C., Die Stellung der Oberlausitzischen Gesellschaft der Wissenschaften zu den wissenschaftlichen Gesellschaften im ausgehenden 18. und beginnenden 19. Jahrhundert, in: Die Oberlausitz in der Epoche der bürgerlichen Emanzipation, Görlitz 1981, S. 38–47 (= Schriftenreihe des Ratsarchivs der Stadt Görlitz 10).
Grau, C., Die Stiftung der Leibniz-Medaille der Preußischen Akademie der Wissenschaften zu Berlin und ihre erste Verleihung im Jahre 1907, in: Zeitschrift für Geschichtswissenschaft 40 (1992), S. 269–280.
Grau, C., „. . . das Werk samt der Wissenschaft auf den Nutzen richten . . .“ Aus der Frühgeschichte der Berliner und der Petersburger Akademie der Wissenschaften, in: Jahrbuch für Wirtschaftsgeschichte, Berlin 1975, Bd. II, S. 137–159.
Grau, C., Zum Wissenschaftsverständnis der Aufklärung, in: Chirurgische Ausbildung im 18. Jahrhundert, Husum 1990, S. 9–22 (= Abhandlungen zur Geschichte der Medizin und der Naturwissenschaften 57).
Grau, C./Schlicker, W./Zeil, L., Die Berliner Akademie der Wissenschaften in der Zeit des Imperialismus. Teil III: Die Jahre der faschistischen Diktatur 1933–1945, Berlin 1979 (= Studien zur Geschichte der Akademie der Wissenschaften der DDR 2/III).
Grimm, J., Reden in der Akademie. Ausgew. u. hrsg. v. W. Neumann u. H. Schmidt, Berlin 1984.
Hahn, R., The Anatomy of a Scientific Institution. The Paris Academy of Sciences 1666–1803, Berkeley/Los Angeles/ London 1971.
Hammermeyer, L., Geschichte der Bayerischen Akademie der Wissenschaften 1759 bis 1807, Bd. 1, 2, München 1983.
Harnack, A., Berichte des Secretars der brandenburgischen Societät der Wissenschaften J. Th. Jablonski an den Präsidenten G. W. Leibniz (1700–1715) nebst einigen Antworten von Leibniz, Berlin 1897 (= Abhandlungen der K. Preußischen Akademie der Wissenschaften zu Berlin).
Harnack, A., Geschichte der Königlich Preußischen Akademie der Wissenschaften zu Berlin, Bd. 1–3, Berlin 1900 (Bd. 2: Urkunden und Aktenstücke; Bd. 3: Gesamtregister der Serienpublikationen, von O. Köhnke).
Hartkopf, W., Die Akademie der Wissenschaften der DDR. Ein Beitrag zu ihrer Geschichte, Berlin 1975.
Hartkopf, W., Die Akademie der Wissenschaften der DDR. Ein Beitrag zu ihrer Geschichte. Biographischer Index, Berlin 1983.
Hartkopf, W., Die Berliner Akademie der Wissenschaften. Ihre Mitglieder und Preisträger 1700–1990, Berlin 1992.
Hartkopf, W./Dunken, G., Von der Brandenburgischen Sozietät der Wissenschaften zur Deutschen Akademie der Wissenschaften zu Berlin, Berlin 1967.
Hartkopf, W./Wangermann, G., Dokumente zur Geschichte der Berliner Akademie der Wissenschaften von 1700 bis 1990, Berlin/Heidelberg/New York 1991 (= Berliner Studien zur Wissenschaftsgeschichte 1).
Heidemann, J., Geschichte des Grauen Klosters zu Berlin, Berlin 1874.
Heubaum, A., Geschichte des deutschen Bildungswesens seit der Mitte des 17. Jahrhunderts, Bd. 1, Berlin 1905.
Humboldt, A. v., Vier Jahrzehnte Wissenschaftsförderung. Briefe an das preußische Kultusministerium 1818–1859. Hrsg. v. K.-R. Biermann, Berlin 1985 (= Beiträge zur Alexander-von-Humboldt-Forschung 14).
Index biographique de l'Académie des Sciences du 22 décembre 1666 au 1er octobre 1978, Paris 1979.
Kanthak, G., Der Akademiegedanke zwischen utopischem Entwurf und barocker Projektmacherei. Zur Geistesgeschichte der Akademiebewegung im 17. Jahrhundert, Berlin 1987 (= Historische Forschungen 34).
Komkov, G. D./ Levšin, B. V./Semenov, L. K., Geschichte der Akademie der Wissenschaften der UdSSR, Berlin 1981.

Kraus, A., Vernunft und Geschichte. Die Bedeutung der deutschen Akademien für die Geschichtswissenschaft im späten 18. Jahrhundert, Freiburg/Basel/Wien 1973.

Krauss, W., Studien zur deutschen und französischen Aufklärung, Berlin 1953 (= Neue Beiträge zur Literaturwissenschaft 16).

Landrock, R., Die Deutsche Akademie der Wissenschaften zu Berlin 1945 bis 1971. Ihre Umwandlung zur sozialistischen Forschungsakademie. Eine Studie zur Wissenschaftspolitik der DDR, Erlangen/Nürnberg 1977 (= Institut für Gesellschaft und Wissenschaft. Analysen und Berichte aus Gesellschaft und Wissenschaft 1977, 1–3).

Lehmann, H., Das Collegium Medico-chirurgicum in Berlin als Lehrstätte der Botanik und der Pharmazie, Berlin 1936.

Leibniz und seine Akademie. Ausgewählte Quellen zur Geschichte der Berliner Sozietät der Wissenschaften 1697–1716. Hrsg. v. H.-S. Brather, Berlin: Akademie Verlag (in Vorbereitung).

Leibniz in Berlin. Hrsg. v. H. Poser u. A. Heinekamp, Stuttgart 1990 (= Studia Leibnitiana, Sonderheft 16).

Lischke, R.-J., Friedrich Althoff und sein Beitrag zur Entwicklung des Berliner Wissenschaftssystems an der Wende vom 19. zum 20. Jahrhunderts, Berlin 1990 (= Berliner Beiträge zur Geschichte der Naturwissenschaften und der Technik 11).

Loewe, V., Ein Diplomat und Gelehrter: Ezechiel Spanheim, Berlin 1924, Reprint Vaduz 1965.

Magister und Scholaren. Professoren und Studenten. Geschichte deutscher Universitäten und Hochschulen im Überblick, Leipzig/Jena/Berlin 1981.

Meinecke, F., Ausgewählter Briefwechsel. Hrsg. u. eingel. v. L. Dehio u. P. Classen, Stuttgart 1962.

Meinecke, F., Politische Schriften und Reden, Berlin 1957.

Meinecke, F., Straßburg, Freiburg, Berlin 1901–1919. Erinnerungen, Stuttgart 1950.

Meister, R., Geschichte der Akademie der Wissenschaften in Wien. 1847–1947, Wien 1947.

Die Mittwochsgesellschaft. Protokolle aus dem geistigen Deutschland 1932 bis 1944. Hrsg. u. eingel. v. K. Scholder, Berlin 1982.

Mühlpfordt, G., Die Oderuniversität Frankfurt (1506–1811). Eine deutsche Hochschule in der Geschichte Brandenburg-Preußens und der europäischen Wissenschaft, Frankfurt (Oder) 1981 (= Frankfurter Beiträge zur Geschichte 9).

Mühlpfordt, G., Tschirnhaus als Wissenschaftsorganisator. Seine Bedeutung für die Entstehung der modernen Forschungsakademie, in: Dresdner Hefte. Beiträge zur Kulturgeschichte, 4/1983, S. 31–40.

Müller, H., Die Königliche Akademie der Künste zu Berlin. 1696–1896, Berlin 1896.

Müller, H.-H., Akademie und Wirtschaft im 18. Jahrhundert. Agrar-ökonomische Preisaufgaben und Preisschriften der Preußischen Akademie der Wissenschaften (Versuch, Tendenzen, Überblick), Berlin 1975 (= Studien zur Geschichte der Akademie der Wissenschaften der DDR 3).

Der Nachlaß Adolf Erman. Hrsg. v. H. Kloft unt. Mitarb. v. T. Elsmann u. S. Gorsemann, Bremen 1982.

Neigebaur, J. D. F., Geschichte der Kaiserlichen Leopoldino-Carolinischen Deutschen Akademie der Naturforscher während des zweiten Jahrhunderts ihres Bestehens, Jena 1860.

Die Oder-Universität Frankfurt. Beiträge zu ihrer Geschichte, Weimar 1983.

Orden Pour le mérite für Wissenschaften und Künste. Die Mitglieder des Ordens, Bd. 1, 2, Berlin 1975, 1978.

Othmer, S. C., Berlin und die Ausbreitung des Naturrechts in Europa. Kultur- und sozialgeschichtliche Studien zu Jean Barbeyracs Pufendorf-Übersetzungen und eine Analyse seiner Leserschaft, Berlin 1970.

Paunel, E., Die Staatsbibliothek zu Berlin. Ihre Geschichte und Organisation während der ersten zwei Jahrhunderte seit ihrer Eröffnung. 1661–1871, Berlin 1965.

Physiker über Physiker. Wahlvorschläge zur Aufnahme von Physikern in die Berliner Akademie 1870 bis 1929 von Hermann v. Helmholtz bis Erwin Schrödinger, Berlin 1975 (= Studien zur Geschichte der Akademie der Wissenschaften der DDR 1).

Physiker über Physiker II. Antrittsreden, Erwiderungen bei der Aufnahme von Physikern in die Berliner Akademie. Gedächtnisreden. 1870 bis 1929, Berlin 1979 (= Studien zur Geschichte der Akademie der Wissenschaften der DDR 8).

Powitz, G., Das deutsche Wörterbuch Johann Leonhard Frischs, Berlin 1959.

Preuß, A. T., Ewald Friedrich Graf von Hertzberg, Berlin 1909.

Purver, M., The Royal Society: Concept and Creation, London 1967.

Die Registres der Berliner Akademie der Wissenschaften 1746–1766. Dokumente für das Wirken Leonhard Eulers in Berlin. Hrsg. v. E. Winter, Berlin 1957.

Roden, G. v., Die Universität Duisburg, Duisburg 1968.

Rohrlach, P. P., Die Bibliothek des ehemaligen Berlinischen Gymnasiums zum Grauen Kloster, in: Beiträge zur Berliner Bibliotheksgeschichte, H. 1, Berlin 1981, S. 7–36.

Schäfer, D., Mein Leben, Berlin/Leipzig 1926.

Schlicker, W., Die Berliner Akademie der Wissenschaften in der Zeit des Imperialismus. Teil II: Von der Großen Sozialistischen Oktoberrevolution bis 1933, Berlin 1975 (= Studien zur Geschichte der Akademie der Wissenschaften der DDR 2/II).

Schmidt-Ott, F., Erlebtes und Erstrebtes, Wiesbaden 1952.
Schneppen, H., Niederländische Universitäten und deutsches Geistesleben. Von der Gründung der Universität Leiden bis ins späte 18. Jahrhundert, Münster/Westf. 1960.
Schochow, W., Ein Historiker in der Zeit. Versuch über Fritz Hartung (1883–1967), in: Jahrbuch für die Geschichte Mittel- und Ostdeutschlands, Bd. 32, Berlin 1983, S. 219–250.
Schulze, G., Bericht über das Königliche Französische Gymnasium in den Jahren 1689–1889, in: Festschrift zur Feier des 200jährigen Bestehens des K. Französischen Gymnasiums. Berlin 1890, S. 5–32.
Selle, G. v., Geschichte der Albertus-Universität zu Königsberg in Preußen, Königsberg 1944, Würzburg ²1956.
Sitzungsberichte der Königlich (bis 1918) Preußischen Akademie der Wissenschaften zu Berlin, 1882–1938.
Sternzeiten. Zur Geschichte der Berliner Sternwarte, der heutigen Sternwarte Babelsberg, Bd. I, II, Berlin 1977.
Stürzbecher, M., Beiträge zur Berliner Medizingeschichte. Quellen und Studien zur Geschichte des Gesundheitswesens vom 17. zum 19. Jahrhunderts, Berlin 1966.
Tautz, K., Die Bibliothekare der Churfürstlichen Bibliothek zu Cölln an der Spree. Ein Beitrag zur Geschichte der Preußischen Staatsbibliothek im 17. Jahrhundert, Leipzig 1925.
Thadden, R. v., Die brandenburgisch-preußischen Hofprediger im 17. und 18. Jahrhundert. Ein Beitrag zur Geschichte der absolutistischen Staatsgesellschaft in Brandenburg-Preußen, Berlin 1959.
Uschmann, G., Kurze Geschichte der Akademie, in: Deutsche Akademie der Naturforscher Leopoldina 1652–1977, Halle (Saale) 1977.
Velder, C., 300 Jahre Französisches Gymnasium Berlin, Berlin 1989.
Voß, J., Die Akademien als Organisationsträger der Wissenschaften im 18. Jahrhundert, in: Historische Zeitschrift 231 (1980), S. 43–74.
Voß, J., Universität, Geschichtswissenschaft und Diplomatie im Zeitalter der Aufklärung: Johann Daniel Schöpflin (1694–1771), München 1979.
Wendel, G., Die Kaiser-Wilhelm-Gesellschaft 1911–1914. Zur Anatomie einer imperialistischen Forschungsgesellschaft, Berlin 1975 (= Studien zur Geschichte der Akademie der Wissenschaften der DDR 4).
Winau, R., Medizin in Berlin, Berlin/New York 1987.
Winter, E., D. E. Jablonski und die Berliner Frühaufklärung, in: Zeitschrift für Geschichtswissenschaft 9 (1961), S. 849–863.
Wissenschaft in Berlin. Von den Anfängen bis zum Neubeginn nach 1945, Berlin 1987.
Wissenschaften in Berlin, Bd. 1: Objekte; Bd. 2: Disziplinen; Bd. 3: Gedanken, Berlin 1987.
Wissenschaftsgeschichte und Wissenschaftspolitik im Industriezeitalter. Das „System Althoff" in historischer Perspektive. Hrsg. v. B. vom Brocke, Hildesheim 1991.
Wissenschafts- und Universitätsgeschichte in Sachsen im 18. und 19. Jahrhundert, Berlin 1987 (= Abhandlungen der Sächsischen Akademie der Wissenschaften zu Leipzig. Philol.-hist. Kl. 71/3).
Zahn-Harnack, A. v., Adolf von Harnack, Berlin 1936.
Zeil, L., Die Entwicklung der Slawistik an der Berliner Akademie der Wissenschaften (1700–1945). Ein Überblick, in: Zeitschrift für Slawistik 30 (1985), S. 402–429.
Zeil, L., Zur Neuorganisation der Berliner Wissenschaft im Rahmen der preußischen Reformen, in: Jahrbuch für Geschichte, Bd. 35, Berlin 1987, S. 201–235.
Zeil, L., Schlözer und die Berliner Akademie der Wissenschaften. Neues zur Wirkungsgeschichte des Göttinger Gelehrten, in: Zeitschrift für Geschichtswissenschaft 33 (1985), S. 605–621.
Zeil, L., Die Slawistik an der Berliner Akademie der Wissenschaften im 19. Jahrhundert, Berlin 1990 (Habilitationsschrift an der Akademie der Wissenschaften der DDR, Masch.-Manuskr.).
Die Zweihundertjahrfeier der Kgl. Preußischen Akademie der Wissenschaften am 19. und 20. März 1900, Berlin 1900.

Personenregister

Abkürzungen für die Mitgliedschaften in der Preußischen Akademie der Wissenschaften:

abwM	Abwesendes Mitglied (ab 1701)
AM	Auswärtiges Mitglied (ab 1744)
anwM	Anwesendes Mitglied (ab 1700)
aoM	Außerordentliches Mitglied (ab 1799)
Ausw. OM	Auswärtiges Ordentliches Mitglied (ab 1937)
EM	Ehrenmitglied (ab 1744)
KM	Korrespondierendes Mitglied (ab 1812)
OM	Ordentliches Mitglied (ab 1744)

A

B

C

D

E

F

G

H

I

J

K

L

M

R

S

T

U

V

W

Z